中 等 职 业 教 育 国 家 规 划 教 材

全国中等职业教育教材审定委员会审定

有机化合物及其鉴别

第二版

主　　编　袁红兰　　丁敬敏
责任主审　戴猷元
审　　稿　秦　炜　戴猷元

U0367888

化学工业出版社

·北京·

内 容 提 要

本教材系中等职业学校国家规划教材，适用于《工业分析与检验》专业及相关专业的学习、培训，也可供高等职业技术教育的相关专业学习参考。

全书共 11 章，各章由认识有机化合物、应用有机化合物、鉴别有机化合物三部分组成，在每章的开篇都编排有学习指南和章节关键词，采用认识和应用有机化合物、技能训练、练习题、知识考核表的编写形式，以便使学习者循序渐进地达到学习知识、掌握技能的目的。

教材内容包括脂肪烃；脂环烃；芳香烃；卤代烃；有机含氧化合物；有机含氮化合物；含杂原子的有机化合物；糖、蛋白质和高分子化合物；有机化合物的分离与纯化技术。为扩展学生的知识面，在章节中插入"阅读园地"、"科海拾贝"，以激发学习者学习本课程的兴趣。

图书在版编目 （CIP） 数据

有机化合物及其鉴别/袁红兰，丁敬敏主编．—2 版．
北京：化学工业出版社，2009.1（2025.7重印）
中等职业教育国家规划教材
ISBN 978-7-122-04415-0

Ⅰ. 有…　Ⅱ. ①袁…②丁…　Ⅲ. 有机化合物-鉴别-专业学校-教材　Ⅳ. O621

中国版本图书馆 CIP 数据核字（2008）第 206463 号

责任编辑：王文峡　　　　　　　文字编辑：徐雪华
责任校对：宋　夏　　　　　　　装帧设计：于　兵

出版发行：化学工业出版社（北京市东城区青年湖南街 13 号　邮政编码 100011）
印　　装：北京科印技术咨询服务有限公司数码印刷分部
787mm×1092mm　1/16　印张 17　字数 433 千字　2025 年 7 月北京第 2 版第 11 次印刷

购书咨询：010-64518888　　　　　售后服务：010-64518899
网　　址：http://www.cip.com.cn
凡购买本书，如有缺损质量问题，本社销售中心负责调换。

定　　价：48.00 元　　　　　　　　　　　　　　　　版权所有　违者必究

中等职业教育国家规划教材出版说明

　　为了贯彻《中共中央国务院关于深化教育改革全面推进素质教育的决定》精神，落实《面向 21 世纪教育振兴行动计划》中提出的职业教育课程改革和教材建设规划，根据教育部关于《中等职业教育国家规划教材申报、立项及管理意见》（教职成［2001］1 号）的精神，我们组织力量对实现中等职业教育培养目标和保证基本教学规格起保障作用的德育课程、文化基础课程、专业技术基础课程和 80 个重点建设专业主干课程的教材进行了规划和编写，从 2001 年秋季开学起，国家规划教材将陆续提供给各类中等职业学校选用。

　　国家规划教材是根据教育部最新颁布的德育课程、文化基础课程、专业技术基础课程和 80 个重点建设专业主干课程的教学大纲（课程教学基本要求）编写，并经全国中等职业教育教材审定委员会审定。新教材全面贯彻素质教育思想，从社会发展对高素质劳动者和中初级专门人才需要的实际出发，注重对学生的创新精神和实践能力的培养。新教材在理论体系、组织结构和阐述方法等方面均作了一些新的尝试。新教材实行一纲多本，努力办教材选用提供比较和选择，满足不同学制、不同专业和不同办学条件的教学需要。

　　希望各地、各部门积极推广和选用国家规划教材，并在使用过程中，注意总结经验，及时提出修改意见和建议，使之不断完善和提高。

教育部职业教育与成人教育司

再版前言

　　本教材是 2002 年根据教育部《面向 21 世纪教育振兴行动计划》中提出的职业教育课程改革和教材建设规划的精神，并按照工业分析与检验专业教学计划中有机化合物及其鉴别课程教学大纲要求编写出版的。适用于中等职业技术教育工业分析与检验专业及其相关专业学习、培训和同等学力自学参考，也可供高等职业技术教育的相关专业学习参考。

　　六年来，本教材经全国化工类职业院校的相关专业使用，受到了广大师生的欢迎和好评，随着中等职业教育的迅速发展，职业教育教学改革的不断深入，结合工业分析与检验和化工类专业对有机化学的基本概念、基本理论、基本反应的要求，该教材本次再版进行了精心整理、勘误、删改和充实，并重点做了以下几个方面的修订。

　　1. 本着"实用、实际、必需、够用"的原则，更加地强调理论知识的针对性，突出了理论联系实际。对有机化合物的结构理论、反应机理部分进行了简化和删改，降低了理论部分的难度。

　　2. 在重要的有机化合物介绍中，强调了最实用、最现代知识，并注重学习有机化合物的趣味性。补充了部分章节的重要有机化合物，如在第八章节中的重要胺及应用中就补充了三聚氰胺的介绍，并从三聚氰胺比蛋白质含有更高比例的氮原子，对将其添加在食品中以造成食品蛋白质含量较高的假象，而造成 2008 年三鹿奶粉污染事件等严重的食物安全事故的作了介绍。

　　3. 为进一步拓展学生视野，扩展学生的知识面，激发学生学习本门课程的兴趣。更新、补充了部分章节的阅读园地，增加了［资料窗］、［新视野］内容。

　　本书再版修订工作主要由贵州科技工程职业技术学院袁红兰、李家驹，常州工业职业技术学院丁敬敏、祁秀秀完成。在全书的修订过程中，祁秀秀做了大量的具体工作，并得到了贵州科技工程职业学院许祥静、吴筱南、张素萍等同志的大力支持，在此致以深切谢意！

　　由于编者水平有限，修订时间又仓促，书中难免仍有疏漏和不足之处，恳请读者和教育界同仁给予批评指正。

编者

2008 年 12 月于贵阳

第一版前言

本教材是根据教育部《面向21世纪教育振兴行动计划》中提出的职业教育课程改革和教材建设规划的精神，并按照《工业分析与检验》专业教学计划中《有机化合物及其鉴别》课程教学大纲要求编写的。适用于中等职业技术教育《工业分析与检验》专业及相关专业学习、培训和同等学力自学参考，也可供高等职业技术教育的相关专业学习参考。

在编写过程中，编者以CBE教育模式为指导思想，注重理论联系实际，力求做到以"必需"和"够用"为度，体现以能力为本、应用为目的的原则。

全书由11章构成，总学时为120学时。

本书力图体现以下几方面特点。

1. 以能力培养为主线的教学思想贯穿于全书。根据编者多年的教学经验，将全书结构分为三大模块，即认识有机化合物，应用有机化合物，鉴别有机化合物。着重以应用、鉴别有机化合物的能力训练为目的，突出理论联系实际的原则，淡化理论知识的系统性，强调理论知识的针对性。

2. 贴近生产、生活，激发学生的学习兴趣和求知欲望。教材的编写均以有机化合物在生产或生活中的实际应用为引导，在每章的开篇都编排有学习指南和章节关键词，使学生有目标地进入新知识的学习；通过以认识和应用有机化合物、技能训练、练习题、考核表的编写形式，循序渐进地让学习者达到学习知识、掌握技能、自我测试学习效果的目的。

3. 注重对学生创新能力的培养，扩展学生的知识面。在章节中插入"阅读园地"、"科海拾贝"，介绍有机化学界名人、典故、新技术、新知识以及环保方面的知识等，拓宽学生视野，激发学生学习本门课程的兴趣。

4. 本教材第11章编写了有机化合物的分离纯化技术与综合实验，该章以实验技术和操作规范的基本训练为主要内容。综合实验选择了源于生产、生活的实际内容，以培养学生分析问题、解决问题、掌握实验技术的能力，以期达到对学习者以能力为本位的培养目的。

本书由贵州科技工程职业学院袁红兰主编，常州化工学校丁敬敏参编，上海信息技术学校翁宇静参审。袁红兰编写了1～8章、丁敬敏编写了9～11章。在全书的编写过程中，丁敬敏做了大量的具体工作，并得到了贵州科技工程职业学院曾悟声、吴筱南、张素萍，常州化工学校沈永祥等同志的大力支持，在此致以深切谢意！

由于编者水平有限，时间又很仓促，书中难免有不足之处，恳请读者和教育界同仁给予批评指正。本书编写时参考了大量的相关专著和资料（参考书目见后），在此向其作者一并致谢。

编者

目　　录

7 羧酸及其衍生物 ·································· 124

1 | 有机化合物概述

学习指南 丰富多彩的物质世界，大多数是由有机物组成，而所有的有机化合物都与神奇的碳元素息息相关。因此，人们将有机化学定义为研究碳化合物的科学。认识有机化合物，学习有机化合物的知识，学会分析、鉴定有机化合物，这是工业分析与检验专业学生的重要任务。我们在本章中将要了解有机化合物和有机化学的涵义，掌握有机化合物的特性；了解碳以四价成键的方式及相应的共价键理论；进而掌握表达有机化合物的方法，了解其分类方式及如何研究有机化合物，学会鉴别有机化合物。

本章关键词 有机化合物 有机化学 碳原子的四价 共价键 官能团 构造式

认识有机化合物

1.1 有机化合物与有机化学

有机化合物广泛存在于自然界，它与人类的生活密切相关，人们的生活一刻也离不开有机物质。最初人们将自然界的物质按其来源、组成和性质分为两大类，一类是无机化合物；另一类是有机化合物。

1675 年，法国化学家勒穆（N. Lemery）首先把来源于岩石、土壤、海洋及空气中的一些物质称为无机化合物或无机物，如矿石、金属、盐类等；而把来源于动植物的物质称为有机化合物或有机物。1806 年瑞典著名化学家柏则里斯（J. Berzelius，1779～1848 年）提出有机物只能从有生命力的动植物体中制造出来，而不能在实验室用人工方法制备出来的"生命力论"后，首次将研究有机化合物的化学定义为有机化学。

1825 年，柏则里斯的优秀门生，德国化学家维勒（F. Wöhler）在实验室用氰酸钾和氯化铵制备氰酸铵的实验中，在加热蒸发氰酸铵溶液时无意中得到了一种白色粉末状固体。经过 3 年的潜心研究，表明这种白色粉末固体正是哺乳动物新陈代谢的产物——尿素。

$$NH_4OCN \xrightarrow{60℃} H_2N-\overset{\overset{\displaystyle O}{\|}}{C}-NH_2$$

尿素的人工合成，对"生命力论"产生了强大的冲击，它证明在有机物和无机物之间根本不存在由生命力支配而产生的本质区别，有机物和无机物一样，也可以通过实验手段合成出来。自尿素人工合成以后，又有不少有机化合物如：醋酸、油脂、葡萄糖、柠檬酸、琥珀酸、苹果酸等一系列过去从动植物体中提取的有机物在实验室里问世。

另一方面，随着分析技术的进步，人们发现有机化合物有一个共同的特点，即都含有碳元素。于是，1848年德国化学家葛梅林（L. Gmeliin，1788～1853年）将有机化合物定义为含碳化合物，有机化学就是研究含碳化合物的化学。分析表明有机化合物除了含碳元素外，还含有氢、氧、氮、卤素等元素，其中尤以含碳、氢元素为众，因此，有机化合物也可看做是碳氢化合物及由碳氢化合物衍生而来的化合物。1874年，德国化学家肖莱马（K. Schorlemmer，1834～1892年）将有机化合物定义为碳氢化合物及其衍生物，有机化学定义为研究碳氢化合物及其衍生物的化学。

由此可见，"有机化合物"这一名词的涵义已随着科学的不断进步和发展，被完全更新。同样任何一个定义也必将随着科学的不断进步和发展，不断得到修正和完善。因此有机化合物这一名词已不再具有原来的意义，它只是由于历史和习惯的缘故才沿用至今。

21世纪是生命科学的世纪，人们已经能够从分子和原子的水平上来认识许多生命现象，这将促使有机化学从实验方法到理论都会产生巨大的进展，显示出其蓬勃发展的强劲势头和活力。世界上每年合成的近百万个新化合物中约70%以上是有机化合物。其中有些因其所具有的特殊功能而用于材料、能源、医药、生命科学、农业、营养、石油化工、交通、环境科学等与人类生活密切相关的各行各业中，直接或间接地为人类提供大量的必需品。与此同时，人们也面对所合成的大量有机物对生态、环境、人类的影响问题。展望未来，科技进步将使人们更注重优化使用有机化合物，将人类的生存环境变得更优更美。因此作为工业分析专业的学生学习并认识有机化合物，掌握有机化合物的鉴别方法就很有必要了。

【阅读园地】科学家　维勒

维勒（Friedrch Wöhler，1800～1882年），德国化学家，1825年首次从无机物人工合成出有机化合物——尿素。

1822年，维勒制得氰酸银$AgCNO$、氰酸铅$Pb(CNO)_2$等氰酸盐。1825年，他将氰酸银用氯化铵溶液处理，得到一种白色晶状物质，实验表明这种白色晶体物质毫无氰酸盐性质。他还将氰酸铅用氢氧化铵溶液处理，也得到一种白色晶体。最初，他认为这种白色晶体物质是一种生物碱，但是检验结果是否定的。后来他考虑到是尿素，把它和从尿中提取的尿素进行比较，证明是同一物质。

维勒是在1828年才发表《论尿素的人工合成》一文，事实上，早在1824年他已经人工制得尿素。这年他用瑞典文在《斯德哥尔摩科学院报告》中发表"论氰化钠"。1825年他又用德文发表此论文。文中叙述将氰$(CN)_2$与氨水作用获得草酸$(COOH)_2$和一种白色奇异的结晶物质。不过当时他没有认清这白色奇异的结晶物质是尿素。

维勒在1828年2月22日给他的老师贝齐乌斯的信中写道"我要告诉阁下，我不用人或狗的肾脏制成尿素。氰酸铵是尿素。"

尿素的人工合成打破了"生命力论"，也打开了无机物与有机物之间不可逾越的界墙。

——参考钱旭红编. 有机化学. 北京：化学工业出版社，1999

1.2　有机化合物

1.2.1　有机化合物的特性

有机物与无机物之间尽管不存在绝对的分界线，但是二者在化学结构、物理性质、化学性质以及化学反应性能等方面存在显著的差异。有机物与无机物比较有以下特点。

（1）结构复杂　虽然组成有机化合物的元素不多，但由于碳原子之间能相互成键，其结构较之无机物要复杂得多，有机化合物的同分异构现象使其种类繁多。

（2）**容易燃烧** 由于有机物大都含有碳、氢两种元素，因此大多数有机物都易燃烧，如汽油、油脂等。而大多数无机物都不能燃烧，如食盐、碳酸钙等都不能燃烧。因此，可以通过灼烧试验初步区别有机物和无机物。

（3）**熔点、沸点较低** 有机化合物的熔点较低，一般在 400℃ 以下，而无机化合物的熔点则比较高，如氯化钠的熔点为 800℃，这是由于有机物大多数属于分子晶体，聚集状态靠微弱的范德华力作用，这就使固态有机物熔化或液态有机物汽化所需要的能量较低，而无机化合物多属离子晶体，分子间的排列是靠离子间静电吸引作用，要破坏无机分子间的排列，所需能量就高得多。因此，有机物的熔点和沸点比无机物要低得多。

（4）**难溶于水，易溶于有机溶剂** 有机化合物分子中的化学键多数为共价键，一般极性较弱或完全没有极性，而水是一种极性较强的溶剂。根据"相似相溶"规则，即极性化合物易溶解于极性溶剂中；非极性化合物易溶解于非极性溶剂中。水分子为极性分子，对于极性大的无机物，水是很好的溶剂。而大多数有机分子都属弱极性或非极性分子，因此，有机物难溶于水，易溶于有机溶剂。有机物的这一特性给有机分析带来一定的困难，选择一个恰当的溶剂进行有机物的鉴别，是工业分析专业学生在学习过程中需注意和考虑的问题。

（5）**反应速度慢** 无机物的反应大多是离子反应，因此反应极为迅速，如氯离子和银离子反应，可瞬间生成氯化银沉淀。而有机物的反应一般是分子反应，反应速率较慢。如氯乙烷与硝酸银的醇溶液在常温下不发生反应，只有加热才能有氯化银沉淀生成。

（6）**副反应多** 有机分子的结构比较复杂，分子的各部位都有可能参加不同程度的化学反应，因此反应产物复杂，产率也较低，很少达到 100%。因此，在一定反应条件下，主要的反应方向称为主反应，其余的反应称为副反应。

1.2.2 有机化合物的结构

1.2.2.1 碳原子的四价与共价键

（1）**碳原子的四价** 碳原子位于元素周期表的第 2 周期第 Ⅳ 主族。碳原子在周期表中的特殊位置，决定了碳原子是四价，并可以相互连接成碳链，也可以由碳链首尾相连形成碳环。例如甲烷（CH_4）、四氯化碳（CCl_4）。碳原子也可以碳碳单键（C—C）、碳碳双键（C=C）或碳碳叁键（C≡C）的方式相互连接。

（2）**共价键的形成** 碳原子与其他原子结合时，一般是通过共用电子对方式形成共价键。由两个原子各提供一个电子，进行"电子配对"而形成的共价键，叫做单键，用一条短直线"—"表示。两个原子各用两个或三个未成键的电子相互配对，形成的共价键分别称为双键或叁键。

（3）**共价键的特点** 共价键与离子键相比，它具有下列特点。

① **共价键有饱和性** 价键理论认为，在一个原子轨道中，只能容纳两个自旋方向相反的电子，当一个电子和另一个电子配对成键后，就不能再和其他电子配对成键了，这就是共价键的饱和性。

② **共价键有方向性** 根据原子轨道最大重叠原理，电子云重叠部分越大，所形成的共价键越牢固。而原子轨道中除了 s 轨道呈球形对称外，其余的 p、d、f 轨道都有着一定的空间伸展方向，原子轨道必须在各自电子云密度最大的方向上重叠才能形成稳定的共价键，因此，共价键有方向性。

以 H 原子和 Cl 原子形成氯化氢分子为例，见图 1-1。H 原子轨道沿 X 轴向 Cl 原子轨道接近，重叠最大，形成稳定的 HCl 分子；若 H 原子轨道沿另一方向接近 Cl 原子轨道，则重叠较少，形成的 HCl 分子不稳定；H 原子轨道沿 Y 轴方向向 Cl 原子轨道接近，则不能重叠。

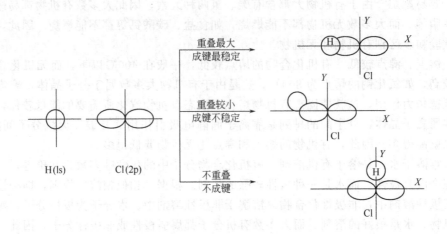

图 1-1　s 和 p 电子原子轨道的三种重叠情况

（4）共价键的属性　键长、键角、键能以及键的极性，都是由共价键表现出来的性质，这些表征化学键性质的物理量，统称为共价键的属性。

1.2.2.2　有机化合物的表示方法

由于有机化合物普遍存在同分异构现象，因此仅用分子式不能准确表示某一种有机化合物，必须用构造式或构造简式来表示，构造式是表示有机化合物构造的式子。例如

化合物	甲烷	乙醇	甲醚
分子式	CH_4	C_2H_6O	C_2H_6O
构造式	$\begin{matrix} & H & \\ H- & \overset{\displaystyle |}{\underset{\displaystyle |}{C}} & -H \\ & H & \end{matrix}$	$\begin{matrix} H & H & \\ \overset{\displaystyle |}{\underset{\displaystyle |}{H-C}} & \overset{\displaystyle |}{\underset{\displaystyle |}{C}} & -O-H \\ H & H & \end{matrix}$	$\begin{matrix} H & & H \\ \overset{\displaystyle |}{\underset{\displaystyle |}{H-C}} & -O- & \overset{\displaystyle |}{\underset{\displaystyle |}{C-H}} \\ H & & H \end{matrix}$
构造简式	CH_4	CH_3-CH_2-OH	CH_3-O-CH_3

分子式仅能表示分子中原子在数量上的关系，构造式则能够表示出分子中各原子的排列顺序和连接方式，构造简式是介于构造式和分子式之间的一种式子，它既能基本上表示出分子内原子的排列情况，又能很容易地看出原子的种类和数目，有机化合物常用构造简式表示。

1.2.3　有机化合物的分类

有机化合物一般有如下两种分类方法：一种是根据分子中碳原子的连接方式即碳链骨架分类；另一种是根据决定分子主要化学性质的特殊原子或基团即官能团分类。

1.2.3.1　根据碳链骨架分类

由碳原子彼此相互连接所形成的碳链或碳环称为碳架。根据碳架可分为开链化合物和环状化合物。

（1）开链化合物　碳原子相互结合形成链状，有端点，也称脂肪族化合物。例如

丙烷　　　　　　　　丙烯　　　　　　　　1-丁醇

（2）碳环化合物 碳原子相互连接成环，它们又可分为三种。

① 脂环族化合物 碳原子互相连接成环，其性质与开链化合物（脂肪族化合物）相似，也叫脂肪族环状化合物。例如

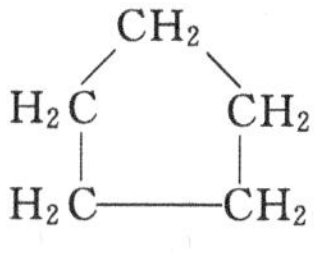

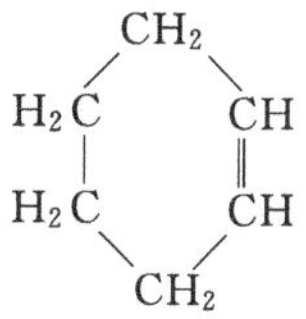

环戊烷 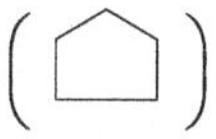 环己烯

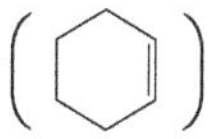

② 芳香族化合物 这类化合物分子中都含有一个由 6 个碳原子组成的在同一平面内的环状闭合共轭体系，其性质与脂肪族化合物有较大的区别。例如

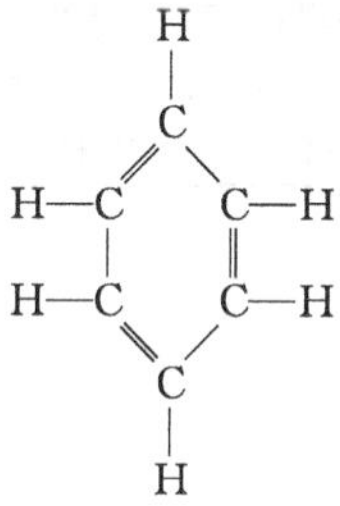

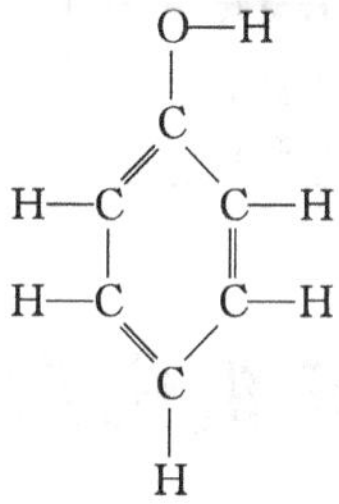

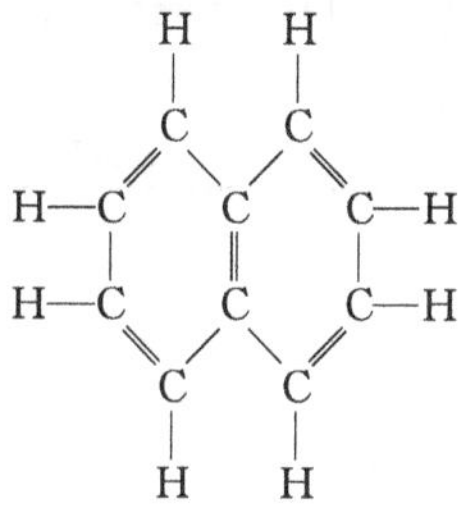

苯  苯酚 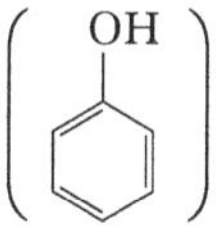 萘

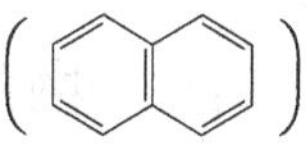

③ 杂环化合物 这类化合物分子中的环是由碳原子和其他非碳原子（如 O、N、S 等）组成的。由于非碳原子又称"杂"原子，所以这类化合物称为杂环化合物。其中有一类杂环化合物具有芳香烃，例如

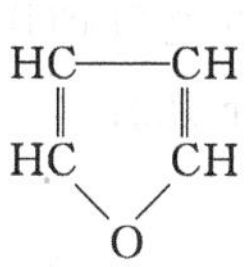

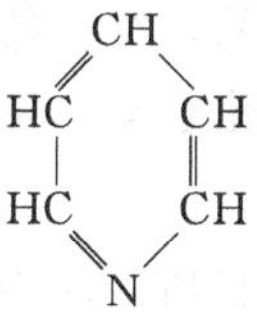

呋喃 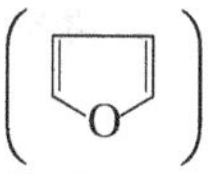 吡啶

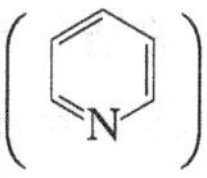

1.2.3.2 根据官能团分类

官能团是指有机物分子结构中能决定该化合物主要化学性质的原子或基团。一般说来具有相同官能团的化合物化学性质是基本相同的。通常按官能团分类的方法研究有机化合物。表 1-1 列出了常见有机物的官能团及其名称。

表 1-1 常见有机物的官能团及其名称

有机物类	官能团结构	官能团名称	实 例
烯烃	$\text{C}=\text{C}$	碳碳双键	$CH_2=CH_2$ 乙烯
炔烃	$-\text{C}\equiv\text{C}-$	碳碳叁键	$HC\equiv CH$ 乙炔
卤代烃	$-X$	卤基	CH_3CH_2Cl 氯乙烷
醇	$-OH$	醇羟基	CH_3CH_2OH 乙醇
酚	$-OH$	酚羟基	C_6H_5OH 苯酚

有机物类	官能团结构	官能团名称	实　例
醚	—O—	醚键	$C_2H_5OC_2H_5$　乙醚
醛	$\overset{O}{\underset{\|}{—C—H}}$	醛基	$CH_3\overset{O}{\underset{\|}{C}}—H$　乙醛
酮	$\overset{O}{\underset{\|}{—C—}}$	羰基	$CH_3\overset{O}{\underset{\|}{C}}CH_3$　丙酮
羧酸	$\overset{O}{\underset{\|}{—C—OH}}$	羧基	$CH_3\overset{O}{\underset{\|}{C}}—OH$　乙酸
硝基化合物	$—NO_2$	硝基	$C_6H_5NO_2$　硝基苯
胺	$—NH_2$	氨基	CH_3NH_2　甲胺
腈	$—CN$	氰基	CH_3CN　乙腈
重氮化合物	$—N\overset{+}{=}N—X^-$	重氮基	$C_6H_5—N\overset{+}{=}NCl^-$　氯化重氮苯
偶氮化合物	$—N=N—$	偶氮基	$C_6H_5—N=N—C_6H_5$　偶氮苯
磺酸	$—SO_3H$	磺酸基	$C_6H_5—SO_3H$　苯磺酸

鉴别有机化合物

1.3　研究有机化合物的方法

1.3.1　提纯

在研究任何一种化合物以前，必须保证该化合物是单一纯净的物质，而从天然物中提取或人工合成所得到的有机物，往往掺杂着许多杂质，因此必须使用各种方法将这些杂质除去（即提纯），以得到纯净的化合物。常用的提纯方法有以下几种。

1.3.1.1　结晶和重结晶

结晶是指溶液达到饱和后，从溶液中析出晶体的过程，物质在溶液中的饱和程度与物质的溶解度和温度有关，通常结晶有两种方法，一种是只需将溶液加热至饱和后，冷却即可析出晶体；另一种是将溶液蒸发至稀粥状后冷却结晶。

重结晶是提高结晶物质纯度的重要方法，其操作特点是利用杂质和被提纯物在溶剂中具有不同的溶解度，在加热的情况下，使被纯化物质溶于尽可能少的溶剂中，形成饱和溶液。趁热过滤以除去不溶性杂质，然后使滤液冷却，被纯化物质以结晶析出，而可溶性杂质因量较小而留在母液中，过滤便得到较纯净的物质。

1.3.1.2　蒸馏

蒸馏是基于待分离化合物的沸点的差异，分离、提纯液体有机化合物的常用方法，其过程是将液体有机物加热至沸使之气化，然后再将气化蒸气冷凝为液体并收集的过程。通过蒸馏不仅可以把挥发性物质与不挥发性物质分离开来，而且还可把沸点不同的液体混合物分离开来。蒸馏有常压蒸馏、减压蒸馏、水蒸气蒸馏及分馏。

1.3.1.3　升华

某些固体物质可不经过熔化，而直接变为蒸气，然后冷凝又变为固体，此过程叫升华。

只有在其熔点温度以下具有相当高蒸气压（高于 26.7kPa）的固态物质才可利用升华进行提纯。利用升华可除去不挥发性杂质，或分离不同挥发度的固体混合物，升华常可得到较高纯度的产物，但操作时间长，损失也较大。

1.3.1.4 萃取

萃取是根据物质在两种不互溶或微溶的溶剂中的分配不同进行的分离方法，它既可从固体或液体混合物中提取出所需要的物质，进行分离或富集；也可用来除去混合物中少量杂质。

1.3.1.5 色谱

利用吸附剂对混合物各组分的吸附能力的不同，通过溶剂淋洗把提取物质与杂质分离的方法。常用的吸附剂有氧化铝、硅胶、淀粉等。可分为柱色谱、薄层色谱、液相色谱等。

1.3.2 元素分析

1.3.2.1 定性分析

元素定性分析的目的是分析有机物由哪些元素组成。把有机物和氧化铜一起放在试管中燃烧，试管上部有水珠，证明有机物中含氢；把生成的气体导入石灰水中产生白色沉淀，说明有二氧化碳产生；把有机物与钠熔融，如果分子中有氮、硫、卤素，则产生氰化钠、硫化钠、卤化物，产生的这些离子可用无机定性分析法测定。

1.3.2.2 定量分析

元素定量分析就是确定各种元素的百分含量。

（1）碳和氢的定量分析　将准确称量的样品放在一根燃烧管里，用红热的氧化铜氧化，经彻底燃烧后生成的二氧化碳和水，用纯的氧气流分别赶到吸附在石棉上的氢氧化钠粉末和高氯酸镁的两个吸收管内，两个吸收管的增重分别表示生成的二氧化碳和水的质量，由此数据可计算分子中的碳和氢的含量。

（2）氮的分析　将有机物彻底燃烧，氮变为氮气，用二氧化碳气流把它带入装满了浓氢氧化钾溶液并带有刻度的管子内，二氧化碳被吸收，未被吸收进入刻度管的气体即为氮气，测量氮气体积，从而计算出含氮量。

（3）卤素的分析　将样品放在氧气流中，在铂的催化作用下分解，然后用过氧化氢还原，卤素变为卤离子，用硝酸银溶液滴定。

（4）硫的分析　将有机物与发烟硝酸共热氧化，硫被氧化为硫酸根，用钡盐滴定。

（5）氧的分析　将样品在管内与活性炭混合烧至 1200℃，样品中的氧全部变一氧化碳。用氮气流使其与五氧化二碘反应，使一氧化碳转变为二氧化碳，同时游离出碘，碘可用容量法测定。

1.3.3 分子式的确定

1.3.3.1 实验式的计算

将各元素的质量分数用相应元素的相对原子质量去除，就得出化合物中各元素原子的简单比，这个简单比即为实验式。

例如，有一含碳、氢、氧三种元素的有机化合物，称取 3.26g 样品燃烧，得到 4.74g CO_2 和 1.92g H_2O。则求实验式的步骤为

$$m(C)=m(CO_2)\times\frac{M(C)}{M(CO_2)}=4.74\times\frac{12}{44}=1.29\ (g)$$

$$W(C) = \frac{1.29}{3.26} \times 100\% = 39.6\%$$

$$m(H) = m(H_2O) \times \frac{2M(H)}{M(H_2O)} = 1.92 \times \frac{2}{18} = 0.123 \quad (g)$$

$$W(H) = \frac{0.213}{3.26} \times 100\% = 6.53\%$$

$$W(O) = 100\% - W(C) - W(H) = 100\% - 39.6\% - 6.53\% = 53.87\%$$

则 C、H、O 原子数之比为

C $\quad \dfrac{39.6}{12} = 3.3 \qquad\qquad 3.3/3.3 = 1$

H $\quad \dfrac{6.53}{1} = 6.53 \qquad\qquad 6.53/3.3 = 1.98$

O $\quad \dfrac{53.87}{16} = 3.37 \qquad\qquad 3.37/3.3 = 1.02$

所以 $\quad$ C : H : O = 1 : 1.98 : 1.02 ≈ 1 : 2 : 1

故实验式为 $(CH_2O)_n$。

1.3.3.2 相对分子质量的测定

对气体和易挥发的有机化合物的相对分子质量可用蒸气密度法测定。其原理是量取一定量的有机物气体，然后换算成在标准状况下 22.4L 的质量，就得到该物质的相对分子质量。固体物质经常用沸点升高法或凝固点降低法测其相对分子质量。沸点升高或凝固点降低的度数取决于溶液中溶质分子的数目，即等数目的溶质分子在同一溶剂内则必然具有相同的沸点或凝固点。1mol 的固体溶质溶在 1000g 溶剂内时凝固点降低的度数叫摩尔凝固点降低常数。按下式可求出溶质的相对分子质量。

$$M = \frac{1000 \times m_B \times E}{m_A \times T}$$

式中 $\quad m_B$——样品 B 的质量，g；

$\qquad E$——摩尔凝固点降低常数；

$\qquad m_A$——溶剂 A 的质量，g；

$\qquad T$——B 样品的溶在 A 溶剂内所观察到的凝固点降低的度数。

1.3.4 官能团的测定

用化学分析法测定分子中可能存在的基团的方法很繁琐，现在已将物理仪器应用于化学分析，这给有机物结构的测定带来了很大的方便和准确性。例如，利用红外光谱分析可以确定分子中某些基团的存在；通过紫外光谱可以确定化合物中有无共轭体系；核磁共振谱可以提供分子中氢、碳、磷等原子的结合方式；质谱分析除可测定分子量外，还可以根据形成的碎片推断化合物的结构等。

1.4 本课程的专业要求

本课程是《工业分析与检验专业》的一门专业必修课程。随着有机化合物应用不断渗透到各个领域，鉴定、分析有机化合物就成了工业分析常规的分析工作。要进行有机化合物的鉴别、分析，就必须认识有机化合物，了解其性能，掌握有机化合物的基本知识。随着科学技术的日新月异，鉴别、分析有机化合物技术也在朝着快速、高效、微量、自动化等方向发展。同时，由于有机化合物种类的不断增加，在工业分析中越来越多地使用有机化合物作溶剂和试剂，日常的常量分析也大量运用了有机化合物作掩蔽剂、富集剂、萃取剂、沉淀剂，配位剂、滴定剂等。如果对有机化合物没有很好的认识和了解，就很难做到准确、合理、安全地应用有机化合物。因此，《工业分析与检验》专业的学生学习本课程的基本要求是：认识有机化合物基本知识，即掌握有机化学的涵义，有机化合物特点，性能、结构特征、用途以及有机化合物的书写、命名。并能根据有机化合物的性质、正确、安全地使用和鉴别有机化合物。基本掌握分离有机混合物和纯化有机化合物的基本技术，能正确选择仪器设备、安装装置，安全规范地操作。

总之，通过学习本门课程后，应能认识、应用、鉴别有机化合物。

【科海拾贝】绿色化学

绿色化学，又称环境无害化学，是利用化学来防止污染的一门科学。是指化学反应和过程以"原子经济性"为基本原则，即在获取新物质的化学反应中充分利用参与反应的每个原料原子，实现"零排放"。不仅充分利用资源，而且不产生污染；并采用无毒、无害的溶剂、助剂和催化剂，生产有利于环境保护，社区安全和人身健康的环境友好产品。绿色化学化工的目标是寻找充分利用原材料和能源，且在各个环节都采用洁净和无污染的反应途径和工艺。对生产过程来说，绿色化学包括：节约原材料和能源，淘汰有毒原材料，在生产过程排放废物之前减降废物的数量和毒性；对产品来说，绿色化学旨在减少从原料的加工到产品的最终处置的全周期的不利影响。绿色化学不仅将为传统化学工业带来革命性的变化，而且必将推进绿色能源工业及绿色农业的建立与发展。因此绿色化学是更高层次的化学，化学家不仅要研究化学品生产的可行性和现实用途，还要考虑和设计符合绿色化学要求，不产生或减少污染的化学过程。

绿色化学将使化学工业改变面貌，它的发展方向主要体现在以下几个方面：

① 新的化学反应过程研究；

② 传统化学过程的绿色化学改造；

③ 能源中绿色化学问题和洁净煤化学技术；

④ 资源再生和循环使用技术研究；

⑤ 综合利用的绿色生化工程。

绿色化学是始于 20 世纪 90 年代初的新兴交叉学科，是实用背景强，国计民生急需解决的热点研究领域。在 21 世纪将会出现崭新的局面。

——摘自仲崇立编．绿色化学与化工．北京：化学工业出版社，2000

 练习

1. 什么是有机化合物？有机化合物有哪些特性？

2. 有机化学的涵义是什么？

3. 研究有机化合物的方法主要有哪几种？

4. F_2、HF、CH_4、$CHCl_3$、CH_3OH 诸分子中哪些具有极性键？哪些是极性分子？

5. 写出戊烷 C_5H_{12} 的构造式和构造简式。

6. 根据下列每个化合物的分析值，写出它们的实验式。

(1) 己醇：70.4%C，13.9%H　　　　(2) 苯：92.1%C，7.9%H

(3) 吗啡：71.6%C，6.7%H，4.9%N

7. 燃烧樟脑 0.0132g 得到 CO_2 0.0382g、H_2O 0.0126g。经定量分析得知，除含 C、H、O 外，不含其他元素，计算它的实验式。

8. 根据官能团区分下列化合物。哪些属于同一类化合物？如按碳架分，哪些同属一族，属于哪一族？

(1) CH_3CH_2OH

(2) $CH_3-\overset{\displaystyle O}{\underset{\displaystyle \|}{C}}-OH$

(3) ⌬—OH

(4) ⌬—$\overset{\displaystyle O}{\underset{\displaystyle \|}{C}}$—OH

（5）CH_3CH_2Cl

（6） 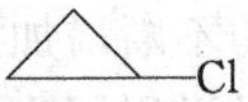 △—Cl

（7）

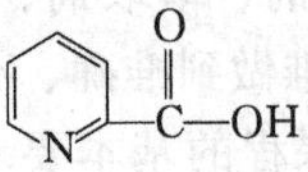

（8）CH_2＝CH—CH_2OH

知识考核表

项　目	考　核　内　容	分　值	说　明
有机化合物	1. 有机化合物的含义及其分类 　　有机化合物的含义 　　有机化学研究的内容 　　组成有机化合物的主要元素 　　有机化合物的分类方法 　　官能团的名称及书写	25	
	2. 有机化合物的特性 　　有机化合物的特点 　　相似相溶规则 　　有机化学反应的类型 　　主反应与副反应	20	
	3. 有机化合物的结构 　　碳原子的四价 　　共价键理论 　　有机化合物的表示及书写方法	25	
	4. 有机化合物的研究方法 　　有机化合物常用的提纯方法 　　元素定性、定量分析的目的 　　有机化合物中的碳、氢、氮、卤素、硫、氧含量的测定 　　有机化合物分子式与实验式的差别 　　确定有机化合物组成和结构常用的仪器分析方法	20	
	5. 有机物与工业分析的关系	10	

2 │ 脂肪烃和脂环烃

学习指南 烃化合物在有机化合物中扮演着重要角色，它是所有有机化合物的母体，并且广泛应用于人们的日常生活，因此掌握烃的有关基本概念对学好有机化学至关重要。我们在本章中将对烃作一个全面的了解。了解烃的同分异构现象、烃的结构特点、烃的命名方法（其命名方法是命名其他有机化合物的基础）；同时还要了解烃的性质及其用途，学会鉴别烃的方法，通过学习达到安全、正确地应用烃类化合物的目的。

本章关键词 烷烃 烯烃 炔烃 环烷烃 共轭二烯烃 系统命名法 同分异构 顺反异构 σ键 π键 构造式 碳、氢原子的类型 加成反应 聚合反应 氧化反应 催化加氢 溴的四氯化碳反应 高锰酸钾反应 炔银反应

认 识 烷 烃

2.1 烷烃及鉴别

分子中只含有碳、氢两种元素的有机化合物，叫做烃（音 tīng），也称碳氢化合物。根据碳碳间连接方式不同，烃可以分为开链烃和环状烃两大类。开链烃也称脂肪烃，它又分为饱和烃和不饱和烃两类。环状烃也称闭链烃，它又分为脂环烃和芳香烃两类。

饱和烃是指分子中碳原子间以单键相连，其余的价键全部为氢原子所饱和的一类烃。饱和烃又称烷烃。

2.1.1 烷烃的通式、同系列和同分异构

2.1.1.1 烷烃的通式和同系列

烷烃广泛存在于自然界。从天然气和石油中分离出来的烷烃有甲烷（CH_4）、乙烷（C_2H_6）、丙烷（C_3H_8）、丁烷（C_4H_{10}）等。从甲烷开始，每增加一个碳原子，就相应地增加两个氢原子。因此，可用 C_nH_{2n+2} 的式子来表示这一系列化合物的组成，这个式子就叫做烷烃的通式，式中 n 代表碳原子数。

像烷烃这种具有同一个通式，在组成上相差一个或多个 CH_2 的一系列化合物称作同系列。同系列中各化合物彼此互称为同系物。CH_2 则称为同系列的系差。显然，同系列中各同系物的化学性质是相似的，其物理性质随着碳原子数的增加而呈规律性的变化。因此，只要掌握了同系列中某几个典型的，有代表性的化合物的性质，就可以推知系列中其他同系物的一般化学性质，这对学习和掌握有机化合物的性质提供了方便。

2.1.1.2 烷烃的同分异构

分子中原子互相连接的方式和次序叫做构造，在烷烃分子中，甲烷、乙烷、丙烷的碳原子之间只有一种连接方式，碳碳间仅以直链连接。而从丁烷开始，由于分子中碳原子之间的连接，除有以直链连接外，还有以侧链连接，从而使分子产生了构造异构现象。例如丁烷（C_4H_{10}）有下列两种构造异构体。

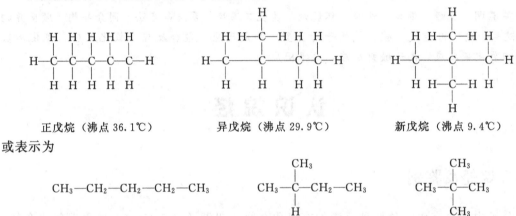

正丁烷（沸点 −0.5℃）　　　　　　　　异丁烷（沸点 −10.2℃）

可简写为　　　　　$CH_3CH_2CH_2CH_3$　　　　　　　$(CH_3)_2CHCH_3$

上述的异构现象，是由于分子中碳链的连接方式不同而引起的，因此也称这种异构现象为碳链异构（或碳架异构）。正丁烷和异丁烷互为碳链异构体。

又如戊烷有三个碳链异构体，其构造式为

正戊烷（沸点 36.1℃）　　　　异戊烷（沸点 29.9℃）　　　　新戊烷（沸点 9.4℃）

或表示为

$CH_3-CH_2-CH_2-CH_2-CH_3$

$CH_3-\overset{\displaystyle CH_3}{\underset{}{C}}-CH_2-CH_3$

$CH_3-\overset{\displaystyle CH_3}{\underset{\displaystyle CH_3}{C}}-CH_3$

简写为 $CH_3CH_2CH_2CH_2CH_3$　　　　$(CH_3)_2CHCH_2CH_3$　　　　$C(CH_3)_4$

从丁烷和戊烷的同分异构现象看出，产生烷烃同分异构现象的原因就是由于碳原子的排列方式即碳架不同而引起的。因此，可以根据碳架的不同排列方式推导出烷烃分子的各种同分异构体。

在烷烃分子中，异构体数目随着碳原子数的增加而增加，表 2-1 列出了某些烷烃的同分异构体数目。

表 2-1　某些烷烃的同分异构体数目

碳原子数	异构体数	碳原子数	异构体数	碳原子数	异构体数	碳原子数	异构体数
1	1	10	75	5	3	14	1858
2	1	11	159	6	4	15	4347
3	1	12	355	7	6	20	366319
4	2	13	802	8	18	30	4111646763

2.1.2　碳原子和氢原子的类型

在烷烃分子中，碳氢原子所处的位置不是完全等同的。把只与一个碳原子相连的碳称为伯碳原子，用 1° 表示；与两个碳原子相连的碳称为仲碳原子，用 2° 表示；与三个碳原子相连的碳称为叔碳原子，用 3° 表示；与四个碳原子相连的碳称为季碳原子，用 4° 表示。将连接在伯、仲、叔碳原子上的氢原子称为伯、仲、叔氢原子，用1°、2°、3°表示。

例如

$$
\begin{array}{ccccc}
& & & CH_3 & CH_3 \\
& & & | & | \\
CH_3 & -CH_2 & -CH & -C & -CH_3 \\
\uparrow & \uparrow & \uparrow & | & \nwarrow \\
& & & CH_3 & \\
\text{伯碳} & \text{仲碳} & \text{叔碳} & & \text{季碳} \\
\text{伯氢} & \text{仲氢} & \text{叔氢} & & \\
1° & 2° & 3° & & 4°
\end{array}
$$

2.1.3 烷烃的结构

2.1.3.1 甲烷的结构

甲烷是最简单的烷烃，其分子式为 CH_4。甲烷分子是一个正四面体结构，碳原子位于正四面体的中心，它的四个价键从中心指向正四面体的四个顶点，并和氢原子连接，四个 C—H 键的键长都为 0.109nm，键角都是 109.5°。

2.1.3.2 其他烷烃的结构

其他烷烃分子中 C—H 和 C—C 键的键长分别为 0.110nm 和 0.154nm 或与此相近，∠CCC 在 111°～113°之间，接近四面体所要求的角度。可以认为烷烃分子中碳原子以 sp³ 轨道重叠，生成碳碳 σ 键，碳原子以 sp³ 轨道与 H 原子的 1s 轨道重叠生成碳氢 σ 键。σ 键均可以键为轴自由旋转。

由于烷烃中碳原子的 sp³ 杂化，决定了丙烷以上的高级烷烃中的碳原子排列不是直线形的。加之 σ 键的自由旋转，因此以齿形的形式出现。但为了方便起见，一般在书写构造式时，仍写成直链形式。

2.1.4 烷烃的命名

烷烃的命名法通常有普通命名法和系统命名法。

2.1.4.1 普通命名法

普通命名法是历史逐渐形成并且沿用至今的一种最常用的方法，又叫习惯命名法。这种命名法对于一些简单化合物的命名特别有用。基本原则如下。

(1) 对于直链的烷烃叫做"正某烷"，"某"是指烷烃中碳原子的数目，在十以内用甲、乙、丙、丁、戊、己、庚、辛、壬、癸表示，十以上用中文数字表示。

例如：$CH_3CH_2CH_2CH_3$ $CH_3CH_2CH_2CH_2CH_2CH_2CH_2CH_2CH_2CH_2CH_2CH_3$

       正丁烷   正十二烷

(2) 对于含有支链的烷烃，则把链端第二位碳原子上连有一个甲基，其余碳原子均为直链的叫做"异"某烷；把链端第二位碳原子上连有两个甲基，其余碳原子均为直链的叫做"新"某烷，例如：

$$
\begin{array}{cc}
CH_3CHCH_2CH_3 & \qquad CH_3-\overset{\displaystyle CH_3}{\underset{\displaystyle CH_3}{\overset{|}{\underset{|}{C}}}}-CH_3 \\
\quad | & \\
\quad CH_3 & \\
\text{异戊烷} & \qquad\qquad \text{新戊烷}
\end{array}
$$

普通命名法仅适用于含碳原子数较少，构造简单的烷烃。构造复杂的则不适用。烷烃分子中去掉一个氢原子后剩下的原子团叫做烷基，通式为"C_nH_{2n+1}—"常用 R—表示。表 2-2

列出了常见烷基的构造式及命名。

表 2-2　常见烷基的构造式及命名

碳原子数	烷　烃	烷　基	命　名
1	甲烷 CH_4	CH_3-	甲　基
2	乙烷 C_2H_6	CH_3CH_2-　(C_2H_5-)	乙　基
3	丙烷 C_3H_8	$CH_3CH_2CH_2-$	正丙基
		$CH_3-\overset{\displaystyle |}{\underset{\displaystyle CH_3}{CH}}-$ 或 $(CH_3)_2CH-$	异丙基
4	丁烷 C_4H_{10}	$CH_3CH_2CH_2CH_2-$	正丁基
		$\overset{\displaystyle CH_3}{\underset{\displaystyle CH_3}{CH}}-CH_2-$	异丁基
		$CH_3-\overset{\displaystyle |}{\underset{\displaystyle CH_3}{CH}}-CH_2-CH_3$	仲丁基
		$CH_3-\overset{\displaystyle CH_3}{\underset{\displaystyle CH_3}{\overset{|}{\underset{|}{C}}}}-$	叔丁基

2.1.4.2　系统命名法

系统命名法是一种普遍适用的命名方法。它是由国际纯粹和应用化学联合会（International Union of Pure and Applied Chemistry，简称 IUPAC）确定的，结合我国汉字特点制定的一种命名方法。

系统命名法对于直链烷烃的命名，与普通命名法相同，但不写"正"字，例如

$CH_3CH_2CH_2CH_2CH_3$

普通命名法　　　　　　　正戊烷

系统命名法　　　　　　　戊　烷

对于带支链的烷烃，可以看做是直链烷烃的烷基衍生物，按下列规则命名。

（1）选择主链　从烷烃的构造式中，选择最长且连续的碳链做主链，而把主链以外的支链看做是主链上的取代基。例如

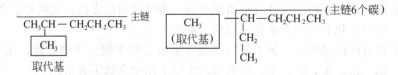

若分子中有两条以上等长且连续的碳链时，则选择取代基最多的碳链做主链。例如

$\begin{array}{ccccccc}
CH_3- & CH_2- & CH- & CH- & CH_2- & CH_3 \\
 & & | & | & & \\
 & CH_3- & CH & CH & -CH_3 & \\
 & & | & | & & \\
 & & CH_3 & CH_3 & &
\end{array}$

四条最长且连续的碳链均为 6 个碳原子，但虚线链连接两个或三个取代基，而实线碳链连接四个取代基，故应选择上述实线碳链为主链。

（2）主链编号　从靠近取代基一端（支链）开始，将主链上的碳原子依次用阿拉伯数字 1，2，3，……进行编号。取代基所在的位次就以它所连接的主链上的碳原子的数字表示

$$1\quad2\quad3\quad4\quad5$$
$$CH_3-CH-CH_2-CH_2-CH_3$$
$$|$$
$$CH_3$$

正确编号

$$5\quad4\quad3\quad2\quad1$$
$$CH_3-CH-CH_2-CH_2-CH_3$$
$$|$$
$$CH_3$$

错误编号

若从主链任何一端开始，第一个支链的位次都相同时，则使最小的取代基位号最小，取代基的大小由次序规则确定（详见 2.2.3.2）。例如

$$6\quad5\quad4\quad3\quad2\quad1$$
$$CH_3-CH_2-CH-CH-CH_2-CH_3$$
$$|\quad|$$
$$CH_2\ CH_3$$
$$|$$
$$CH_3$$

正确编号

$$1\quad2\quad3\quad4\quad5\quad6$$
$$CH_3-CH_2-CH-CH-CH_2-CH_3$$
$$|\quad|$$
$$CH_2\ CH_3$$
$$|$$
$$CH_3$$

错误编号

若从主链上任何一端开始，第一个支链的位次且取代基都相同时，应当采用使取代基具有最低系列编号。所谓"最低系列"指的是从碳链不同方向编号，得到两种不同编号的系列，则逐次逐项比较各系列的不同位次，最先遇到的位次最小者的系列，定为"最低系列"。例如

$$\begin{array}{cccccccc}&7&6&5&4&3&2&1\\&1&2&3&4&5&6&7\end{array}$$
左　$H_3C-HC-CH_2-CH-CH-CH-CH_3$　右
$$|\qquad\quad|\quad|\quad|$$
$$CH_3\qquad CH_2\ CH_2\ CH_3$$
$$|\quad|$$
$$CH_3\ CH_3$$

从左至右编号取代基位次：2，4，5，6；

从右至左编号取代基位次：2，3，4，6（最低系列）。

从上可见，从右至左编号，第二项首先出现最小，所以定该编号系列为最低系列。

（3）写出全称，把取代基的位次、名称依次写在母体烷烃之前，若含有几个取代基，则小的写在前面，大的写在后面，若含有两个以上的相同取代基，则把它们合并起来，在取代基的名称之前用中文数字二、三等表示相同取代基的数目，注意取代基的位次必须逐个用阿拉伯数字注明，位次的阿拉伯数字之间要用"，"隔开，阿拉伯数字与取代基名称之间必须用半字线"-"隔开。例如

$$1\quad2\quad3\quad4\quad5$$
$$CH_3-CH-CH_2-CH_2-CH_3$$
$$|$$
$$CH_3$$

2-甲基戊烷

$$1\quad2\quad3\quad4\quad5\quad6$$
$$CH_3-CH-CH-CH_2-CH_2-CH_3$$
$$|\quad|$$
$$CH_2\ C_2H_5$$

2-甲基-3-乙基己烷

$$CH_3$$
$$|$$
$$1\quad2\quad3\quad4\quad5$$
$$CH_3-C-CH-CH_2-CH_3$$
$$|\quad|$$
$$CH_3\ CH_3$$

2,2,3-三甲基戊烷

$$CH_3$$
$$|$$
$$1\quad2\quad3\quad4\quad5\quad6\quad7$$
$$CH_3-CH_2-CH-C-CH_2-CH_2-CH_3$$
$$|\quad|$$
$$C_2H_5\ CH_3$$

4,4-二甲基-3-乙基庚烷

2.1.5 烷烃的性质

2.1.5.1 烷烃的物理性质

有机化合物的物理性质通常指物态、熔点、沸点、密度、折射率、溶解度等，这些物理性质是鉴定有机化合物的重要依据。同时这些性质对于正确、安全、合理地使用有机化合物有着重要的指导意义。表 2-3 列出的一些直链烷烃的物理常数，从中可以清楚地看出直链烷

烃的物理性质随相对分子质量的增加而呈现出一定的递变规律。

表 2-3　一些直链烷烃的物理常数

状态	名称	分子式	熔点/℃	沸点/℃	密度/(g/cm³)	折射率 n_D^{20}
气态	甲烷	CH_4	−182.5	−164	0.466(−164℃)	
	乙烷	C_2H_6	−183.3	−88.6	0.572(108℃)	
	丙烷	C_3H_8	−189.7	−42.1	0.5005	
	丁烷	C_4H_{10}	−138.4	−0.5	0.6012	
液态	戊烷	C_5H_{12}	−129.7	36.1	0.6262	1.3575
	己烷	C_6H_{14}	−95.0	68.9	0.6603	1.3751
	庚烷	C_7H_{16}	−90.6	98.4	0.6838	1.3878
	辛烷	C_8H_{18}	−56.8	125.7	0.7025	1.3974
	壬烷	C_9H_{20}	−51	150.8	0.7176	1.4054
	癸烷	$C_{10}H_{22}$	−29.7	174	0.7298	1.4102
	十一烷	$C_{11}H_{24}$	−25.6	195.9	0.7402	1.4176
	十二烷	$C_{12}H_{26}$	−9.6	216.3	0.7487	1.4216
	十三烷	$C_{13}H_{28}$	−5.5	235.4	0.7564	1.4256
	十四烷	$C_{14}H_{30}$	5.9	253.7	0.7628	1.4290
	十五烷	$C_{15}H_{32}$	10	270.6	0.7685	1.4315
	十六烷	$C_{16}H_{34}$	18.2	287	0.7733	1.4345
固态	十七烷	$C_{17}H_{36}$	22	301.8	0.7780	1.4369
	十八烷	$C_{18}H_{38}$	28.2	316.1	0.7768	1.4390
	二十烷	$C_{20}H_{42}$	36.8	343	0.7886	1.4491

（1）**物态**　在室温和常压下，$C_1 \sim C_4$ 是气态，$C_5 \sim C_{17}$ 为液态，C_{18} 以上为固态。

（2）**沸点**　直链烷烃的沸点随相对分子质量的增加而有规律的升高，如图 2-1 所示。在相同碳原子数的烷烃异构体中直链烷烃沸点最高，支链烷烃沸点较低，支链愈多，沸点愈低，例如

名　称	正丁烷	异丁烷	戊烷	异戊烷	新戊烷
构造式	$CH_3CH_2CH_2CH_3$	$(CH_3)_2CHCH_3$	$CH_3CH_2CH_2CH_2CH_3$	$(CH_3)_2CHCH_2CH_3$	$(CH_3)_4C$
沸点/℃	−0.5	−10.2	36.1	27.9	9.5

（3）**熔点**　直链烷烃的熔点随相对分子质量的增加而升高，其中含偶数碳原子的升高比含奇数碳的要多一些，如图 2-2 所示。

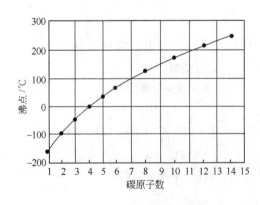

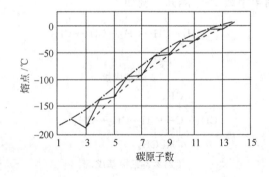

图 2-1　正烷烃的沸点曲线　　　　图 2-2　直链烷烃的熔点曲线

（4）**密度**　直链烷烃的密度随碳原子数的增加而增大，但密度均小于 1.0g/cm³。碳原子数相同的烷烃，支链多的比支链少的密度小。

（5）**溶解度**　烷烃难溶于水，易溶于四氯化碳、苯、氯仿等有机溶剂。

（6）**折射率**　直链烷烃的折射率随相对分子质量的增加而升高，对于液体烷烃可用折射

率进行鉴别。

2.1.5.2 烷烃的化学性质

烷烃分子中各原子都是以比较牢固的 σ 键相连，因此烷烃的化学性质很不活泼，尤其直链烷烃具有很强的稳定性。在常温下不易与强酸、强碱、强氧化剂及强还原剂反应，但在高温、光照或催化剂存在下，则可发生反应。

（1）氧化反应 烷烃在空气中燃烧生成二氧化碳和水，并放出大量的热。

甲烷等烷烃燃烧产生的热量，可用于人类的生产和生活。烷烃燃烧通式为

$$C_nH_{2n+2}+\frac{3n+1}{2}O_2 \xrightarrow{燃烧} nCO_2+(n+1)H_2O+Q$$

这是汽油和柴油作为内燃机燃料的基本原理。

在化工生产中，可以控制适当的条件使烷烃发生部分氧化，生成一系列有用的含氧衍生物。如用石油的轻油馏分（主要含 C_4H_{10}）氧化生产乙酸，用石蜡（$C_{20} \sim C_{30}$ 的烷烃）氧化成高级脂肪酸。又如甲烷可氧化生成甲醛或一氧化碳和氢气的混合物。

$$CH_4+O_2 \xrightarrow[600℃]{NO} HCHO+H_2O$$
$$甲醛$$

$$CH_4+\frac{1}{2}O_2 \xrightarrow[650\sim8]{Ni\text{-}Al_2O_3} CO+H_2$$

一氧化碳和氢气俗称合成气，可用来合成甲醇、氨、尿素等。

（2）裂化反应 烷烃在隔绝空气的情况下进行热分解的反应叫裂化反应。裂化反应的实质是 C—C 键和 C—H 的断裂，其产物是复杂的混合物。例如

$$CH_3-CH_2-CH_2-CH_3 \xrightarrow{\triangle} \begin{cases} CH_4+CH_3-CH=CH_2 \\ \quad 甲烷 \qquad 丙烯 \\ CH_2=CH_2+CH_3-CH_3 \\ \quad 乙烯 \qquad 乙烷 \\ H_2+CH_3-CH_2-CH=CH_2 \\ \qquad\qquad 1\text{-}丁烯 \end{cases}$$

得到的甲烷、乙烷、乙烯、丙烯、丁烯都是重要的基本有机化工原料。裂化反应在石油化学工业中有很重要的意义。

若在高于 700℃ 温度下将石油进行深度裂化，这个过程在石油工业中叫做裂解，可以得到更多的低级烯烃，是常用的化工基本原料。

（3）卤代反应 烷烃中的氢原子被卤原子（氯原子、溴原子）取代的反应，叫做卤代反应。

烷烃与氯气在室温和黑暗中不起反应，但在高温或光照下反应却很剧烈。例如甲烷与氯气的混合物在日光照射下可发生爆炸，生成氯化氢和碳。

$$CH_4+2Cl_2 \xrightarrow{日光} C+4HCl$$

若在漫射光或热（约在 400℃）的作用下，甲烷中的氢原子可逐渐被氯原子取代，得到一氯甲烷、二氯甲烷、三氯甲烷和四氯化碳等四种产物的混合物。

$$CH_4+Cl_2 \xrightarrow[或\triangle]{光照\,(h\nu)} CH_3Cl+HCl$$
$$一氯甲烷$$

$$CH_3Cl + Cl_2 \xrightarrow{h\nu} CH_2Cl_2 + HCl$$
二氯甲烷

$$CH_2Cl_2 + Cl_2 \xrightarrow{h\nu} CHCl_3 + HCl$$
三氯甲烷

$$CHCl_3 + Cl_2 \xrightarrow{h\nu} CCl_4 + HCl$$
四氯甲烷

若控制反应条件，特别是调节甲烷与氯气的物质的量比，可以使某种氯化烷成为其中的主要产品。例如：甲烷：氯气＝50∶1时，一氯甲烷的产量可达98％，如果甲烷：氯气＝1∶50时，产物几乎全部是四氯化碳。

一般地说，某一烷烃与卤素进行卤代反应时，其反应速率次序是：$F_2 > Cl_2 > Br_2 > I_2$，但由于氟与烷烃的反应过于激烈，难以控制，而碘代反应又难于进行。实际上，卤代反应通常是指氯代和溴代反应而言。

应 用 烷 烃

2.1.6 烷烃的用途与使用烷烃的安全知识

2.1.6.1 重要的烷烃

烷烃的主要来源为天然气和石油，天然气中主要成分是甲烷，同时还含有乙烷、丙烷、丁烷等，它们不仅是重要的能源，也是十分重要的化工原料。

（1）甲烷　甲烷是由一个碳原子和四个氢原子组成的最简单的有机化合物。它是一种无色、无味、无臭的气体，易溶于乙醇、乙醚等有机溶剂中。与空气混合的体积分数达5.3％～14％时，遇火就会爆炸。它主要存在于天然气、石油气、沼气、煤矿的坑气中。

利用废物和农业副产物（枯枝叶、垃圾、粪便、污泥）经微生物发酵，可以得到含甲烷的体积分数为50％～70％的沼气。剩余的渣还可用做肥料。所以在农村推广使用沼气一举两得。

煤矿的坑气中混有甲烷，当它含量达到5％时，就会发生爆炸起火，俗称瓦斯爆炸。

地球表面覆盖着甲烷、水、氨、氮，在阳光的辐射作用下，可以产生氢氰酸、甲醛、氨基酸等，进而缩合生成嘌呤、蛋白质、糖类、核酸等生命的基础物质。

甲烷与水蒸气的混合物，在镍催化作用下，于725℃反应，生成一氧化碳和氢气的混合物。

$$CH_4 + H_2O \xrightarrow[725℃]{Ni} CO + 2H_2$$

（2）石油　石油是烷烃的混合物，除天然气外，经分馏可以得到 $C_5 \sim C_9$ 的粗汽油、$C_{10} \sim C_{18}$ 的煤油、$C_{16} \sim C_{20}$ 的润滑油、$C_{20} \sim C_{24}$ 的石蜡及残余物沥青。石油的热裂解是将大烃分子变为较小分子的一种方法，近年来用催化裂解法可在较低的温度和压力下操作，这样可以从石油中获取人类所需要的汽油。汽油中以庚烷的爆炸力最强，异辛烷（2,2,4-三甲基戊烷）爆炸力最弱，所以把这两种烃作为标准（即辛烷值）。辛烷值越高，燃烧情况越好，增加了压缩率，可提高内燃机的效率。辛烷值56的汽油可在公共汽车上使用。辛烷值极高的汽油可用于飞机航行。有人认为石油是由古代动植物的遗体在压力下受细菌作用经长期的地质变化及各种氧化物催化作用形成的。从石油中可分出血红素、叶绿素、激素等有机物也是该说法的有力证据。

石油目前作为化工原料的主要来源，除了裂解得到较小的烃类分子以外，还可经催化重整得到各种芳香烃化合物。

2.1.6.2 使用烷烃的安全知识

人类的文明促使化学品不断增加，生产规模迅速扩大，绝大部分化学品是低毒的，它给人类带来巨大的利益和享受。但少数化学品被接触或进入人体后，或轻或重地会损害机体，给生态环境和人体健康带来严重危害。有些化学品极易燃烧而给人类安全带来危险。因此了解有毒和危险化学品的用途、毒性及安全使用知识，对于正确、安全、合理地使用有毒和危险化学品有着很大的帮助。表2-4列出了常见有毒和危险烷烃的用途和安全知识。

表 2-4 常见有毒和危险烷烃的用途和安全知识

品名	构造式	用途	毒性、危险性与侵害	急救措施	安全使用与防护
丙烷	$CH_3CH_2CH_3$	用作色谱分析标准物质，家庭、工业和机动车辆用燃料，制冷剂，烟雾发射剂，制造石油化学品的中间体	极易燃，自然温度467℃，有较大的燃烧危险和爆炸危险，能与空气形成爆炸性混合物，爆炸极限2.4%～9.5%。通过吸入、皮肤和眼与液体接触而侵入。侵害中枢神经系统	此化学品如触及眼和皮肤，立即用水冲洗；如有人大量吸入，立即移离现场至新鲜空气处，必要时进行人工呼吸，请医生治疗	用钢瓶盛装。存放在阴凉、通风良好的地方，远离容易起火地点。操作时应穿适当工作服，以防止皮肤冻伤。戴防护眼镜，以防止眼的接触。如工作服被弄湿或受到污染，立即脱去，以避免燃烧危险
丁烷	$CH_3CH_2CH_2CH_3$	色谱分析标准物质。用作合成橡胶、高辛烷值液体燃料和制造丁二烯的原料、家庭或工业用燃料；还用作食品添加剂、提取剂、溶剂、喷气燃料、喷雾剂的发射药等	在高浓度中有麻醉作用；极易燃，有较大的燃烧和爆炸危险，与空气能形成爆炸性的混合物，爆炸极限1.9%～8.5%。通过吸入而侵入。高浓度时的麻醉作用	火灾时先切断气源，然后用水使处在火中的容器保持冷却，并保护切断气源的操作人员。如有溢漏发生，且溢漏物未被点燃，可用雾状水驱散其蒸气	用钢瓶贮运。存放在阴凉、干燥、通风良好的地方。最好使用露天或附建的仓库，在户外存放，远离任何容易起火的地点。操作时应穿戴橡皮手套、安全防护镜和防护服
辛烷	$CH_3(CH_2)_6CH_3$	用作色谱分析标准物质，溶剂，燃料，有机合成的中间体；还用于共沸蒸馏	本品低毒。对眼、皮肤和呼吸道有刺激性，易燃，燃点220℃，有较大的燃烧危险。通过吸入、摄入，与皮肤和眼接触侵入。侵害皮肤、眼、呼吸系统	此化学品如进入眼中，立即用水冲洗；如接触皮肤，迅速用水和肥皂清洗；如有人大量吸入，立即移离现场至新鲜空气处，对症处理，必要时，请医生治疗	生产现场应通风，设备应密闭，防止渗漏。操作时应穿适当工作服，并戴防护镜，以防止眼和皮肤与之接触。工作服如被弄湿，立即脱去，以避免燃烧危险

注：1. 闪点指在常压下，在容器液面能够放出足够与空气形成可燃性混合物的蒸气量所需的最低温度。本书中闪点数据为闭杯法测定的闪点。

2. 燃点指在常压下持续燃烧的最低温度。

3. 自燃温度指引起物品自动点燃的最低温度。

4. 爆炸极限指易燃气体或蒸气与空气的混合比例限度值，分上限与下限，在此限度范围内则会燃烧爆炸，在此限度值以上或以下，则火焰只能在火源燃烧而不会传播散布。

鉴 别 烷 烃

2.1.7 烷烃的鉴别

由于烷烃的化学性质稳定，一般不用化学反应来鉴别，而是借助元素分析、溶解度试验、物理常数和波谱分析来鉴别。

当一个有机物其元素定性分析的结果只含有碳、氢两种元素，该化合物又不与水或5%的氢氧化钠、5%的盐酸、浓硫酸作用时，一般就认为该物质可能是烷烃，再通过物理常数的测定或波谱分析，便可鉴定是什么烷烃。

烷烃的元素定性分析方法可通过碳和氢与氧化铜一起加热而测得。碳氧化成 CO_2，氢氧化成 H_2O。

$$(C,H) + CuO \xrightarrow{\text{加热}} Cu + CO_2 + H_2O$$

【资料窗】柴油和汽油的牌号是如何确定的

柴油是应用于压燃式发动机（即柴油发动机）的专用燃料。柴油的外观为水白色、浅黄色或棕褐色的液体。柴油又分为轻柴油与重柴油二种。轻柴油是用于1000r/min以上的高速柴油机中的燃料，重柴油是用于1000r/min以下的中低速柴油机中的燃料。一般加油站所销售的柴油均为轻柴油。轻柴油产品目前执行的标准为 GB 252—2000 轻柴油标准，该标准中柴油的牌号分为10号、5号、0号、—10号、—20号、—35号、—50号，柴油的牌号划分依据是柴油的凝固点。

如何选用轻柴油的牌号？

根据 GB 252—2000 标准要求，选用轻柴油牌号应遵照以下原则：

1. 10号轻柴油适用于有预热设备的柴油机；

2. 5号轻柴油适用于风险率为10%的最低气温在8℃以上的地区使用；

3. 0号轻柴油适用于风险率为10%的最低气温在4℃以上的地区使用；

4. —10号轻柴油适用于风险率为10%的最低气温在—5℃以上的地区使用；

5. —20号轻柴油适用于风险率为10%的最低气温在—14℃以上的地区使用；

6. —35号轻柴油适用于风险率为10%的最低气温在—29℃以上的地区使用；

7. —50号轻柴油适用于风险率为10%的最低气温在—44℃以上的地区使用。

汽油是应用于点燃式发动机（即汽油发动机）的专用燃料。汽油的外观一般为水白色透明液体，密度一般在 0.71～0.75g/cm³ 之间，有特殊的汽油芳香味。汽油按用途分航空汽油与车用汽油，在加油站销售的汽油一般为车用汽油。汽油产品目前执行的标准为 GB 17930—1999 车用无铅汽油标准，该标准中汽油的牌号分为90号、93号和95号。目前市场上所见到的97号、98号汽油产品执行的产品标准均为企业标准。我国车用汽油的牌号是以研究法辛烷值的大小为划分依据的。

汽车对车用汽油的性能要求如下：

1. 良好的抗爆性；

2. 适当的蒸发性；

3. 良好的抗氧化安定性；

4. 良好的抗腐蚀性及一定的环保要求。

表征汽油内在质量的主要检验项目有：汽油的抗爆性（研究法辛烷值、马达法辛烷值、抗爆指数）、硫含量、蒸气压、烯烃、芳烃、苯含量、腐蚀、馏程等。

练习

1. 写出 C_7H_{16} 的 9 种同分异构体的构造简式。

2. 命名下列各取代基。

$$CH_3CH_2-$$

$$\begin{matrix} CH_3 \\ | \\ CH- \\ | \\ CH_3 \end{matrix}$$

$$\begin{matrix} CH_3 \\ | \\ CH- \\ | \\ CH_3CH_2 \end{matrix}$$

$$CH_3CH_2CH_2-$$

$$\begin{matrix} CH_3 \\ | \\ CHCH_2- \\ | \\ CH_3 \end{matrix}$$

$$\begin{matrix} CH_3 \\ | \\ CH_3-C- \\ | \\ CH_3 \end{matrix}$$

3. 下列各构造式中，哪些代表相同的化合物？

(1) $CH_3C(CH_3)_2CH_2CH_2CH_3$

(2) $CH_3CH_2CH(CH_3)CH_2CH_3$

(3) $CH_3CH(CH_3)CH_2CH_2CH_3$

(4) $\begin{matrix} CH_3 \\ | \\ CHCH_2CH_2CH_3 \\ | \\ CH_3 \end{matrix}$

(5) $CH_3CH_2CH_2-\underset{\underset{CH_3}{|}}{\overset{\overset{CH_3}{|}}{C}}-H$

(6) $\underset{CH_3CH_2}{\overset{CH_3CH_2}{>}}C\underset{H}{\overset{CH_3}{<}}$

(7) $CH_3-\underset{\underset{\underset{CH_3}{|}}{\overset{|}{CH_2}}}{\overset{\overset{CH_3}{|}}{C}}-CH_3$

(8) $CH_3(CH_2)_2CH(CH_3)_2$

(9) $CH_3CH_2C(CH_3)_3$

(10) $(C_2H_5)_2CHCH_3$

4. 用系统命名法命名下列化合物，并指出这些化合物中的伯、仲、叔碳原子，分别以 1°、2°、3°、4° 表示。

(1) $\underset{CH_3}{\overset{CH_3}{>}}CH-CH\underset{CH_3}{\overset{CH_3}{<}}$

(2) $CH_3-\underset{\underset{CH_3}{|}}{\overset{\overset{CH_3}{|}}{C}}-CH\underset{CH_3}{\overset{CH_3}{<}}$

(3) $CH_3CH_2CH_2\underset{\underset{CH_3}{|}}{\overset{\overset{CH_3}{|}}{C}}H$

(4) $CH_3-\underset{\underset{\underset{CH_3}{|}}{\overset{|}{CH_2CH_2CH_3}}}{\overset{\overset{CH_2CH_3}{|}}{C}}-CH_2CH_3$

(5) $CH_3-CH-\overset{\overset{CH_3}{|}}{C}-CH_2CH_3$ $\underset{CH_3}{\overset{|}{}}$ $\underset{\underset{CH_3}{|}}{\overset{|}{CH_2}}$

(6) $CH_3CH_2CH_2CH-\overset{\overset{CH_3}{|}}{C}H-\overset{\overset{CH_2CH_3}{|}}{C}-CH_3$ $\underset{CH_2CH_3}{\overset{|}{}}$ $\underset{\underset{CH_3}{|}}{\overset{\overset{|}{CH_2CH_3}}{}}$

5. 写出下列化合物的构造式和构造简式。

(1) 2,3-二甲基己烷   (2) 2-甲基-3-异丙基庚烷

(3) 2,2,3,4-四甲基戊烷   (4) 2,3,4-三甲基-3-乙基戊烷

(5) 2,4-二甲基-3-乙基己烷

6. 写出符合下列条件的 C_5H_{12} 的构造式，并以系统命名法命名。

(1) 只含有伯氢，没有仲氢或叔氢

(2) 只含有一个叔氢

(3) 只含有伯氢和仲氢而无叔氢

7. 按下列名称写出相应的构造式，并指出原名称违背了哪些命名原则，试写出正确名称。

(1) 2-乙基丁烷   (2) 2,4-二甲基己烷   (3) 3-异丙基庚烷

(4) 3,4-二甲基戊烷   (5) 2-乙基戊烷   (6) 2,2,4-三甲基戊烷

(7) 2,5,6,6-四甲基-5-乙基辛烷   (8) 1,1,1-三甲基丁烷

8. 不查表，试推测下列化合物的沸点高低，并按从高到低的顺序排列。

(1) 正庚烷   (2) 正己烷   (3) 2-甲基戊烷

(4) 正癸烷   (5) 2,2-二甲基丁烷   (6) 正丁烷

9. 某烃的相对分子质量为 72，氯化时 (1) 只得一种一氯代产物；(2) 得三种一氯代产物；(3) 得四种一氯代产物；(4) 只有两种二氯衍生物。分别写出这些烷烃的构造式。

认 识 烯 烃

2.2　烯烃及鉴别

2.2.1　烯烃的通式、同分异构与分类

2.2.1.1　烯烃的通式

烯烃含有一个碳碳双键（C＝C），它比同碳原子数的烷烃少两个氢子。因此，烯烃的通式为 C_nH_{2n}（$n \geq 2$）。这个通式代表一系列的烯烃。例如 $CH_2＝CH_2$、$CH_3CH＝CH_2$、$CH_3CH_2CH＝CH_2$ 等，它们都称为烯烃的同系列。

2.2.1.2　烯烃的同分异构

由于烯烃含有碳碳双键，碳碳双键又不能自由旋转。因此，同分异构现象比烷烃复杂。

（1）烯烃的构造异构　在烯烃的构造异构中，除碳链异构外，还有双键在链中的位置不同，即官能团位置异构。例如烯烃的同系物中，乙烯和丙烯都没有异构体，从丁烯开始就出现构造异构。

$$CH_3{-}CH_2{-}CH＝CH_2 \qquad CH_3{-}CH＝CH{-}CH_3 \qquad \underset{\underset{CH_3}{|}}{CH_3{-}C}＝CH_2$$

       ① 1-丁烯   ② 2-丁烯   ③ 2-甲基-1-丙烯

丁烯有三个构造异构体，其中①和③或②和③是碳链异构，①和②是官能团位置异构。

（2）烯烃的顺反异构　碳碳双键的存在使与双键碳原子相连的四个原子都处在同一平面上，又因为碳碳双键不能自由旋转。因此，当双键的两个碳原子上各自连有不同的原子或基团时，就可能存在两种不同的空间排列方式，形成两个不同的化合物。例如：2-丁烯有下列两种空间不同排列的异构体。

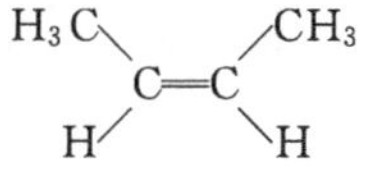

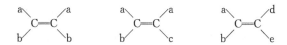

順-2-丁烯 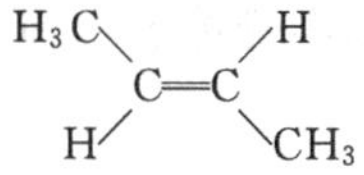　　　　　　　　反-2-丁烯

通常把这种异构现象叫做顺反异构。

必须指出，并不是所有含双键的化合物都存在顺反异构现象，只有在碳碳双键的两个碳原子上分别连有不同的原子或基团时，才产生顺反异构现象。例如

（式中 a、b、c、d、e 代表 5 个不同的原子或基团）如果任何一个双键碳原子上连有两个相同的原子或基团时，就没有顺反异构。例如 1-丁烯，异丁烯就属这种情况。

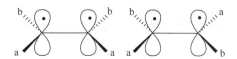

顺反异构体不仅在化学活性上有差异，并且其物理性质也存在很大的差别，因此可利用它们的差异进行鉴别。

2.2.2 烯烃的结构

烯烃分子中两个双键碳原子以 sp^2 杂化方式参与成键，产生相同的三个 sp^2 杂化轨道，为平面三角形，两个 C 原子和原子（或基团）a 和 b 形成的五个 σ 键共平面。则两个双键碳原子上各有保留一个电子的 p 轨道垂直于 σ 键所在的平面，即两个 p 轨道互相平行，因而能最大限度地在侧面重叠形成 π 键。

因此烯烃分子中的碳碳双键是由一个 σ 键和一个 π 键组成。两个 p 轨道只能在相互平行时才能得到最大程度的重叠，若 p 轨道失去平行，则重叠程度必将减小甚至于 π 键完全破裂，故碳碳双键不能像碳碳单键那样可以自由旋转。

2.2.3 烯烃的命名

烯烃的命名通常采用系统命名法，而对于顺反异构体的命名则采用 *Z-E* 命名法。

2.2.3.1 系统命名法

烯烃的系统命名原则与烷烃相似，其要点是：

（1）选择含有碳碳双键在内的最长且连续的碳链做主链，按主链碳原子上的数目称为某烯，作为母体名称。碳原子数在十以上用汉字数字表示，称为某碳烯，如十一碳烯。

（2）从主链上靠近双键的一端开始编号，双键的位号用双键碳原子中编号较小的数字表示。

（3）将双键位号标在母体名称前，即按取代基位号、取代基名称、双键位号、母体名称写出全称。

例如

$$CH_2=CH-CH-CH_3$$
$$\qquad\qquad |$$
$$\qquad\qquad CH_3$$

3-甲基-1-丁烯

$$CH_3-CH-C=CH_2$$
$$\qquad\quad |\quad\ |$$
$$\qquad\quad CH_3\ CH_2CH_3$$

3-甲基-2-乙基-1-丁烯

$$\qquad\quad CH_3$$
$$\qquad\quad |$$
$$CH_3-CH=C-CH_2-CH_3$$

3-甲基-2-戊烯

$$\qquad\qquad\qquad CH_3$$
$$\qquad\qquad\qquad |$$
$$\qquad\qquad HC-CH_3\quad CH_3$$
$$\qquad\qquad\ |\qquad\qquad |$$
$$CH_2=C-CH_2-C-CH_2-CH_3$$
$$\qquad\qquad\qquad\quad |$$
$$\qquad\qquad\qquad\quad CH_3$$

4,4-二甲基-2-异丙基-1-己烯

2.2.3.2　*Z-E* 命名法

根据系统命名法，顺反异构体的构型用 *Z* 和 *E* 来表示。构型是 *Z* 还是 *E*，则首先要判断与双键碳相连的原子或原子团的大小。其大小用次序规则判断。

（1）*Z-E* 命名法中的次序规则

① 比较与双键碳原子直接相连的第一原子的原子序数，原子序数大的次序在前，同位素按质量大小顺序排列。例如

$$Br>Cl>P>O>N>C>H$$

② 如果第一个原子相同，比较第二个原子，依次类推。

$$\qquad CH_3\qquad\qquad\quad CH_3$$
$$\qquad\ |\qquad\qquad\qquad\ |$$
$$CH_3-C-\ >\ CH_3-CH-\ >\ CH_3CH_2-\ >\ CH_3-$$
$$\qquad\ |$$
$$\qquad CH_3$$

③ 如果基团中有双键或叁键，看做是以单键连接了两个或三个相同的原子。如

$$\qquad\qquad\qquad\qquad\qquad H$$
$$\qquad\qquad\qquad\qquad\quad |$$
$$-CH=CH_2\ 相当于\ -C-C$$
$$\qquad\qquad\qquad\qquad\quad |$$
$$\qquad\qquad\qquad\qquad\quad C$$

$$\qquad\qquad\quad O\qquad\qquad\qquad\quad O$$
$$\qquad\qquad\ \|\qquad\qquad\qquad\ |$$
$$-C\quad 相当于\ -C-O$$
$$\quad |\qquad\qquad\qquad\qquad\ |$$
$$\quad H\qquad\qquad\qquad\qquad\ H$$

$$-C\equiv N\ 相当于\ -C-N$$

$$\qquad\qquad\qquad\qquad OH\qquad\qquad\qquad OH$$
$$\qquad\qquad\qquad\qquad\ |\qquad\qquad\qquad\ |$$
$$-C=O\ 相当于\ -C-O$$
$$\qquad\qquad\qquad\qquad\qquad\qquad\qquad\quad |$$
$$\qquad\qquad\qquad\qquad\qquad\qquad\qquad\quad O$$

所以，　$CH\equiv C-\ >\ -C(CH_3)_3\ >\ CH_2=CH-\ >\ (CH_3)_2CH-$ 。

（2）*Z-E* 命名法　命名时，如两个双键碳上有相同基团时通常把双键碳原子上所连的两个相同的原子或基团在双键同侧的称为顺式，相同基团在双键异侧的称为反式。例如

$$CH_3\qquad CH_3$$
$$\quad\backslash\qquad\ /$$
$$\quad\ C=C$$
$$\quad /\qquad\ \backslash$$
$$H\qquad\quad CH_2CH_3$$

顺-3-甲基-2-戊烯

$$CH_3\qquad H$$
$$\quad\backslash\qquad /$$
$$\quad\ C=C$$
$$\quad /\qquad\ \backslash$$
$$H\qquad\quad CH_3$$

反-2-丁烯

如果双键碳原子上连有四个不同的取代基，则很难用顺反命名来明确其构型。国际上则统一规定用 Z-E 命名法，Z 是德文 Zugammen 的字头，指同一侧的意思，E 是德文 Entgegen 的字头，表示相反的意思。Z、E 命名法是按次序规则分别比较双键碳上所连两个基团的大小，如果两个次序大的基团在双键同侧则称 Z，如果两个次序大的基团在双键异侧则称 E。如

$$
\begin{array}{cc}
CH_3 & CH_2CH_3 \\
\diagdown & \diagup \\
C=C \\
\diagup & \diagdown \\
H & CH_3
\end{array}
\qquad
\begin{array}{cc}
CH_3 & CH_3 \\
\diagdown & \diagup \\
C=C \\
\diagup & \diagdown \\
H & Br
\end{array}
\qquad
\begin{array}{cc}
CH_3 & CH_2CH_2CH_3 \\
\diagdown & \diagup \\
C=C \\
\diagup & \diagdown \\
CH_3CH_2 & CH(CH_3)_2
\end{array}
$$

Z-3-甲基-2-戊烯　　　　　　E-2-溴-2-丁烯　　　　　　Z-3-甲基-4-异丙基-3-庚烯

$CH_3 —> H$　　　　　　　$CH_3 —> H$　　　　　　$CH_3 —< CH_3CH_2—$

$CH_3CH_2 —> CH_3—$　　　$CH_3 —< Br—$　　　　$CH_3CH_2CH_2 —< —CH(CH_3)_2$

当烯烃分子中去掉一个氢原子剩下的基团称为烯基，如

$$CH_2=CH— \qquad CH_2=CH—CH_2— \qquad CH_3—CH=CH—$$

乙烯基　　　　　　　　　烯丙基　　　　　　　　　丙烯基

2.2.4　烯烃的性质

2.2.4.1　烯烃的物理性质

烯烃的物理性质也是随碳原子数的增加而呈规律性的变化。它们的熔点、沸点、密度随着相对分子质量的增加而增加（熔点规律性较差），相对密度都小于 1，难溶于水而易溶于有机溶剂。$C_2 \sim C_4$ 的烯烃为气体，$C_5 \sim C_{15}$ 为液体，高级的烯烃为固体。反式异构体的熔点比顺式异构体高，但沸点则比顺式异构体低，部分烯烃的物理常数见表 2-5。

表 2-5　部分烯烃的物理常数

名　称	熔点/℃	沸点/℃	相对密度（d_4^{20}）	折　射　率
乙烯	−169.5	−103.7	0.570	1.363（100℃）
丙烯	−185.2	−47.7	0.610	1.3675（−70℃）
1-丁烯	−130	−6.4	0.625	1.3777（−25℃）
顺-2-丁烯	−139.3	3.5	0.621	1.3931（−25℃）
反-2-丁烯	−105.5	0.9	0.604	1.3845（−25℃）
1-戊烯	−166.2	30.11	0.641	1.3877
1-己烯	−139	63.5	0.673	1.3837
1-庚烯	−119	93.3	0.698	1.3998
1-辛烯	−107.1	121.3	0.715	1.4448

2.2.4.2　烯烃的化学性质

烯烃的结构特点是有碳碳双键，π 键比较活泼，容易断裂，烯烃的主要反应发生在 π 键上，即在碳碳双键上易发生加成、氧化和聚合反应，以及与双键相连的 α-氢原子的取代反应等。

（1）加成反应　烯烃与其他试剂反应时，π 键断裂，试剂中的两个一价原子或原子团分别加到双键两端的碳原子上，生成饱和化合物，这种反应称为加成反应。烯烃在一定的反应条件下可与氢气、卤素、卤化氢、硫酸、水发生加成反应。例如

$$CH_2=CH_2 \begin{cases} \xrightarrow{H_2,Ni/\triangle} CH_3-CH_3 \\[1ex] \xrightarrow{X_2/CCl_4} \underset{\underset{X\quad X}{|\quad\ |}}{H_2C-CH_2} \quad (X=Cl,Br) \\[1ex] \xrightarrow{HX} \underset{\underset{H\quad X}{|\quad\ |}}{H_2C-CH_2} \quad (X=Cl,Br) \\[1ex] \xrightarrow{H_2SO_4,0\sim15℃} \underset{\underset{H\quad OSO_3H}{|\qquad\ |}}{CH_2-CH_2} \xrightarrow{H_2O} CH_3CH_2OH \\[1ex] \xrightarrow[H_3PO_4,硅藻土,\triangle]{H_2O} CH_3CH_2OH \\[1ex] \xrightarrow{HOX,70℃} \underset{\underset{X\quad OH}{|\quad\ |}}{CH_2-CH_2} \quad (X=Cl,Br) \end{cases}$$

硫酸氢乙酯　　　　乙醇

乙醇

卤乙醇

上述反应物乙烯分子是对称分子，因此无论试剂加在哪个双键碳上，其产物都是相同的。而对于不对称烯烃如 $CH_3CH=CH_2$ 与不对称试剂如卤化氢加成时，从理论上则会生成两种产物，例如

$$CH_3CH=CH_2 + HBr \longrightarrow \underset{\underset{Br\ H}{|\ |}}{CH_3CHCH_2} + \underset{\underset{H\ Br}{|\ |}}{CH_3CHCH_2}$$

（Ⅰ）　　　　　　（Ⅱ）

马可夫尼可夫（Markovni koff）研究了大量的反应后得出一条经验规律：不对称烯烃与不对称试剂加成时，氢原子总是加到含氢较多的双键碳原子上，这条经验规律称为马可夫尼可夫加成规则，简称马氏加成规则，则上述反应中（Ⅰ）为主产物。又如

$$CH_3CH=CH_2 \begin{cases} \xrightarrow{H_2/Ni} CH_3CH_2-CH_3 \\[1ex] \xrightarrow{Cl_2} \underset{\underset{Cl\quad Cl}{|\quad\ |}}{CH_3-CH-CH_2} \\[1ex] \xrightarrow{HBr} \underset{\underset{Br\quad H}{|\quad\ |}}{CH_3-CH-CH_2} \\[1ex] \xrightarrow[H_3PO_4/硅藻土,\triangle]{H_2O} \underset{\underset{OH\quad H}{|\quad\ |}}{CH_3-CH-CH_2} \\[1ex] \xrightarrow[50℃]{H_2SO_4} \underset{\underset{OSO_2OH}{|}}{CH_3-CH-CH_3} \\[1ex] \xrightarrow{HOCl} \underset{\underset{OH\quad Cl}{|\quad\ |}}{CH-CH-CH_2} \end{cases}$$

1,2-二氯丙烷

2-溴丙烷

异丙醇

$\xrightarrow[\triangle]{H_2O} \underset{\underset{OH}{|}}{CH_3-CH-CH_3}$

1-氯-2-丙醇

（2）**氧化反应** 烯键易被氧化，且氧化剂和氧化条件不同时，生成的产物也不同，如用高锰酸钾溶液作氧化剂时，高锰酸钾溶液的浓度、反应介质的酸碱性、反应温度对产物的影响很大。例如

$$
R-C=CH_2 \quad \xrightarrow{KMnO_4}
\begin{cases}
\xrightarrow{H_2O,OH^-/\text{室温}} & R-\overset{CH_3}{\underset{OH}{\underset{|}{C}}}-\overset{}{\underset{OH}{\underset{|}{CH_2}}} + MnO_2\downarrow + KOH \\
\xrightarrow{H_2SO_4,\triangle} & R-\overset{O}{\overset{\|}{C}}-CH_3 + H-\overset{O}{\overset{\|}{C}}-OH
\end{cases}
$$

$$\xrightarrow{[O]} CO_2 + H_2O$$

$$R-CH=CH-R' \xrightarrow[H_2SO_4/\triangle]{KMnO_4} RCOOH + R'COOH$$

反应表明：①当与冷的碱性高锰酸钾溶液作用时，烯烃 π 键断裂，生成邻二醇，同时，高锰酸钾的紫红色迅速褪去，并产生棕色的二氧化锰沉淀。②烯烃在过量、热的高锰酸钾或酸性高锰酸钾溶液中则被强烈氧化，双键中的 π 键和 σ 键全部断裂，生成相应的氧化产物，其中 $H_2C=$ 生成二氧化碳和水；$RCH=$ 生成羧酸（$RCOOH$）；$R-C=$ 生成酮（$\underset{\underset{\|}{O}}{R-C-R'}$）。$MnO_4^-$ 被还原为无色的 Mn^{2+}。因此，根据氧化产物，可推知原来烯烃的结构。因所得的羧酸或酮，都是烯烃经氧化后双键断裂而生成的，即把所得氧化产物分子中的氧都去掉，剩余部分经双键连接起来就是原来的烯烃。

（3）**聚合反应** 在一定的条件下，烯烃可以彼此相互加成，形成高分子化合物，这种由低相对分子质量的化合物转变为高相对分子质量的化合物的反应，叫做聚合反应。参加聚合的小分子叫单体，聚合后的大分子叫聚合物。例如：乙烯在 400℃ 和 $101.3 \sim 152MPa$（$1000 \sim 1500atm$）下可聚合生成聚乙烯，氯乙烯也可聚合生成聚氯乙烯，它们都是很重要的高分子材料。

$$n CH_2=CH_2 \xrightarrow[101.3 \sim 152MPa]{400℃} \leftarrow CH_2-CH_2 \rightarrow_n$$

同样方法丙烯也可聚合生成聚丙烯，聚丙烯大多用来制成薄膜、纤维和塑料制品等。

2.2.5 二烯烃

2.2.5.1 二烯烃的通式

分子中含有两个双键的烯烃称为二烯烃。开链二烯烃比烯烃多一个碳碳双键，因此，它比相应烯烃少两个氢原子，其通式为 C_nH_{2n-2}。

2.2.5.2 二烯烃的分类

二烯烃的性质与双键的相对位置密切相关。根据两个双键的相对位置，二烯烃可以分为以下几类。

（1）**隔离二烯烃** 两个双键被两个或两个以上单键隔开的二烯烃。例如

$$CH_2=CH-CH_2-CH_2-CH_2-CH=CH_2$$
1,6-庚二烯

（2）**积累二烯烃** 两个双键连接在同一个碳原子上的二烯烃。例如

$$H_2C=C=CH_2$$

丙二烯

（3）共轭二烯烃　两个双键被一个单键隔开的二烯烃。例如

$$CH_2=CH-CH=CH_2$$

1,3-丁二烯

隔离二烯烃两个双键相隔较远，互相影响较小，其性质与单烯烃相似。积累二烯烃很活泼，容易异构化变成炔烃。共轭二烯烃中两个双键相互影响，表现出特有的性质，是本节讨论的重点。

2.2.5.3　二烯烃的命名

二烯烃的命名通常也采用系统命名法，其命名原则与烯烃相似，只是要选择含两个双键在内的最长且连续的碳链做主链，写名称时要标明两个双键的位置，并根据主链碳原子数多少、母体名称命名为"某二烯"。例如

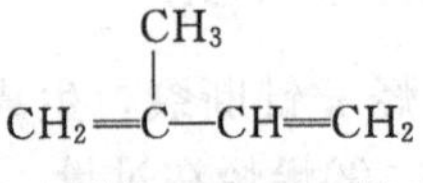

$$CH_2=\underset{\underset{CH_3}{|}}{C}-CH=CH_2 \qquad CH_2=CH-CH_2-\underset{\underset{CH_3}{|}}{C}=CH_2$$

2-甲基-1,3-丁二烯 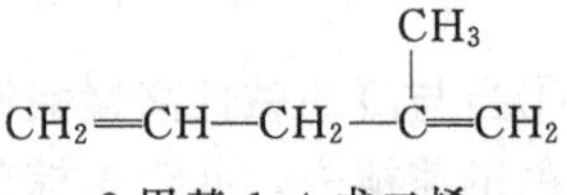　　　　　　　　　　2-甲基-1,4-戊二烯

2.2.5.4　共轭二烯烃的结构

最简单的共轭二烯烃是 1,3-丁二烯，分子中两个碳碳双键被一个单键隔开，即含有

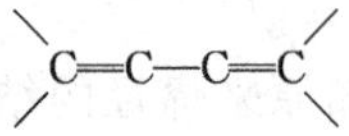

$$\begin{array}{c}\diagdown\\C=C-C=C\\\diagup\quad\quad\diagup\end{array}$$ 。形成了一个大 π 键，π 电子的活动区域得到扩大，造成离域（图 2-3）。

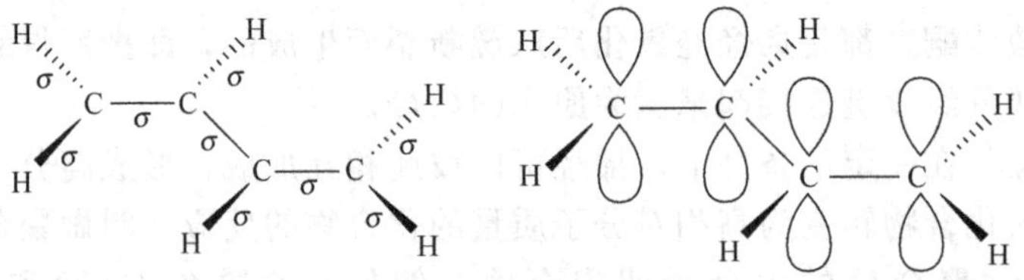

图 2-3　1,3-丁二烯的结构

这种由于 π-π 共轭产生的电子离域体系亦称 π-π 共轭。由于电子的离域，使得共轭体系中的电子云密度分布和键长发生平均化，体系能量降低。"共轭"即表示"相互联系，相互影响"的意思。

2.2.5.5　共轭二烯烃的加成反应

1,3-丁二烯具有烯烃的一般化学性质，可以进行加成反应。但不同的是共轭二烯烃加成时可以得到 1,2-加成和 1,4-加成两种产物。1,2-加成就是在某一个双键上进行加成，而 1,4-加成则是系统中大 π 键的加成。发生 1,4-加成后，原来的两个双键消失，在 2,3 位碳原子间生成一个新的双键。

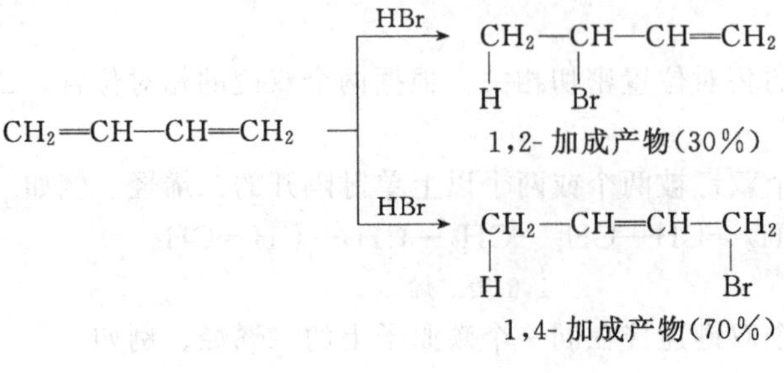

$$CH_2=CH-CH=CH_2$$

$\xrightarrow{\quad HBr \quad}$ $CH_2-CH-CH=CH_2$　$\underset{H}{|}$　$\underset{Br}{|}$
1,2-加成产物（30%）

$\xrightarrow{\quad HBr \quad}$ $CH_2-CH=CH-CH_2$　$\underset{H}{|}$　$\underset{Br}{|}$
1,4-加成产物（70%）

1,4-加成和1,2-加成是同时发生的,两者的比例取决于反应条件,通常1,4-加成产物是主产物。

应 用 烯 烃

2.2.6 烯烃的用途与使用烯烃的安全知识

2.2.6.1 重要的烯烃

乙烯、丙烯和丁烯都是最重要的烯烃,是基本有机合成及三大合成的重要原料。石油裂解工业提供和保证了乙烯、丙烯和异丁烯来源。

(1) 乙烯 乙烯是无色,稍带甜味,可燃性的气体,工业上,乙烯主要来源于石油的裂化和裂解。实验室里,乙烯是用浓硫酸与乙醇混合加热到160~180℃,使乙醇脱水而制得,反应方程式如下:

$$CH_3—CH_2—OH \xrightarrow[160\sim180℃]{浓 H_2SO_4} CH_2=CH_2 + H_2O$$

乙烯具有烯烃的典型化学性质。它是生产乙醇,乙醛、环氧乙烷、苯乙烯、氯乙烯、聚乙烯的基本原料。目前乙烯的系列产品,在国际上占全部石油化工产品产值的一半以上。此外,乙烯还可用作水果催熟剂等。

(2) 丙烯 丙烯是无色、易燃的气体,与空气能形成爆炸混合物。丙烯可由石油裂解而得到。目前,丙烯在工业上得到广泛的应用,可用来制备甘油、丙烯腈、氯丙醇、异丙醇、丙酮、聚丙烯等。这些产品可进一步制备塑料、合成纤维、合成橡胶等。

(3) 异丁烯 异丁烯是制备丁基橡胶的主要原料,也可作为有机玻璃、环氧树脂和叔丁醇等的原料。

2.2.6.2 使用烯烃的安全知识

烯烃是有机合成中的重要基本原料,大都是高分子合成的重要单体,用于合成树脂、合成纤维和合成橡胶。虽然大多数烯烃低毒或无毒,但都具有潜在的危险性。因此了解一些有危险性的烯烃,对于安全使用它们有着十分重要的意义。表2-6列出常见烯烃的用途和安全使用知识。

表 2-6 常见烯烃的用途和安全使用知识

品 名	构 造 式	用 途	毒性、危险性与侵害	急救措施	安全使用与防护
丙烯	$CH_3CH=CH_2$	用作色谱分析标准物质,合成树脂、橡胶、塑料和合成纤维的基本原料;用来生产丙烯腈、异丙醇、丙酮、合成甘油、环氧丙烷、聚丙烯树脂、异丙醇、去污剂等	本品低毒。高浓度有麻醉作用,在空气中中等浓度就可以使人失去知觉,为窒息性气体。易燃,燃点497℃,有较大的燃烧危险。与空气形成爆炸性混合物,爆炸极限为2%~11.1% 通过吸入、摄入侵入	中毒后必须立即撤离现场至新鲜空气处或人工呼吸或吸氧;眼睛如溅入丙烯,立即用清水冲洗15min以上,用1%的可卡因或2%普鲁卡因点眼止痛	用钢瓶贮装。存放在阴凉、通风良好的地方,远离容易着火地点。最好使用露天或附建的仓库在户外存放,或放在由不燃材料结构的建筑物内 为了防止中毒,设备管道必须严密,操作现场要通风,操作时须带橡皮手套和防护面罩

续表

品 名	构 造 式	用 途	毒性、危险性与侵害	急救措施	安全使用与防护
1,3-丁二烯	$CH_2 = CHCH = CH_2$	色谱分析标准物质。合成橡胶的主要单体，能与多种化合物共聚制造各种橡胶和合成树脂；还可用来制造火箭燃料、塑料涂料；还用作化学中间体	本品毒性较低，其毒性与乙烯类似。高浓度时呈麻醉作用。易燃。燃点 415℃，有较大的燃烧和爆炸危险，与空气能形成爆炸性混合物，爆炸极限 2%～11.5% 通过气体或蒸气吸入，与眼和皮肤接触侵入。侵害眼、呼吸系统、中枢神经系统	此化学品如触及眼和皮肤，立即用水冲洗；如有人大量吸入，立即移离现场至新鲜空气处，必要时进行人工呼吸	经液化贮存在钢瓶内。须直立存放，不得横卧堆放。存放在阴凉、通风良好的地方，应与可燃物及火源隔绝。最好使用露天仓库户外存放。禁止与氧化剂放在一起。生产设备应密封，操作时应穿合适工作服，防冻伤。戴防护眼镜，防止与眼接触。污染衣服立即脱去，避免燃烧危险

鉴 别 烯 烃

2.2.7 鉴别烯烃的方法

烯烃不溶于水、稀酸和稀碱，但能溶于浓硫酸，并可用下列两种试验鉴别烯烃。

2.2.7.1 溴的四氯化碳试验

溴的四氯化碳溶液与含烯键的化合物起加成反应，溴色褪去，但无 HBr 放出。

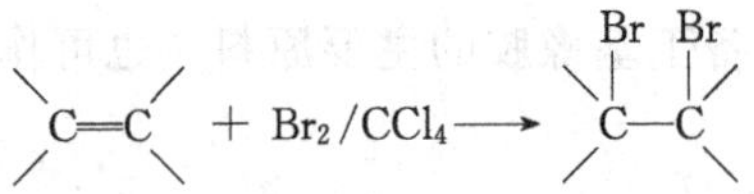

$$C=C \ + Br_2/CCl_4 \longrightarrow \overset{Br\ Br}{\underset{}{C-C}}$$

在室温下烷烃或芳烃与溴试剂不起反应。

2.2.7.2 高锰酸钾试验

烯键与高锰酸钾溶液作用，紫色褪去，并有红棕色 MnO_2 沉淀生成。

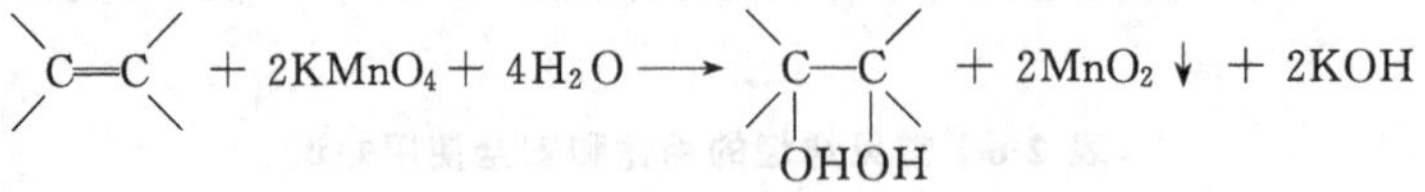

$$C=C \ + 2KMnO_4 + 4H_2O \longrightarrow \underset{OHOH}{C-C} \ + 2MnO_2 \downarrow \ + 2KOH$$

2.2.8 技能训练

【技能训练1】 正确使用烘箱

目的：学会正确使用烘箱。

设备：烘箱。

安全：用电安全。

态度：认真规范操作。

简介：烘箱主要用来烘干玻璃器皿、沉淀物等。

图 2-4 为电热鼓风干燥箱，工作温度范围为 10～300℃。

步骤

(1) 检查电源（电压、电流）是否符合规定，地线接得是否妥善，开关旋钮是否都处于

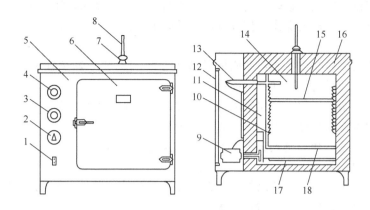

图 2-4　电热鼓风干燥箱
1—鼓风开关；2—加热开关；3—指示灯；4—控温器旋钮；5—箱体；6—箱门；7—排气阀；
8—温度计；9—鼓风电动机；10—搁板支架；11—风道；12—侧门；13—温度控制器；
14—工作室；15—试样搁板；16—保温层；17—电热器；18—散热板

安全状态。

（2）取一根测量范围高于烘箱最高工作温度的温度计，插入箱顶排气阀孔中。

（3）打开箱门，将被烘干的物体放入烘箱内上层，下层放搪瓷盘，并关好箱门。

（4）拨开排气阀门，接上电源。

（5）开启电热器的加热开关和调节器开关，并将调节器旋钮由 0 位旋至 10 位处，此时箱内开始升温，红灯亮，开启鼓风机开关，开始鼓风。

（6）当温度升至所需烘干温度时，将调节器旋钮逆时针慢慢旋回至红色指示灯熄灭，再仔细细微调至红色指示灯复亮，指示灯明暗交替处即为所需温度的恒定点，再微调至指示灯熄灭，令其恒温，此时烘箱即可正常工作。

（7）烘毕，将调节器旋钮旋至"0"位，关闭鼓风机，切断电源开关，取下电源线插头。

（8）待温度降至室温后打开箱门，用清洁的干布作衬布，将被烘物体和搪瓷盘取出，放到指定的地点。

（9）关闭箱门，填写使用记录，检查烘箱是否处于安全状态。

注意事项

（1）被烘干物不应放在散热板上，因其靠近电热丝，温度远超过干燥箱温度。

（2）烘箱应放置在室内干燥及水平处，不必固定，应用可靠接地线。

（3）工作室内不得放置挥发、腐蚀、爆炸性物品。

（4）不使用时，应切断电源，将调节器旋钮旋回原位"0"处，以保证安全。

（5）洗净的仪器应待水沥干后放入搪瓷盘，并使口朝下。放置顺序为先放上层后放下层。

【技能训练2】　溴的四氯化碳试验

目的：（1）会利用溴的四氯化碳试验鉴别烯烃。

　　　（2）会区别卤加成反应和卤取代反应。

仪器：试管，试管架、滴瓶、小药匙、量筒、吸管。

设备：烘箱。

试剂：$\rho=0.02g/mL$ 溴的四氯化碳溶液、四氯化碳。

试验样品：精制石油醚、粗汽油、苯乙烯、乙醇、肉桂酸、苯酚、苯甲醛、甲酸。

安全：使用溴、四氯化碳时不要加热，不要与皮肤直接接触，注意防火。

态度：认真实验，规范操作、仔细观察，及时记录。

步骤

（1）加 2 滴液体样品或一小药匙固体样品（约 30mg）于干燥试管中。

（2）加入 1mL 四氯化碳，使样品溶解。

（3）向试管中滴加溴的四氯化碳溶液，边加边振荡至加入量约为 0.5mL。

（4）仔细观察溴的颜色是否褪去，并做好记录。

（5）若溴的颜色已褪，则向试管口吹一口气，有白色烟雾出现，说明发生的是取代反应，白色烟雾是溴化氢。

（6）再向试管中加入多于 2 滴的溴的四氯化碳试液才能使溴的棕色维持 1min 时，则表明有加成或取代反应发生，反应为正结果。

（7）将废液倒入指定地点。

（8）清洗仪器，倒置于试管架。

（9）按所列的试样重复上述（1）～（8）的步骤。

注意事项

（1）加成反应和取代反应都可使溴的颜色褪去，因此应向试管口吹一口气以区别发生的是取代反应还是加成反应。本试验样品中苯酚发生的就是取代反应。

（2）四氯化碳不能溶解 HBr，而水可以溶解 HBr，因此本试验用的试管必须干燥。

（3）烯烃两端连有芳基、羟基等均可影响加成反应的速度，有的甚至使加成反应的速度变得很慢乃至不能发生；本试验应注意仔细观察苯乙烯、肉桂酸的反应情况。

【技能训练3】 高锰酸钾试验

目的：会利用高锰酸钾试验鉴别烯烃。

仪器：试管、试管架、滴管、小药匙、量筒、吸管。

试剂：$\rho = 0.01g/mL$ 的高锰酸钾溶液、丙酮。

试样：精制石油醚、粗汽油、苯乙烯、乙醇、肉桂酸、苯酚、苯甲醛、甲酸。

安全：使用高锰酸钾时避免与皮肤接触，注意易燃丙酮的防火。

态度：认真实验，规范操作、仔细观察，及时记录。

步骤

（1）加 2 滴液体样品或 1 小药匙固体样品（约 30mg）于试管中。

（2）加 1mL 丙酮于试管中，使样品溶解（乙醇、甲酸加水溶解）。

（3）逐滴加入高锰酸钾溶液，边加边振摇至加入量为 0.5mL。

（4）仔细观察溶液的颜色是否变化？并做好记录。

（5）当再多加入 0.5mL 的试剂被还原即不呈现紫色，表示有双键存在。

（6）将废液倒入指定的地点。

（7）按所列的样品重复（2）～（7）的步骤。

（8）清洗试管，倒置试管架上。

注意事项

（1）碳碳叁键以及易氧化官能团如乙醇、苯酚、甲酸等在本试验条件下可与高锰酸钾反应。

（2）当烯基两端连有芳基、羧基、羟基等不会影响氧化反应的速度，注意观察苯乙烯、肉桂酸与高锰酸钾的反应。

【阅读园地】有机复分解反应——交换舞伴的舞蹈

2005 年 10 月 5 日，瑞典皇家科学院决定将 2005 年的诺贝尔化学奖授予三位科学家：

法国石油研究所的伊夫·肖万（Yves Chauvin），以及美国加州理工学院的罗伯特·格拉布（Robert H. Grubbs）和麻省理工学院的理查德·施罗克（Richard R. Schrock），以表彰他们在"有机合成的复分解反应研究方面作出的贡献"。这使得复分解反应成为有机化学中最重要的反应之一，通过该方法可以创造许多新的分子，如药品。复分解反应的意思是"变换位置"。在反应中，双键打开，在碳原子中以导致原子团换位的方式形成双键。这需要特殊催化剂分子的帮助。烯烃复分解反应可被形容为交换舞伴的一种舞蹈。如图 2-5 所示。

图 2-5 复分解反应——交换舞伴的舞蹈

在舞蹈中，催化剂对和烯烃对跳舞，并且彼此交换伴侣。金属和其伙伴彼此牵手，当它们遇到"烯烃对（由两个烯烃组成舞伴）"时，它们连接成圆圈跳舞。过了一会儿，它们放开了彼此的手，离开了它的旧舞伴，与新舞伴共舞。新的催化剂对现在可以与另外一对烯烃对结合开始新一轮的圆舞，换句话说接着在复分解反应中扮演催化剂的角色。

在烯烃的复分解反应中，双键连接的原子团彼此换位。如图 2-5 所示，丙烯的复分解反应，一个丙烯的 H 原子与来自另一个分子的 CH_3 原子团交换，其结果产生了丁烯和乙烯，催化剂在反应中没有消耗，但是反应所必需的。

$$
\begin{array}{ccc}
\underset{H}{\overset{H}{C}} = \underset{CH_3}{\overset{H}{C}} + \underset{H}{\overset{H}{C}} = \underset{CH_3}{\overset{H}{C}} & \underset{催化剂}{\rightleftharpoons} & \underset{CH_3}{\overset{H}{C}} = \underset{H}{\overset{CH_3}{C}} + \underset{H}{\overset{H}{C}} = \underset{H}{\overset{H}{C}}
\end{array}
$$

在催化剂作用下，两个丙烯分子经过烯烃复分解反应生成乙烯和丁烯。

复分解反应在化工厂每天都要用到，特别是在药品开发和塑料材料中应用很广。我们要感谢三位诺贝尔得主的贡献，将合成方法发展得更加有效（更少的反应步骤、需要更少的资源、更少的废物）、更加简便（空气、常温、常压下稳定）、对环境更加友好（无害的溶剂，更加无害的废品）。

这代表了向绿色化学迈进的伟大进步，应用更加合理的生产方法减少潜在的有害废物。烯烃复分解反应是重大基础科学造福人类、社会和环境的一个范例。

——摘自高正曦等"烯烃复分解反应——2005 年诺贝尔化学奖成果介绍"．
科技导报，2005．11

练习

1. 写出戊烯 C_5H_{10} 的所有同分异构体，并用系统命名法命名之。
2. 根据下列名称写出相应的构造式，若发现原来的名称不正确，请予以改正。
(1) 2-甲基-3-乙基-1-戊烯   (2) 2-异丙基-3-甲基-2-己烯
(3) 2,2-二甲基-4-戊烯   (4) 2-乙基-3-戊烯
3. 用系统命名法命名下列化合物，其中有顺反异构体的要写出构型及名称。

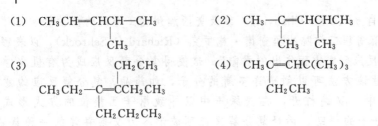

(1) CH$_3$CH=CHCH—CH$_3$
　　　　　　　|
　　　　　　CH$_3$

(2) CH$_3$—C=CHCHCH$_3$
　　　　　|　　　|
　　　　CH$_3$　CH$_3$

(3) 　　　　　　CH$_2$CH$_3$
　　　　　　　|
　　CH$_3$CH$_2$—C—CH$_2$CH$_3$
　　　　　　　|
　　　　　　CH$_2$CH$_3$

(4) CH$_3$C=CHC(CH$_3$)$_3$
　　　|
　　CH$_2$CH$_3$

(5) CH$_2$=CCH=CH$_2$
　　　　|
　　　CH$_3$

4. 完成下列反应式。

(1) CH$_3$CH=CH$_2$ + Cl$_2$ ——
　　　　　　　　　　　　< 250℃ —→ ?
　　　　　　　　　　　　光或 500℃ —→ ?

(2) CH$_3$C=CH$_2$ ——
　　　　|
　　　CH$_3$
　　　　　　　　KMnO$_4$,OH$^-$ / 稀或冷 —→ ?
　　　　　　　　KMnO$_4$,H$^+$ / 浓或加热 —→ ?

(3) 　H$_3$C
　　　　　CH—CH=CH$_2$ + Cl$_2$ + H$_2$O ——→ ?
　　　H$_3$C

(4) CH$_3$CH$_2$CH=CH$_2$ + H$_2$O $\xrightarrow{H^+}$?

(5) CH$_3$CH=CHCH$_3$ + H$_2$SO$_4$ ——→ ? $\xrightarrow{H_2O, \triangle}$?

(6) CH$_2$=CH—CH=CH$_2$ ——
　　　　　　　　　　　　Br$_2$ —→ ?
　　　　　　　　　　　　HBr —→ ?

(7) CH$_3$—C=CH$_2$ ——
　　　　　|
　　　　CH$_3$
　　　　　　　　HBr —→
　　　　　　　　HBr / 过氧化物 —→

5. 如何鉴别乙烷和乙烯？

6. 某两种烯烃与氢溴酸作用时，可生成下列卤烷，它们应该具有怎样的构造？

(1) CH$_3$
　　　　CH—CH—CH$_3$
　CH$_3$　　　|
　　　　　　Br

(2) 　　CH$_3$
　　　　|
　CH$_3$—C—CH$_2$—CH$_3$
　　　　|
　　　　Br

7. 有两个分子式为 C$_6$H$_{12}$ 的烯烃，分别用浓的高锰酸钾酸性溶液处理，其产物不同。一个生成 CH$_3$COCH$_2$CH$_3$ 和 CH$_3$COOH，另一个生成 (CH$_3$)$_2$CH—CH$_2$—COOH、CO$_2$ 和 H$_2$O，试写出这两个烃的构造式。

8. 1.0g 戊烷和戊烯混合物可使 5.0ml 溴溶液褪色，该溴溶液为 160g 溴溶于 1L 四氯化碳的溶液，试计算出混合物里戊烯所占的质量分数。

9. 化合物 A，分子式为 C$_{10}$H$_{18}$，经催化加氢得到化合物 B，B 的分子式为 C$_{10}$H$_{22}$。A 与过量高锰酸钾溶液作用得到下列三种化合物

　　　　　O　　　　　　　　　　　O　　　　　　　　　　　O
　　　　　||　　　　　　　　　　　||　　　　　　　　　　　||
　　CH$_3$CCH$_3$　　　　　CH$_3$CCH$_2$CH$_2$COOH　　　　CH$_3$COH

试写出化合物 A 的构造式。

认 识 炔 烃

2.3 炔烃及鉴别

2.3.1 炔烃的通式与同分异构

2.3.1.1 炔烃的通式

由于炔烃含有碳碳叁键，它比相同碳原子的烯烃少两个氢原子，其通式为 C_nH_{2n-2}。

$$CH_3CH_2CH_2C{\equiv}CH \qquad CH_3CH_2C{\equiv}CCH_3 \qquad \begin{array}{c} CH_3CH{-}C{\equiv}CH \\ | \\ CH_3 \end{array}$$

1-戊炔   2-戊炔   3-甲基-1-丁炔

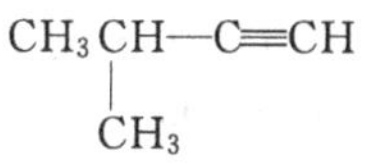

2.3.1.2 炔烃的同分异构

乙炔（CH≡CH）和丙炔（CH₃—C≡CH）都没有异构体。从丁炔开始有构造异构现象。炔烃构造异构体的产生，也是由于碳链不同和碳碳叁键位置不同引起的。

炔烃中由于叁键碳只能与一个烃基相连，因此，炔烃没有顺反异构体。

2.3.2 炔烃的结构

在炔烃分子中，叁键碳原子采用 sp 杂化，每个叁键碳原子有二个等同的 sp 杂化轨道，呈直线形，两轨道对称轴间夹角 180°。以乙炔为例，两个叁键碳原子各用一个 sp 杂化轨道互相重叠形成 $C_{sp}{-}C_{sp}$ σ 键。余下的两个 sp 杂化轨道分别与氢原子的 1s 轨道重叠形成两个 C—H σ 键，每个叁键碳原子上都剩下两个 p 轨道，它们两两平行，分别在侧面重叠形成两个相互垂直的 π 键，π 电子云对称分布在 σ 键轴的周围呈圆柱体形状。所以，乙炔中的 C≡C 由一个 σ 键和两个 π 键组成。

2.3.3 炔烃的命名

炔烃的系统命名与烯烃相类似。同样要选择包含叁键在内的最长碳链做主链，从靠近叁键一端开始编号，标明叁键位置。例如

$$CH_3CH_2C{\equiv}CCH_3 \qquad\qquad \begin{array}{c} CH_3CH{-}C{\equiv}CH \\ | \\ CH_3 \end{array}$$

2-戊炔   3-甲基-1-丁炔

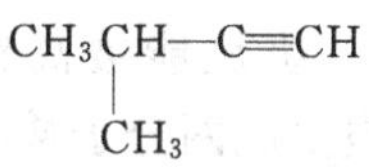

炔烃的同分异构现象比较简单，只存在构造异构和叁键位置异构。

2.3.4 炔烃的性质

2.3.4.1 炔烃的物理性质

炔烃的物理性质与烯烃、烷烃基本相似，随着碳原子数增加而有规律性变化。常温、常压下，四个碳以下的炔烃是气体，$C_5 \sim C_{15}$ 的炔烃是液体，C_{16} 以上的炔烃为固体。与相对分子质量相同的烯烃比较，炔烃的密度大，沸点高。炔烃不溶于水而易溶于大多数有机溶剂。

一些炔烃的物理常数见表 2-7。

表 2-7　一些炔烃的物理常数

名　　称	构　造　式	沸点/℃	熔点/℃	相对密度
乙炔	$HC{\equiv}CH$	-83.4	-82	0.168
丙炔	$CH_3C{\equiv}CH$	-23	-101.5	0.671
1-丁炔	$CH_3CH_2C{\equiv}CH$	8.6	-112.5	0.668
2-丁炔	$CH_3CH_2CH_2C{\equiv}CCH_3$	27.2	-32.5	0.694
1-戊炔	$CH_3CH_2CH_2C{\equiv}CH$	39.7	-98	0.695
2-戊炔	$CH_3CH_2C{\equiv}CCH_3$	55.5	-101	0.713
3-甲基-1-丁炔	$(CH_3)_2CHC{\equiv}CH$	29.3	-89.7	0.666
1-十八碳炔	$CH_3(CH_2)_{15}C{\equiv}CH$	180 (2kPa)	22.5	0.6896 (0℃)

2.3.4.2　炔烃的化学性质

炔烃中含有两个 π 键，能发生与烯烃类似的反应，但反应活性不同。

（1）亲电加成反应

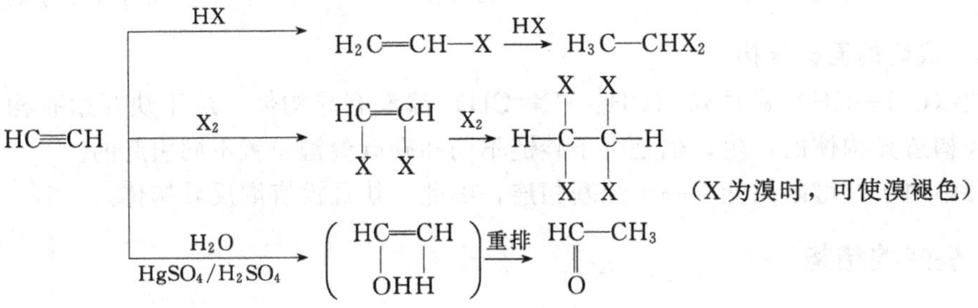

不对称炔烃与不对称试剂反应时，按照马氏加成规则进行加成，例如

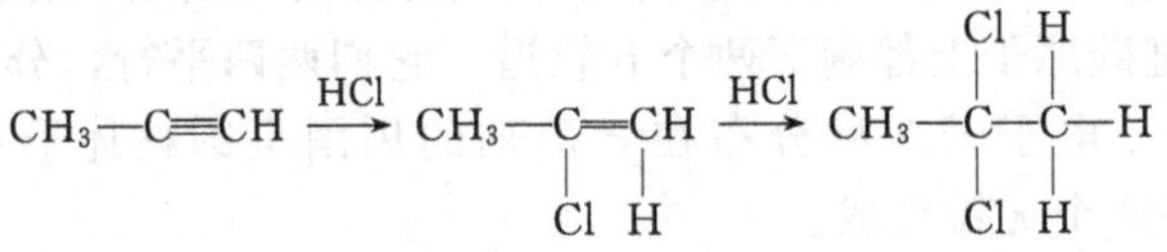

（2）亲核加成反应　HCN 是一个典型的亲核试剂，与烯烃不起反应，但在一定条件下可与炔烃起加成反应生成丙烯腈。

$$HC{\equiv}CH + HCN \xrightarrow{Cu_2Cl_2,\ 80℃} H_2C{=}CH{-}CN$$

（3）氧化还原反应　炔烃能被高锰酸钾等氧化剂氧化，乙炔叁键断裂生成 CO_2 和 H_2O，其他炔烃叁键断裂生成两分子羧酸。

$$3HC{\equiv}CH + 10KMnO_4 + 2H_2O \longrightarrow 6CO_2 + 10KOH + 10MnO_2\downarrow$$

$$CH_3CH_2CH_2{-}C{\equiv}C{-}CH_2CH_3 \xrightarrow{KMnO_4,\ 100℃} CH_3CH_2CH_2COOH + CH_3CH_2COOH$$

乙炔能发生燃烧并放出大量的热，可产生 3000℃ 的高温，用于切割和焊接金属。例如：

$$HC{\equiv}CH + O_2 \longrightarrow CO_2 + H_2O + Q$$

因炔烃对催化剂的吸附作用比烯烃强，炔烃的催化加氢比烯烃容易进行。在铂、钯或镍

的催化下，炔烃与氢加成生成烷烃。例如

$$CH_3-C\equiv C-CH_3 \xrightarrow{H_2, Pt} CH_3CH_2CH_2CH_3$$

$\qquad\qquad$ 2-丁炔 $\qquad\qquad\qquad\qquad\qquad$ 正丁烷

（4）金属炔化物的生成　由于 sp 杂化使得轨道中电子和碳原子核靠得较近，因而叁键碳原子显示出较强的电负性，若叁键碳上连有氢，则碳-氢键中的一对电子靠近碳原子核，从而使氢有可能成为质子（H^+）离去，使得叁键碳上的氢具有一定的酸性，因此这类炔烃可以和某些金属离子反应，生成金属炔化物。

$$HC\equiv CH + 2Ag(NO_3)_2OH \xrightarrow{H_2O} AgC\equiv CAg\downarrow$$

$\qquad\qquad\qquad\qquad\qquad\qquad\qquad\qquad\qquad$ 乙炔银

$$H_3CC\equiv CH + Cu(NH_3)_2OH \xrightarrow{H_2O} CuC\equiv C-CH_3\downarrow$$

$\qquad\qquad\qquad\qquad\qquad\qquad\qquad\qquad\qquad$ 丙炔铜

末端炔烃具有 $R-C\equiv CH$ 结构，因此都可以发生上述反应。所以可利用金属炔化物的生成鉴别末端炔烃。

应 用 炔 烃

2.3.5　炔烃的用途与使用炔烃的安全知识

2.3.5.1　重要的炔烃

乙炔是最重要的炔烃。它不仅是一种重要的有机合成原料，而且大量地用作高温氧炔氧焰的燃料。

纯净的乙炔是无色无臭气体，俗称电石气，微溶于水，但在丙酮中溶解度很大，1L 丙酮可溶解 25L 乙炔，因此工业上常用丙酮来贮运乙炔。乙炔与空气的混合物遇火会发生爆炸，而爆炸范围很大 [含乙炔 3%～80%（体积分数）]。因此在使用乙炔时需防止高温，远离火源。

乙炔是一种重要的化工原料，用途极为广泛，其综合利用如表 2-8 所示。

```
                    Cl₂
                 ┌──────→ 四氯乙烷 ──→ 三氯乙烯 ──→ 四氯乙烯
                 │   HCl
              加成├──────→ 氯乙烯 ──→ 聚氯乙烯
            ┌────┤   H₂O
            │    ├──────→ 乙醛
        乙炔┤    │ CH₃COOH
            │    └──────→ 乙酸乙烯酯 ──→ 聚乙烯醇
            │   聚合
            └────────────→ 乙烯基乙炔 ──→ 氯丁橡胶
```

工业上可从天然气和石油裂解制备乙炔或由焦炭和生石灰在高温电炉中作用生成电石，再与水反应生成乙炔。

$$3C + CaO \xrightarrow{2000℃} CaC_2 + CO$$

$$CaC_2 + 2H_2O \longrightarrow HC\equiv CH + Ca(OH)_2$$

表 2-8　常见炔烃的用途和安全使用知识

品名	构造式	用 途	毒性、危险性与侵害	急救措施	安全使用与防护
乙炔	$CH\equiv CH$	重要化工原料，俗称电石气。用作生产聚乙烯、聚氯乙烯、乙酸、乙醛、乙酸乙烯酯、维尼纶纤维、塑料、氯丁橡胶、腈纶纤维等。由于燃烧时能产生高温，因此也用于金属的焊接和切割	本品微毒，高浓度具有麻醉作用。易燃，燃点305℃，有较大的燃烧危险。与空气形成爆炸性混合物，爆炸极限为2.8%和81%。通过吸入、摄入侵入	中毒后必须立即撤离现场至新鲜空气处或人工呼吸或吸氧。如遇火灾立即切断气源，可用大量水、干粉灭火剂进行灭火	必须使乙炔溶解于丙酮和二甲基甲酰胺中才能保持稳定。存放在阴凉、通风良好的地方，远离容易着火地点。最好使用露天或附建的仓库在户外存放，或放在由不燃材料结构的建筑物内
丙炔	$CH_3C\equiv CH$	用于制造丙酮	本品微毒，高浓度具有麻醉作用。易燃，有较大的燃烧危险。与空气形成爆炸性混合物，爆炸极限为1.7%。通过吸入，摄入侵入	中毒后必须立即撤离现场至新鲜空气处或人工呼吸或吸氧。如遇火灾立即切断气源，可用干粉灭火剂进行灭火	用钢瓶贮装。存放在阴凉、通风良好的地方，远离容易着火地点。最好使用露天或附建的仓库在户外存放，或放在由不燃材料结构的建筑物内。设备管道必须严密，操作现场要通风，操作时须带橡皮手套和防护面罩

2.3.5.2　常见炔烃的用途和安全知识

炔烃是有机合成中的重要基本原料，虽然大多数炔烃低毒或无毒，但都具有高浓度的窒息与极易燃烧的潜在危险性。因此了解一些危险性的炔烃，对于安全使用这些炔烃有着十分重要的意义。

鉴 别 炔 烃

2.3.6　鉴别炔烃的方法

炔烃的鉴别可用下列几种方法进行鉴别。

2.3.6.1　炔化物的生成

叁键碳原子上的氢原子比较活泼，可被金属取代，生成金属炔化物。

$$HC\equiv CH \begin{cases} \xrightarrow{2AgNO_3+2NH_3\cdot H_2O} & AgC\equiv C\!-\!Ag\downarrow + 2NH_4NO_3 + 2H_2O \\ & \text{炔化银（白色）} \\ \xrightarrow{2CuCl+2NH_3\cdot H_2O} & CuC\equiv C\!-\!Cu\downarrow + 2NH_4Cl + 2H_2O \\ & \text{炔化铜（砖红色）} \end{cases}$$

生成的炔化银或炔化铜受热或震动时，易发生爆炸生成金属和碳。例如

$$Ag\!-\!C\equiv C\!-\!Ag \xrightarrow{\triangle} 2Ag + 2C$$

所以在操作过程中特别要注意防止干燥，试验完毕后，应用稀硝酸将炔化物分解。

$$Cu\!-\!C\equiv C\!-\!Cu + 2HNO_3 \longrightarrow HC\equiv CH + 2CuNO_3$$

2.3.6.2　加水试验

炔烃在硫酸汞和稀硫酸存在下与水发生加成反应，生成羰基化合物。这个方法可以用来检验炔烃，即通过检验生成的羰基化合物而检验有无碳碳叁键的存在，这个反应用于炔烃的

鉴别叫加水试验。它适用于 $RC\equiv CH$ 类型的炔烃的鉴别。

2.3.6.3 氧化反应

$$RC\equiv CH \xrightarrow{KMnO_4, \triangle} RCOOH + CO_2 \uparrow$$

反应现象是高锰酸钾被还原，析出棕褐色的 MnO_2 沉淀，因此此法可用作炔烃的定性检验。

2.3.7 技能训练

【技能训练】 炔化银试验

目的：学会用炔化银试验鉴别 $RC\equiv CH$ 类型的炔类化合物。

仪器：试管、试管架、滴瓶、吸管、量筒。

试剂：$w(NaOH)=5\%$ 的氢氧化钠溶液、$w(AgNO_3)=5\%$ 的硝酸银溶液、$c(NH_3 \cdot H_2O)=2mol \cdot L^{-1}$ 的氨水溶液、$c(HNO_3)=2mol \cdot L^{-1}$ 的硝酸溶液、丙酮。

试样：精制石油醚、粗汽油、乙炔。

安全：(1) 炔化银受热或受振动易发生爆炸，反应完毕立即加稀硝酸分解。

(2) 所有试剂均有腐蚀性，避免与皮肤直接接触，以防灼伤。

态度：认真实验，规范操作、仔细观察，及时记录。

步骤

(1) 在试管中加入 0.5mL 5％硝酸银溶液，再加 1 滴 5％氢氧化钠溶液，此时有沉淀生成。

(2) 继续向试管中滴加 $2mol \cdot L^{-1}$ 的氨水溶液直至又溶解为止。

(3) 在此溶液中加入 2 滴试样品（气体则通入），观察有无白色沉淀生成，记下实验现象。

(4) 观察完毕，立即加入稀硝酸分解炔化银，以防干燥爆炸。

(5) 将废液倒入指定的地点。

(6) 按所列的样品重复 (1)～(5) 的步骤。

(7) 清洗试管，倒置试管架上。

注意事项

(1) 炔烃与溴的四氯化碳试剂和高锰酸钾试剂均可发生反应，炔化银试验是鉴别 $RC\equiv CH$ 类型炔类的特效试验。

(2) 整个试验过程严禁加热。

练习

1. 炔烃的三个共价键是否完全一样，是否符合 C_nH_{2n-2} 这个通式的化合物都是炔烃？

2. 写出 C_6H_{10} 所有炔烃的同分异构体，并用系统命名法命名。

3. 用系统命名法命名下列化合物。

(1) $HC\equiv C-CH-CH_3$
   $\qquad\qquad\quad |$
   $\qquad\qquad CH_2-CH_3$

(2) $(CH_3)_3CC\equiv CCH(CH_3)_2$

(3) $CH_3-CH_2-CH-CH-CH_3$
   $\qquad\qquad\qquad |$
   $\qquad\qquad\quad CH_2-CH_3$
   $\qquad\qquad\qquad\quad |$
   $\qquad\qquad\qquad C\equiv CH$

(4) $CH\equiv C-CH-C\equiv CH$
   $\qquad\qquad\qquad |$
   $\qquad\qquad\quad CH_3$

4. 完成下列反应式。

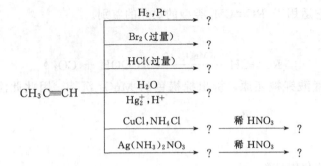

5. 用化学方法区别下列各化合物。

(1) 2-甲基丁烷　　3-甲基-1-丁炔

(2) 1-庚炔　　2-戊炔　　己烷

6. 乙炔有哪些主要用途？使用乙炔时，应注意哪些事宜？

7. 具有相同分子式（C_5H_8）的两种化合物，经氧化后都可以生成 2-甲基丁烷。它们可以与两分子溴加成，但其中一种可以使硝酸银氨溶液产生白色沉淀，另一种则不能，试推这两个异构体的构造式，并写出各步反应式。

认识脂环烃

2.4　脂　环　烃

碳原子相互连接成环，具有与开链脂肪烃相似性质的环状碳氢化合物称脂环烃。具有脂环烃结构的化合物广泛存在于自然界，如一些植物的香精油，维生素、激素等都含有脂环结构。工业分析中有的脂环烃可作溶剂。

2.4.1　脂环烃的分类

脂环烃可按照分子中含碳环的数目分为单环脂环烃及多环脂环烃。按分子中组成的碳原子数，又可分为三元环、四元环、五元环、六元环等。单环脂环烃又可按成环的碳碳键是否饱和，分为饱和脂环烃和不饱和脂环烃两类。环烷烃为饱和脂环烃，环烯烃、环炔烃为不饱和脂环烃。

2.4.2　脂环烃的同分异构现象

在脂环烃中环烷烃是最简单的一种脂环烃，它可看做链状烷烃分子内两端的伯碳原子上各去掉一个氢原子后相互连成的环状化合物，它比相应烷烃少两个氢，其通式为 C_nH_{2n}，与烯烃的通式相同。因此，环烷烃与相同碳原子数的烯烃互为同分异构体。

环烷烃的异构现象比烷烃复杂，组成环的碳原子数不同，以及环上取代基结构及其位置不同都可产生同分异构体。例如：C_5H_{10} 的环烷烃有下列五种构造异构体。

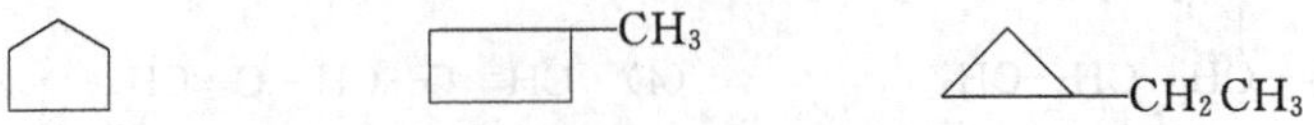

环戊烷　　　　　　　甲基环丁烷　　　　　　　乙基环丙烷

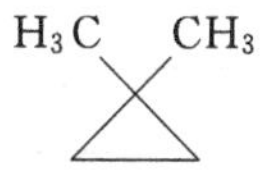

1,1-二甲基环丙烷

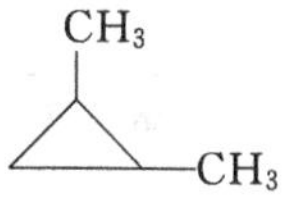

1,2-二甲基环丙烷

2.4.3 脂环烃的命名

单环脂环烃的命名,与相应的开链烃相似,在相同碳原子数的开链烃名称前加一"环"字即可。环烷烃有两个或多个不同的取代基时,要以含碳原子数最少的取代基作为1位。当环上有不饱和键时则不饱和键的位号愈小愈好,并应小于取代基的位次。环上其他取代基按最低系列原则循环编号,环上取代基的列出次序与链烃相同,例如:

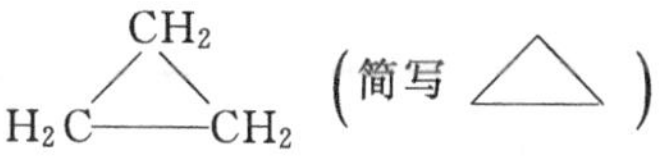

环丙烷

1,2-二甲基环丁烷

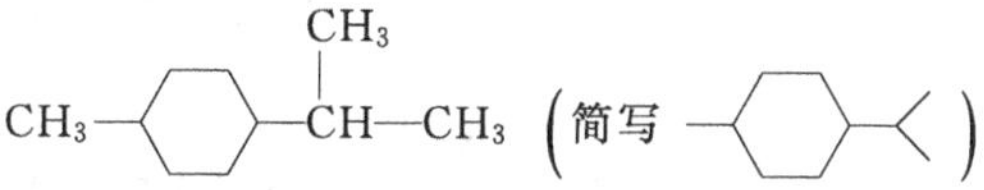

1-甲基-4-异丙基环己烷

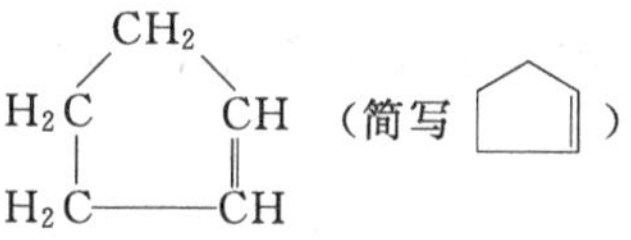

环戊烯

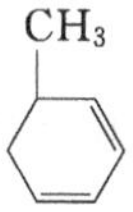

5-甲基-1,3-环己二烯

环辛炔

2.4.4 脂环烃的结构

在环烷烃分子中,环丙烷和环丁烷不稳定,其中环丁烷比环丙烷还稳定些;环戊烷和环己烷则较稳定,尤以环己烷稳定。环丙烷和环丁烷的不稳定性是由成环碳原子的 sp^3 杂化轨道未能形成最大程度交盖所致。在环丙烷分子中相邻两个碳原子的 sp^3 杂化轨道只能以弯曲的方式交盖,形成的 C—C σ 键是弯曲的,叫做弯曲键。

由四个和四个以上碳原子组成的环,成环碳原子不在一个平面上,对于环丁烷,虽然成环碳原子不在一个平面上,但其结构与环丙烷相似,只是弯曲程度比环丙烷小,故比环丙烷稳定。对于环戊烷和环己烷,由于成环碳原子不在一个平面上,但相邻碳原子的 sp^3 轨道能达到最大程度的重叠,因此环戊烷和环己烷稳定。

2.4.5 脂环烃的性质

在脂环烃中,单环烷烃较重要,本节主要讨论单环烷烃的性质,以窥一斑。

2.4.5.1 环烷烃的物理性质

环烷烃的物理性质及其递变规律与烷烃基本相似。它的熔点、沸点、相对密度均比同碳数烷烃略高。常见环烷烃的物理常数见表2-9。

表 2-9　常见环烷烃的物理常数

名　称	沸点/℃	熔点/℃	相对密度	名　称	沸点/℃	熔点/℃	相对密度
环丙烷	−33	−127		环己烷	81	−6.5	0.778
环丁烷	13	−80		环庚烷	118	−12	0.810
环戊烷	49	−94	0.746	环辛烷	149	14	0.830

2.4.5.2　环烷烃的化学性质

环烷烃的化学性质与烷烃相似，也能发生取代和氧化反应，但由于碳环结构的特殊性，表现一些特殊性质，特别是小环易破裂而发生开环加成反应。

（1）加成反应

① 加氢　环烷烃催化加氢后，环被破坏，生成烷烃，但环的大小不同，加氢反应难易不同。例如

$$\triangle + H_2 \xrightarrow[80℃]{Ni} CH_3CH_2CH_3$$

$$\square + H_2 \xrightarrow[120℃]{Ni} CH_3CH_2CH_2CH_3$$

$$\pentagon + H_2 \xrightarrow[300℃]{Ni} CH_3CH_2CH_2CH_2CH_3$$

② 加卤素和卤化氢　环丙烷和环丁烷能像烯烃一样同卤素和卤化氢发生加成，开环形成卤代烷烃。但反应活性不同。

$$\triangle + Br_2 \xrightarrow{CCl_4} \underset{Br}{CH_2}-CH_2-\underset{Br}{CH_2}$$

$$\square + Br_2 \longrightarrow \underset{Br}{CH_2}-CH_2-CH_2-\underset{Br}{CH_2}$$

$$\triangle + HBr \longrightarrow CH_3-CH_2-\underset{Br}{CH_2}$$

$$\square + HI \longrightarrow CH_3-CH_2-CH_2-\underset{I}{CH_2}$$

$$\overset{CH_3}{\triangle} + HCl \longrightarrow CH_3-CH_2-\underset{Cl}{CH}-CH_3$$

环丙烷在室温下可与溴加成使溴水褪色，而环丁烷需要在加热下才能反应；环丙烷可与HX反应，环丁烷只能同活泼的 HI 反应。

（2）取代反应　在高温或光照下，环戊烷、环己烷与卤素发生取代反应，同烷烃相似，也是发生环上氢原子的取代反应。

$$\pentagon + Br_2 \xrightarrow[或300℃]{紫外光} \pentagon-Br + HBr$$

（3）氧化反应　在室温下，环烷烃与一般的氧化剂（如 $KMnO_4$ 水溶液）不起反应，因

此可用 $KMnO_4$ 稀溶液鉴别环丙烷和烯烃。若在强氧化剂或催化剂影响下加热，则发生环破裂生成二元羧酸。如环己烷被氧化生成己二酸。

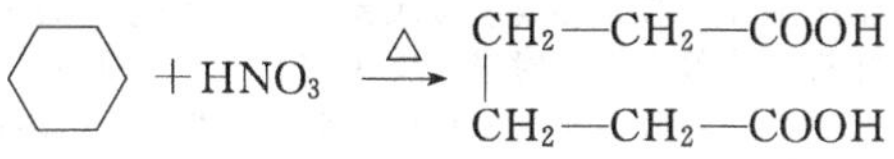

$$\bighexagon + HNO_3 \xrightarrow{\triangle} \begin{array}{l} CH_2-CH_2-COOH \\ | \\ CH_2-CH_2-COOH \end{array}$$

综上所述，环烷烃的化学性质既像烷烃，又像烯烃，五碳和六碳环烷烃和烷烃化学性质相似，性质稳定，易发生取代反应。小环环烷烃（如环丙烷、环丁烷）与烯烃相似，易开环发生加成反应。环丙烷、环丁烷既可使溴水褪色（与烷烃区别），又不能使高锰酸钾水溶液褪色（与烯烃区别）。

有关环烯、环炔的化学性质，与相应的烯烃、炔烃化学性质相似。

应用脂环烃

2.4.6 脂环烃的用途

石油是环烷烃的重要来源，石油中所含的环烷烃主要是五元、六元环烷烃的衍生物。其中环戊烷、环己烷不仅是汽油及润滑油的重要成分，还是制造许多塑料及纤维的原料。环己烷还是制造苯的原料。因此在工业生产中了解一些有毒和危险性的脂环烃，对于安全使用化合物，保障人身安全有着十分重要的意义。一些常用脂环烃的用途和安全知识见表 2-10。

表 2-10　常用脂环烃的用途和安全知识

品名	构造式	用　　途	毒性、危险性与侵害	急救措施	安全使用与防护
环戊烷	 ⌂	用作色谱分析标准物质，溶剂，发动机燃料，共沸蒸馏剂	摄入和吸入有中等毒性。易燃，有较大的燃烧危险		改善生产设备。用皮肤防护药膏或戴手套来保护皮肤
环己烷	 ⬡	用作色谱分析标准物质，纸色谱用溶剂，脂肪、油类、蜡、塑料、树脂和某些合成橡胶的溶剂，脱漆剂，清洁剂等；在香料工作中用作香精油的提取剂；用于有机合成等	吸入和皮肤接触有中等毒性，对眼、皮肤和呼吸道有刺激作用。易燃，燃点260℃，有较大的燃烧危险。蒸气与空气形成爆炸性混合物，爆炸极限为2.8%和81% 通过吸入、摄入，与皮肤和眼接触侵入。侵害眼、呼吸系统，中枢神经系统，皮肤	此化学品如触及眼和皮肤，立即用水冲洗；如吸入高浓度蒸气，立即移离现场至新鲜空气处，必要时进行人工呼吸或请医生对症治疗	用玻璃瓶、铁桶或特种金属桶盛装。存放在阴凉、干燥、通风良好的地方，远离容易着火地点。最好使用露天或附建的仓库在户外存放，或放在易燃液体专库内。与氧化剂隔开 加强车间的安全生产措施，避免在空气中形成爆炸性混合物。生产设备要密闭，防止物料泄漏。操作人员应穿适当工作服，并戴防护眼镜，以防止皮肤和眼与之接触。受污染的工作服应立即脱去，以避免燃烧危险

续表

品名	构造式	用　途	毒性、危险性与侵害	急救措施	安全使用与防护
环己烯		本品系有机合成原料，主要用于制药工业；用作制造己二酸、马来酸和六氢化苯甲酸的中间体，还可用作催化溶剂和石油萃取剂	吸入和皮肤接触有中等毒性，对眼、皮肤和呼吸道有刺激作用。易燃，燃点310℃有较大的燃烧危险性 通过吸入，摄入，与眼和皮肤接触侵入。侵害皮肤、眼、呼吸系统	此化学品如进入眼中，立即用水冲洗；如溅及皮肤，迅速用水和肥皂清洗；如大量吸入人体，立即移离现场，呼吸新鲜空气，并予以对症处理，必要时，请医生治疗	用玻璃瓶（外套木箱）或金属桶盛装。在室温下贮存或置阴凉处，避光密封保存。远离火源。与氧化剂隔开 生产现场应保持良好通风，操作人员应穿适当工作服，并戴防护眼镜，以防止皮肤和眼与之接触。受污染的工作服应立即脱去，以避免燃烧危险

【阅读园地】科学家齐格勒、纳塔

　　齐格勒（1898～1973 年）为德国化学家。1920 年在本国的马尔堡大学获得有机化学博士学位，从 1943 年开始任德国普朗克研究院院长，1949 年任德国化学学会第一任主席。他对自由基化学反应，金属有机化学等都有深入的研究。

　　1953 年，齐格勒在研究乙基铝与乙烯的反应时只生成乙烯的二聚体，后经仔细分析，发现是金属反应器中存在的微量镍所致，说明除了乙基铝外，过渡金属的存在会影响乙烯的聚合反应。

　　自从齐格勒催化剂 $TiCl_3/Al(C_2H_5)_3$ 问世后不久，意大利科学家纳塔（1903～1979 年）试图将此催化剂用在丙烯聚合反应中，但得到的是无定形与结晶形聚丙烯混合物。后来纳塔经过改进，用 $TiCl_3/Al(C_2H_5)_3$ 制得了结晶形聚丙烯。1955 年纳塔发表了丙烯聚合和 α-烯烃或双烯烃制取新型高聚物的研究论文。由于齐格勒和纳塔发明了乙烯、丙烯聚合的新催化剂，奠定了定向聚合的理论基础，改进了高压聚合工艺，使聚乙烯、聚丙烯等工业得到巨大的发展，为此他们两人于 1963 年共同获得诺贝尔化学奖。

　　　　　　　　　　　　——摘自王佛松编. 展望 21 世纪的化学. 北京：化学工业出版社，2000

练习

1. 命名下列各化合物。

2. 写出下列化合物的构造式。

(1) 1-甲基-4-异丙基环己烷
(2) 1,1-二甲基环丁烷
(3) 1-氯-2-溴环己烷
(4) 3-异丙基环己烯
(5) 环戊基环戊烷
(6) 1,4-二甲基环己烷

3. 完成下列反应。

(1) 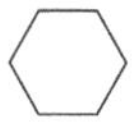 + Cl₂ $\xrightarrow{\text{日光}}$

(2)  —CH₃ + HCl $\longrightarrow$

(3) 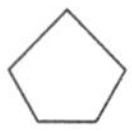 + Br₂ $\xrightarrow{\triangle}$

(4)  + KMnO₄（过量）$\xrightarrow{\text{加热}}$

(5)  + H₂ $\xrightarrow[80℃]{\text{Ni}}$

(6) 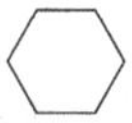 + H₂ $\xrightarrow[\text{加热}]{\text{Pt}}$

4. 有一化合物分子式为 C_4H_8，能和 HI 及 Br₂（室温）发生加成反应，但不能使冷的高锰酸钾溶液褪色。写出该化合物的可能构造式。

5. 用化学方法区别下列各组化合物。

(1) 丙烷、丙烯、环丙烷
(2) 1,2-二甲基环丙烷、环戊烷和戊烯
(3) 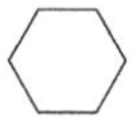 , , CH₃CH₂CH₂CH₂C≡CH

知识考核表

项 目	考 核 内 容	分 值	说 明
烷烃	1. 烷烃的结构特征通式	10	
	2. 烷烃的同系列和同分异构现象 同系列和同系物 同分异构现象和同分异构体 构造异构现象和构造异构体 碳链异构现象和碳链异构体 碳原子和氢原子的类型	15	
	3. 烷烃的命名 普通命名法 系统命名法 烷基的概念	25	重点在系统命名法、烷基的概念
	4. 烷烃的物理性质及其递变规律 烷烃的熔点、沸点、密度及其递变规律 物态、溶解度、折射率	10	重点在正烷烃的熔点、沸点、密度的递变规律
	5. 烷烃的化学性质及其用途 氧化反应 裂化反应 裂化与裂解 卤代反应	20	重点是与空气的反应和卤代反应，用途主要指工业生产、实验室应用等
	6. 鉴别烷烃的方法	10	
	7. 用途及安全知识	10	重点在于用途、危害、爆炸范围、火灾防止等

项 目	考 核 内 容	分 值	说 明
烯烃	1. 烯烃的结构特征及通式 乙烯的结构特征 π键和π电子 π键的特点	5	
	2. 烯烃的同分异构现象 烯烃的同分异构现象 碳链异构 位置异构 顺反异构或几何异构 产生顺反异构体的条件 顺式异构体、反式异构体	10	
	3. 烯烃的命名 系统命名法 Z-E 命名法	15	重点在系统命名
	4. 烯烃的物理性质及递变规律	5	主要指熔点、沸点
烯烃	5. 烯烃的化学性质及其用途 加成反应 氧化反应 聚合反应	30	重点是与鉴定有关反应、马尔科夫尼科夫规则
	6. 鉴别方法	10	方法的特点、适用范围和条件，干扰因素，副反应，外观现象
	7. 二烯烃的概念及分类	5	
	8. 1,3-丁二烯的性质 共轭效应及其特点 1,2-加成和1,4-加成反应	15	
	9. 常见烯烃的用途及安全	5	重点用途、危害、爆炸范围、火灾防止
炔烃	1. 炔烃的结构特征及通式	10	
	2. 炔烃的同分异构现象	10	
	3. 炔烃的命名法	20	
	4. 炔烃的物理性质及递变规律	10	指熔点、沸点、密度等递变规律
	5. 炔烃的化学性质及其用途 加成反应 氧化反应 聚合反应 炔化物的生成	30	重点是鉴别反应
	6. 炔烃的鉴别方法	15	方法的特点、适应范围和条件
	7. 常见炔烃的用途及安全知识	5	重点是用途、危害、爆炸范围、火灾防止
脂环烃	1. 脂环烃的结构特征及分类	15	
	2. 脂环烃的同分异构现象	10	
	3. 脂环烃的命名方法	20	
	4. 脂环烃的物理性质及递变规律	10	指熔点、沸点、密度等的递变规律
	5. 脂环烃的化学性质及用途 取代反应 开环反应 氧化反应	20	
	6. 脂环烃的鉴别方法	10	
	7. 脂环烃的安全知识及用途	15	重点在用途、危害、爆炸范围、火灾防止

操作技能考核表

项　目	方　法	考 核 内 容	分　值
正确鉴别双键官能团	1. 溴的四氯化碳试验 2. 高锰酸钾试验	一、要求 　1. 能正确选用玻璃仪器 　2. 能正确配置所需试液 　3. 规范取用试剂、试样 　4. 正确地操作、观察、记录 　5. 能判断副反应（如取代、非双键还原基团被氧化等） 　6. 台面整洁 　7. 结束工作规范（指废液的处理、仪器的清洗、报告的书写、清洁卫生等） 　8. 结果准确 　9. 能正确使用烘箱	65
正确鉴别双键官能团	1. 溴的四氯化碳试验 2. 高锰酸钾试验	二、安全及其他 　1. 知道可能产生的危险因素 　2. 知道如何防止危险的发生以及发生危险的处理方法 　3. 正确处理产生的有害物质 　4. 合理安排时间	15
		三、相关知识 　1. 溴的四氯化碳试验的适用范围及特点 　2. 高锰酸钾试验的适用范围及特点 　3. 概念：取代反应、空间位阻、羧基、羟基、加成反应、氧化反应	20
正确鉴别 $RC\equiv CH$ 型炔	炔化银试验	一、要求 　1. 能正确选用玻璃仪器 　2. 能正确配置所需试液 　3. 规范取用试剂、试样 　4. 正确地操作、观察、记录 　5. 台面整洁 　6. 结束工作规范（指废液的处理、仪器的清洗、报告的书写、清洁卫生等） 　7. 结果准确	70
		二、安全及其他 　1. 知道可能产生的危险因素 　2. 知道如何防止危险的发生以及发生危险的处理方法 　3. 正确处理产生的有害物质 　4. 合理安排时间 　5. 其他	15
		三、相关知识 　1. 炔化银试验及特点 　2. 概念：$RC\equiv CH$ 型炔，分解反应	15

3 | 芳香烃

学习指南　虽然烃是由碳和氢两种元素构成，但却因碳与碳之间、碳与氢之间有着各种不同的连接方式，而构成了各种不同类型的化合物。前面我们主要学习了碳碳间连成链状的化合物，而在烃中，还有一类特殊环状结构和特殊化学性质的化合物，这就是以苯为代表的芳香烃，它是合成塑料、纤维、橡胶和医药、农药、炸药等工业的基本原料。本章就是认识苯环的特殊结构、芳烃的分类；理解单环芳烃的同分异构现象，掌握芳香烃的命名方法及其芳香烃的化学性质，深刻理解芳香性这一概念；学会鉴别芳香烃的方法，并通过技能训练能正确、安全地应用和鉴别芳香烃化合物。

本章关键词　苯　芳烃　芳香性　环状共轭大π键　傅-克反应　定位规则　甲醛-浓硫酸反应　三氯化铝-三氯甲烷反应

认识芳香烃

　　芳香烃是芳香族化合物的母体，是一类具有特定环状结构和特殊化学性质的化合物。这一类化合物因为最初是从树脂和香精油中获得的，大多数具有芳香气味，因而称为"芳香烃"或"芳烃"。随着有机化学的发展，人们发现许多具有芳香族化合物特性的化合物，都没有芳香味，而具有芳香味的化合物不具备芳香族化合物的特性，所以"芳香烃"一词只是沿用了历史的名词。如今的芳香烃是指具有苯的结构，以及与苯有相似的化学性质和电子结构的一类有机化合物。

3.1　苯的结构

　　1825 年从煤焦油中发现一种无色液体，其分子式为 C_6H_6，命名为苯。按苯的分子式中 C：H＝1：1，可知它是一个高度不饱和的化合物，但苯并不表现不饱和化合物性质，它在一般情况下不发生加成反应而易发生取代反应，不被氧化，说明苯很稳定。苯的这种不易加成、不易氧化，容易取代和苯环具有特殊稳定性的性质，称之为芳香性。

3.1.1　苯的凯库勒结构式

　　苯加氢还原可以生成环己烷，可以说明苯具有六碳环的结构。苯的一元取代产物只有一种，说明碳环上六个碳原子和六个氢原子的地位是等同的。据此，1865 年凯库勒（F. A. KeKule）提出了苯是一个对称的六碳环，双键和单键交替排列的结构，苯的凯库勒式为：

$$\text{简写为} \quad \bigcirc$$

凯库勒提出苯的环状结构观点是正确的，在有机化学发展史上起了卓越的作用，但凯库勒结构有两个主要的缺点。

(1) 不能说明苯的特殊稳定性。

(2) 按凯库勒式，苯分子中单双键交替，则应有单双键的区别，故邻位二取代应有两种

但实际上苯的邻位二取代产物只有一种，完全没有单双键的区别。因此，凯库勒式并不能代表苯分子的真实结构。

3.1.2 苯分子结构的近代概念

现代物理方法测定苯分子是平面的正六边形结构。苯分子的六个碳原子和六个氢原子都分布在同一平面上，相邻碳碳键之间的键角为120°。

根据杂化轨道理论，苯的六个碳都是以 sp^2 杂化轨道相互形成 σ 键。它们连成一个平面的正六元环，每个碳上还有一个 p 轨道和环的平面垂直[图 3-1(a)]，因此 p 轨道可以相互重叠，发生共轭，形成一个闭合的大 π 键[图 3-1(b)]。

另外，由于 π 电子结合不如 σ 电子稳定，并且浮于环的上下，因此易为亲电试剂进攻，进行亲电取代反应；但是进行加成反应将破坏环的共轭体系，使稳定性降低，所以苯不易进行加成反应。

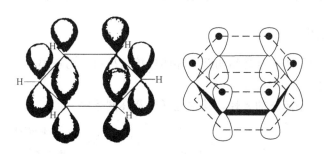

(a) 苯分子的六个 p 轨道　　(b) 苯分子中的共轭 π 键

图 3-1 苯的 p 轨道交盖

【阅读园地】凯库勒

凯库勒 (Friedrich August KeKule，1829～1896 年) 是德国人，有机化学结构的奠基者，其中以引入苯环式的结构最为著名。

凯库勒生于德国 Darmstadt。1875 年介绍了甲烷等简单碳化合物的组成式。1865 年，凯库勒从白日梦中悟到，"六个碳原子构成一个环，各与一个氢原子连接"提出了苯是一个

对称的六碳环，双键和单键交替排列的结构。凯库勒提出苯的环状结构观点，在有机化学发展史上起了卓越的作用。

凯库勒于 1896 年逝世于 Bonm。

——摘自钱旭红．有机化学．北京：化学工业出版社，1999

3.2 芳香烃的通式、同分异构与分类

3.2.1 单环芳烃的通式与同分异构

苯是最简单的单环芳烃，其同系物可以看作是苯环上的氢原子被烷基取代的衍生物，称烷基苯。根据苯环上氢原子被烷基取代的数目，有一烷基苯、二烷基苯、三烷基苯等。烷基苯的通式是 C_nH_{2n-6}，当 $n=6$，时，分子式为 C_6H_6，即为苯。苯没有构造异构体。

简单的一烷基苯没有构造异构体。例如：

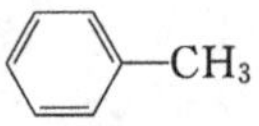

〔苯环〕—CH₃　　　　　〔苯环〕—CH₂CH₃

甲苯 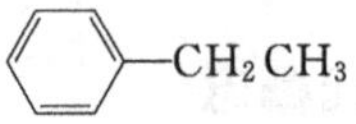　　　　　　　　　　乙苯

但是当取代基含有三个或三个以上的碳原子时，由于碳链异构，则产生异构体。例如：

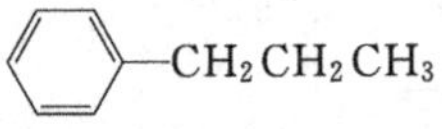

〔苯环〕—CH₂CH₂CH₃　　　　〔苯环〕—CHCH₃
　　　　　　　　　　　　　　　　　　　│
　　　　　　　　　　　　　　　　　　 CH₃

正丙苯 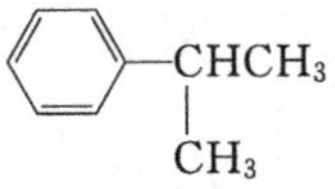　　　　　　　　　　　　异丙苯

当苯环上连有两个或两个以上取代基时，由于取代基在环上的相对位置不同亦产生同分异构体，例如：苯环上有两个甲基的取代苯则有以下三种异构体

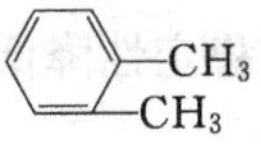

邻二甲苯 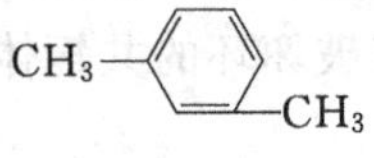　　　　　间二甲苯 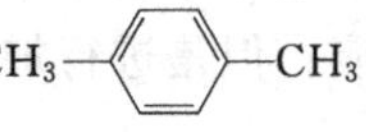　　　　　对二甲苯

3.2.2 芳烃的分类

芳烃根据分子中是否含苯环结构及苯环的连接情况可分为三类。

3.2.2.1 单环芳烃

分子中只含有一个苯环的芳烃，其中包括苯及其同系物。

苯 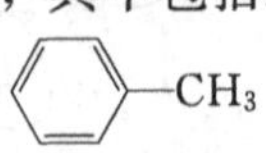　　　　　　　甲苯 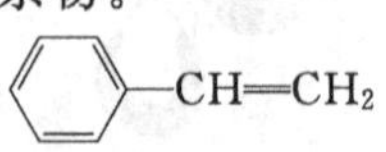　　　　　　　苯乙烯

3.2.2.2 多环芳烃

分子中含有两个或两个以上苯环的芳烃，根据苯环之间的连接方式分为三种。

（1）联苯烃　苯环之间通过单键相连接，如

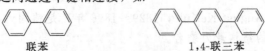

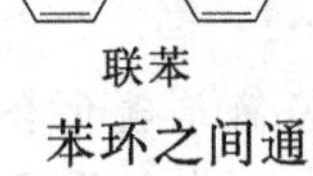

联苯 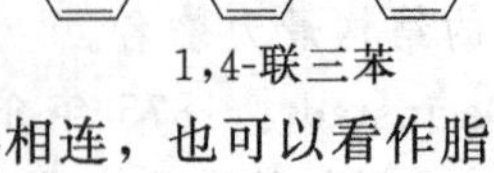　　　　　　　　　　　1,4-联三苯

（2）多苯代脂肪烃　苯环之间通过烷基间接相连，也可以看作脂肪烃的氢原子被多个苯取代。例如：

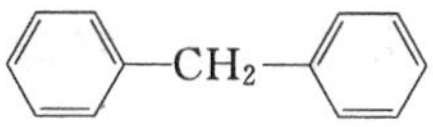

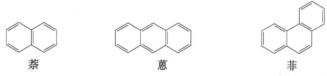

二苯甲烷 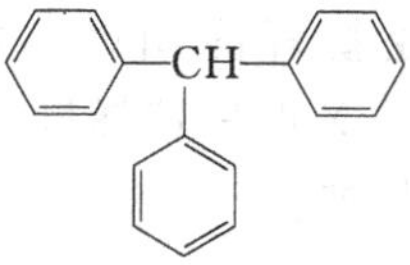　　　　　　　三苯甲烷

（3）稠环芳烃　两个或两个以上苯环通过共用两个碳原子稠合在一起。例如：

萘　　　　　　　　蒽　　　　　　　　菲

3.2.2.3　非苯芳烃

分子中不存在苯环结构，但具有与苯相似的电子结构和性质的芳香环，并具有芳香族化合物共同特性。例如：

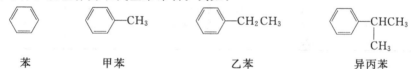

环丙烯正离子　　　　　环戊二烯负离子　　　　　环庚三烯正离子

3.3　单环芳烃的命名

苯是典型的单环芳烃，它是苯环上的氢原子被烃基取代后形成苯的衍生物。单环芳烃通常以苯环为母体，烷基作为取代基来命名。例如：

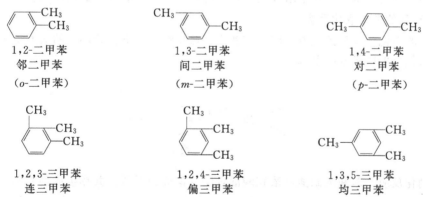

苯　　　　　　甲苯　　　　　　乙苯　　　　　　异丙苯

苯环上有多个取代基时，由于取代基位置不同，命名时应在名称前注明取代基位置。例如：

1,2-二甲苯　　　　　　　1,3-二甲苯　　　　　　　1,4-二甲苯
邻二甲苯　　　　　　　　间二甲苯　　　　　　　　对二甲苯
（o-二甲苯）　　　　　　（m-二甲苯）　　　　　　（p-二甲苯）

1,2,3-三甲苯　　　　　　1,2,4-三甲苯　　　　　　1,3,5-三甲苯
连三甲苯　　　　　　　　偏三甲苯　　　　　　　　均三甲苯

当取代基比较复杂或支链为不饱和烃基时，则以支链或不饱和烃为母体，苯环作为取代基来命名。例如

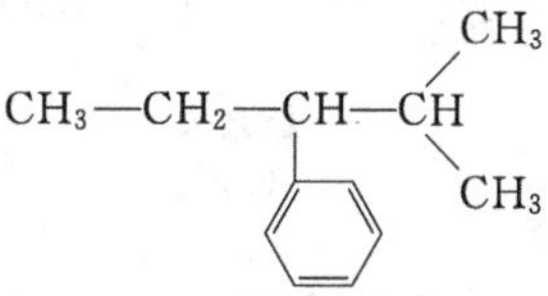

2-甲基-3-苯基戊烷 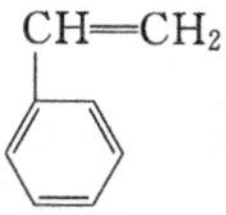　　　　　　　　苯乙烯

当苯环上连有非烃基官能团时，可按—SO_3H，—COOH，—CHO，—CN，—OH，—NH_2，—R，—NO_2，—X顺序选择母体官能团。排在前面的官能团优先选作母体，后面的官能团则作取代基。例如：

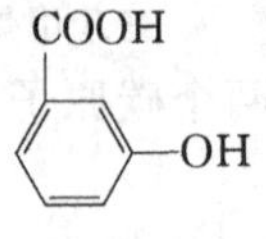

3-羟基苯甲酸 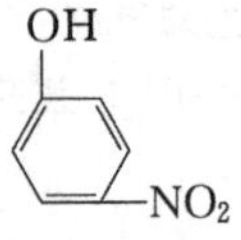   对硝基苯酚

3.4　单环芳烃的性质

3.4.1　单环芳烃的物理性质

苯及其同系物一般是无色液体，相对密度0.86～0.9，不溶于水而溶于有机溶剂，如乙醚、四氯化碳，石油醚等非极性溶剂，而且它们本身也是很好的溶剂。沸点随着碳原子增加而提高。对位异构体有较高的对称性，熔点比邻、间位异构体高。一些常见单环芳烃的物理常数如表3-1所示。

表 3-1　一些常见单环芳烃的物理常数

化合物	熔点/℃	沸点/℃	相对密度	化合物	熔点/℃	沸点/℃	相对密度
苯	5.5	80.1	0.879	乙苯	−95	136.2	0.867
甲苯	−95	110.6	0.876	正丙苯	−99.6	159.3	0.862
邻二甲苯	−25.5	144.4	0.880	异丙苯	−96	152.4	0.862
间二甲苯	−47.9	139.1	0.864	苯乙烯	−33	145.8	0.906
对二甲苯	13.2	138.4	0.861				

3.4.2　单环芳烃的化学性质

苯的结构决定了苯容易发生取代反应，在特定条件下也能发生加成反应。

3.4.2.1　苯环的亲电取代反应

（1）苯的卤化　苯与氯或溴反应，在铁或三氯化铁催化下，苯环上的氢原子可被氯原子或溴原子取代，生成氯苯或溴苯。

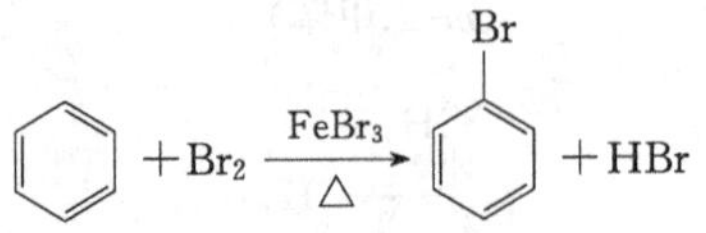

溴苯

（2）硝化反应　苯和浓硝酸与浓硫酸混合物（常称为混酸）共热生成硝基苯。

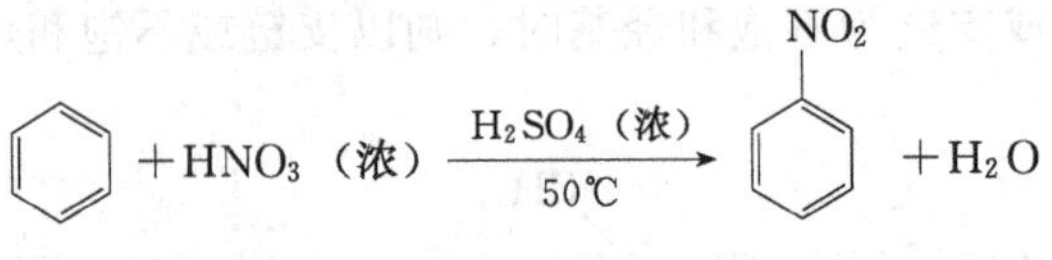

硝基苯
98%

（3）磺化反应　苯与浓硫酸在80℃反应，生成苯磺酸。

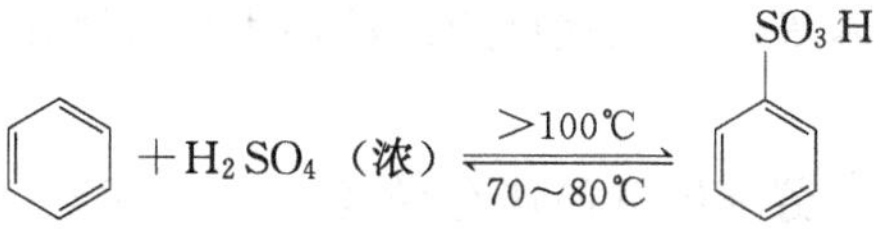

$$\text{苯} + H_2SO_4\ (\text{浓}) \underset{70\sim80℃}{\overset{>100℃}{\rightleftharpoons}} \text{苯磺酸 (SO}_3\text{H)}$$

苯磺酸

磺化反应是可逆的，在较高温度下，苯磺酸可以水解去除磺酸基。

（4）傅-克（Friedel-Crafts）反应　芳烃在无水三氯化铝、三氯化铁、氯化锌等路易斯酸催化下与卤代烷作用生成烷基苯，称为傅-克烷基化反应，如：

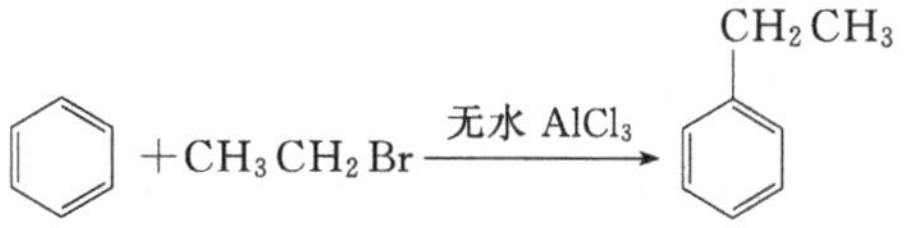

$$\text{苯} + CH_3CH_2Br \xrightarrow{\text{无水 AlCl}_3} \text{乙苯 (CH}_2CH_3)$$

乙苯

芳烃在无水三氯化铝等路易斯酸催化下与酰卤或酸酐等酰基化试剂作用生成芳酮，称为傅-克酰基化反应，如：

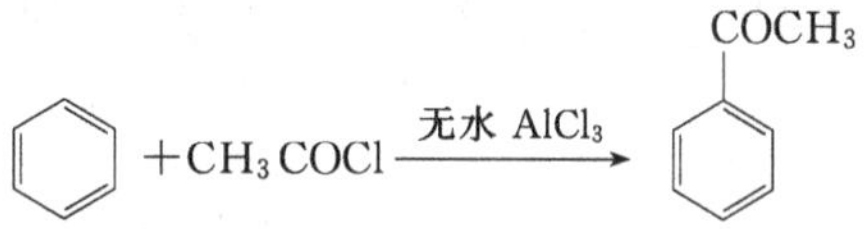

$$\text{苯} + CH_3COCl \xrightarrow{\text{无水 AlCl}_3} \text{苯乙酮 (COCH}_3)$$

苯乙酮

当苯环上连有强烈的吸电子基如硝基、磺酸基等，则不能起傅-克反应，因此硝基苯是傅-克反应的良好溶剂。

上述几类反应有以下几方面值得注意。

硝基苯、苯磺酸再次进行硝化、磺化反应时，反应条件较一取代苛刻，得到的是间位二取代产物

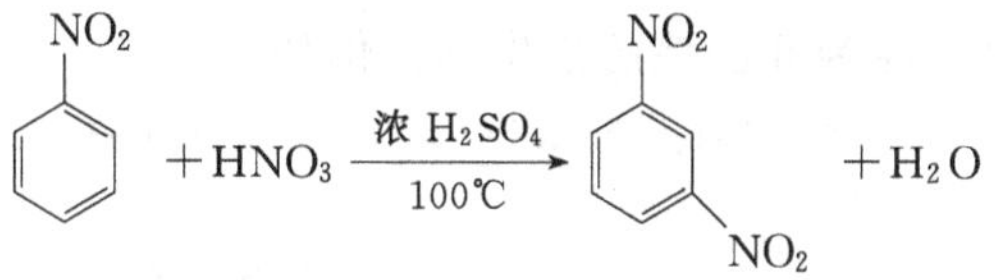

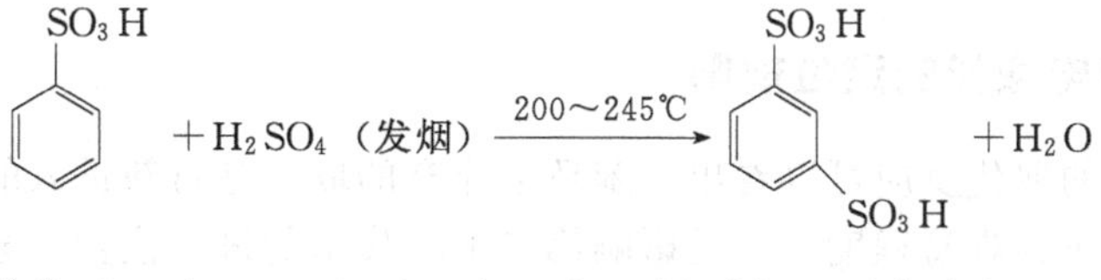

$$\text{硝基苯} + HNO_3 \xrightarrow[100℃]{\text{浓 }H_2SO_4} \text{间二硝基苯} + H_2O$$

$$\text{苯磺酸} + H_2SO_4\ (\text{发烟}) \xrightarrow{200\sim245℃} \text{间苯二磺酸} + H_2O$$

而甲苯硝化、磺化时，在30℃即可反应，主要得到邻、对位产物。

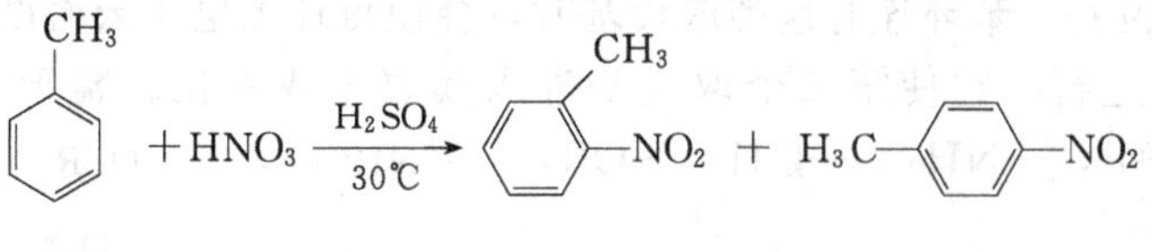

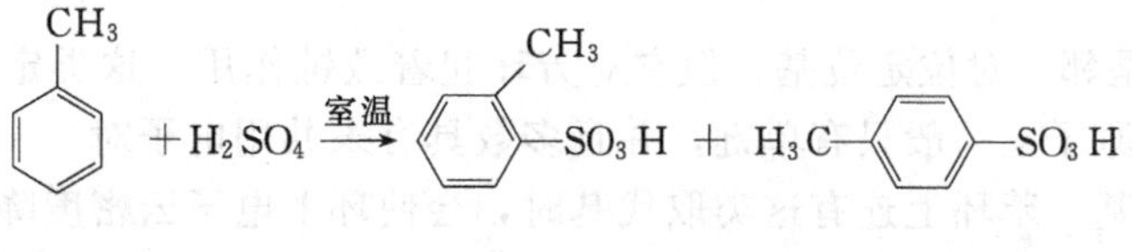

$$\text{甲苯} + HNO_3 \xrightarrow[30℃]{H_2SO_4} \text{邻硝基甲苯} + \text{对硝基甲苯}$$

$$\text{甲苯} + H_2SO_4 \xrightarrow{\text{室温}} \text{邻甲苯磺酸} + \text{对甲苯磺酸}$$

由此可见，苯、甲苯、硝基苯等进行取代反应的活性为甲苯＞苯＞硝基苯。

3.4.2.2 氧化反应

（1）芳香烃的侧链氧化 芳环侧链如连有烃基，并且α-碳上含有氢原子时，则此侧链烃基可被高锰酸钾等强氧化剂氧化为羧基。例如

$$\text{C}_6\text{H}_5-\text{CH}_3 \xrightarrow[\triangle]{\text{KMnO}_4} \text{C}_6\text{H}_5-\text{COOH}$$

$$\text{C}_6\text{H}_5-\text{CH}_2\text{CH}_3 \xrightarrow[\triangle]{+\text{KMnO}_4} \text{C}_6\text{H}_5-\text{COOH}$$

若侧链烃基无α-H（如叔丁基），一般情况下不氧化，例如

$$\text{H}_3\text{C}-\text{C}_6\text{H}_4-\text{C(CH}_3)_3 \xrightarrow[\triangle]{\text{KMnO}_4} \text{HOOC}-\text{C}_6\text{H}_4-\text{C(CH}_3)_3$$

对叔丁基甲苯　　　　　　　　　对叔丁基苯甲酸

（2）苯环氧化 苯环一般不被常见的氧化剂（如高锰酸钾、重铬酸钾加硫酸、稀硝酸等）氧化，但在强烈条件下如高温及催化剂作用下，也可被氧化开裂，生成顺丁烯酸酐。

$$2\,\text{C}_6\text{H}_6 + 9\text{O}_2 \xrightarrow[400\sim500\text{°C}]{\text{V}_2\text{O}_5} 2 \begin{array}{c} \text{H}-\text{C}-\text{C} \\ \parallel \quad\quad\, \text{O} \\ \text{H}-\text{C}-\text{C} \end{array} + 4\text{CO}_2 + \text{H}_2\text{O}$$

顺丁烯酸酐

顺丁烯酸酐主要用来制不饱和聚酯树脂，也可用作环氧树脂的固化剂。

3.4.2.3 加成反应

芳烃易起取代反应而难于加成，但在一定条件下（如催化剂、高温、高压、光照等），仍可发生加成反应。例如苯催化加氢生成环己烷。

$$\text{C}_6\text{H}_6 + 3\text{H}_2 \xrightarrow{\text{Ni 或 Pt, }180\sim250\text{°C}} \text{环己烷}$$

环己烷

苯的一些衍生物还可还原为环己烷的衍生物。例如

$$\text{C}_6\text{H}_5-\text{CH}_3 \xrightarrow{\text{Ni 或 Pt, }\triangle} \text{C}_6\text{H}_{11}-\text{CH}_3$$

甲基环己烷

3.4.3 苯环的亲电取代的定位规则

从前述取代苯的取代反应可以看出，苯环上原有的取代基对新进入的取代基有两方面的影响，一是影响反应的难易程度，二是影响第二个取代基的进入位置。芳环上这种决定第二个取代基进入位置的基团被称为定位基。定位基有两类。

（1）邻对位定位基 苯环连有这类取代基时，会使得环上电子云密度增加，从而致活芳环使取代反应易于进行，它使第二个取代基进入其邻位或对位。属于邻、对位定位基的有：—NR$_2$，—NHR，—NH$_2$，—OH，—OR，—NHCR，—OCR，—CH$_3$（—R），
　　　　　　　　　　　　　　　　　　　　　　　　　　　　　‖　　　　‖
　　　　　　　　　　　　　　　　　　　　　　　　　　　　　O　　　　O

—X等，卤素虽然是邻、对位定位基，但它对芳环起着致钝作用。这类定位基的结构特点是与苯环直接相连的原子上一般只有单键，并且多数具有未共用电子对。

（2）间位定位基 苯环上连有这类取代基时，会使环上电子云密度降低，使得亲电取代

反应较难进行，即钝化了苯环，它使第二个取代基进入其间位。属于间位定位基的有：
$-\overset{+}{N}R_3$，$-NO_2$，$-SO_3H$，$-\underset{O}{\overset{\parallel}{C}}-H$，$-\underset{O}{\overset{\parallel}{C}}-R$，$-\underset{O}{\overset{\parallel}{C}}-OH$ 等。

这类定位基的结构特点是与苯环直接相连的原子上一般有重键或正电荷，或者是强烈的吸电子基团，如$-CF_3$。

应用芳香烃

3.5 芳香烃的用途与使用芳香烃的安全知识

3.5.1 重要的单环芳烃

3.5.1.1 苯

苯来源于炼焦工业中，从焦炉气和煤焦油中获得。随着石油化学工业的发展，苯则主要由石油的铂催化重整获得。

苯是无色、易燃、易挥发的液体。熔点 $5.5℃$，沸点 $80.1℃$，相对密度 0.879，不溶于水，易溶于乙醇、乙醚等有机溶剂。具有特殊气味，其蒸气有毒。苯的蒸气与空气能形成爆炸性混合物，爆炸极限为 $1.5\%\sim8.0\%$（体积分数）。

苯是重要的化工原料之一，它广泛用来生产合成纤维、合成橡胶、塑料、农药、医药、染料和合成洗涤剂等。苯也常用作有机溶剂。

3.5.1.2 甲苯

甲苯一部分来自煤焦油，大部分从石油的铂催化重整获得。

甲苯是无色、易燃、易挥发的液体。沸点 $110.6℃$，相对密度 0.867，不溶于水，易溶于乙醇、乙醚等有机溶剂。具有与苯相似的气味，其蒸气有毒。蒸气与空气能形成爆炸性混合物，爆炸极限为 $1.2\%\sim7.0\%$（体积分数）。

甲苯在催化剂（如钼、铬、铂等）、加温、加压下，能发生歧化反应，生成苯和二甲苯，反应如下：

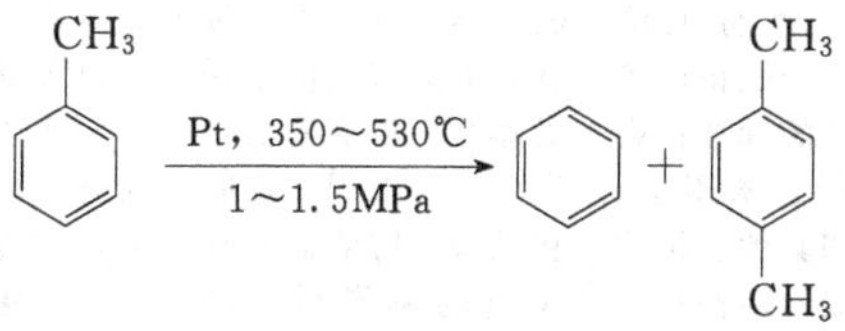

甲苯也是重要的化工原料之一，它主要用来制造三硝基甲苯（TNT），苯甲醛和苯甲酸等重要物质。

甲苯可用作溶剂，也可直接作为汽油的组分。

3.5.1.3 苯乙烯

工业上生产苯乙烯是由乙苯经侧链脱氢而得，反应如下

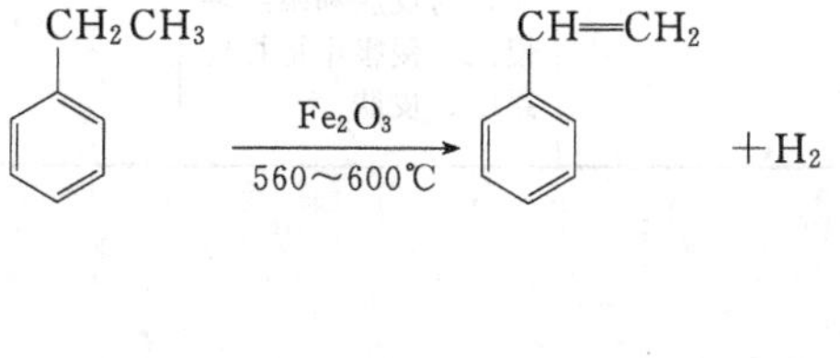

苯乙烯为无色、易燃液体，沸点 145.2℃，相对密度 0.906，难溶于水，溶于乙醇和乙醚。苯乙烯有毒，在空气中的允许浓度在 0.1mg·L^{-1}以下。苯乙烯易聚合成聚苯乙烯。故在生产和贮存期间需加阻聚剂（如对苯二酚）以防止其聚合。

苯乙烯主要用于合成聚苯乙烯塑料、丁苯橡胶、ABS 工程塑料和离子交换树脂等。

3.5.2　常见芳烃的用途和安全知识

芳烃是有机合成工业的主要原料。它与染料、药物、农药、合成纤维、合成塑料、合成橡胶、石油化工、日用化工等有着紧密关系。且芳烃也是工业分析中重要的溶剂之一，但有些芳烃具有一定的毒性，甚至有的芳烃有致癌作用。因此很好地了解有毒、有危险性的芳烃，对于安全使用它们有着十分重要的意义。表 3-2 列出常见芳烃的用途和安全使用知识。

表 3-2　常见芳烃的用途和安全使用知识

品名	构造式	用途和接触机会	毒性、危险性与侵害	急救措施	安全使用与防护
苯	(苯环结构式)	测定折射率用的标准样品，色谱分析标准物质；精密光学仪器、电子工业等用作溶剂和清洗剂；用于制造洗涤剂、农业杀虫剂、合成纤维、油漆、清漆、炸药、药物和染料等；用于种子油和坚果油的提取中	本品有中等毒性，摄入、吸入或经皮肤吸收均会引起中毒，吸入高浓度的苯能引起麻醉症状，严重者甚至死亡；对眼、皮肤和黏膜有刺激作用。易燃，燃点 562℃，有较大的燃烧危险。与空气形成爆炸性混合物，爆炸极限为 1.5%～8%。是可疑的治癌物。 通过蒸气吸入，蒸气还能增强皮肤的吸收。 摄入、与皮肤和眼接触侵入。侵害造血系统、中枢神经系统、皮肤、眼、呼吸系统	此化学品如进入眼中，立即用水冲洗；如接触皮肤迅速用肥皂和水清洗；如大量吸入蒸气，立即移离现场至新鲜空气处，必要时进行人工呼吸或输氧或给予呼吸刺激剂和强心剂；如被吞服，迅速洗胃，催吐，并及时送医院治疗	用玻璃瓶或金属桶盛装。置阴凉处密封保存。最好使用露天或附建的仓库在户外存放，室内须存放在标准的易燃液体专库内。与氧化剂隔开 操作时应穿防护工作服，以防止皮肤反复或长时间接触。戴防护眼镜，以防止眼接触。工作服如被弄湿，应立即脱去，以避免燃烧危险
甲苯	CH$_3$ (苯环结构式)	色谱分析标准物质。电子工业清洗剂；用于水分的测定。恒温干燥箱作校正温度计的标准；染料、香料、苯甲酸、苯甲醛和其他有机化合物合成；用作汽车和航空燃料的成分，代替苯作溶剂等	本品有中等毒性，摄入、吸入或皮肤吸收均会引起中毒，过度吸入蒸气会由于呼吸器官中枢麻痹而导致死亡；对眼、皮肤和黏膜、呼吸器官有较强的刺激性。易燃，燃点 536℃，有较大的燃烧危险。蒸气能与空气形成爆炸性混合物，爆炸极限为 1.27%～7% 通过蒸气吸入，液体经皮肤吸收；摄入，与皮肤和眼接触侵入。侵害中枢神经系统、皮肤	此化学品如进入眼中，立即用水冲洗；如接触皮肤迅速用肥皂和水清洗；如大量吸入蒸气，立即移离现场至新鲜空气处，必要时进行人工呼吸；如误被吞服，给予医学观察，不诱致呕吐，请医生治疗	用玻璃瓶、铁皮罐或铁桶盛装。置阴凉处密封保存。最好使用露天或附建的仓库在户外存放，室内须存放在标准的易燃液体专库内。与氧化剂隔开。 操作时应穿防护工作服，戴防护眼镜，防止眼和皮肤与之接触。工作服如被弄湿，应立即脱去，以避免燃烧危险

品名	构造式	用途和接触机会	毒性、危险性与侵害	急救措施	安全使用与防护
苯乙烯	CH=CH$_2$（苯环结构）	用于合成树脂、聚酯和绝缘材料的原料。用作造漆、制药、香料等化工原料以及溶剂	本品有毒，吸入和摄入能引起中毒，可刺激皮肤、呼吸道和胃黏膜。易燃，有中等燃烧危险，燃点490℃，蒸气能与空气形成爆炸性混合物，爆炸极限为1.1%～6.1% 通过摄入、吸入，与皮肤和眼接触侵入。侵害中枢神经系统、呼吸系统、眼、皮肤	此化学品如触及眼和皮肤，立即用水冲洗；如大量吸入蒸气，立即移离现场至新鲜空气处，必要时进行人工呼吸；如被吞服，迅速洗胃，然后对症处理，或请医生治疗	生产设备应密封，防止跑、冒、滴、漏，操作现场应通风良好。操作人员操作时应穿防护工作服，以防止皮肤反复或长时间接触。戴防护镜，以防止与眼接触。工作服如被弄湿，应立即脱去，以避免燃烧危险
二甲苯	CH$_3$（苯环）CH$_3$	用作醇酸树脂、漆、搪瓷、橡胶泥的溶剂；用于有机化学品的合成，航空汽油，防护涂层的成分。可用于聚酯树脂和聚酯纤维、涤纶、维生素和药物合成及杀虫剂；用于航空燃料	二甲苯有中等毒性，易燃，燃点463.8～528.9℃ 对二甲苯易燃，有较大的燃烧危险 间二甲苯易燃，燃点527.7℃，有中等程度的燃烧危险 邻二甲苯可燃，燃点463.8℃，有中等程度的燃烧危险 通过蒸气吸入，液体仅在很小程度上会被皮肤吸收，摄入，与皮肤和眼接触。侵害中枢神经系统、眼、胃肠道、呼吸道、皮肤	此化学品如进入眼中，立即用流水冲洗；如接触皮肤，迅速用肥皂和水洗净，如大量吸入蒸气，立即移离现场至新鲜空气处，必要时进行人工呼吸；如被吞服，最好的处理办法是立即饮入液体石蜡，严重者送医院治疗	用玻璃瓶或金属桶盛装，最好使用露天仓库在户外存放，室内须存放在标准的易燃液体专库内 生产设备应密闭，防止渗漏，车间通风良好。操作时应穿防护工作服，戴防护眼镜，防止眼和皮肤与之接触。工作服如被弄湿，应立即脱去，以避免燃烧危险
萘	（萘环结构）	用作有机元素（C、H）定量分析的标样，色谱分析标准物质；比色法分析时也用标准物质，有机分析中作难溶性染料的结晶的溶剂。用于温度计的校正，用作防蛀剂、化学中间体等	本品有毒，吸入浓蒸气或粉末会引起中毒；能刺激皮肤、眼和呼吸道。受热放出易燃蒸气。蒸气或细粉状萘与空气能形成爆炸性混合物，爆炸极限0.9%～5.9%。燃点527℃ 通过蒸气或粉尘吸入，皮肤吸收、摄入，与皮肤和眼接触。侵害眼、血液、肝、肾、皮肤、红血细胞、中枢神经系统	此化学品如进入眼中，或熔融萘接触皮肤，立即用水冲洗，溶液接触后，也应迅速冲洗；如大量吸入，立即移离现场至新鲜空气处，进行人工呼吸或对症处理；如被吞服，催吐，洗胃，给予医学观察。如出现溶血性病变时，应急送医院救治	用玻璃瓶，铁皮罐、粗布麻袋或纸袋或木箱盛装，存放在阴凉、远离火源的地方，避免受热。与氧化剂隔开 生产设备和容器应密闭，防止蒸气、粉末外逸。操作时应穿防护工作服，戴防护眼镜，工作者如皮肤受到污染，应迅速冲洗。工作服如可能受污染，应每天更换。可渗透的工作服如被弄湿，迅速脱去
联苯	（两个苯环相连结构）	用作色谱分析标准物质，聚酯用染色助剂，载热体，在柑橘水果和其他果实包装中用作防霉剂等；用于有机合成、植物病害的控制、联苯胺的制造	本品有毒，吸入会引起中毒，对眼、皮肤和呼吸道有刺激作用 通过蒸气或粉尘吸入，经皮肤吸收、摄入，与眼和皮肤接触。侵害肝、皮肤、中枢神经系统、上呼吸系统、眼	此化学品接触眼和皮肤，立即用水冲洗；如大量吸入，立即移离现场至新鲜空气处，必要时进行人工呼吸；如误被吞服，给予医学注视，对症处理，或送医院治疗	联苯蒸气压低，毒性低，在工业生产中一般不存在大问题。在蒸气浓度高的场所，应备有护肤膏、手套、带有有机蒸气滤毒器的防毒面具，以供操作时使用。穿适当防护工作服，以防止皮肤反复或长时间接触。戴防护眼镜，以防止眼接触熔融联苯

鉴别芳香烃

3.6 鉴别芳香烃方法

3.6.1 甲醛-浓硫酸试验

又称 Le Rosen 试验，芳香族化合物及其衍生物在甲醛-浓硫酸溶液中，会发生显色反应，其呈现的颜色与化合物结构有关，许多芳香族化合物均可发生此反应，表 3-3 列出了部分芳香族化合物所显现的颜色。反应是生成了能够显色的醌型结构产物。例如，苯可能经过以下反应

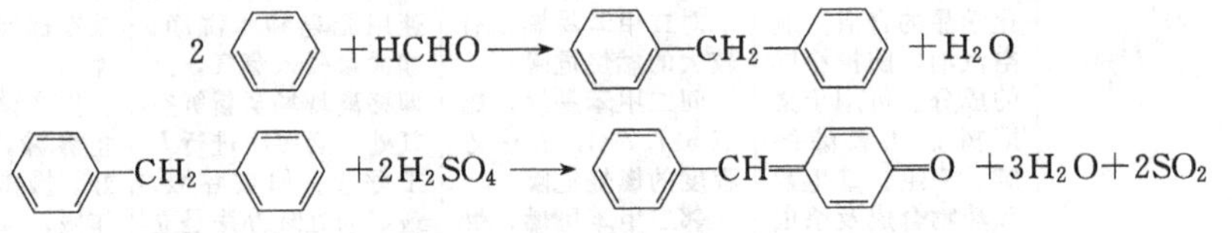

$$2 \bigcirc + HCHO \longrightarrow \bigcirc -CH_2- \bigcirc + H_2O$$

$$\bigcirc -CH_2- \bigcirc + 2H_2SO_4 \longrightarrow \bigcirc -CH= \bigcirc =O + 3H_2O + 2SO_2$$

红色

这是检验芳香族化合物最常用的方法。

表 3-3　各种芳烃的颜色变化情况

化合物名称	颜色	化合物名称	颜色
苯、甲苯	红色	萘、菲	蓝绿→绿
联苯、联三苯	蓝色→绿蓝色	蒽	黄绿色或绿色

芳香族其他化合物也有类似颜色反应，现象如下：

化合物名称	颜色	化合物名称	颜色
苯甲醚	红紫	苯甲醛	红
苯甲醇	红	对苯二酚	黑
间苯二酚	红	β-萘酚	棕
水杨酸	红	苯酚	紫
肉桂酸	砖红	硝基萘	绿蓝

3.6.2 无水三氯化铝-三氯甲烷试验

芳香族化合物通常在无水三氯化铝的存在下，与氯仿反应生成有色物质。反应产物的颜色与结构有关，表 3-4 列出了部分芳烃颜色反应，一般呈红、紫、蓝、紫、绿。反应用的三氯化铝必须是新制的或经过升华处理的，这样效果才好。

表 3-4　各种芳烃的颜色变化情况

化合物名称	颜色	化合物名称	颜色
苯及其同系物	橙红色	联苯和菲	紫色
萘	蓝色	蒽	绿色

3.7　技能训练

【技能训练1】　甲醛-浓硫酸试验

目的：(1) 学会用甲醛-浓硫酸试验鉴别不溶于冷浓硫酸的芳烃的方法。

　　　(2) 了解物质显色与结构之间的关系。

仪器：试管，试管架、滴瓶、小药匙、量筒、吸管。

试剂：四氯化碳（或环己烷）、甲醛-浓硫酸试剂。

试样：正己烷、石油醚、联苯、苯、甲苯、萘。

安全：(1) 避免甲醛、浓硫酸与皮肤直接接触。

　　　(2) 避免吸入四氯化碳蒸气。

态度：认真实验，规范操作、仔细观察，及时记录。

步骤

(1) 在试管中加入 1mL 浓硫酸，再继续加入 1 滴质量分数为 37%～40% 甲醛水溶液轻微振荡，待用。

(2) 在另一试管中加入 1mL CCl_4（或环己烷）。

(3) 继续向试管中加入 30mg 固体样品或 1 滴液体样品，使之完全溶解。

(4) 取样品溶液 1～2 滴加到待用的 1mL 甲醛-浓硫酸试剂中。

(5) 先注意两液层界面的颜色，振荡后再观察试剂的颜色。记下所观察到的现象。

(6) 将废液倒入指定地点。

(7) 清洗仪器，倒置于试管架上。

(8) 按所列的试样重复上述 (1)～(7) 的步骤。

注意事项

(1) 溶剂中可能含有芳烃，最好先做一次空白试验，以资比较。

(2) 具有正性反应的化合物，通常溶液呈棕色或黑色。

【技能训练2】　无水三氯化铝-三氯甲烷试验

目的：(1) 会用无水三氯化铝-三氯甲烷试验鉴别芳烃。

　　　(2) 进一步理解傅列德尔-克拉夫茨反应。

仪器：试管、试管架、滴管、小药匙、量筒、吸管

试剂：CCl_4、$CHCl_3$；无水 $AlCl_3$。

试样：正己烷、石油醚、联苯、苯、甲苯、萘。

安全：避免试剂与皮肤和眼接触。

态度：认真实验，规范操作，仔细观察，及时记录。

步骤

(1) 取一干燥试管，加入 100mg 无水三氯化铝，用强火焰灼烧，使三氯化铝升华至试管壁上，冷却。

(2) 在另一试管中加入 10～20mg 固体试样或 5 滴液体试样，加入 5～8 滴氯仿使试样溶解。

(3) 将所得试液沿试管壁缓缓倒入无水三氯化铝的试管中。

(4) 注意观察当试液流下与三氯化铝接触时所发生的颜色变化，记录实验现象。

注意事项

(1) 不溶于浓硫酸的脂肪族化合物不显颜色或仅呈浅黄色，许多含有溴的脂肪烃显黄

色，含有碘的脂肪烃显紫色。

　　(2) 用四氯化碳代替氯仿也会得到类似结果。

　　(3) 具有正性反应的化合物，通常呈棕色。

【阅读园地】香的和臭的化合物

　　广阔的自然界里花草树木放出芳香，化学家们在欣赏它们的同时，更想弄清楚它们是由什么化学物质构成，以便人工制取它们来美化人们的生活。与此同时也有一些地方散溢着令人不愉快的臭味，化学家们同样不想放过它们，也想要弄清楚它们是什么化学物质。

　　香的物质通称香料，多取自植物，也有来自动物的，还有人工合成的。植物的花、果、叶、茎、干都含有芳香的液体，通称香精油，可以利用压榨、蒸馏、浸取等方法将它们分离出来。

　　香精油的化学组成成分主要是萜烯和它们的衍生物。萜烯是指具有$(C_5H_8)_{12}$成分的烃类。它们和它们的衍生物广泛存在于植物的精油和树脂中，呈固体或液体，易挥发，有香气，难溶于水，能溶于有机溶剂，除用作香料外，也用于医药中。它们的分子结构无定式，有长链的、一环的、二环的等。

　　知道了香的物质构成，那么生活中不愉快的臭味是什么原因呢？臭物实际上主要是含胺的化合物，例如：烂鱼臭虾的臭味实际上就是有甲胺(CH_3NH_2)的缘故。

　　含氮的蛋白质中氨基酸受腐败细菌的作用，发生化学变化，就产生一些有臭味的胺化合物。人粪的臭味就由粪臭素和吲哚产生，都是蛋白质中的色氨酸经细菌作用的产物。

　　还有些有臭味的化合物是由于含有硫。低级硫醇具有强烈的恶臭。例如乙硫醇(C_2H_5SH)就是一个恶臭的化合物。1833 年丹麦化学家蔡斯发现了它。它在空气中的浓度达到 $10^{-11}\mathrm{g}\cdot\mathrm{L}^{-1}$ 时，就因它的臭味而被人们感觉到。因此把它掺进煤气中以提醒人们对煤气泄漏的警惕。

　　　　　　　　——摘自凌永乐编著．化学元素的发现．北京：化学工业出版社．2000

 练习

　　1. 写出分子式为 C_9H_{12} 的单环芳烃的所有异构体。

　　2. 用系统命名法命名下列化合物

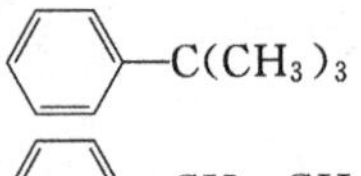

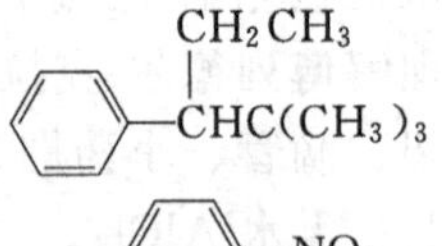

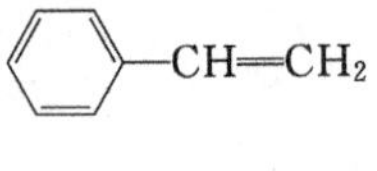

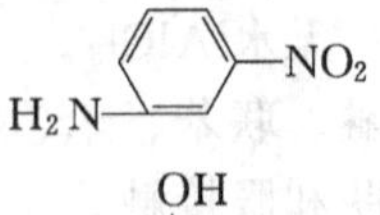

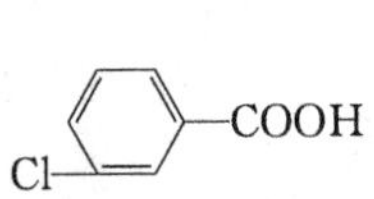

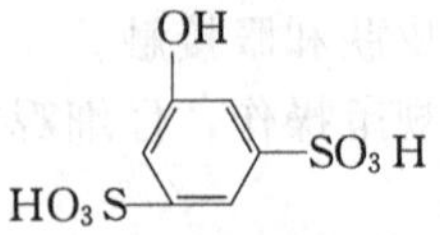

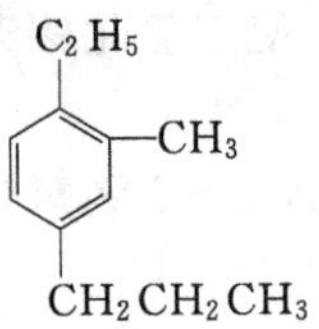

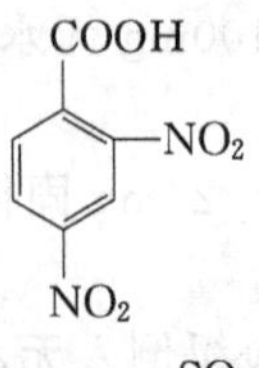

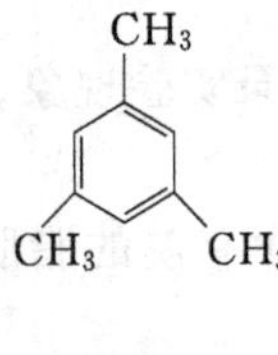

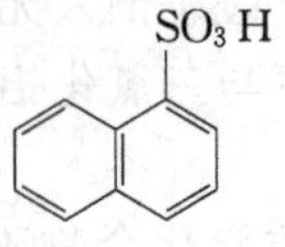

3. 写出下列化合物的构造式。

(1) 对溴硝基苯

(2) 1,3,5-三乙苯

(3) 2,4-二硝基氯苯

(4) 对十二烷基苯磺酸

(5) 5-甲基-4-苯基-2-己烯

(6) 1,6-二甲苯

(7) 3-硝基苯甲醚

(8) 3-甲氧基苯甲醛

(9) 均三乙苯

(10) 连三甲苯

4. 在下列化合物中，若发生亲电取代（如硝化）反应，取代基容易导入环上哪个位置，请用箭头表示出来。

(1)

(2) $(CH_3)_2N$—$\bigcirc$—C_2H_5

(3)

(4) H_3C—$\bigcirc$—SO_3H

(5)

(6)

5. 写出甲苯与下列试剂作用的反应式。

(1) 浓 H_2SO_4

(2) 浓 HNO_3-浓 H_2SO_4

(3) $CH_3CH_2CH_2Cl$/无水 $AlCl_3$

(4) Cl_2/$FeCl_3$

(5) $KMnO_4$/$\triangle$

(6) CH_3—$\overset{\displaystyle}{\underset{O}{C}}$—$Cl$ /无水 $AlCl_3$

6. 根据氧化得到的产物，试推测原来芳烃结构。

(1) C_8H_{10} $\xrightarrow[\text{H}^+/\triangle]{\text{KMnO}_4}$

(2) C_8H_{10} $\xrightarrow[\text{H}^+/\triangle]{\text{KMnO}_4}$

(3) C_9H_{10} $\xrightarrow[\text{H}^+/\triangle]{\text{KMnO}_4}$

(4) C_9H_{10} $\xrightarrow[\text{H}^+/\triangle]{\text{KMnO}_4}$

7. 鉴别下列化合物。

(1) 苯、苯乙烯、苯乙炔、环己烷

(2) 环己烯、苯、乙苯

(3) 苯、甲苯、1,3-丁二烯、1,3-丁二炔。

8. 试将下列各组化合物对亲电取代反应的活性顺序进行排列。

(1) 苯、甲苯、对二甲苯、连三甲苯

(2) 苯胺、苯、硝基苯、甲苯

(3) 对苯二甲酸、苯、对甲苯甲酸、苯甲酸

(4) 甲苯、氯苯、2,4-二硝基氯苯、苯酚

9. A、B、C 三种芳烃分子式均为 C_9H_{12}，氧化时 A 生成一元羧酸，B 生成二元羧酸，C 生成三元羧酸。但硝化时 A 与 B 分别得到两种主要一元硝化产物，而 C 只得到一种硝化产物。试推测 A、B、C 的构造式。

10. A 的分子式为 C_9H_8，它能和氯化亚铜氨溶液反应生成红色沉淀。A 经催化加氢得到 B，分子式为 C_9H_{12}，B 用酸性重铬酸钾溶液氧化得到酸性化合物 C，分子式为 $C_8H_6O_4$。再将 C 加热得到 D，分子式为 $C_8H_4O_3$。试写出化合物 A、B、C、D 的构造式及各步反应方程式。

知识考核表

项目	考核内容	分值	说明
芳香烃	1. 苯的结构	5	重点在凯库勒的结构
	2. 芳香族化合物的涵义及分类 芳香族化合物的涵义 芳香族化合物的分类	10	
	3. 单环芳烃的同分异构和命名 苯环上支链的碳链异构 苯环上开链的相对位置异构 单环芳烃的命名 单环芳烃衍生物的命名	15	重点在熔点、沸点、密度和溶解性 重点是与鉴别有关的反应
	4. 单环芳烃的物理性质	10	方法的特点、适用条件、范围、干扰因素、外观现象
	5. 芳香族化合物的化学性质 取代反应　卤化反应 　　　　　硝化反应 　　　　　磺化反应 　　　　　傅-克反应 氧化反应　芳环的氧化反应 　　　　　芳环侧链的氧化反应	25	重点在用途、危害、爆炸范围、火灾防止、储存等
	6. 芳环亲电取代的定位规则 邻、对位定位基及其特点 间位定位基及其特点	15	
	7. 鉴别方法 甲醛-浓硫酸试验 无水 $AlCl_3$-$CHCl_3$ 试验	15	
	8. 常见芳香族化合物的用途及安全	5	

操作技能考核表

项目	方法	考核内容	分值
正确鉴别芳烃	1. 甲醛-浓盐酸试验 2. 无水三氯化铝-三氯甲烷试验	一、要求 1. 能正确选用玻璃仪器 2. 能正确配置所需试液 3. 取用试剂、试样规范 4. 正确地操作、观察、记录 5. 台面整洁 6. 结束工作规范（指废液的处理、仪器的清洗、报告的书写、清洁卫生等） 7. 结果准确	70
		二、安全及其他 1. 知道可能产生的危险因素 2. 知道如何防止危险的发生以及发生危险的处理方法 3. 正确处理产生的有害物质 4. 合理安排时间 5. 其他	15
		三、相关知识 甲醛-浓硫酸反应的特点及适用范围 无水三氯化铝的特点及适用范围 概念：配合物，显色反应	15

4 | 卤 代 烃

学习指南 卤代烃在有机化合物中占有很重要的地位，因为它的化学性质比一般的烃类活泼，在有机合成中起着"桥梁"作用。我们在学习本章时，首先要从结构上认识卤代烃与烃的相同与不同之处，找出它们存在差异的原因，进而总结出产生同分异构现象的规律，掌握一元卤代烃的化学性质；认真理解有关概念，了解卤代烃的分类方式，熟练掌握其命名方法，从中找出规律。在此基础上掌握卤代烃的鉴别方法，并能安全、正确地应用卤代烃。

本章关键词 卤代烃 亲核取代 消除反应 伯、仲、叔卤代烃 格氏试剂

认识卤代烃

烃分子中的氢原子被卤素取代后生成的化合物称为卤代烃。用 R—X 或 Ar—X 通式表示。卤原子（—X）是卤代烃的官能团。

4.1 卤代烃的分类与同分异构

4.1.1 卤代烃的分类

根据卤代烃分子的结构、组成等特点，可按如下方式分类。

（1）根据所含卤素不同，卤代烃可分为以下几类。

氟代烃：CH_3CH_2F　　　　氯代烃：CH_3Cl

溴代烃：CH_3CH_2Br　　　　碘代烃：CH_3I

（2）根据烃基的结构，卤代烃可分为以下几类。

饱和卤代烃：$CH_3CH_2CH_2X$　　　　卤代烷烃

不饱和卤代烃：$CH_2\!=\!CH\!-\!CH_2X$　　　　卤代烯烃

芳香卤代烃： 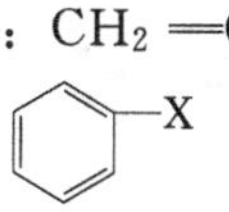　　　　卤代芳烃

不同烃基结构的卤代烃，化学活性完全不同。

（3）据与卤素相连的碳原子，卤代烃又分为以下几类。

伯卤代烃（1°）　　　　　　CH_3CH_2X

仲卤代烃（2°）　　　　　　$CH_3\!-\!CH\!-\!CH_3$
　　　　　　　　　　　　　　　　　$\overset{|}{X}$

$$
\text{叔卤代烃（3°）} \qquad
H_3C-\overset{\overset{\displaystyle CH_3}{|}}{\underset{\underset{\displaystyle X}{|}}{C}}-CH_3
$$

卤素连接的碳原子不同，化学性质有显著差异，并呈现一定规律性。

（4）根据卤素取代基中卤原子的多少，卤代烃分为

分子中含有一个卤原子的为一元卤代烃 $\qquad\qquad CH_3CH_2X$

分子中含有二个卤原子的为二元卤代烃

$$
\underset{\underset{\displaystyle X}{|}}{CH_2}\underset{\underset{\displaystyle X}{|}}{CH_2}
$$

分子中含有三个或三个以上卤原子的为多元卤代烃 $\qquad CHX_3$

4.1.2 卤代烃的同分异构

卤代烃的同分异构现象比较复杂，我们仅以卤代烷烃为例，讨论卤代烃的同分异构。由于卤代烷烃的碳链不同和卤原子的位置不同都引起同分异构现象。故其异构体的数目，比相应的烷烃要多。例如，氯丙烷就有两种异构体，氯丁烷有四个异构体。

$$CH_3CH_2CH_2Cl \qquad\qquad CH_3\underset{\underset{\displaystyle Cl}{|}}{CH}CH_3$$

1-氯丙烷   2-氯丙烷

$$CH_3CH_2CH_2CH_2Cl \qquad\qquad CH_3CH_2\underset{\underset{\displaystyle Cl}{|}}{CH}-CH_3$$

1-氯丁烷   2-氯丁烷

$$CH_3\underset{\underset{\displaystyle CH_3}{|}}{CH}CH_2Cl \qquad\qquad CH_3-\overset{\overset{\displaystyle CH_3}{|}}{\underset{\underset{\displaystyle CH_3}{|}}{C}}-Cl$$

2-甲基-1-氯丙烷   2-甲基-2-氯丙烷

造成上述卤烷异构现象的因素就是碳链异构和官能团位置异构。

4.2 卤代烃的命名

结构比较简单的卤代烃可以与卤原子相连的烃基名称来命名，称为"某烃基卤"。某些多卤代烷常用俗名。

$$CH_2{=}CHCH_2Cl \qquad\qquad CH_3CH{=}CH-Cl$$

烯丙基氯   丙烯基氯

$$CH_3-\overset{\overset{\displaystyle CH_3}{|}}{\underset{\underset{\displaystyle Cl}{|}}{C}}-CH_3 \qquad\qquad \text{（苯环）}-CH_2Cl$$

叔丁基氯   苄基氯

$$CH_3CH_2CH_2Br \qquad CHI_3 \qquad CHCl_3$$

正丙基溴   碘仿   氯仿

对于结构较复杂的卤代烃，则采用系统命名法命名。其原则是选择最长的碳链作为主链，把卤素和支链都当作取代基，并按最低系列原则确定它们的编号。若卤素和烃基有相同

的编号时，使烃基的编号较小。当取代基种类较多时，应将取代基按次序规则排列，较优基团排在后面。分子中如含有碳碳双键或碳碳叁键则使其位号最小。例如

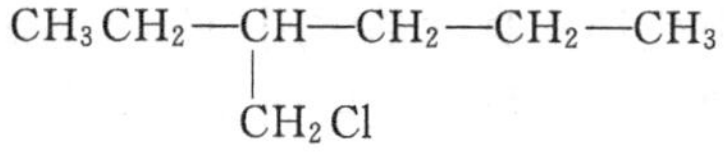

$$CH_3CH_2-CH-CH_2-CH_2-CH_3$$
$$|$$
$$CH_2Cl$$

3-氯甲基己烷

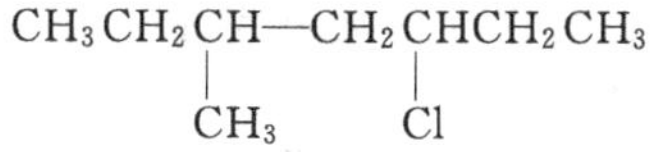

$$CH_3CH_2-CH-CH_2CHCH_2CH_3$$
$$|\qquad\qquad|$$
$$CH_3\qquad\quad Cl$$

3-甲基-5-氯庚烷

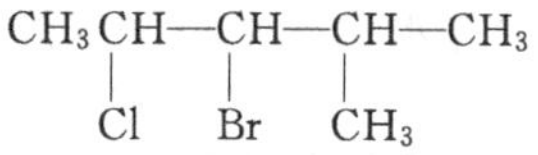

$$CH_3CH-CH-CH-CH_3$$
$$|\quad\ |\quad\ |$$
$$Cl\quad Br\ CH_3$$

2-甲基-4-氯-3-溴戊烷

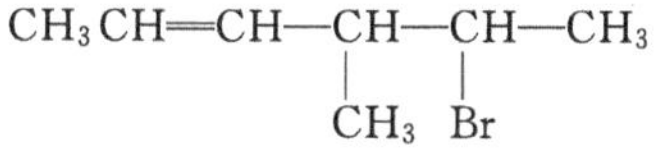

$$CH_3CH=CH-CH-CH-CH_3$$
$$|\quad\ |$$
$$CH_3\ Br$$

4-甲基-5-溴-2-己烯

$$CH_3C\equiv C-CH-CH_2Br$$
$$|$$
$$CH_3$$

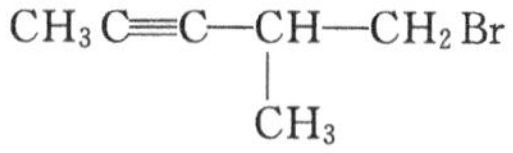

4-甲基-5-溴-2-戊炔

卤代芳烃及卤代脂环烃的命名，是以芳烃及脂环烃为母体，把卤原子作为取代基，再按卤原子的相对位置来命名。例如

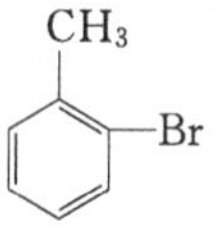

邻溴甲苯（2-溴甲苯） 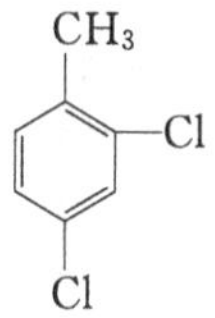　　　　2,4-二氯甲苯 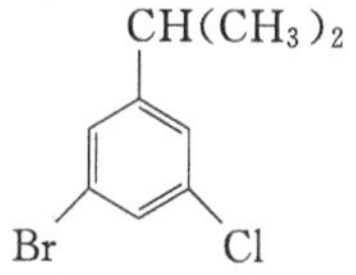　　　　3-氯-5-溴异丙苯

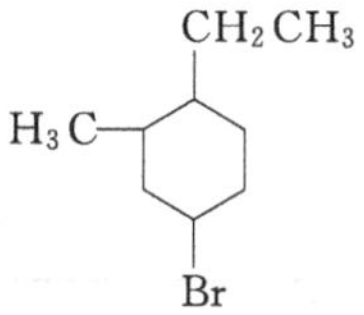

2-甲基-1-乙基-4-溴环己烷 　　　　氯代环戊烷

结构复杂的卤代芳烃，则以侧链作母体，芳环看作代基。例如

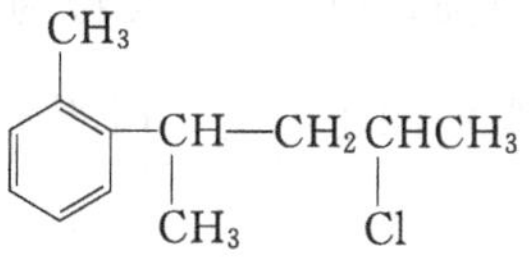

2-邻甲苯基-4-氯戊烷

4.3　卤代烃的性质

4.3.1　卤代烃的物理性质

在常温常压下，除氯甲烷、氟甲烷、溴甲烷、氟乙烷、氯乙烷、氟丙烷是气体外，其他常见的一元卤代烷烃均为液体。在分子中引入卤素后，其沸点比同碳数的相应烷烃高；在相同烃基的卤代烃中，一般碘代烃的沸点最高，氟代烃的沸点最低。在同分异构体中，支链越多，沸点越低。

碘代烃、溴代烃以及多元卤代烃的相对密度都大于1。一卤代烃的相对密度大于同碳原子数的烷烃，随着碳原子数的增加，这种差异逐渐缩小。这是由于卤素在分子中所占比例逐

渐减小的缘故。

卤代烃有一定极性，但由于它们不能和水形成氢键，所以不溶于水，而能溶于烃、醇、醚类等许多有机溶剂中。有些卤代烃本身就是常用的优良溶剂，因此常用氯仿、四氯化碳从水层中提取有机物。在萃取时要注意水层在上层而大多数卤代烷在下层的特点。

纯的一卤代烷无色，但碘代烷易分解产生游离碘，故长期放置的碘代烷常带红色或棕色。此时若加少许水银振荡可除去颜色。常见卤代烃的物理常数见表 4-1。

表 4-1　一些常见卤代烃的物理常数

名　称	构　造　式	熔点/℃	沸点/℃	相对密度
氯甲烷	CH_3Cl	−97	−24	0.920
溴甲烷	CH_3Br	−93	4	1.732
碘甲烷	CH_3I	−66	42	2.279
二氯甲烷	CH_3Cl_2	−96	40	1.326
三氯甲烷	$CHCl_3$	−64	62	1.489
四氯化碳	CCl_4	−23	77	1.594
氯乙烷	C_2H_5Cl	−139	12	0.898
溴乙烷	C_2H_5Br	−119	38	1.461
碘乙烷	C_2H_5I	−111	72	1.936
1-氯丙烷	$CH_3CH_2CH_2Cl$	−123	47	0.890
2-氯丙烷	$CH_3CHClCH_3$	−117	36	0.860
氯乙烯	$CH_2{=}CHCl$	−154	−14	0.911
氯苯	⬡—Cl	−45	132	1.107
溴苯	⬡—Br	−31	155	1.499
碘苯	⬡—I	−29	189	1.824

4.3.2　卤代烃的化学性质

卤代烷中由于卤原子的电负性较强，所以 C—X 键为极性共价键，成键电子云偏向于卤原子，使得与卤素相连的碳原子带微弱的正电荷，卤原子带微弱的负电荷，即 $\overset{\delta+}{C}{—}\overset{\delta-}{X}$。碳卤键（C—X）的极性大小次序为：

$$C{—}Cl > C{—}Br > C{—}I$$

在化学反应中，卤代烷在极性试剂的影响下，C—X 键的电子云发生变形，卤原子半径越大，C—X 键越易变形。因此碳卤键的变形性大小次序为：

$$C{—}I > C{—}Br > C{—}Cl$$

变形性大的共价键，易发生键的断裂。烃基相同，卤素不同的各卤代烃化学反应活性顺序为：

$$RI > RBr > RCl$$

4.3.2.1　取代反应

卤代烃可以与许多试剂作用，使分子中的卤原子被其他原子或基团（如—OH、—OR、—CN、—NH₂ 等）取代。取代反应是卤代烷最基本，最重要的一类反应。

（1）水解反应　卤代烃与水作用，在加热情况下加入氢氧化钠或氢氧化钾等强碱，分子中的卤素被羟基取代，产物为醇。

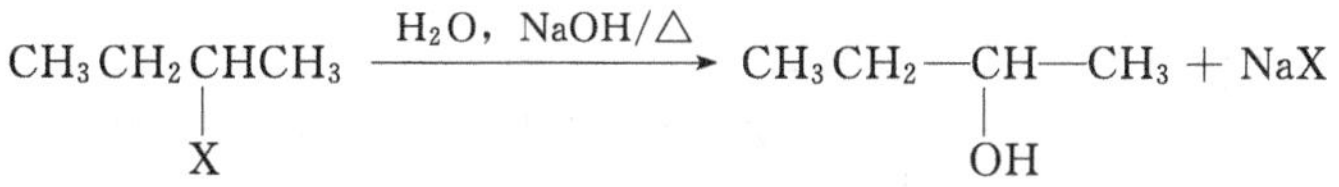

$$CH_3CH_2\underset{\underset{X}{|}}{C}HCH_3 \xrightarrow{\text{H}_2\text{O, NaOH}/\triangle} CH_3CH_2\underset{\underset{OH}{|}}{-}CH-CH_3 + NaX$$

（2）与醇钠反应　卤代烃与醇钠作用一般情况下生成醚。选择适合的卤代烃和醇钠，可以合成各种混合醚。这是制备醚的最理想的方法，也称威廉逊（Willinson）醚的合成法。

$$R-X+R'-ONa \longrightarrow R-O-R'+NaX$$

例如　　　　　　　$CH_3Cl+NaOCH_2CH_3 \longrightarrow CH_3OCH_2CH_3+NaCl$

甲基乙基醚

此反应特别需要注意的是：叔卤代烃在强碱条件下极容易发生消除反应。而醇钠为强碱性物质，所以，叔卤代烃和醇钠作用主要产物是烯烃。

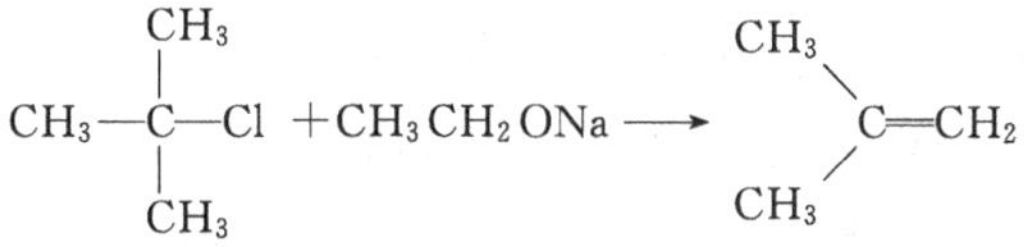

$$CH_3-\underset{\underset{CH_3}{|}}{\overset{\overset{CH_3}{|}}{C}}-Cl +CH_3CH_2ONa \longrightarrow \underset{CH_3}{\overset{CH_3}{\diagdown}}C=CH_2$$

（3）与氰化钠反应　卤代烃与氰化钠反应生成比原来卤代烃多一个碳的腈，其中氰化钠提供的氰基负离子（CN^-）是活泼的亲核试剂。

$$RX+NaCN \xrightarrow[\triangle]{\text{乙醇}} RCN+NaX$$

（4）与氨及氨的烃基衍生物反应　由于氮上存在未共用电子对，氨及其烃基衍生物具有亲核性，可以取代卤代烃中的卤原子，生成胺。

$$CH_3CH_2Br+NH_3 \longrightarrow CH_3CH_2NH_2+HBr$$

乙胺

$$CH_3CH_2Br+CH_3CH_2NH_2 \longrightarrow CH_3CH_2NHCH_2CH_3+HBr$$

二乙胺

（5）与硝酸银反应　硝酸银作为亲核试剂与卤代烃作用，生成硝酸酯，并有卤化银沉淀产生，反应现象明显。

$$R-X+AgNO_3 \xrightarrow[\triangle]{\text{醇溶液}} R-ONO_2+AgX\downarrow$$

反应以乙醇为溶剂，产物硝酸酯溶于乙醇中，而卤化银则不溶于乙醇中，以沉淀形式出现。在这个反应中，不同的卤代烃，反应的速度不同，产生沉淀的时间也不同。所以可通过比较产生沉淀的时间区别伯、仲、叔三种卤代烃。也可以区别烯丙基型、乙烯型和烷基型三种卤代烃。例如

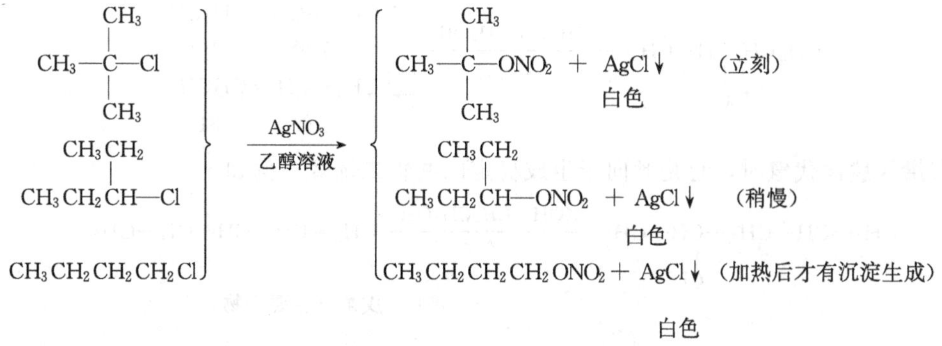

$$\left.\begin{array}{l}\text{苯}-CH_2Br \\ \text{烯丙型} \\ \\ \text{苯}-CH_2CH_2Br \\ \text{烷基型} \\ \\ \text{苯}-Br \\ \text{乙烯型}\end{array}\right\} \xrightarrow[\text{乙醇溶液}]{AgNO_3} \left\{\begin{array}{l}\text{苯}-CH_2ONO_2 + AgBr\downarrow \quad (\text{立刻}) \\ \qquad\qquad\qquad \text{淡黄色} \\ \text{苯}-CH_2CH_2ONO_2 + AgBr\downarrow \quad (\text{稍慢}) \\ \qquad\qquad\qquad \text{淡黄色} \\ \text{不反应}\end{array}\right.$$

卤代烃的取代反应在有机合成及鉴别有机化合物上有着广泛的应用。上述反应可归结如下：

$$RX + \left\{\begin{array}{l}Na^+OH^- \xrightarrow[\triangle]{H_2O} R-OH + NaX \ (\text{水解}) \\[4pt]Na^+OR' \longrightarrow R-OR' + NaX \ (\text{醇解}) \\[4pt]Na^+CN \xrightarrow{\text{乙醇}} R-CN + NaX \qquad (\text{氰解}) \\[2pt]\qquad\qquad \triangle \mid \xrightarrow[H_2O]{H^+} R-COOH \\[4pt]H-NH_2 \longrightarrow R-NH_2 + HX \ (\text{或 } RN^+H_3X)^- \\[2pt]H-NHR' \longrightarrow R-NH-R' + HX \ (\text{或 } RN^+H_2R'X^-) \end{array}\right\} (\text{氨解}) \\[4pt]Ag^+ONO_2 \xrightarrow[\triangle]{\text{醇溶液}} RONO_2 + AgX\downarrow \\[4pt]Na^+I^- \rightleftharpoons RI + NaX \ (\text{卤素交换})\end{array}\right.$$

从上可以看出，卤代烃是一个非常重要的中间体，通过以上这些取代反应，分别可以从卤代烃制备相应的醇、醚、腈、胺等。

4.3.2.2 消除反应

从有机物分子中脱去卤化氢或水等小分子，形成不饱和化合物的反应称为消除反应。一般说来，卤代烃在强碱性试剂、弱极性溶剂、较高的反应温度下主要发生消除反应，生成烯烃，同时也不可避免地伴有水解产物生成。由于反应中消去的氢原子是 β-碳上的氢原子，因而通常也称为 β-消除反应。

卤代烃的消除反应通常是在碱的醇溶液中进行，不对称卤代烃的消除存在反应方向问题，扎依采夫（Saytzeff）规律指出，卤素主要是与含氢较少的 β-碳原子上的氢一起消除。例如

$$CH_3CH_2\underset{\underset{Cl}{|}}{C}H-CH_3 \xrightarrow[\triangle]{KOH/CH_3CH_2OH} \left\{\begin{array}{ll}CH_2=CH-CH_2CH_3 & \\ \text{1-丁烯} & 19\% \\ CH_3-CH=CHCH_3 & \\ \text{2-丁烯} & 81\%\end{array}\right.$$

卤代烯烃脱卤代氢时，总是倾向于生成稳定的共轭二烯烃。例如

$$CH_2=CH-CH_2-\underset{\underset{Cl}{|}}{C}H-CH_3 \xrightarrow[\triangle]{KOH-CH_3CH_2OH} CH_2=CH-CH=CH-CH_3$$

$$\text{1,3-戊烯（主要产物）}$$

在卤代烃分子中，β-碳原子上必须有 β-氢原子，否则无法进行消除反应。

4.3.2.3 与金属的反应

很多金属可以和卤代烃作用，生成金属有机化合物。这些金属有机化合物非常活泼，可以通过它们制备多种有机化合物。

（1）与金属镁作用 卤代烃和金属镁在无水乙醚中反应生成卤代烃基镁，称为格利雅（Grignard）试剂，又称格氏试剂。

$$RX + Mg \xrightarrow{\text{无水乙醚}} R—Mg—X$$

格氏试剂

格氏试剂中，由于 C—Mg 为极性很强的共价键，非常活泼，因此，格氏试剂可以与许多物质反应，生成其他有机化合物或金属有机化合物，是有机合成中非常重要的试剂之一。格氏试剂能与许多含活泼氢的物质，如水、醇、酸、氨等作用。

$$RMgX \begin{cases} \xrightarrow{H_2O} RH + Mg(OH)X \\ \xrightarrow{R'OH} RH + Mg(OR')X \\ \xrightarrow{HNH_2} RH + Mg(NH_2)X \\ \xrightarrow{HX} RH + MgX_2 \\ \xrightarrow{R'C\equiv CH} RH + XMg—C\equiv C—R' \end{cases}$$

$$RMgX + CO_2 \xrightarrow{\text{无水乙醚}} R—\underset{O}{C}—O^- Mg^+ \xrightarrow{H_2O} RCOOH + Mg(OH)X$$

因此，制备格氏试剂时，必须在无水乙醚中进行，乙醚与格氏试剂形成稳定的络合物，防止分解。使用的仪器要绝对干燥，反应最好在 N_2 保护下进行。苯基与卤代镁的制备，需在四氢呋喃溶剂中进行。

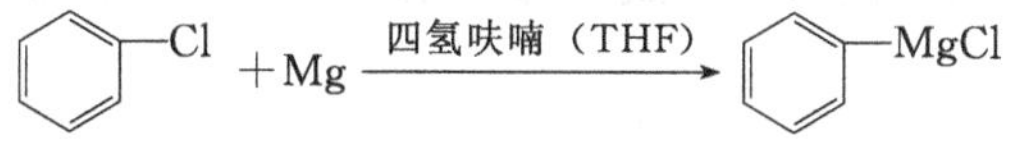

$$\text{⟨⟩}—Cl + Mg \xrightarrow{\text{四氢呋喃（THF）}} \text{⟨⟩}—MgCl$$

（2）与金属钠作用 两分子的卤代烃在乙醚等惰性溶剂中与金属钠共热时，发生偶联生成高级烷烃，这个反应称为伍兹（Wurtz）反应。

$$CH_3CH_2Br + 2Na + BrCH_2CH_3 \xrightarrow{\text{乙醚}} CH_3CH_2CH_2CH_3 + 2NaBr$$

此反应只适合于制备结构对称的烃类。

（3）与金属锂作用 卤代烃和金属锂作用，生成有机锂化合物。

$$R—Cl + 2Li \xrightarrow[-10℃]{C_6H_6} RLi + LiCl$$

有机锂化合物的性质与格氏试剂相似，且更为活泼。在有机合成中，有机锂是一种很有用的试剂。

应用卤代烃

4.4 卤代烃的用途与使用卤代烃的安全知识

4.4.1 重要的卤代烃

4.4.1.1 溴甲烷（CH_3Br）

溴甲烷为无色气体，沸点4℃，不易燃烧，可加压液化后贮存于高压容器中，它有强烈的神经毒性，可作熏蒸杀虫剂，用它熏蒸棉籽消灭红铃虫，还能防治多种害虫，如蚕豆象、谷蛀虫、米象、介壳虫等，可用于熏杀仓库、种子、温室及土壤害虫。它对人畜均有较大毒性，使用时要谨慎。

4.4.1.2 氯甲烷（CH_3Cl）

氯甲烷在室温条件下为无色气体，有乙醚气味。与空气混合，遇火会发生爆炸，主要用作甲基化试剂、冷冻剂等。工业上制备氯甲烷主要是通过甲醇与氯化氢加压而获得。

$$CH_3OH + HCl \xrightarrow{\text{加压}} CH_3Cl + H_2O$$

4.4.1.3 三氯甲烷（$CHCl_3$）

三氯甲烷俗称氯仿，常温下为无色而有香甜味的液体，沸点62℃，不溶于水，能溶解油脂、橡胶、有机玻璃等，是常用的有机溶剂。

纯氯仿可用作大牲畜外科手术的麻醉剂，也是有机合成的重要原料之一。

三氯甲烷可由四氯化碳还原制得，工业上还可用乙醇与次氯酸盐作用而得。

$$CCl_4 \xrightarrow{Fe+H_2} CHCl_3$$
$$CH_3CH_2OH + NaOCl \longrightarrow CHCl_3 + HCOONa$$

氯仿遇空气及日光下能缓慢氧化生成剧毒的光气，所以一般需保存在棕色瓶中，避免日光照射。

$$2CHCl_3 + O_2 \xrightarrow{\text{日光}} 2Cl\overset{O}{\overset{\|}{-C-}}Cl + 2HCl$$

4.4.1.4 四氯化碳（CCl_4）

四氯化碳为无色液体，易挥发，不能燃烧。它的密度大于水，蒸气比空气重，常用来作灭火剂，它能使可燃烧物与空气隔绝以达到灭火目的。在农业上，四氯化碳可作熏蒸杀虫剂，并能治疗牲畜的寄生虫病。

4.4.1.5 二氟二氯甲烷（CCl_2F_2）

二氟二氯甲烷商品名氟里昂，为无色无臭的气体，易挥发，沸点-26.8℃，易压缩成不燃烧液体，液态氟里昂解压后立即气化，同时吸收大量的热，因此，可作制冷剂。由于它无毒、无臭、不燃烧，所以常常用于电冰箱制冷。但近年来发现二氟二氯甲烷对空气臭氧层有较大破坏作用，国际上已禁止使用。因为臭氧保护层一旦被破坏，日光中的紫外线将直接照射到地球上，容易得皮肤癌。现在市场上出现了很多无氟冰箱品牌。

除二氟二氯甲烷外，还有一些氟化物也可用作制冷剂，如 CCl_3F、$CFCl_2\text{-}CF_2Cl$、$CHClF_2$ 等，这些氟化物总称为氟里昂。

4.4.1.6 四氟乙烯

四氟乙烯为无色气体，不溶于水，易溶于有机溶剂中。它在过氧化物引发下，加压可聚合成高相对分子质量的聚四氟乙烯。

$$n CF_2 =\!\!\!= CF_2 \xrightarrow[\text{加压}]{\text{聚合}} \left[CF_2 - CF_2 \right]_n$$

聚四氟乙烯是优良的合成塑料，具有很好的耐热，耐寒性，可在 $-269 \sim 250 \, ℃$ 范围内使用，化学稳定性超过一般塑料，与强酸、强碱、强氧化剂均不发生作用，耐腐蚀，它甚至不溶解于沸腾的王水之中。所以被称为"塑料王"，是化工设备耐腐蚀性的理想材料。

4.4.1.7 氯苯

氯苯为无色液体，有毒，易燃，不溶于水，可溶于醇、醚、氯仿等有机溶剂，是重要的化工原料，也是某些农药、药物和染料中间体的原料，还可作为油漆溶剂。

4.4.1.8 苯甲基氯

苯甲基氯又称苄基氯，毒性较大，为无色液体，具有强烈刺激性气味，具催泪作用，不溶于水，易溶于醇、醚、氯仿等有机溶剂，可用来制备苯甲醇、苯甲胺、苯乙腈及其他染料、香料、药物及树脂等。

4.4.2 常见卤代烃的用途与安全知识

卤代烃中的一卤代烷主要用作烷基化试剂，有些卤代烃本身是染料、药物、农药、香料的中间体，多卤代烷化学活性低，热稳定性好，是良好溶剂；含氟和氯的多卤代烷还用来生产各种气溶胶。同样许多卤代烃具有一定的毒性和危险性，因此有必要很好地了解有毒、有危险性的卤代烃，以便达到正确、安全使用它们的目的。表 4-2 列出常见卤代烃的用途和安全使用知识。

表 4-2　常见卤代烃的用途和安全使用知识

品　名	构造式	用　　途	毒性、危险性与侵害	急 救 措 施	安全使用与防护
氯乙烷	CH_3CH_2Cl	用作制造四乙基铅、染料、药物和乙基纤维素的乙基化试剂；用作制冷剂，局部麻醉剂，分析试剂，杀虫剂以及磷、硫、油脂、树脂和蜡的溶剂	本品有中等毒性，吸入能引起昏迷和麻醉。对眼、皮肤和呼吸器官有刺激性。与皮肤接触时，由于蒸发降温会引起局部冻伤。极易燃，燃点518℃，有严重的燃烧和爆炸危险。蒸气与空气能形成爆炸性混合物，爆炸极限为3.8%～15.4% 通过气体吸入，经皮肤吸收，摄入，与眼皮肤接触侵入。侵害肝、肾、神经系统、呼吸系统	此化学品如触及皮肤和眼，立即用水冲洗；如大量吸入，立即移离现场至新鲜空气处，必要时及时进行人工呼吸或输氧；如误吞被吞，催吐，洗胃，给予医学观察，对于不省人事者，不进行催吐，立即送医院诊治	用耐压钢瓶或贮罐盛装。密闭避光保存。最好使用露天或附建的仓库在户外存放，室内须存放在易燃液体专用库内。与氧化剂隔开。 生产设备应密闭，防止泄漏，生产现场应通风。操作时应穿防护工作服，戴防护眼镜。工作服如被弄湿，应立即脱去，以避免燃烧危险

品　名	构造式	用　途	毒性、危险性与侵害	急救措施	安全使用与防护
氯苯	C_6H_5Cl	本品可用于电子工业产品和原料的检验。用作干洗剂，醋酸纤维素、人造树脂、油类、脂类的溶剂。用来制造苯胺、酚和氯硝基苯及杀虫剂 DDT。是制造染料、有机合成和许多农药的中间体，还可用来制造油漆、橡胶助剂和快干墨水	本品有中等毒性，吸入、摄入或与皮肤接触会引起中毒，对眼、皮肤、黏膜和上呼吸道有刺激作用。易燃，燃点 637℃，蒸气能与空气形成爆炸性混合物，爆炸极限为 1.8%～9.6% 通过气体吸入，摄入，与眼和皮肤接触侵入。侵害眼、皮肤、中枢神经系统、呼吸系统	此化学品如进入眼中，立即用水冲洗；如接触皮肤，迅速用肥皂和水清洗干净；如大量吸入，立即移离现场至新鲜空气处，必要时进行人工呼吸；如误被吞服，给予洗胃，不诱吐，对症处理，并送医院	用玻璃桶或金属桶盛装。最好使用露天或附建的仓库在户外存放，室内须存放在易燃液体专库内。与氧化剂隔开 设备要密闭，杜绝跑、冒、滴、漏，现场要加强通风排气。操作人员操作时应穿防护工作服，并戴防护眼镜。如皮肤被弄湿或受到污染，应迅速用大量水冲洗。工作服如被弄湿，应立即脱去，以避免燃烧危险
氯化苄	$C_6H_5CH_2Cl$	用于生产苯甲醇、苯甲醛。用于生产塑料、染料、人造鞣酸、香料和树脂，也用于许多药物的制造，还用于氟代橡胶的硬化、苯酚的苄化及其衍生物以生产消毒剂	本品有毒，对眼、皮肤和黏膜有强刺激作用，有催泪作用，高浓度时有麻痹作用。可燃，燃点 627℃，爆炸极限低限为 1.1% 通过蒸气吸入，摄入，与眼和皮肤接触。侵害眼、皮肤和呼吸道	此化学品如溅入眼中，立即用洗眼剂或水冲洗；如接触皮肤，需用肥皂和水清洗干净；如大量吸入，立即移离现场至新鲜空气处，必要时进行人工呼吸输氧；如误被吞服，催吐，洗胃，给予医学观察，严重者不进行催吐，立即送医院诊治	用玻璃瓶、大玻瓶或镍桶盛装。加稳定剂的可用铁桶盛装。存放在阴凉、干燥、通风良好的地方，避光、密封保存 生产设备应密闭，消除跑、冒、滴、漏现象。操作人员操作时应穿适当工作服，戴防护眼镜。如皮肤被弄湿或受到污染，应立即冲洗。操作现场应备置安全信号指示器，洗眼剂和冲洗设备
四氯化碳	CCl_4	用作油类、脂肪、真漆、假漆、硫磺、橡胶、蜡和树脂的溶剂，冷冻剂，熏蒸消毒剂，粮食熏蒸剂，织物干洗剂，金属洗净剂，杀虫剂，萃取剂等。用于制造氟里昂等	本品有毒。摄入、吸入和经皮肤吸收均会引起中毒，在高浓度下会引起麻醉或死亡。在高温下会分解成高毒的光气（碳酰氯），因此不能用来灭火 通过蒸气吸入，经皮肤吸收、摄入，与皮肤和眼接触。侵害中枢神经系统、眼、肺、肝、肾、皮肤	本品如触及眼和皮肤而沾毒者，可用清水或 2%碳酸氢钠或 1%硼酸溶液冲洗；如大量吸入，引起急性中毒，应立即移离现场，呼吸新鲜空气或吸氧，静卧保暖；如误被吞服，用 1＋2000 高锰酸钾洗胃，诱吐	用金属罐、金属桶等盛装，入库时桶要横卧，避免日晒，应存放在阴凉、干燥、通风良好的地方，避光、密封保存。远离热源和任何可能发生严重火灾的地区，以防止生成光气 生产现场应有通风设施，操作人员应穿防护工作服，戴防护眼镜。由于蒸气有毒，在浓蒸气下操作需全身防护，戴防毒面具
四氯乙烯	$Cl_2C{=}CCl_2$	用作色谱分析标准物质，溶剂，干洗剂，脱脂剂，化学中间体，熏蒸剂，驱虫药，动植物的油提取剂，烟幕剂等，还用于有机合成	本品有中等毒性，吸入、摄入或经皮肤吸收均会引起中毒，对眼和皮肤有刺激性。虽不燃，但火灾时本品能放出剧毒及刺激性烟雾 通过蒸气吸入，液体经皮肤吸收，摄入，与皮肤和眼接触侵入。侵害肝、肾、眼、上呼吸系统，中枢神经系统	此化学品如进入眼中，立即用水冲洗；如接触皮肤，迅速用肥皂和水清洗；如大量吸入，立即移离现场至新鲜空气处，必要时进行人工呼吸输氧；如被吞服，大量盐水，诱致呕吐，洗胃，严重者不进行催吐，立即送医院诊治	用铁桶盛装，存放在阴凉、干燥、通风良好的地方。远离任何有烈火灾危险的地区 生产设备应密闭，操作人员操作时应穿防护工作服，戴防护眼镜。工作服如可能受污染，应每天更换

【阅读园地】格利雅试剂（Grignard）

金属有机化合物是金属与有机烃基结合的一类化合物，含有金属与碳之间存在的键。它们已在有机合成、生物化学、催化作用等多方面得到应用。

1899 年法国里昂大学化学教授巴比尔研究用一种金属取代锌将甲基（—CH_3）引入有机化合物，因为锌虽然可以增强甲基碘（CH_3I）的活性，但是生成的锌化合物与空气接触易燃，实验操作困难，于是使用镁代替锌。他将镁在无水乙醚中与有机碘结合，形成金属镁的有机化合物 R—Mg—I。

巴比尔指导他的学生格利雅继续研究镁的有机卤化物 R—Mg—X。1901 年格利雅以此作为他的博士论文课题，证实了这类试剂具有很广泛的用途，可以用来制备烃类、醇、酮、羧酸等。这一试剂最初称为巴比尔-格利雅试剂，但巴比尔坚持这一试剂的发展功绩应归于格利雅。这样 R—Mg—X 就称为格利雅试剂。格利雅因此获得 1912 年诺贝尔化学奖。

——摘自朱裕贞编．现代基础化学．北京：化学工业出版社，1998

练习

1. 用系统命名下列化合物。

(1) CHI_3

(2) $BrCH_2CH_2Br$

(3) Cl—⟨benzene ring⟩—CH_2CH_2Cl

(4) CH_3—C(—Br)($CH_2CH_2CH_3$上)—C(—CH_3)(—I)

$$CH_3-\underset{\underset{Br}{|}}{\overset{\overset{CH_2CH_2CH_3}{|}}{C}}-\underset{\underset{CH_3}{|}}{\overset{}{C}}-I$$

(5) $CH_3CHCH_2CHCH_2CH_3$ （CH_3 在第2位，Br 在第4位）

$$CH_3\underset{\underset{CH_3}{|}}{CH}CH_2\underset{\underset{Br}{|}}{CH}CH_2CH_3$$

(6) $CH_3CH_2CH_2-\underset{\underset{CH(CH_3)_2}{|}}{\overset{\overset{Br}{|}}{C}}-\overset{\overset{CH_3}{|}}{C}H-\overset{\overset{Cl}{|}}{C}HCH_3$

(7) $CH_3CH{=}CHCHCH_2Br$

$$CH_3CH{=}CH\underset{\underset{CH_3}{|}}{CH}CH_2Br$$

(8) ClF_2CCF_2Cl

(9) CH_3MgBr

(10) CH_2ClF

2. 根据下列化合物的名称写出相应的构造式。

(1) 3-甲基-2-氯戊烷

(2) 异丙基溴

(3) 烯丙基氯

(4) 氯化苄

(5) 1,2-二溴环戊烷

(6) 2-甲基-3-氯-1-戊烯

(7) 3-甲基-1-碘丁烷

(8) 碘仿

(9) 乙基碘化镁

(10) 3,3-二甲基-2,2-二溴乙烷

3. 完成下列反应式。

(1) $CH_3CH{=}CH_2 + HBr \longrightarrow$? $\xrightarrow{Mg,\ 无水乙醇}$?

(2) $CH_3\underset{\underset{CH_3}{|}}{\overset{\overset{}{}}{C}}H-\overset{\overset{}{}}{C}H-CH_3$ （Br 在中间碳上）

$$\xrightarrow{KOH-H_2O}$$?

$$\xrightarrow[\triangle]{KOH+醇}$$? $\xrightarrow{Br_2}$? $\xrightarrow[KOH/醇,\triangle]{-HBr}$?

(3) $CH_3CH_2\underset{\underset{Cl}{|}}{C}HCH_3 \xrightarrow{NaCN}$? $\xrightarrow{H_2O,\ H^+}$?

(4) ⟨toluene: CH_3 苯环⟩

$\xrightarrow[Fe]{Cl_2}$? $\xrightarrow{[O]}{KMnO_4/H^+}$?

$\xrightarrow[光]{Cl_2}$? $\xrightarrow[\triangle]{NaOH/H_2O}$?

4. 1-溴丁烷能否与下列试剂反应？如能进行，请写出主要产物的构造式。

(1) C_2H_5ONa

(2) $CH\equiv CNa$

(3) Mg（干乙醚）

(4) $NaCN$

(5) $NH(CH_3)_2$

(6) $AgNO_3$/醇溶液，$\triangle$

5. 用化学方法区别下列各组化合物。

(1)

$$CH_3-\overset{\overset{\displaystyle CH_3}{|}}{\underset{\underset{\displaystyle CH_3}{|}}{C}}-Br, \quad CH_3CH_2CH_2CH_2Br, \quad CH_3\overset{\displaystyle }{\underset{\underset{\displaystyle Br}{|}}{CH}}CH_2CH_3$$

(2) 3-溴-2-戊烯、4-溴-2-戊烯、5-溴-2-戊烯

(3) $C_6H_5-CH=CHCl$, $C_6H_5-CH_2CH_2Cl$, $CH_3-\langle\text{苯环}\rangle-CH_2Cl$

(4) 1-氯戊烷、2-溴丁烷、碘甲烷

6. 按对 $AgNO_3$（乙醇溶液）的反应活性大小次序排列下列各组化合物。

(1) 1-溴丁烷，1-氯丁烷，1-碘丁烷

(2) 2-溴丁烷，2-甲基-2-溴丙烷，1-溴丁烷

(3) $(CH_3)_2C=CHCl$, $(CH_3)_3C-Cl$, $CH_3CH_2\overset{\displaystyle }{\underset{\underset{\displaystyle CH_3}{|}}{CH}}CH_3$

7. 写出下列各化合物在浓 KOH-醇溶液中脱去 HX 后的产物结构式，并将难易次序排列成序。

$$CH_3-\overset{\overset{\displaystyle CH_3}{|}}{\underset{\underset{\displaystyle Br}{|}}{C}}-CH_2-CH_3, \quad CH_3-\overset{\overset{\displaystyle CH_3}{|}}{\underset{\underset{\displaystyle Br}{|}}{CH}}-CH-CH_3, \quad CH_3-CH_2-\overset{\overset{\displaystyle CH_3}{|}}{CH}-CH_2Br$$

8. 某卤代烃 A 与氢氧化钾醇溶液作用，生成 B(C_4H_8)，B 经氧化后，得到丙酸（CH_3CH_2COOH)、二氧化碳和水，使 B 与溴化氢作用，则得 A 的同分异构体，试推测 A 的构造式，并写出各步的反应式。

9. 某化合物 A，分子式为 C_4H_8，加溴后的产物用 KOH-乙醇溶液加热处理，生成分子式为 C_4H_6 的化合物 B，B 能和硝酸银氨溶液反应生成沉淀，试推测 A 与 B 的构造式，并说明理由。

知识考核表

项目	考 核 内 容	分 值	说 明
卤代烃	1. 卤代烃的结构特征及分类	10	
	2. 卤代烃的同分异构现象 　碳链异构 　官能团位置异构	15	
	3. 卤代烃的命名 　习惯命名法 　系统命名法	20	重点在系统命名法
	4. 卤代烃的物理性质及递变规律	10	重点在同碳数不同卤素、同碳数同卤素的伯、仲、叔卤代烃的熔点、沸点、密度、溶解度的变化规律
	5. 卤代烃的化学性质及其用途 　取代反应　卤代烃的水解反应 　　　　　威廉逊醚合成法 　　　　　与氰化钠反应 　　　　　与硝酸银反应 　消去反应　扎依采夫规则 　与金属的反应　格氏试剂及其特点	25	重点在硝酸银试验 重点在生成格氏试剂的反应
	6. 鉴定方法 　硝酸银试验	5	
	7. 常见卤代烃的安全和用途	15	重点在用途、危害、火灾防止、储存等

5 | 醇、酚、醚

学习指南 本章所述的醇、酚、醚这三类含氧有机化合物,与卤代烃类相比其结合碳原子的方式相同,但其性质却因为碳原子连接的是含氧基团而大不相同。为此,我们在学习时首先要了解什么是醇、酚、醚;了解它们的分类,掌握其命名方法;了解其结构特点,找出在结构上与卤代烃的异同点,才能更好地理解并掌握它们的化学性质,并在此基础上掌握鉴别醇、酚、醚的方法,以达到正确、安全地应用、鉴别醇、酚、醚类化合物的目的。

本章关键词 醇 伯、仲、叔醇 醇羟基取代反应 脱水反应 酯化反应 卢卡斯试剂 酚 酚羟基 三氯化铁反应 溴水反应 醚 环氧乙烷 鎓盐

认 识 醇

5.1 醇及鉴别

5.1.1 醇的结构、分类与同分异构

5.1.1.1 醇的结构

脂肪烃分子中的氢原子被羟基(—OH)取代后形成的化合物是醇。饱和一元醇的通式为:$C_nH_{2n+1}OH$,或简写为 R—OH。

醇分子中的氧原子与水分子中的氧原子一样,其中 O—H 是氧原子以一个 sp^3 杂化轨道与氢原子的 1s 轨道相互交盖而成的;C—O 键是碳原子的一个 sp^3 杂化轨道与氧原子的一个 sp^3 杂化轨道相互交盖而成的,此外两对未共用电子对分别占据另外两个 sp^3 杂化轨道。

5.1.1.2 醇的分类

醇类化合物可按下列方法分类。

(1) 按照烃基的类别可分为

脂肪族醇	CH_3OH	甲醇
脂环族醇	⬡—OH	环己醇
芳香族醇	⬡—CH_2OH	苄醇

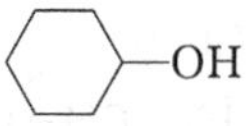

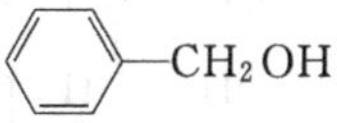

(2) 根据烃其中是否含有双键或叁键可分为

饱和醇	CH_3CH_2OH	乙醇
不饱和醇	$CH_2{=}CHCH_2OH$	烯丙醇

（3）根据羟基数目的多少分为

一元醇　　　　　　$CH_3CH_2CH_2OH$　　　　　1-丙醇

二元醇　　　　　　$\underset{\underset{OH}{|}}{CH_2}-\underset{\underset{OH}{|}}{CH_2}$　　　　　乙二醇

多元醇　　　　　　$\underset{\underset{OH}{|}}{CH_2}-\underset{\underset{OH}{|}}{CH}-\underset{\underset{OH}{|}}{CH_2}$　　　　丙三醇

（4）根据与羟基相连的碳原子是伯碳、仲碳或叔碳，分别称为伯醇、仲醇或叔醇，如

伯醇（1°）　　　　$CH_3CH_2CH_2OH$　　　　　1-丙醇

仲醇（2°）　　　　$\underset{\underset{CH_3}{|}}{CH_3CHOH}$　　　　　异丙醇

叔醇（3°）　　　　$\underset{\underset{OH}{|}}{\overset{\overset{CH_3}{|}}{CH_3-C-CH_3}}$　　　　　叔丁醇

5.1.1.3　醇的同分异构

甲醇、乙醇没有同分异构体，从丙醇开始则有同分异构体出现。醇的构造异构是由碳链异构和羟基位置不同引起的，且碳原子数越多，异构体也越多。例如，丁醇就有四个构造异构体

$$CH_3CH_2CH_2CH_2OH \qquad\qquad \underset{\underset{OH}{|}}{CH_3CHCH_2CH_3}$$

　　　　　　（1）正丁醇　　　　　　　　　　　（2）仲丁醇

$$\underset{\underset{CH_3}{|}}{CH_3CHCH_2OH} \qquad\qquad \underset{\underset{CH_3}{|}}{\overset{\overset{CH_3}{|}}{CH_3-C-OH}}$$

　　　　　　（3）异丁醇　　　　　　　　　　　（4）叔丁醇

其中（1）与（3）；（2）与（4）为碳链异构，（1）和（2）；（3）和（4）为羟基位置异构。

5.1.2　醇的命名

醇的命名方法主要有下列几种。

5.1.2.1　习惯命名法

习惯命名法是先写出与羟基相连的烃基名称，然后再加上一个醇字即可。这种方法只适用于简单醇的命名。例如：

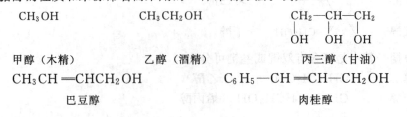

　　　　　　　苯醇　　　　　　　　　　　　　　环己醇

5.1.2.2　以俗名命名

它是根据醇的性质和来源命名而采用的一种命名方法。例如

$$CH_3OH \qquad\qquad CH_3CH_2OH \qquad\qquad \underset{\underset{OH}{|}\quad\underset{OH}{|}\quad\underset{OH}{|}}{CH_2-CH-CH_2}$$

　　甲醇（木精）　　　　　乙醇（酒精）　　　　　丙三醇（甘油）

$$CH_3CH=CHCH_2OH \qquad\qquad C_6H_5-CH=CH-CH_2OH$$

　　　　　巴豆醇　　　　　　　　　　　　　　肉桂醇

5.1.2.3 系统命名法

结构复杂的醇，通常还是采用系统命名法。同样首先选取含羟基在内的最长且连续的碳链做主链，并根据主链的含碳原子数称"某醇"作为母体名。编号时要始终使羟基（官能团）的位号最小，将支链看做取代基，有时也可用希腊字母 α，β，γ，……代替阿拉伯数字 1，2，3，……来表示位号。最后在写名称时，应将取代基的位号、数目、取代基名及羟基的位号写在母体名"某醇"前面。如

$$
\begin{array}{c}
\overset{\displaystyle OH}{|}\\
CH_3-CH-\overset{}{C}HCH_3\\
\overset{}{|}\\
CH_3
\end{array}
$$

3-甲基-2-丁醇

$$
\begin{array}{c}
CH_3CH_2CH_2-CHCH_2OH\\
\overset{}{|}\\
CH=CH_2
\end{array}
$$

2-（正）丙基-3-丁烯-1-醇

$$
\overset{\beta}{\underset{2}{C}}H_2\overset{\alpha}{\underset{1}{C}}H_2OH
$$

2-苯乙醇

（或 β-苯乙醇）

$$
\begin{array}{c}
CH_2CHCH_2OH\\
\overset{}{|}\\
CH_3
\end{array}
$$

2-甲基-3-苯基-1-丙醇

5.1.3 醇的性质

5.1.3.1 醇的物理性质

12 个碳原子以下的饱和一元醇是液体，12 个碳原子以上的醇为蜡状固体。4 个碳原子以下的饱和一元醇为无色有酒香气味的液体，中级醇有强烈的气味，高级醇一般无气味。一元醇的相对密度都小于 1，多元醇和芳香醇的相对密度则大于 1。表 5-1 是一些醇的物理常数。

表 5-1 一些醇的物理常数

名 称	熔点/℃	沸点/℃	密度(20℃)/g·cm⁻³	溶解度/g·100gH₂O⁻¹	名 称	熔点/℃	沸点/℃	密度(20℃)/g·cm⁻³	溶解度/g·100gH₂O⁻¹
甲醇	−97.9	65.0	0.7914	∞	正戊醇	−79	138	0.8144	2.2
乙醇	−114.7	78.5	0.7893	∞	正己醇	−46.7	158	0.8136	0.7
正丙醇	−126.5	97.4	0.8035	∞	环己醇	25.2	161.1	0.9684	3.8
异丙醇	−89.5	82.4	0.7855	∞	苄醇	−15	205	1.0460	−4.0
正丁醇	−89	117.3	0.8098	8.0	丙烯醇	−129	97	0.8550	∞
异丁醇	−108	108	0.8021	10.0	乙二醇	−12	197	1.1088	∞
仲丁醇	−114.7	99.5	0.8063	12.5	丙三醇	18	290(分解)	1.2613	∞
叔丁醇	25.5	82.2	0.7887	∞					

与相应的烃相比，醇在物理性质上有两个突出点，即沸点较高、在水中溶解度较大，低级的醇能与水混溶。

醇的沸点之所以高是由于醇分子之间存在着氢键缔合。当醇从液态变为气态时，不仅要破坏分子间的范德华力，而且还必须消耗一定能量来破坏氢键，因此，醇的沸点比相应的烃高得多。

从表 5-1 中可知，三碳以下的醇和叔丁醇与水混溶。随着醇的相对分子质量增大，在水中的溶解度逐渐减小，高级醇难溶于水。且醇分子中羟基数目增加，则在水中的溶解度也增

大。醇在水中的溶解度要比相应的烃和卤代烃大，这都是因为醇分子中具有亲水性的羟基可以和水分子生成氢键的缘故。当醇分子中疏水性的烃基增大时，则醇羟基与水形成氢键的能力减小，故溶解度减小。

醇是一优良溶剂，尤其是甲醇和乙醇还能溶解盐类化合物，是最常用的有机溶剂之一。

低级醇能和一些无机盐（$MgCl_2$、$CaCl_2$、$CuSO_4$ 等）形成结晶状的分子化合物，称为醇合物。例如 $CaCl_2 \cdot 4CH_3OH$，$MgCl_2 \cdot 6CH_3OH$，$CaCl_2 \cdot 4C_2H_5OH$ 等，因此，这些无机盐不易作醇的干燥剂。醇合物不溶于有机溶剂而溶于水。所以常利用干燥的 $MgCl_2$ 来除去混合物中少量的乙醇和甲醇。工业上，乙醚中所含的少量乙醇就是采用这种方法除去。

5.1.3.2 醇的化学性质

羟基是醇的官能团，由于氧的电负性比碳和氢大，所以醇分子中的 C—O 键和 O—H 键都是极性共价键，化学反应主要发生在这两个键上。除发生以上两种键的断裂反应外，α-碳上有氢的醇，还可以发生氧化反应。

（1）与活泼金属反应　醇和水一样，可以和金属钠反应，生成醇钠并放出氢气，例如，乙醇与钠反应：

$$CH_3CH_2OH + Na \longrightarrow CH_3CH_2ONa + \frac{1}{2}H_2$$

醇的酸性比水弱，所以，水与金属钠反应非常激烈，会引起爆炸，醇与金属钠反应则较缓和。醇钠的碱性比氢氧化钠强，为此，醇钠容易水解而生成醇和氢氧化钠。

$$C_2H_5OH + Na \longrightarrow C_2H_5ONa + \frac{1}{2}H_2$$
$$\xrightarrow{H_2O} C_2H_5OH + NaOH$$

醇钠是有机合成中的重要碱性试剂，也可作为亲核试剂向有机分子中导入烷氧基（RO^-）。

不同种类的醇与金属钠反应的速率有一定差异。醇的酸性越强，与金属钠反应越快；酸性越弱，与金属钠反应越慢。醇与金属钠反应速率及酸性强弱顺序为

$$CH_3OH > 伯醇 > 仲醇 > 叔醇$$

（2）与无机酸反应　醇和各种无机酸作用，生成醇的无机酸酯。

$$\begin{array}{l} CH_2—OH \\ | \\ CH—OH + 3HONO_2 \longrightarrow \\ | \\ CH_2—OH \end{array} \begin{array}{l} CH_2—ONO_2 \\ | \\ CH—ONO_2 + 3H_2O \\ | \\ CH_2—ONO_2 \end{array}$$

三硝酸甘油酯俗称硝化甘油，可作为炸药；还可用于血管舒张，治疗心绞痛和胆绞痛。

醇与浓的氢卤酸反应，羟基被卤素取代，生成卤代烷和水，这是醇的 C—O 键断裂反应。

$$R—OH + HX \longrightarrow R—X + H_2O$$

醇和氢卤酸反应的活泼性与氢卤酸的类型及醇的结构有关。氢卤酸的活泼次序为

$$HI > HBr > HCl$$

醇活泼性次序为

$$烯丙基醇，苄基醇 \approx 叔醇 > 仲醇 > 伯醇 > CH_3OH$$

用卢卡斯（Lucas）试剂（无水氯化锌＋浓盐酸）来鉴别伯、仲、叔醇。

$$\left. \begin{array}{l} ① 叔醇 \\ ② 仲醇 \\ ③ 伯醇 \end{array} \right\} \xrightarrow{无水 ZnCl_2 + 浓 HCl} \left\{ \begin{array}{l} ①很快反应，立即浑浊 \\ ②反应较快，几分钟浑浊 \\ ③反应很慢，长时间不出现浑浊，加热后反应 \end{array} \right.$$

卢卡斯反应只适用于六碳以下低级醇的鉴别。这是因为高级醇不溶于卢卡斯试剂。

（3）脱水反应　醇中的羟基在浓硫酸或某些脱水剂作用下，可以发生消除反应，脱掉水。醇有两种脱水形式，一种是分子间脱水，生成醚。另一种为分子内脱水，生成烯烃。温度对脱水反应的产物很有影响。一般温度低有利于醚的生成，温度高有利于烯的生成。

① 分子内脱水

$$\underset{\substack{|\\ \underline{H\ OH}}}{\overset{\substack{H\ \ H\\ |\ \ \ |}}{H-C-CH}} \xrightarrow[170℃]{浓\ H_2SO_4} \overset{H}{\underset{H}{C}}=\overset{H}{\underset{H}{C}} + H_2O$$

② 分子间脱水

$$CH_3CH_2O-\boxed{H+HO}-CH_2CH_3 \xrightarrow[140℃]{浓\ H_2SO_4} CH_3CH_2-O-CH_2CH_3$$
乙醚

仲醇、叔醇脱水成烯的反应与卤代烃脱卤化氢一样，符合扎依采夫规则。即羟基与相邻含氢较少的 β-碳上的氢一起脱去。生成的烯烃双键碳上连有尽可能多的烃基。

$$\underset{\substack{|\\OH}}{CH_3-CH-CH_2-CH_3} \xrightarrow[\triangle]{浓\ H_2SO_4} \begin{array}{l} CH_3-CH=CH-CH_3\\ CH_2=CH-CH_2-CH_3 \end{array}$$

（4）氧化反应　带有 α-氢的醇可以被高锰酸钾等强氧化剂氧化。伯醇氧化为羧酸，仲醇氧化为酮。

$$CH_3CH_2OH \xrightarrow{KMnO_4} CH_3COOH$$
乙酸

$$\underset{\substack{|\\OH}}{CH_3-CH-CH_3} \xrightarrow{K_2Cr_2O_7} \underset{\substack{\|\\O}}{CH_3-C-CH_3}$$
丙酮

上述氧化反应均伴有明显的颜色变化。第一个反应中由于锰离子的价数改变，7 价锰的紫红色消失。第二个反应则把橘红色 6 价铬还原为蓝绿色的 4 价铬。因此这类氧化反应常被用于鉴别伯、仲醇。

叔醇 α-碳上没有氢，在碱性条件下不会被氧化。如有酸存在，叔醇会快脱水生成烯，烯遇氧化剂则很容易发生键的断裂反应。

应 用 醇

5.1.4　醇的用途与使用醇的安全知识

5.1.4.1　重要的醇

（1）甲醇　甲醇俗名木精，因最初是由于木材干馏而得到，因此而得名。在自然界中，甲醇常以酯和醚的形式存在。

甲醇为无色液体，沸点 65℃，易燃，有毒，人口服 1mL 就会双目失明，30mL 可以致死。甲醇能与水和多种有机溶剂互溶，是一种良好的有机溶剂。在有机合成上，甲醇主要用来制备甲醛、农药或作甲基化试剂。

(2) 乙醇 乙醇是饮用酒的主要成分，所以俗称酒精。乙醇是无色有酒香味的液体，沸点 78.5℃，可与水和多种有机溶剂互溶，在 0℃ 时，相对密度为 0.8602，乙醇浓度越大，其相对密度越小，利用这一特点，可用特别的酒精比重计来测定醇的浓度。

乙醇是应用最广的有机化合物之一，它不仅是有机合成的重要原料，还是实验室常用的灯用燃料、内燃机燃料及防腐剂和消毒剂（70%～75% 的乙醇）。

我国最早是用淀粉发酵制酒，在发酵液中，乙醇的含量约为 10%～18%，经过分馏，可得到 95.5% 与 4.5% 水组成了沸点为 78.15℃ 的恒沸混合物，用一般的分馏方法不能除去 4.5% 的水分。实验室常用石灰与乙醇共热，然后再将乙醇蒸出，可得到 99.55% 的无水乙醇。

乙醇能与 $MgCl_2$、$CaCl_2$ 等形成醇合物，因此不能用无水氯化钙进行脱水干燥。

(3) 乙二醇 乙二醇是最简单和最重要的二元醇。它是无色有甜味的黏稠液体，俗称甘醇，沸点 198℃，能与水、乙醇、丙酮混溶，但不溶于乙醚。

体积分数为 60% 的乙二醇的水溶液冰点为 -49℃，所以常用作冬季汽车散热器的防冻剂和飞机发动机的制冷剂。乙二醇还是合成聚酯纤维——涤纶及乙二醇二硝酸酯炸药的原料。

乙二醇可通过环氧乙烷水解和乙烯次氯酸化法得到。

(4) 丙三醇 丙三醇为无色、无臭、有甜味的黏稠液体，俗称甘油。沸点 290℃（分解），熔点 18℃，相对密度 1.261。甘油与水混溶，但在乙醇中溶解度较小，不溶于乙醚、氯仿等溶剂中。无水甘油有吸湿性，能够吸收空气中的水分稀释至 80% 为止。

甘油可以从油脂水解得到，是肥皂工业的副产物。现代工业上是采用氯丙烯法和丙烯氧化法直接合成的，甘油广泛地应用于化妆品、皮革、烟草、食品及纺织等工业，甘油还可以制备成三硝酸甘油（炸药）和合成树脂。

甘油在碱性溶液中，与 Cu^{2+} 形成深蓝色的甘油铜溶液。

$$
\begin{array}{c}
CH_2OH \\
| \\
CHOH \\
| \\
CH_2OH
\end{array}
+ Cu^{2+} \xrightarrow{OH^-}
\begin{array}{c}
CH_2O \\
\diagdown \\
CHO \diagup Cu \\
| \\
CH_2OH
\end{array}
+ 2H_2O
$$

甘油铜（深蓝色）

上述反应现象比较明显，是鉴别具有 1,2-二醇结构的多元醇常用方法。

甘油可被氧化，生成甘油醛和二羟基丙酮，它们是结构最简单的糖类化合物，是生物体代谢过程中的重要中间产物。

$$
\begin{array}{c}
CH_2OH \\
| \\
CH-OH \\
| \\
CH_2OH
\end{array}
\xrightarrow[-H_2O]{[O]}
\begin{array}{c}
CH_2-CH-CHO \\
\quad | \quad | \\
\quad OH \quad OH \\
\\
CH_2-C-CH_2 \\
\quad | \quad \| \quad | \\
\quad OH \quad O \quad OH
\end{array}
$$

(5) 苯甲醇 苯甲醇俗称苄醇，是最重要的最简单的芳醇。为无色液体，具芳香味，微溶于水，溶于乙醇、乙醚、甲醇等有机溶剂。

苯甲醇存在于茉莉等香精油中，工业上用苄基氯水解制得：

$$
\langle\bigcirc\rangle-CH_2Cl + H_2O \xrightarrow[105℃]{12\% Na_2CO_3} \langle\bigcirc\rangle-CH_2OH + HCl
$$

苯甲醇常用作溶剂、定香剂及有机合成原料。由于其具有轻微的麻醉作用，在 20 世纪七八十年代，为了减轻注射时的疼痛感，使用的青霉素稀释液就含有 2% 的苄醇，但后来发现对于儿童有不良反应，我国已于 2005 年全面禁止使用含有苄醇的稀释液。

5.1.4.2 常见醇的用途和安全知识

醇类化合物是重要的工业原料、燃料和溶剂，广泛用于药物、涂料、合成橡胶，合成洗涤剂、食品、化妆品的生产等。同样有些醇有一定的毒性和危险性，因此很好地了解有毒和危险性的醇类化合物，对于安全使用它们有着十分重要的意义。表 5-2 列出常见醇的用途和安全使用知识。

表 5-2　常见醇的用途和安全使用知识

品名	构造式	用　途	毒性、危险性与侵害	急救措施	安全使用与防护
甲醇	CH_3OH	用作测定硼和铝的试剂，色谱分析标准物质；基本有机原料之一，主要用于制造和有机合成各种化学品；用作墨汁、树脂、黏合剂、染料、油漆、假漆等的溶剂；涂料和除漆剂的成分，洗涤剂和除蜡剂的制备等	本品有毒，摄入和吸入会引起中毒，误作食用酒精饮入，严重者能致眼失明和死亡。极易燃，燃点 464℃，蒸气能与空气形成爆炸性混合物，爆炸极限为 6.0%～36.5% 通过蒸气吸入、液体经皮肤吸收、摄入、与皮肤和眼接触侵入。侵害造血系统、中枢神经系统、皮肤、眼、胃肠系统	此化学品如进入眼中，立即用水冲洗；如接触皮肤迅速用水洗净；如大量吸入，急性中毒者，立即移离现场至新鲜空气处，必要时进行人工呼吸或注射强心剂；如被过量吞服，服以大量盐水，诱吐，洗胃，催吐；对于不省人事者立即送医院治疗	用玻璃瓶或镀锌桶盛装。置阴凉、通风良好处，密封保存 生产设备应密封，防止跑、冒、滴、漏。操作人员应穿防护工作服；必要时，戴防护眼镜或隔绝式呼吸器，严防入眼、入口或接触皮肤和伤口。如有沾染，迅速用水冲洗。工作服如被弄湿，应立即脱去，以避免燃烧危险
乙醇	CH_3CH_2OH	实验室中常用它作分析试剂。还用于各种化合物的化学合成。用作油脂、脂肪酸、制造药物、塑料、合成树脂、硝化纤维素等，也可用来制造染料、洗涤剂、化妆品、农药中间体等	摄入少量乙醇对人体的作用是先兴奋后麻醉，摄入大量乙醇对人体有毒。易燃，燃点 422℃，有较大的燃烧危险，其蒸气能与空气形成爆炸性混合物，爆炸极限为 3.3%～19% 通过蒸气吸入，经皮肤吸收，摄入，与眼和皮肤接触	应使吸入蒸气的患者离开污染区，安置休息，并保持温暖。眼部受刺激需用水冲洗，严重的需就医治疗。过量口服者系一般轻度酒醉，则需大量饮用浓茶，不必治疗。严重的要就医诊治	工业用乙醇用铁桶、无水乙醇用玻璃瓶或铁桶盛装。贮存于阴凉通风处，防热、防火、防晒。最好使用露天仓库在户外存放，室内需存放在标准的易燃液体专库内 在可能发生皮肤接触的场所，建议使用个人防护品
乙二醇	$\begin{array}{c}CH_2OH\\\|\\CH_2OH\end{array}$	用作测定水中氧化钙的试剂，色谱分析试剂，制冷剂和防冻剂及炸药、蜡、树脂、某些染料的溶剂。生产涤纶纤维的主要原料，制造树脂、药物的中间体	摄入和吸入蒸气均可中毒；致死量约为 100mL。易燃，燃点 412℃ 主要为误被摄入和蒸气吸入侵入人体，皮肤可少量吸收。侵害中枢神经、肾、心、肝、肺	溅入眼中则用水洗净。用肥皂和水清洗身体污染部位。如误被吞服，立即用 1＋2000 高锰酸钾溶液洗胃，继之盐水导泻。吸入中毒者，应立即移离现场，并静脉点滴 1/6 mol/L 乳酸 600mL 和 10% 葡萄糖酸钙 10mL 及大量维生素 C	用玻璃瓶或金属筒盛装，存放在阴凉、通风良好的地方，密封保存。长期贮存要氮封、防潮、防火、防冻 乙二醇容器上应标明"有毒"字样，防止误服和吸入蒸气。操作人员应穿戴防护用具

品名	构造式	用途	毒性、危险性与侵害	急救措施	安全使用与防护
异丙醇	$(CH_3)_2CHOH$	用作测定钡、钙、镁、镍、钾、钠和锶等的试剂,色谱分析标准物质;广泛用于制备皮肤洗剂、化妆品、持久香波、药物及生发油中;还用作香料、香精油和其他油脂、树胶、树脂、生物碱等的溶剂,提取剂,防腐剂;用于漆的配制和许多染料液中	本品有毒,摄入和吸入均会中毒。易燃,燃点412℃。有较大的燃烧危险,其蒸气能与空气形成爆炸性混合物,爆炸极限为2%~12% 通过蒸气吸入,摄入,与眼和皮肤接触侵入。侵害眼、皮肤、呼吸系统	此化学品如触及眼和皮肤,立即用水冲洗;如大量吸入,急性中毒者,立即移离现场至新鲜空气处,必要时进行人工呼吸或注射强心剂;如被吞服,服以大量盐水,诱吐,洗胃,催吐;严重者立即送医院治疗	用玻璃瓶或金属桶盛装。存放在阴凉通风良好的地方,密封保存。最好使用露天或附建的仓库在户外存放,室内须放在标准的易燃液体库内。与氧化剂隔开 操作时应穿适当工作服、戴防护眼镜严防入眼、入口或接触皮肤。工作服如被弄湿,应立即脱去,以避免燃烧危险

鉴 别 醇

5.1.5 鉴别醇的方法

5.1.5.1 醇羟基的鉴别方法

（1）酰化试验 醇和酰化试剂作用,生成酯类,酯可用异羟肟酸试剂检验,还可以从气味（酯通常有特殊的香味）和溶解度变化观察到酯的生成,常用的酰化剂有乙酰氯和苯甲酰氯。

$$ROH + CH_3\overset{O}{\underset{}{C}}-Cl \longrightarrow RO-\overset{O}{\underset{}{C}}-CH_3 + HCl$$

$$ROH + \underset{}{\bigcirc}\overset{O}{\underset{}{C}}-Cl \xrightarrow{NaOH} \underset{}{\bigcirc}\overset{O}{\underset{}{C}}-OR + NaCl + H_2O$$

（2）钒-8-羟基喹啉试验 醇与钒-8-羟基喹啉的绿色溶液混合,由于此溶剂化而形成溶于烃类溶剂的红色复合物。

（3）硝酸铈试验 大多数溶于水的醇羟基化合物可与硝酸铈铵反应产生琥珀色或红色。

$$ROH + (NH_4)_2Ce(NO_3)_6 \longrightarrow (NH_4)_2Ce(NO_3)_5(OR) + HNO_3$$

这个反应很灵敏。一般 C_{10} 以下的醇都能进行反应,可用来鉴别醇羟基。

5.1.5.2 伯、仲、叔醇的区别方法

（1）高锰酸钾-2,4-二硝基苯肼试验 大多数伯、仲醇含 α-氢,易与氧化剂反应,高锰酸钾-硫酸溶液氧化伯、仲醇为醛、酮,而叔醇不能被氧化。氧化生成的醛、酮可与2,4-二硝基苯肼反应,生成黄色的2,4-二硝基苯腙沉淀,借此可将伯、仲醇与叔醇区别开来。例如

$$ROH + MnO_4^- + H^+ \longrightarrow R-\overset{\overset{\displaystyle O}{\|}}{C}-H + MnO_2 + H_2O$$

$$\xrightarrow{\text{2,4-二硝基苯肼}} R-CH=N-NH-\underset{O_2N}{\underset{\displaystyle}{\bigcirc}}-NO_2 \downarrow$$

$$R-\underset{\underset{\displaystyle OH}{|}}{CH}-R' + MnO_4^- + H^+ \longrightarrow R-\overset{\overset{\displaystyle O}{\|}}{C}-R' + MnO_2 \downarrow + H_2O$$

$$\xrightarrow{\text{2,4-二硝基苯肼}} R-\underset{\underset{\displaystyle R'}{|}}{C}=N-NH-\underset{O_2N}{\underset{\displaystyle}{\bigcirc}}-NO_2 \downarrow$$

$$R-\overset{\overset{\displaystyle R'}{|}}{\underset{\underset{\displaystyle R'}{|}}{C}}-OH + MnO_4^- + H^+ \longrightarrow \text{不反应}$$
$$\text{（由于无 } \alpha\text{-H）}$$

（2）卢卡斯（Lucas）试验　利用醇与浓盐酸作用的快慢来区别伯、仲、叔醇［见醇化学性质（2）］。浓盐酸与无水氯化锌所配制的饱和溶液，称为 Lucas 试剂，而反应生成的氯化物不溶于 Lucas 试剂，使溶液变得浑浊或分层。观察反应中出现浑浊或分层的快慢，就可以区别反应物是伯醇，仲醇或叔醇。

5.1.6　技能训练

【技能训练1】　硝酸铈试验

目的：（1）学会利用硝酸铈试验法鉴别 C_{10} 以下的醇。

　　　（2）了解络合物配位和显色的原理。

仪器：试管、试管架、滴瓶、小药匙、量筒、吸管。

试剂：硝酸铈铵试液，1,4-二氧六环。

试样：甲醇、乙醇、正丁醇、仲丁醇、叔丁醇、甘油、葡萄糖、α-羟基苯乙酸。

安全：避免试样及试剂与皮肤直接接触，摄入。

态度：认真实验，规范操作，仔细观察，及时记录。

步骤

（1）在试管中加入 25～30mg 固体样品或 4～5 滴液体样品。

（2）继续向试管中加入 2mL 水（不溶于水的加 1,4-二氧六环），使试样溶解滴加几滴硝酸铈铵溶液。

（3）仔细观察试管中的颜色变化。记录所观察到的现象。

（4）将废液倒入指定地点。

（5）清洗仪器，倒置于试管架上。

（6）按所列的试样重复上述(1)～(5)的步骤。

注意事项

（1）本试验在室温（20～25℃）下进行。热的硝酸铈铵试液（50～100℃）能氧化其他化合物。

（2）α-二元醇、多元醇、糖及其他含羟基的化合物对本试验呈正结果。

（3）市售 1,4-二氧六环往往含有乙二醇，在用作溶剂时需作对照试验。

硝酸铈铵试液的配制

将 90g 硝酸铈铵溶于 225mL 质量分数为 12％的温热硝酸中。

【技能训练 2】 钒-8-羟基喹啉试验

目的：（1）理解钒-8-羟喹啉试验的基本原理。

（2）学会用钒-8-羟喹啉试验鉴别醇。

仪器：试管、试管架、滴瓶、小药匙、量筒、吸管。

试剂：钒酸铵、8-羟基喹啉、乙酸。

试样：甲醇、乙醇、正丁醇、仲丁醇、叔丁醇、甘油、葡萄糖、α-羟基苯乙酸。

安全：避免试样及试剂与皮肤直接接触，摄入。

态度：认真实验，规范操作，仔细观察，及时记录。

步骤

（1）在试管中加入 25～30mg 固体样品或 4～5 滴液体样品。

（2）继续向试管中加入 0.5mL 钒酸铵溶液和 1 滴 8-羟基喹啉的乙酸溶液。充分混合。

（3）再向试管中加入 0.5mL 苯或甲苯，猛烈摇动。

（4）仔细观察试管中苯或甲苯层中的颜色变化。记录所观察到的现象。

（5）将废液倒入指定地点。

（6）清洗仪器，倒置于试管架上。

（7）按所列的试样重复上述（1）～（6）的步骤。

注意事项

（1）醇类中混有烃、醚、酮、卤代烃时，不产生干扰。

（2）水溶性的醇也可以用此法检验，但苯或甲苯的用量需超过水溶液的体积。

试液的配制

（1）钒酸铵溶液：溶解 30mg 钒酸铵于 100mL H_2O 中。

（2）8-羟基喹啉溶液：质量分数为 25％的 8-羟基喹啉溶解在质量分数为 6％的乙酸中。

【技能训练 3】 卢卡斯（Lucas）试验

目的：（1）理解醇取代反应的基本原理。

（2）会用卢卡斯试剂检验 C_6 以下的醇。

仪器：试管、试管架、滴瓶、小药匙、量筒、吸管。

试剂：浓盐酸、无水氯化锌。

试样：甲醇、乙醇、正丁醇、仲丁醇、叔丁醇、乙二醇、苄醇、葡萄糖。

安全：避免试样及试剂与皮肤直接接触，摄入。

避免 HCl 的侵蚀，在通风橱中配制溶液。

态度：认真实验，规范操作，仔细观察，及时记录。

步骤

（1）在试管中加入 2mL 盐酸-氯化锌试剂。

（2）继续向试管中加入 25～30mg 固体样品或 4～5 滴液体样品。

（3）将试管塞住，猛烈振荡后，在室温下静置。

（4）仔细观察溶液变成浑浊和分层所需的时间。记录所观察到的现象。

（5）将废液倒入指定地点。

（6）清洗仪器，倒置于试管架上。

（7）按所列的试样重复上述（1）～（6）的步骤。

注意事项

(1) 本试验只适用于 C_6 以下的醇，因为它们能溶于试剂中，不致和生成的卤代烷混淆。

(2) 在上述实验中不能判断是仲醇还是叔醇时，可进一步作下述实验：在 2mL 浓盐酸中加 2～4 滴醇，振荡后静置，叔醇在 10min 有卤代烷生成。仲醇不生成。

(3) 烯丙醇、苄醇和肉桂醇与试剂作用，显叔醇的结果。

卢卡斯试剂配制：将无水 $ZnCl_2$ 在蒸发皿中强热熔融，稍冷后，在干燥中冷至室温，捣碎。称取 136g 溶于 1L 浓盐酸中，放冷后贮于玻璃瓶中塞紧待用。

【技能训练 4】 乙酰氯试验

目的：(1) 理解醇形成酯反应的基本原理。

(2) 会用乙酰氯试验鉴别醇。

仪器：试管、试管架、滴瓶、小药匙、量筒、吸管。

试剂：乙酰氯、苯甲酰氯、碳酸钠、稀氢氧化钠溶液。

试样：水、乙醇、正丁醇、仲丁醇、叔丁醇、苯酚、乙二醇。

安全：避免试样及试剂与皮肤直接接触，摄入。

避免酰氯蒸气的吸入。

态度：认真实验，规范操作，仔细观察，及时记录。

步骤

——乙酰氯法

(1) 在干燥试管中加入 50mg 固体样品或 4～5 滴液体样品。

(2) 继续向试管中仔细地加入 3 滴乙酰氯。

(3) 如反应未立即发生，静置或温热 1～2min。

(4) 缓慢地倾入 2mL 蒸馏水，用固体碳酸钠饱和水层。

(5) 仔细观察样品的变化，并嗅其气味。记录所观察到的现象。

(6) 如有不溶于水的产物，分离并测试其在稀冷氢氧化钠溶液中的溶解度。

(7) 将废液倒入指定地点。

(8) 清洗仪器，倒置于试管架上。

(9) 按所列的试样重复上述(1)～(8)的步骤。

——苯甲酰氯法

(1) 在干燥试管中加入 50mg 固体样品或 4～5 滴液体样品。

(2) 继续向试管中仔细地加入 3 滴苯甲酰氯及 1mL10％氢氧化钠溶液。

(3) 塞紧试管口，用力振荡。

(4) 用石蕊试纸试反应液，如不呈碱性，加入氢氧化钠，再振荡。

(5) 仔细观察样品溶液的变化。记录所观察到的现象。

(6) 将废液倒入指定地点。

(7) 清洗仪器，倒置于试管架上。

(8) 按所列的试样重复上述(1)～(7)的步骤。

注意事项

(1) 高级醇与乙酰氯反应较缓慢，苯甲酰氯法适用于高级醇。

(2) 叔醇与酰化试剂作用，主要产物是叔卤代烷。若在 N,N-二甲苯胺或吡啶中酰化，产物为酯。

(3) 水溶性醇常用苯甲酰氯用酰化试剂，产物多为固体酯。

【科海拾贝】直接甲醇燃料电池

直接以甲醇为燃料的质子交换膜燃料电池通称为直接甲醇燃料电池（DMFC）。

它的突出优点是甲醇来源丰富，价格便宜，其水溶液易于携带和贮存。因此，直接甲醇燃料电池特别适宜于作为各种用途的可移动动力源。

目前直接甲醇燃料电池的研究热点：一是寻求高效的甲醇阳极电催化剂，提高甲醇的阳极氧化的速度，减少阳极的极化损失。二是在氢氧质子交换膜燃料电池中广泛采用的 Nafion 膜具有较高的甲醇渗透率。最近美国 Energy Ventures 公司宣布已解决 DMFC 甲醇渗透问题，使电池功率输出增加 30%～40%。美国 Los Alamos 国家重点实验室已研制成功蜂窝电话用直接甲醇燃料电池，其能量密度是传统可充电电池的 10 倍。Manhattan Scientifics 公司的 Robert Hockaday 正致力于可为各种可移动电子器件供电的微型醇类燃料电池的研究。他们宣布研制成功蜂窝电话用燃料电池，此能量是锂离子电池的 3 倍，将来可达到 30 倍。该项研究已引起世界各国科学家和有关公司的关注。

——摘自衣宝廉编．燃料电池．北京：化学工业出版社，2000

认 识 酚

5.2 酚及鉴别

酚是羟基直接与芳香环相连的化合物。结构通式为 ArOH，Ar 代表芳基。例如

苯酚　　　　　　　邻甲苯酚

酚和醇结构中都含有羟基，为区别起见，醇分子中的羟基称为醇羟基，酚分子中的羟基称酚羟基。

5.2.1　酚的结构与分类

5.2.1.1　酚的结构

酚羟基直接与芳香环相连，酚羟基中的氧为 sp^2 杂化。3 个 sp^2 杂化轨道与芳环处于同一平面，氧上未杂化的 p 轨道与芳环的大 π 键形成 p-π 共轭体系。因此，酚羟基和醇羟基在性质上有很大差异，属于两类不同的化合物。

5.2.1.2　酚的分类

酚类化合物按照其分子中所含羟基的数目，可分为一元酚、二元酚、三元酚等，含两个羟基以上的酚统称为多元酚。例如

一元酚

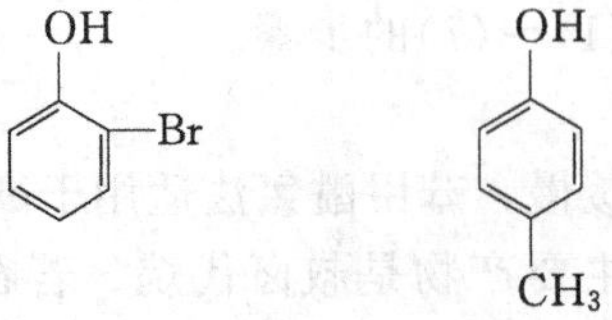

邻溴苯酚　　　　　对甲苯酚

二元酚

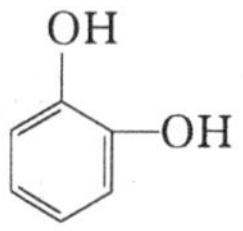

邻苯二酚
（儿茶酚）

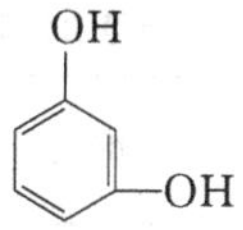

间苯二酚
（雷锁辛）

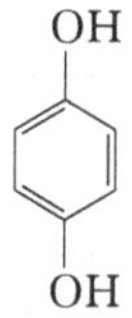

对苯二酚
（氢醌）

三元酚

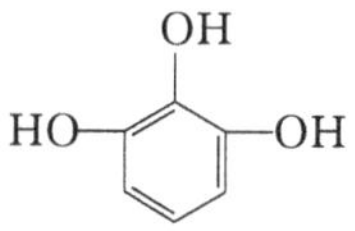

连苯三酚
（焦性没食子酸）

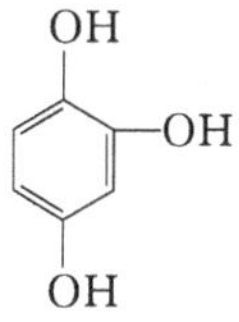

偏苯三酚

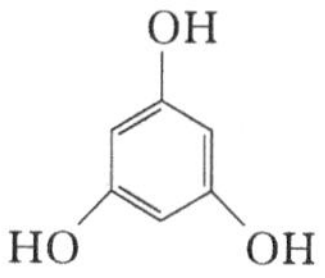

均苯三酚

5.2.2　酚的命名

　　酚的命名，一般是在酚字前面加上芳环的名称，以此作为母体。通常在苯环上，以羟基所在碳为1号碳，将其他取代基的名称和位置写在母体名称之前。当芳环上有羧基，磺酸基，羰基等大的基团时，则将羟基作为取代基。

对氯苯酚
（4-氯苯酚）

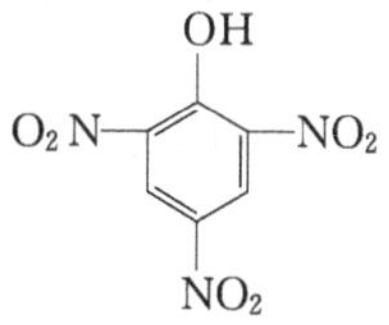

2,4,6-三硝基苯酚
（苦味酸）

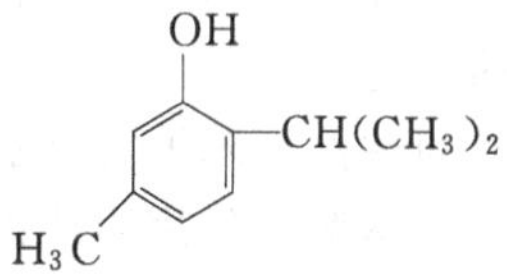

5-甲基-2-异丙基苯酚
（百里酚）

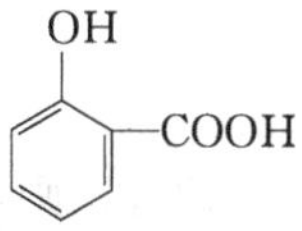

邻羟基苯甲酸
（水杨酸）

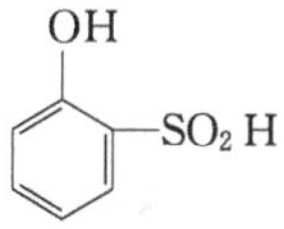

邻羟基苯磺酸

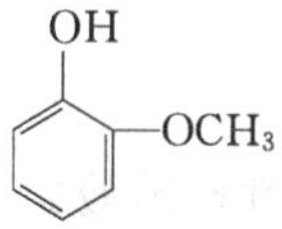

邻甲氧基苯酚
（愈创木酚）

5.2.3　酚的性质

5.2.3.1　酚的物理性质

　　酚和醇一样，分子中含有羟基，酚分子之间能够形成氢键，因此它们的沸点和熔点比相对分子质量相近的芳烃或卤代芳烃都高。邻位有羟基或硝基的酚，可以形成分子内氢键而降低了分子间的缔合程度，所以它们的沸点比间位和对位异构体低。

　　在常温下，除少数烷基酚（如间甲苯酚）是高沸点液体外，多数酚是结晶固体。苯酚微溶于水，加热时，可以在水中无限溶解。低级酚在水中有一定的溶解度，但不大。随着分子中羟基数目的增多，在水中溶解也加大。酚类化合物可溶于乙醇、乙醚、苯等有机溶剂。纯酚一般均为无色的，但往往因含有少量氧化物而使它们带上红色或褐色。一些酚的物理常数见表5-3。

表 5-3 一些酚的物理常数

名　称	构造式	熔点/℃	沸点/℃	溶解度 /g·100g 水$^{-1}$	pK_a
苯酚	C_6H_5OH	43	182	8(溶于热水)	9.98
邻甲苯酚	o-$CH_3C_6H_4OH$	30	191	2.5	10.28
间甲苯酚	m-$CH_3C_6H_4OH$	11.9	202	2.6	10.08
对甲苯酚	p-$CH_3C_6H_4OH$	34	202.5	2.3	10.14
邻硝基苯酚	o-$NO_2C_6H_4OH$	44.9	216	0.2	7.23
间硝基苯酚	m-$NO_2C_6H_4OH$	96	194	2.2	8.40
对硝基苯酚	p-$NO_2C_6H_4OH$	114.9	295	1.3	7.15
2,4-二硝基苯酚	$2,4$-$(NO_2)_2C_6H_3OH$	113	升华 升华	0.6	4.00
2,4,6-三硝基苯酚	$2,4,6$-$(NO_2)_3C_6H_2OH$	122.5	300℃爆炸	1.2	0.71
邻苯二酚	o-$C_6H_4(OH)_2$	105	245	45.1	9.48
对苯二酚	p-$C_6H_4(OH)_2$	170	286	8	9.96
β-萘酚		123	286	0.1	
1,2,3-苯三酚	$1,2,3$-$C_6H_3(OH)_3$	133	309	62	7.0

5.2.3.2 酚的化学性质

酚的化学性质包括羟基的性质和苯环的性质，而这两部分又相互影响，使各自的性质又发生相应的变化。

(1) 酚的酸性　苯酚具有弱酸性（p$K_a \approx 10$），比醇的酸性强（乙醇 p$K_a = 17$），所以苯酚可与氢氧化钠溶液作用生成酚钠。

酚钠

苯酚的酸性比碳酸弱（p$K_a = 6.37$），如在酚钠溶液中通入 CO_2，则可将苯酚游离出来。

不溶于水的苯酚，能溶于氢氧化钠溶液，但不溶于碳酸氢钠溶液；而不溶于水的醇与碳酸氢钠溶液均无作用。上述性质，可用来区别和分离不溶于水的酚和醇。

(2) 与三氯化铁的颜色反应　大多数的酚和烯醇类的化合物都与三氯化铁水溶液反应，生成是有蓝、紫、绿、棕等颜色的配合物，该反应可用于酚和烯醇的鉴别。

$$6C_6H_5OH + FeCl_3 \longrightarrow H_3[Fe(OC_6H_5)_6] + 3HCl$$

蓝紫色

不同的酚产生不同的颜色。表 5-4 列举了一些酚与三氯化铁产生的颜色。

表 5-4 一些酚与三氯化铁产生的颜色

化合物名称	间苯二酚	苯酚	甲苯酚	邻苯二酚	对苯二酚	乙萘酚
颜色	紫色	蓝紫色	蓝色	深绿色	深绿色结晶	紫色

（3）芳香醚的生成　芳香醚不能由酚羟基直接脱水制备，必须用间接的方法。例如，由酚钠与卤代烃或硫酸烷基酯作用，实际上就是苯氧负离子（$C_6H_5O^-$）作为亲核试剂与卤代烃反应。

$$\text{C}_6\text{H}_5\text{—ONa} + \text{CH}_3\text{I} \xrightarrow{\triangle} \text{C}_6\text{H}_5\text{—OCH}_3 + \text{NaI}$$

苯甲醚

$$\text{C}_6\text{H}_5\text{—ONa} + (\text{CH}_3)_2\text{SO}_4 \xrightarrow{\triangle} \text{C}_6\text{H}_5\text{—OCH}_3 + \text{CH}_3\text{OSO}_2\text{ONa}$$

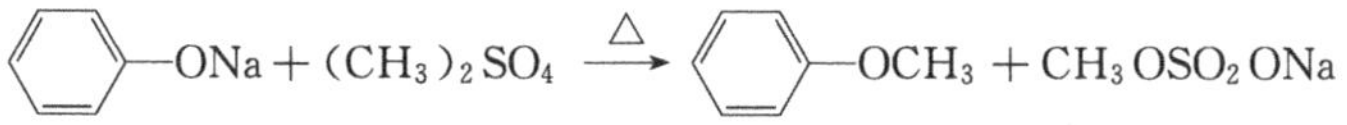

（4）氧化反应　酚很容易被氧化，空气中的氧就能将酚氧化。酚氧化后形成醌。例如

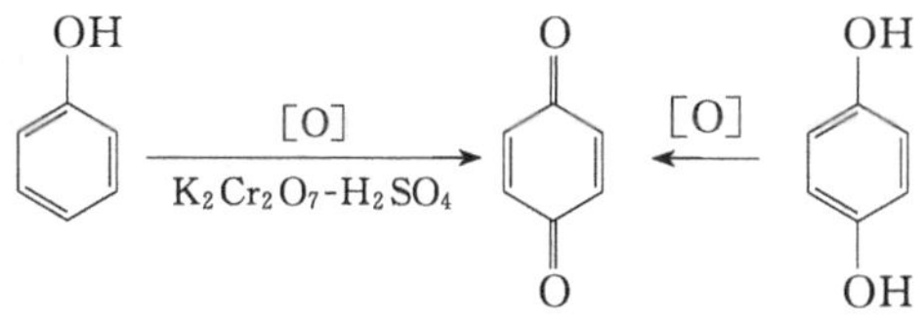

对苯醌（黄色）

多元酚如邻苯二酚和对苯二酚更容易被氧化，Ag_2O 弱氧化剂就可将其氧化成邻苯醌和对苯醌。例如

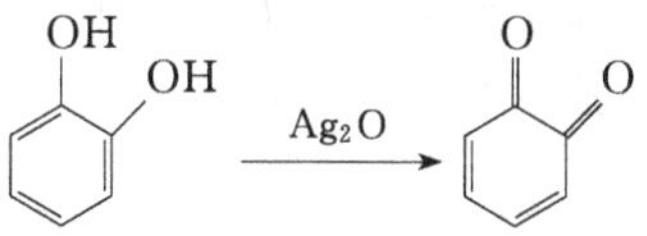

邻苯醌（红色）

醌类物质因其具有比较长的共轭体系而显示颜色。这就是苯酚在空气中放置一段时间后颜色逐渐变深的原因。

（5）芳环上的取代反应　由于羟基氧原子与苯环形成 p-π 共轭。总的电子效应是使苯环上的电子云密度增高，所以酚比苯容易进行亲电取代。

① 卤代　苯酚水溶液与溴水作用，立刻生成白色的三溴苯酚沉淀。

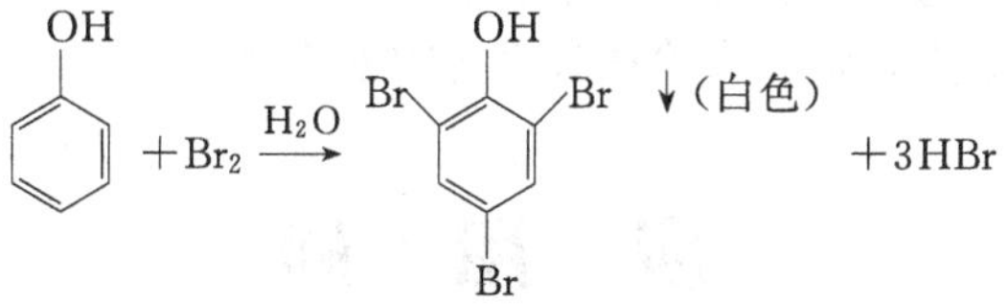

2,4,6-三溴苯酚

反应是定量完成的，非常灵敏，在极稀的苯酚溶液（1＋100000）中加数滴溴水，就能看到明显的浑浊。故此反应可以用于苯酚的定性与定量测定。

在非极性溶剂中，如四氯化碳或二硫化碳，控制溴的用量，可以得到一溴代酚。

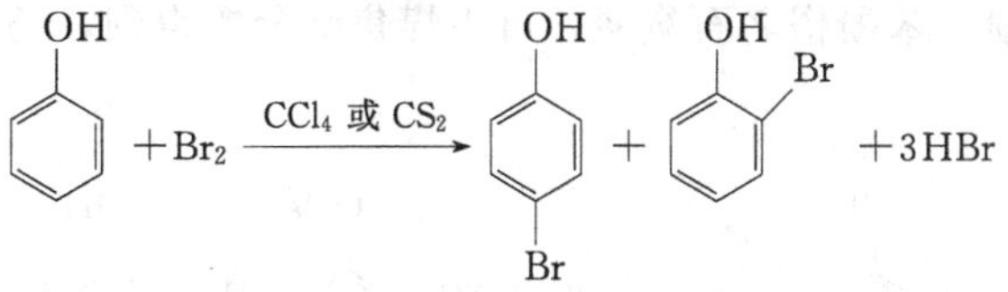

② 硝化　苯酚在室温下，用稀硝酸硝化，可得到邻硝基苯酚和对硝基苯酚的混合物，因苯酚易氧化，产率较低。

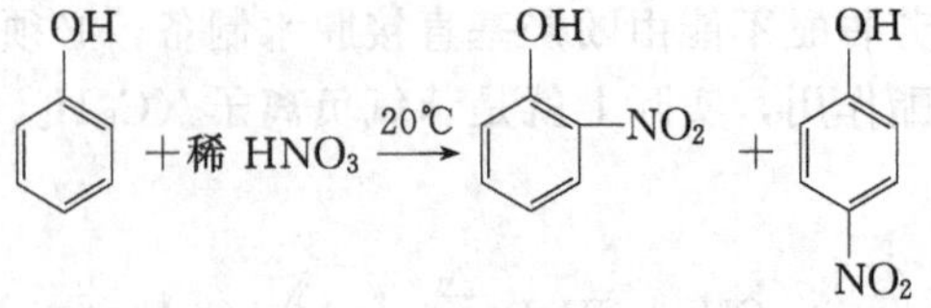

邻硝基苯酚和对硝基苯酚可以用水蒸气蒸馏方法进行分离。

③ 磺化　苯酚与浓硫酸作用，随反应温度不同，可得到不同的一元取代产物，进一步磺化可得二磺酸。

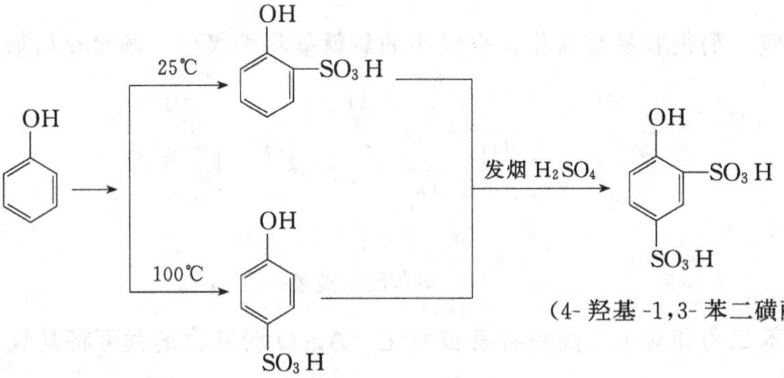

（4-羟基-1,3-苯二磺酸）

苯酚分子中引入的两个磺酸基，使苯环钝化，与浓硝酸作用时不易再被氧化，同时两个磺酸基也被硝基取代，生成 2,4,6-三硝基苯酚（俗名苦味酸）。

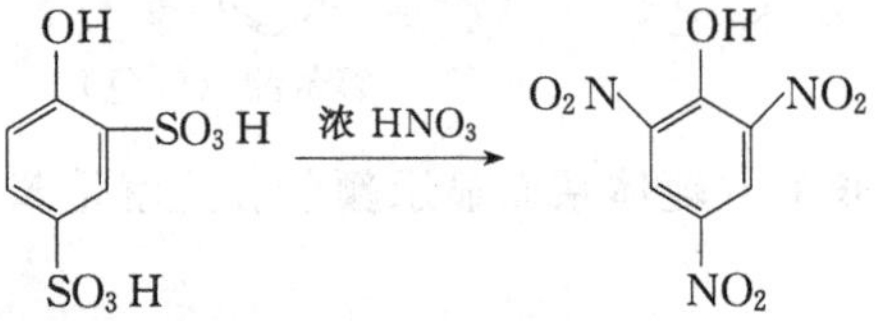

这是工业上制备 2,4,6-三硝基苯酚的常用方法。

2,4,6-三硝基苯酚是一种烈性炸药，也可用作制造染料。除此以外，它可用于有机化合物的分析鉴定。苦味酸可与芳烃、芳胺、脂肪胺、烯烃等形成生动衍生物，这些衍生物都是很好的结晶，有一定的熔点，常作为验证有机物的方法之一。

应　用　酚

5.2.4　酚的用途与使用酚的安全知识

5.2.4.1　重要的酚

（1）苯酚和甲苯酚　苯酚俗名石炭酸，可由煤焦油分馏得到，还可由氯苯水解或异丙苯氧化等方法制备。

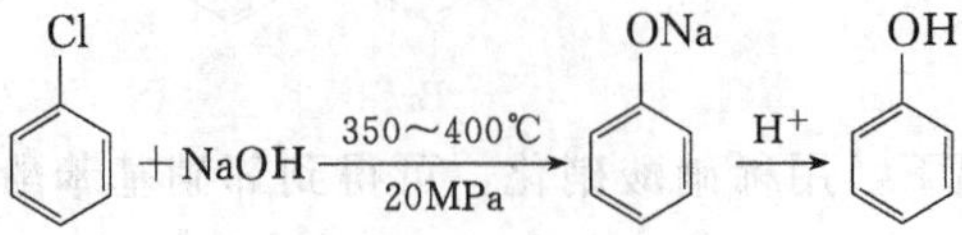

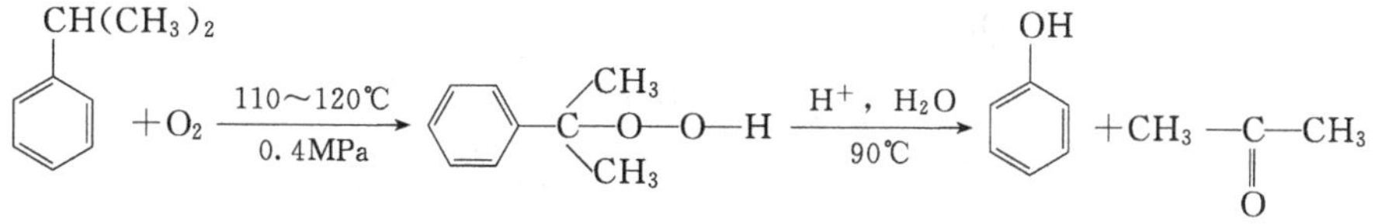

纯苯酚为无色棱状结晶，有特殊气味。在空气中放置易氧化呈红色，苯酚能凝固蛋白质，对皮肤有腐蚀性，可作消毒剂和防腐剂。苯酚是塑料、药物、农药、炸药、染料等工业的重要原料。

甲苯酚最初也是从煤焦油中分离出来的，它有邻、间、对三种异构体，除间位异构体为液体外，其他两种为低熔点固体。由于它们沸点较接近，为此很难分离，使用时为三种异构体的混合物。

（2）苯二酚　苯二酚有邻、间、对三种异构体，都是结晶体。能溶于水、乙醇、乙醚中。苯二酚也可从煤焦油中得到。

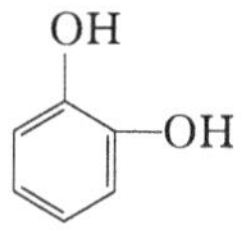

邻苯二酚（儿茶酚） 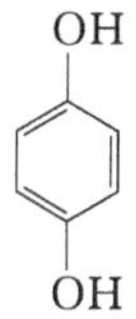　　　对苯二酚（氢醌） 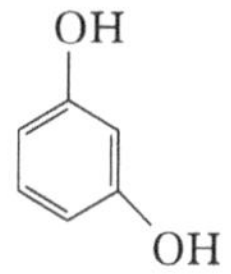　　　间苯二酚（树脂酚）

除间位异构外，邻、对苯二酚具有很强的还原性，极易被氧化生成邻苯醌和对苯醌。为此可作显影剂和抗氧剂。

邻苯二酚常以游离状态和结合状态存在于自然界，在植物体中就发现了许多儿茶酚的衍生物。

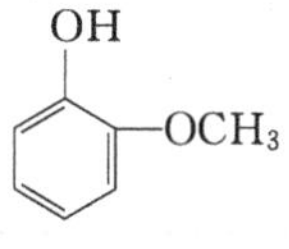

愈创木酚 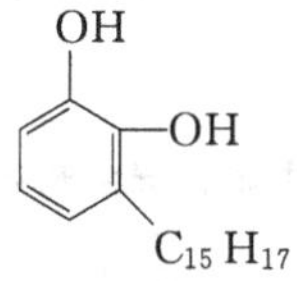　　　　　漆酚 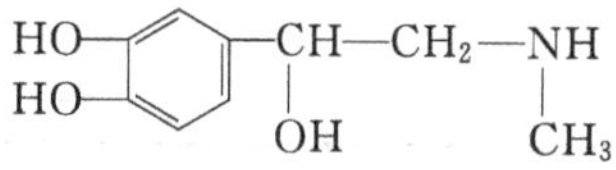　　　　　　　肾上腺素

（3）苯三酚　苯三酚也有三种异构体。

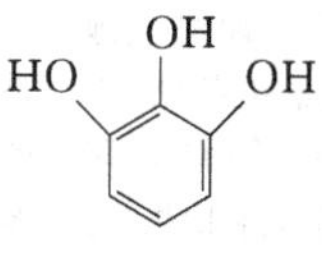

1,2,3-苯三酚　　　　　均苯三酚　　　　　1,2,4-苯三酚

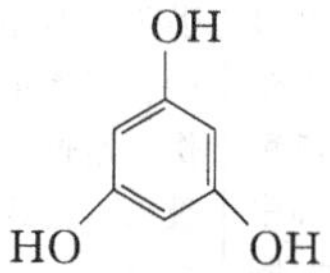

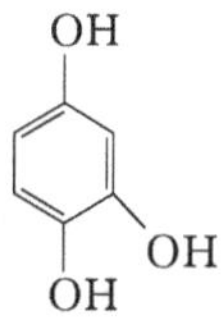

（焦性没食子酸）　　[1,3,5-苯三酚（根皮酚）]

焦性没食子酸，纯品为白色晶体，有很强的还原性，可被氧化呈棕色，因此它也可作摄影的显影剂。它能吸收空气中的氧，常用于气体混合物中氧的定量分析。另外，它也是合成药物和染料的原料。

（4）五氯酚　五氯酚可由"六六六"在高压下水解或由苯酚氯化得到。

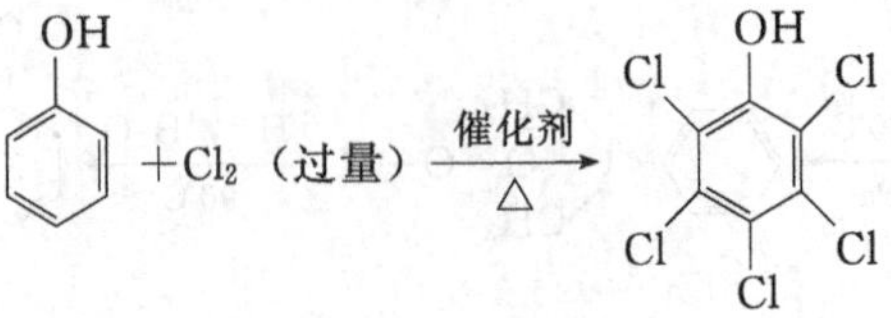

五氯酚纯品为无色结晶，熔点 191℃，由于氯的吸电子诱导效应，使其呈很强的酸性。它可作木材防腐剂，也可作毒杀钉螺的药剂，另外，还是一种杀灭多种杂草的除草剂。

（5）酚酞　在脱水剂（浓 H_2SO_4 或无水 $ZnCl_2$）存在下，苯酚与邻苯二甲酸酐共热，生成酚酞。

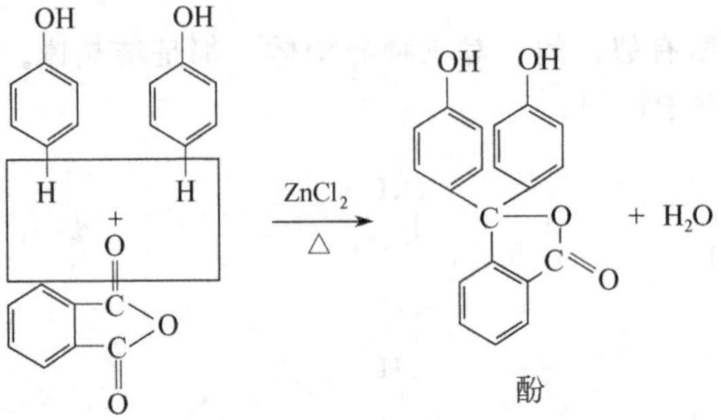

酚酞是无色结晶，微溶于水、易溶于乙醇。酚酞遇碱变成红色，变色 pH 范围为 8.2～10，若碱过量又变成无色，是实验室常用的酸碱指示剂。

5.2.4.2　常见酚的用途和安全知识

酚类化合物是重要的化工原料，广泛应用于医药、香料、染料、洗涤品、化妆品等行业，在工业分析中酚是重要的试剂，很多酚具有一定的毒性和危险性。因此很好地了解有毒和危险性的酚类化合物，对于安全使用它们有着十分重要的意义。表 5-5 列出常见酚的用途和安全知识。

表 5-5　常见酚的用途和安全知识

品名	构造式	用途和接触机会	毒性、危险性与侵害	急救措施	安全使用与防护
苯酚	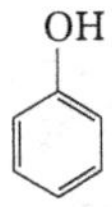	用作色谱分析标准物质，可以在硫酸溶液中用以比色测定硝酸盐、亚硝酸盐，并可间接测定钾、碱土金属的氧化物；用作精细化品的原料和中间体；也可在石油、制革、造纸、肥皂、农药、香料等工业中使用。医药上用作消毒剂、杀虫剂、止痒剂等。此外还可用作溶剂、实验室用试剂等	本品有毒，摄入、吸入或经皮肤吸收均会引起中毒，对组织有强刺激性和腐蚀性，能引起严重的组织烧伤。通过皮肤吸收或吸入可达到死量。可燃，燃点 715℃，受热会放出易燃蒸气，它能与空气形成爆炸性混合物 通过烟雾或蒸气吸入，烟雾、蒸气或液体经皮肤吸收，摄入，与皮肤和眼睛接触侵入。侵害皮肤、肝、肾	此化学品如进入眼中，立即用水或洗剂冲洗；如触及皮肤立即用大量水冲洗，并用 50％酒精搽抹受污染处，以除掉苯酚，擦洗数遍，再用清水冲洗干净，而后用硫酸钠饱和溶液湿敷 4～6 次。如大量吸入蒸气，立即移离现场至新鲜空气处，必要时进行人工呼吸；如被吞服，立即进行催吐，洗胃，并吞服植物油 15～30mL。严重者及时送医院救治	用玻璃瓶铁皮罐或镀锌桶盛装。置阴凉、干燥、通风良好的地方，避光、密封保存。最好使用露天或附建的仓库。与其他仓库隔开，并远离任何可能发生猛烈火灾的地方 操作时应穿致密不渗透的防护服、鞋，戴橡皮手套，戴防护眼镜，应每天更换工作服，如被弄湿，应立即脱去，以避免燃烧危险

续表

品名	构造式	用途和接触机会	毒性、危险性与侵害	急救措施	安全使用与防护
甲苯酚	(OH CH₃ 结构式)	用作消毒剂,矿物浮集剂,有机合成、染料、塑料和抗氧剂的中间体;用作分析试剂,色谱分析试剂;用于合成树脂、炸药、防腐剂、熏蒸剂;亦用于纺织、制药以及墨水制造等工业	本品有毒和刺激性,对皮肤和黏膜有腐蚀性,可被皮肤吸收 通过液体或蒸气经皮肤吸收或吸入,摄入,与眼和皮肤接触侵入。侵害中枢神经系统、呼吸系统、肝、肾、皮肤、眼	此化学品如进入眼中,应立即用大量水冲洗;如接触皮肤迅速用肥皂和水清洗,或用乙醇擦洗;如大量吸入,立即移离现场至新鲜空气处,必要时进行人工呼吸;如被吞服,服以大量水,诱吐,洗胃,严重者立即送医院治疗	用玻璃瓶或镀锌铁桶盛装。置阴凉、干燥、通风良好的地方,避光、密封保存,并远离容易起火的地方。最好使用露天或附建的仓库。与氧化剂隔开 生产设备应密闭。操作时应穿防护工作服,戴防护眼镜,应每天更换工作服,如被弄湿,应立即脱去。生产现场应备置安全信号指示器,洗眼剂和冲洗设备
1-萘酚 (α-萘酚)	(萘环 OH 结构式)	本品主要用于染料、有机合成和合成香料,是香料、染料、医药、农药和橡胶防老化剂的基本原料或中间体;还可用作彩色电影胶片的成色剂	本品摄入或皮肤吸收中毒后能引起呕吐、腹泻、贫血等症状 通过摄入、皮肤吸收,与眼接触侵入	本品如溅入眼中,立即用水或洗眼剂冲洗;如触及皮肤,应迅速用水和肥皂彻底洗净;如误食吞服,催吐,洗胃;严重者立即送医院救治	用铁桶或内衬塑料袋、外套麻袋盛装,存放在避光、通风处,密封保存。生产设备注意密闭,防止泄漏。操作人员操作时应穿戴防护用具,禁止在生产现场进食
2-萘酚 (β-萘酚)	(萘环 OH 结构式)	本品主要用作油、脂和橡胶的抗氧化剂;用作杀虫剂,防腐剂;重要的有机原料和染料中间体,用来合成香料、药物和杀菌剂等	本品有毒,摄入或经皮肤吸收会引起中毒;本品还是很强的腐蚀剂,对皮肤、眼和黏膜有强刺激作用;外用会引起死亡。可燃	本品如进入眼中,立即用大量水冲洗;如污染皮肤,应迅速用水和肥皂彻底洗净;如误被吞服,催吐,洗胃,送医院救治	用编织袋或用内衬塑料袋外套麻袋包装,避光,存放于清洁干燥的库房内。远离火源和热源 生产设备注意密闭,防止泄漏。操作时必须穿戴防护用具
对苯二酚	(OH/OH 对位结构式)	用于磷、镁、硅、砷等的比色测定,钨酸盐、硝酸盐、亚硝酸盐、硒、碲等的检验;用作杂多酸、铜和金的还原剂、显影剂,某些聚合物的抗氧剂、阻聚剂或稳定剂	本品有中等毒性,摄入和吸入会引起中毒,对眼、皮肤和黏膜有刺激作用,可引起眼晶体浑浊。可燃,燃点515.5℃ 通过粉尘吸入,摄入,与眼和皮肤接触侵入。侵害眼、呼吸系统、皮肤、中枢神经系统	此化学品如进入眼中,立即用水或洗眼剂冲洗15min;如接触皮肤,用水冲洗;大量吸入时,立即移离现场,呼吸新鲜空气;如误被吞服,催吐,洗胃,送医院救治	用聚乙烯塑料袋包装,避光,密封保存。贮存于阴凉、干燥处,避免曝晒,防潮、防热 生产设备注意密闭,操作时必须穿戴防护用具,以防止皮肤反复或长时间接触。戴防护眼镜,以防眼接触
间苯二酚	(OH/OH 间位结构式)	用于亚硝酸盐和硝酸盐的鉴定和测定,在氨存在下可比色测定锌、铅,以及呋喃、甲醛、糖和酮的检验;用作重氮化合物盐类的试剂,弱防腐剂,药物和人用头发染料,橡胶产品、轮胎、木材胶黏树脂的黏合剂;聚烯烃塑料的紫外线吸收剂等	本品有中等毒性,对皮肤、眼和黏膜有刺激作用。可燃,燃点607℃ 通过吸入、摄入、皮肤吸收,与皮肤和眼接触侵入	本品如进入眼用水冲洗;用肥皂和水洗涤身体污染部位。如被摄入,速用水洗胃,迅即送医院抢救	用纤维桶、多层纸袋或木桶内衬塑料袋或金属桶盛装。置阴凉、干燥、通风良好的地方,避光保存,注意防火防潮 生产现场要提供良好通风,穿防护服;戴护目镜、橡皮手套。有肝、肾或血液病的人不准接触此化学品

鉴 别 酚

5.2.5 鉴别酚的方法

5.2.5.1 溴水试验方法

酚类能与溴水发生取代反应，使溴水褪色，形成溴代酚（黄色沉淀），可用来鉴别酚类化合物。

5.2.5.2 三氯化铁试验方法

酚类或烯醇结构的化合物与三氯化铁发生显色反应，可用来鉴别酚类或烯醇结构的化合物。

5.2.5.3 4-氨基安替吡啉试验方法

酚在碱性条件下，可与氨基安替吡啉反应，生成染料，反应如下

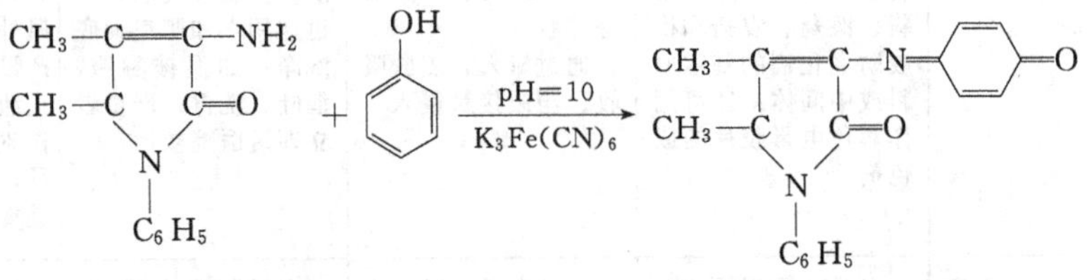

4-氨基安替吡啉 （红色）

这个反应在分析上可用于酚的检验，同时，由于生成染料的颜色与浓度在一定范围内存在线性关系，因此，这个也可用于微量酚的定量分析。

5.2.6 技能训练

【技能训练1】 溴水试验

目的：(1) 理解酚发生亲电取代的基本原理。

(2) 理解取代反应与加成反应的区别。

(3) 通过溴水试验，掌握酚的鉴别方法。

仪器：试管、试管架、滴瓶、小药匙、量筒、吸管。

试剂：溴的饱和水溶液。

试样：苯酚、α-萘酚、对苯二酚、对硝基苯酚、水杨酸、苯胺。

安全：避免试剂与试样的误摄，及与皮肤直接接触。

态度：认真实验，规范操作、仔细观察，及时记录。

步骤

(1) 将液体样品配制成质量分数为 1% 的水溶液，固体样品 30mg 溶于 2mL 水中成悬浮液。

(2) 在试管中加入 2mL 样品水溶液或悬浮液，滴加溴的饱和水溶液。

(3) 仔细观察溶液的现象变化。记下所观察到的现象。

(4) 将废液倒入指定地点。

(5) 清洗仪器，倒置于试管架上。

(6) 按所列的试样重复上述(1)~(5)的步骤。

注意事项

(1) 易溴化的化合物如芳香族伯胺等都能使溴水褪色。

(2) 具有脂肪族烯醇式结构的化合物，如乙酰乙酸乙酯能迅速被溴化。

(3) 溴水也是氧化剂。一些容易被氧化的化合物也能起类似反应。

试液的配制：溴的饱和水溶液：在每升蒸馏水，加 35g 溴。

【技能训练2】 三氯化铁试验

目的：(1) 理解酚羟基反应的基本原理。

(2) 会用三氯化铁试验鉴别酚。

仪器：试管、试管架、滴瓶、小药匙、量筒、吸管。

试剂：$\rho = 10g \cdot L^{-1}$ 的 $FeCl_3$ 氯仿试液。

试样：苯酚、α-萘酚、对苯二酚、对硝基苯酚、水杨酸、苯胺。

安全：避免试剂与试样的误摄及与皮肤直接接触。

避免易燃试剂的火灾事故发生。

态度：认真实验，规范操作、仔细观察，及时记录。

步骤

(1) 在一干燥的试管中加入 30~50mg 固体样品（或 4~5 滴液体样品）。

(2) 继续向试管中加入 2mL 纯氯仿，摇动使样品溶解。如有样品未溶则继续再加 2~3mL 氯仿，温热至全部溶解后，冷却至室温。

(3) 向含有样品的试管中加 2 滴 $\rho = 10g \cdot L^{-1}$ 的 $FeCl_3$ 氯仿试液。

(4) 仔细观察实验现象的变化并及时记录所观察到的现象。

(5) 将废液倒入指定地点。

(6) 清洗仪器，倒置于试管架上。

(7) 按所列的试样重复上述(1)~(6)的步骤。

注意事项

(1) 许多苯酚、萘酚和它们的衍生物对本试验呈现正结果。

(2) 一些烯醇化合物对本试验呈正结果。

(3) 醇、醚、醛、酮、酸、烃和它们的卤化物对试剂呈无色、淡黄色或褐色溶液。为负结果。

三氯化铁-氯仿溶液的配制：取 1g 无水三氯化铁溶在 100mL 氯仿中，加入 8mL 吡啶，将混合物过滤，滤液即为该试液。

【技能训练3】 4-氨基安替吡啉试验

目的：(1) 理解酚羟基反应的基本原理。

(2) 会用 4-氨基安替吡啉试验鉴别酚。

仪器：试管、试管架、滴瓶、小药匙、量筒、吸管。

试剂：$w = 2\%$ 的 4-氨基安替吡啉溶液、$w = 1\%$ 的碳酸钠溶液、$w = 8\%$ 的铁氰化钾溶液。

试样：苯酚、α-萘酚、对苯二酚、对硝基苯酚、水杨酸、苯胺。

安全：避免试剂与试样的误摄，及与皮肤直接接触。

态度：认真实验，规范操作、仔细观察，及时记录。

步骤

(1) 在试管中加入 20~30mg 固体样品或 4~5 滴液体样品。

(2) 继续向试管中加入 1mL 水（不溶于水的则加 1mL 甲醇），使样品完全溶解。

（3）向试管内加入 2 滴 $w=2\%$ 的 4-氨基安替吡啉溶液和 2 滴 $w=1\%$ 的碳酸钠溶液，最后加 2 滴 $w=8\%$ 的铁氰化钾溶液。

（4）仔细观察实验现象的变化并及时记录所观察到的现象。

（5）将废液倒入指定地点。

（6）清洗仪器，倒置于试管架上。

（7）按所列的试样重复上述（1）～（6）的步骤。

注意事项

（1）混合液显红色、紫色或橙色为正结果，显黄色为负结果。

（2）加铁氰化钾溶液前，溶液最好调节至 pH＝10。否则其他化合物也会在中性或酸性溶液中显色。

（3）酚羟基的对位有—OH、—X、—COOH、—SO_3H、—OCH_3 基团时，对结果无影响。当对位有—R、—Ar、—NO_2、—NO、—CHO 等基团时，溶液显极淡的颜色或呈负结果。

4-氨基安替吡啉溶液的配制：2g 4-氨基安替吡啉溶于 100g 水中。

【科海拾贝】碳纳米管

随着科学技术的迅猛发展，人们需要对一些物理现象，如纳米尺度的结构、光吸收、发光以及与低维相关的量子尺寸效应等进行深入的研究。器件微小化对新型功能材料提出了更高的要求。

碳纳米管具有独特的电学性质，它的电导高于 Cu。并具有与金刚石相同的热导和独特的力学性能。理论计算指出，碳纳米管的抗张强度比钢高 100 倍，并且有很好的可弯曲性；单臂纳米管可承受热转形变并可弯成小圆环，应力卸除后可完全恢复到原来状态；压力不会导致碳纳米管的断裂。这些十分优良的力学性能使它们有潜在的应用前景。例如，它们可用作复合材料的增强剂。

由于碳纳米管很小，因此，与高分子的复合材料可形成各种特殊的形状，碳纳米管以金属形成隧道结可用作隧道二极管。另外，碳纳米管也是很好的贮氢材料。碳纳米管形成的有序纳米孔洞厚膜有可能用于锂离子电池，在此厚膜孔内填充电催化的金属或合金后可用来电催化 O_2 分解和甲醇的氧化。

因此，碳纳米管有着重要的应用前景。

——摘自张立德编．纳米材料．北京：化学工业出版社，2000

认 识 醚

5.3 醚

5.3.1 醚的结构与分类

5.3.1.1 醚的结构

醚可看成醇或酚羟基中的氢原子被烃基取代后的生成物。醚的通式为 R—O—R′，Ar—O—R 或 Ar—O—Ar。

醚分子中氧原子与两个烃基相连，烃基可以是饱和烃基，不饱和烃基和芳基等。

5.3.1.2 醚的分类

醚分子中，根据烃基结构的不同，可分为饱和醚、不饱和醚和芳醚。两个烃基相同的（R—O—R，Ar—O—Ar）的醚叫单醚，两个烃基不同的（R—O—R′、Ar—O—R 或 Ar—O—Ar′）的醚叫混醚。例如

饱和醚　如　$CH_3CH_2—O—CH_2CH_3$，$CH_3OC_2H_5$
（简单醚）　　　　（混合醚）

不饱和醚　如　$CH_3OCH=CH_2$
混合物

醚

芳醚　如 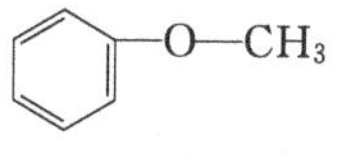　
（混醚），（单醚）

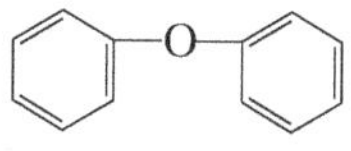

另外，醚键在环中的，叫做环醚，如

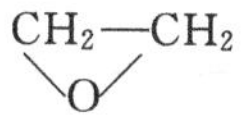

环氧乙烷 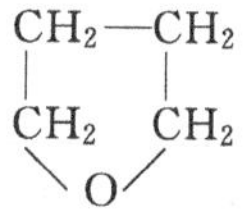　　　　　　四氢呋喃（THF）

5.3.2　醚的命名

醚的命名广泛使用普通命名法，此法是按氧原子连接的两个烃基的名称命名。单醚中烃基为烷基时，往往把"二"字省去；为不饱和烃基及芳基时，一般保留"二"字。混醚中则把较小的烃基名称放在前面，但芳烃基名称要放在烷基前面。例如

$CH_3CH_2—O—CH_2CH_3$
乙醚

$CH_2=CH—O—CH=CH_2$
二乙烯基醚

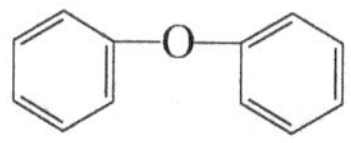

二苯醚

$CH_3CH_2—O—CH_3$
甲（基）乙（基）醚

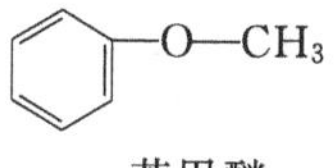

苯甲醚

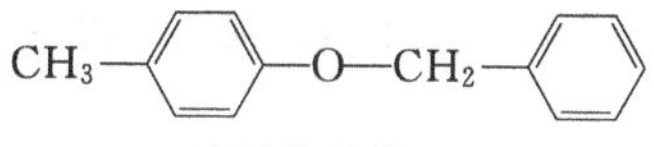

对甲苯基苄基醚

结构复杂的醚采用系统命名法。即把与氧原子相连的较大烃基作母体，剩下的看作取代基，称烷氧基（—OR）。例如

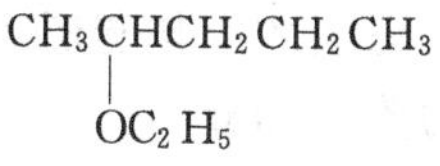

$$CH_3CHCH_2CH_2CH_3$$
$$\qquad|$$
$$\quad OC_2H_5$$
2-乙氧基戊烷

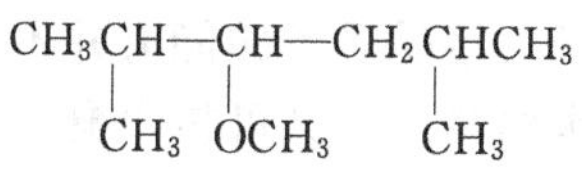

$$CH_3CH—CH—CH_2—CHCH_3$$
$$\quad\;|\qquad|\qquad\qquad|$$
$$\;CH_3\;\;OCH_3\qquad\;CH_3$$
2,5-二甲基-3-甲氧基己烷

5.3.3　醚的性质

5.3.3.1　醚的物理性质

由于醚分子中没有与氧原子相连的活泼氢，所以醚分子之间不能发生氢键缔合。在常温下，除甲醚、甲乙醚、甲基乙烯基醚为气体外，大多数醚为液体，其沸点和密度比相应的相对分子质量的醇、酚低。醚的沸点与相对分子质量相当的烷烃相似。醚是良好的有机溶剂，可用来提取有机化合物，低级醚挥发性很高（如乙醚），容易着火，使用时要注意安全。

由于醚中的氧原子和水分中的氢原子可以形成分子间氢键，为此醚在水中溶解度比烷烃大，与同碳数的醇相近，如乙醚与正丁醇在水中的溶解度都为 $8g\cdot100mL^{-1}$ 左右。但是高级

醚难溶于水。

$$
\begin{array}{c}
R \\
\diagdown \\
\text{O}\cdots\text{H} \\
\diagup \qquad \diagdown \\
R \qquad\qquad \text{H}
\end{array}
\begin{array}{c}
\text{O} \\
| \\
\text{H}
\end{array}
$$

环醚在水中的溶解度比其他醚大，可以与水互溶，这可能是因为氧原子成环后，周围空间位阻小，易与水分子中的氢原子形成氢键的缘故。某些醚的物理常数见表 5-6。

表 5-6 某些醚的物理常数

名　称	熔点/℃	沸点/℃	密度(20℃时)/g·mL^{-1}	名　称	熔点/℃	沸点/℃	密度(20℃时)/g·mL^{-1}
甲醚	−138.5	−23	0.6613	二苯醚	26.84	257.9	1.0748
乙醚	−116.6	34.5	0.7137	环氧乙烷	−111	14	0.8871
正丙醚	−12.2	90.1	0.7360	四氢呋喃	−65	67	0.8892
正丁醚	−95.3	142	0.7689	1,4-二氧六环	11.8	101$^{0.1MPa}$	1.0337
苯甲醚	−37.5	155	0.9961				

5.3.3.2　醚的化学性质

除某些环醚外，C—O—C 键是相当稳定的，不易进行一般的化学反应。正因为它的化学惰性和比较强的溶解性能，在许多化学反应中可用醚作溶剂，由于醚分子中氧原子有未共用电子对，表现如下特性。

（1）形成锌盐　与醇羟基上的氧相似，醚键上氧的未共用电子对可以结合质子，形成锌盐。

$$
R\text{—O—}R' + HCl \longrightarrow \left[R\text{—}\overset{+}{\underset{H}{O}}\text{—}R'\right] Cl^-
$$

锌盐

$$
R\text{—O—}R' + H_2SO_4 \longrightarrow \left[R\text{—}\overset{+}{\underset{H}{O}}\text{—}R'\right] HSO_4^-
$$

未共用电子对接受质子的能力并不很强，所以必须用浓强酸才能与醚形成锌盐。锌盐溶于浓强酸，经水稀释后，又可析出醚。这一性质常用于醚的鉴别和分离。

（2）醚键的断裂　在加热情况下，浓强酸如 HI、HBr 等能使醚键断裂，这是因为强酸与醚中氧原子形成锌盐而使碳-氧键变弱所致；氢碘酸的作用比氢溴酸强。醚与氢碘酸作用生成碘代烷与醇；生成的醇进一步与过量的氢碘酸作用生成碘代烷。

$$
R\text{—O—}R' + HI \xrightarrow{\triangle} RI + R'OH
$$
$$
\xrightarrow[\text{HI}]{} R'I + H_2O
$$

如果醚键的一端是芳香烃基。如苯甲醚，则反应生成碘甲烷与苯酚，苯酚不再与氢碘酸作用

$$
\text{C}_6\text{H}_5\text{—OCH}_3 + HI \longrightarrow \text{C}_6\text{H}_5\text{—OH} + CH_3I
$$

反应是定量完成的，可以通过一定的方法测定碘甲烷的量，进而可以推算甲氧基的含量。

（3）生成过氧化物　醚分子中与氧相连的碳原子上的氢能被空气中氧气氧化，生成过氧化物。

$$CH_3CH_2OCH_2CH_3 \xrightarrow{\quad O_2（空气）\quad} CH_3\underset{\underset{O-OH}{|}}{CH}-OCH_2CH_3$$

在蒸馏含这种过氧化物的醚时，沸点较高的过氧化物便残留在蒸馏器中，如继续受热会迅速分解爆炸。因此，实验室蒸馏醚时，首先要用酸性碘化钾检验。如果含有过氧化物，可加入硫酸亚铁，亚硫酸钠等还原剂除去过氧化物。用蒸馏方法浓缩稀双氧水时，同样需备加注意。

（4）环氧乙烷的羟乙基化反应　虽然醚是一类比较稳定的化合物，但环氧乙烷却是一个非常活泼的化合物，它能与很多试剂作用生成羟乙基化的各类化合物

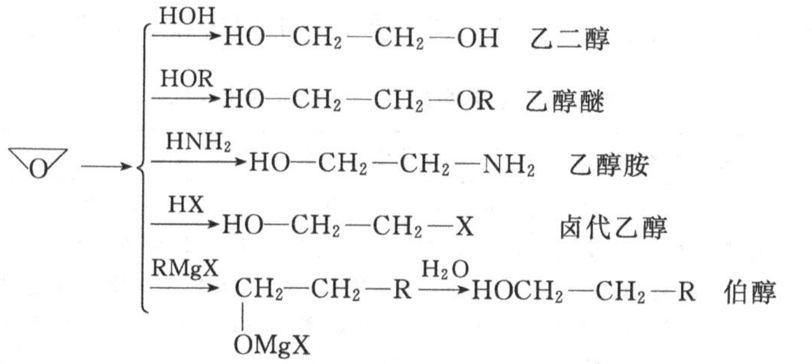

$$
\begin{array}{l}
\xrightarrow{HOH} HO-CH_2-CH_2-OH \quad 乙二醇 \\
\xrightarrow{HOR} HO-CH_2-CH_2-OR \quad 乙醇醚 \\
\xrightarrow{HNH_2} HO-CH_2-CH_2-NH_2 \quad 乙醇胺 \\
\xrightarrow{HX} HO-CH_2-CH_2-X \qquad 卤代乙醇 \\
\xrightarrow{RMgX} \underset{\underset{OMgX}{|}}{CH_2}-CH_2-R \xrightarrow{H_2O} HOCH_2-CH_2-R \quad 伯醇
\end{array}
$$

环氧乙烷之所以如此活泼，主要因为它是三元环，具有角张力，环的稳定性差，易发生开环反应。

应　用　醚

5.3.4　醚的用途与使用醚的安全知识

5.3.4.1　重要的醚

（1）乙醚　乙醚是一种常用的有机溶剂，微溶于水（$8g \cdot 100mL\ H_2O^{-1}$）。易挥发，蒸气密度比空气大，沸点 $34.5℃$，易燃，蒸气与空气混合到一定比例后，遇火引起爆炸。因此，在使用乙醚时，应使室内通风良好，远离火源。可用水浴加热乙醚，绝对不能使用明火加热。

在医药上，乙醚是一种全身麻醉剂。另外，乙醚还是提取种子内油脂、有机物萃取的极好溶剂。

（2）环氧乙烷　环氧乙烷是最简单的环醚。它为无色气体，能溶于水、乙醇、乙醚中。环氧乙烷是由乙烯与氧在银的催化下制得

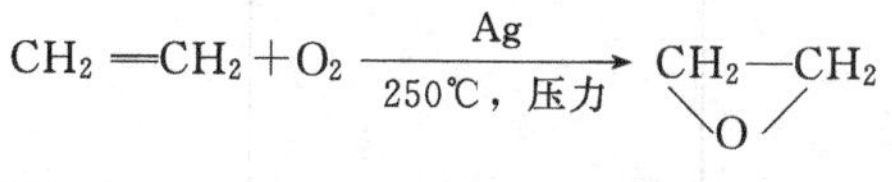

$$CH_2{=}CH_2+O_2 \xrightarrow[250℃，压力]{Ag} CH_2{-}CH_2$$
$$\underset{O}{\diagdown\diagup}$$

环氧乙烷同环丙烷一样是一个三元环，化学性质非常活泼，容易和许多含有活泼氢的试剂，如水、氨、醇等作用［见醚化学性质（4）］，生成羟乙基化合物。

环氧乙烷与格氏试剂反应，可得到增长碳链的伯醇。环氧乙烷与醇作用生成乙二醇醚，产物具有醇和醚的双重性质，可与水和有机溶剂混溶，所以是良好的有机溶剂。

（3）二苯醚　二苯醚为无色晶体，熔点 2℃，沸点 2℃，不溶于水、酸及碱，但能溶于醚、苯和冰醋酸，具有特殊气味。

73.5％二苯醚和 26.5％联苯的低共熔混合物（熔点 1℃，沸点 2℃）即使在 1MPa 下加热至 4℃时也不分解，是工业上常用的载热体。

工业上由苯酚的钾盐或钠盐与氯苯或溴苯在催化剂作用下制备二苯醚。

$$\text{◯—ONa} + \text{Cl—◯} \xrightarrow[300\sim400℃]{CuO,\ 10MPa} \text{◯—O—◯} + NaCl$$

5.3.4.2　常见醚的用途和安全知识

醚是一类重要的化合物，常用作分析试剂、有机溶剂和有机合成的基本原料，同样有些醚也具有一定的毒性和危险性。因此很好地了解醚类化合物的毒性和危险性，对于正确、安全使用它们有着十分重要的意义。表 5-7 列出常见醚的用途和安全使用知识。

表 5-7　常见醚的用途和安全使用知识

品名	构造式	用途和接触机会	毒性、危险性与侵害	急救措施	安全使用与防护
乙醚	$C_2H_5OC_2H_5$	常用作分析试剂，色谱分析试剂及蜡、脂肪、油类、香料、生物碱、染料、树胶、树脂、硝化纤维素、烃类、生橡胶和无烟火药的溶剂，吸入麻醉剂、制冷剂、萃取剂、干洗剂等。用于制药工业	吸入和摄入能中等程度的中毒。非常易燃，燃点 180℃，遇热和火焰时，有严重的燃烧和爆炸危险，其蒸气与空气混合极易爆炸，爆炸极限为 1.85％～48％。见光或久置空气中，则受热能自行着火与爆炸 通过蒸气吸入，摄入；与皮肤和眼接触侵入。侵害中枢神经系统，皮肤，眼，呼吸系统	此化学品如进入眼中，立即用清水冲洗；如液体接触皮肤迅速用水清洗；如吸入蒸气，轻度中毒者立即移离现场严重中毒者移至新鲜空气处，必要时进行人工呼吸；如被吞服，服以大量盐水，诱吐，洗胃，并及时送医院治疗	用玻璃瓶或铁桶盛装。避光，置阴凉处密封保存。最好使用露天或附建的仓库在户外存放，室内须存放在标准的易燃液体专库内 生产现场保持良好通风，生产过程中严格密闭，操作时应穿防护工作服，戴防护眼镜。工作服如被弄湿，应立即脱去，以避免燃烧危险
环氧乙烷	◯	用作色谱分析标准物质；塑料、表面活性剂、药物、农药等有机合成的中间体，食物和织物熏蒸剂，农用杀菌剂；也可用于外科器械的消毒，制造抗冻剂、乳化剂、合成洗涤剂等	本品有毒，对眼、皮肤和黏膜有刺激作用，高浓度对中枢神经有麻醉作用。易燃，燃点 429℃，有较大的燃烧和爆炸危险。蒸气能与空气形成范围广泛的爆炸性混合物，爆炸极限为 3％～100％ 通过气体吸入，摄入；与皮肤和眼接触侵入。侵害中枢神经系统、血液、眼、肝、肾、呼吸系统	此化学品如进入眼中，立即用水或洗眼剂冲洗；如接触皮肤，用大量清水或 3％硼酸溶液冲洗 15min 以上，并保暖；如大量吸入，立即移离现场至新鲜空气处，必要时给予吸氧或进行人工呼吸和注射呼吸兴奋剂；如被吞服，服以大量盐水，诱吐，洗胃，并及时送医院治疗	用钢瓶或受压容器或金属桶盛装。存放在阴凉、通风良好的地方，温度不得超过 30℃。最好在户外存放在易燃液体专库内。不宜长期贮存。不得与其他化学品放在一起，严格隔离明火。加强通风设施，设备应密闭，操作时应穿防护工作服，戴防护眼镜。工作服如被弄湿，应立即脱去，以避免燃烧危险。操作现场应装备安全信号指示器；装置设备附近应备有水龙头和淋浴设施

续表

品名	构造式	用途和接触机会	毒性、危险性与侵害	急救措施	安全使用与防护
四氢呋喃		用作色谱法分析试剂、天然和合成树脂、黏合剂、高分涂层等的溶剂;用来制造聚氯乙烯薄膜及乙烯基氯和亚乙烯基氯涂料;用作化学中间体和单体;用于格利雅反应、氢化锂铝还原和聚合反应中	摄入和吸入有中等毒性,对眼、皮肤和呼吸器官有刺激性,并有麻醉作用。易燃,燃点321℃,有较大的燃烧和爆炸危险。蒸气能与空气形成范围广泛的爆炸性混合物,爆炸极限为2%~11.8% 通过吸入、摄入、与皮肤和眼接触侵入。侵害眼、皮肤、呼吸系统、中枢神经系统	此化学品如进入眼和接触皮肤,立即用水冲洗;如大量吸入,立即移离现场至新鲜空气处,必要时进行人工呼吸;如被吞服,服以大量盐水,诱吐,洗胃,并及时送医院治疗	用铁皮罐和镀锌桶盛装。存放在阴凉、黑暗、通风干燥处密封保存。最好使用露天仓库或附建的仓库,室内须放在标准的易燃液体专用库内。定期检查过氧化物含量。与氧化剂隔开,严禁烟火 生产设备应密闭,操作现场应通风良好,操作人员应穿防护工作服,必要时戴防护眼镜和隔绝式呼吸器。工作服如被弄湿,应立即脱去,以避免燃烧危险

【阅读园地】最早的麻醉剂——乙醚

在 16 世纪,瑞士医生帕拉采尔苏斯的著作中就讲述到酒精与硫酸作用得到一种麻醉性液体,它正是乙醚。1540 年,瑞士植物学家柯德斯明确提出将乙醇与浓硫酸共同蒸馏以制取乙醚。它的西方名称 ether 来自拉丁文 *aether*(明朗的天空),表明它明朗的嗅味。

据说,英国化学家法拉第曾经发起乙醚游乐会(ether frolic)的公开活动,将乙醚作为消遣品,往往是许多人聚在一起,用乙醚传嗅取乐。一位美国姓朗格(Long)的医生参加了一次乙醚游乐会后注意到他受到击伤后没有感觉疼痛。在 1842 年 3 月他为他的朋友用乙醚麻醉后割去颈部肿瘤。由此乙醚被用作麻醉剂。

——摘自凌永乐编著. 化学物质的发现. 北京:科学出版社, 2000

练习

1. 命名下列化合物。

(1) $CH_3CHCH_2CHCH_3$
　　　 | 　　　 |
　　　CH_3　　OH

(2)
$$\begin{array}{c} H_3C \\ \diagdown \\ C= \\ \diagup \\ H \end{array} \begin{array}{c} CH_2-CH-CH_3 \\ | \\ OH \\ CH_3 \end{array}$$

(3) 邻甲氧基苯酚 (OH, OCH₃)

(4) 苯酚 (OH, 2,4-二氯)

(5) 苯基 CH—CH₃ / OH

(6) $CH_3-O-CH-CH_3$
　　　　　　　 |
　　　　　　　CH_3

(7)
$$CH_2-CH_2-CH_2$$
$$\quad |\qquad\qquad\quad |$$
$$\ \ OH\qquad\qquad OH$$

(8)
$$
\begin{array}{c}
CH_3 \\
|\ \\
\bigcirc\!\!-OH
\end{array}
$$

(9) $CH_3CH_2-O-CH_2-\underset{\underset{\displaystyle CH_3}{|}}{CH}-CH_2-CH_3$

(10) $CH_3-\underset{\underset{\displaystyle CH_3}{|}}{\overset{\overset{\displaystyle CH_3}{|}}{CH}}-\underset{\underset{\displaystyle CH_2CH_3}{|}}{\overset{\overset{\displaystyle CH_3}{|}}{C}}-OH$

(11)
$$
\begin{array}{c}
OH \\
\bigcirc\!\!-COOH
\end{array}
$$

(12) $CH_3-\underset{\underset{\displaystyle CH_3}{|}}{CH}-O-\underset{\underset{\displaystyle CH_3}{|}}{CH}CH_3$

2. 写出下列化合物的构造式。

(1) 2,2-二甲基-3-戊炔-1-醇   (2) 乙二醇二乙醚

(3) 2,3-二甲基-2,3-丁二醇   (4) 环氧乙烷

(5) 异戊醇   (6) 环己醇

(7) 甘油   (8) 苦味酸

(9) 2,4,6-三异丙基苯甲酸   (10) 邻硝基苯酚

3. 完成下列转化。

(1) $CH_3CH_2CH_2OH\longrightarrow$
- $CH_3CH_2CH_2Br$
- $CH_3\underset{\underset{\displaystyle Br}{|}}{CH}-CH_3$
- $CH_3-\underset{\underset{\displaystyle O}{\|}}{C}-CH_3$

(2) $CH_3CH_2CH_2OH\longrightarrow CH_3CH_2CH_2COOH$

(3)
$$
\bigcirc\!\!-OH\longrightarrow
\begin{array}{c}OH\\ \bigcirc \\ SO_3H\end{array}
\longrightarrow
\begin{array}{c}O_2N\quad OH\quad NO_2\\ \bigcirc \\ NO_2\end{array}
$$

(4)
$$
\begin{array}{c}CH_3\\ \bigcirc\!\!-OH\end{array}
\longrightarrow
\begin{array}{c}CH_3\\ \bigcirc\!\!-ONa\end{array}
\longrightarrow
\begin{array}{c}CH_3\\ \bigcirc\!\!-OCH_3\end{array}
$$

(5)
$$
\begin{array}{c}OH\\ \bigcirc\end{array}
\longrightarrow
\begin{array}{c}O\\ \bigcirc \\ O\end{array}
\longrightarrow
\begin{array}{c}OH\\ \bigcirc \\ OH\end{array}
$$

4. 写出下列各反应的主要产物。

(1) $\bigcirc\!\!-OC_2H_5 + HI\longrightarrow$

(2) $CH_3\underset{\underset{\displaystyle CH_3}{|}}{CH}\overset{\overset{\displaystyle OH}{|}}{CH}$
$$\begin{array}{c}\xrightarrow[170℃]{浓\ H_2SO_4}\\[2mm]\xrightarrow[140℃]{浓\ H_2SO_4}\end{array}$$

(3) $CH_2=CH_2 \xrightarrow{?} \underset{O}{CH_2-CH_2} \xrightarrow{C_2H_5OH}$

(4) $\underset{O}{CH_2-CH_2} + CH_3CH_2MgBr \xrightarrow{\text{无水乙醚}} \xrightarrow{H^+/H_2O}$

(5) $CH_3CH=CH_2 \xrightarrow[500℃]{Cl_2} \xrightarrow{Cl_2+H_2O} \xrightarrow{Ca(OH)_2}$

(6)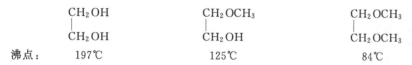

5. 用化学方法鉴别下列各组化合物。

(1) $CH_3CH_2CH_2CH_2OH$、$CH_3CH=CHCH_2OH$、$(CH_3)_3COH$

(2) 乙醇、乙醚和甘油

(3) 苄醇、对甲基苯酚和甲苯

(4) 苄醇、苄氯和苯甲醚

(5) 甲醚、1-己烯、3-甲基戊烷

(6) 1-戊醇，2-戊醇，2-甲基-2-丁醇

6. 比较下列各种醇的沸点高低，并排列成序。

(1) CH_3CH_2OH

(2) $CH_3-\underset{\underset{CH_3}{|}}{CHOH}$

(3) $CH_3CH_2CH_2OH$

(4) $CH_3\underset{\underset{CH_3}{|}}{CH}CH_2CH_2OH$ (5) $CH_3CH_2CH_2CH_2CH_2OH$

7. 乙二醇及其醚的沸点为什么随相对分子质量的增加而降低？

$$\underset{\underset{CH_2OH}{|}}{CH_2OH} \qquad \underset{\underset{CH_2OH}{|}}{CH_2OCH_3} \qquad \underset{\underset{CH_2OCH_3}{|}}{CH_2OCH_3}$$

沸点：　　　　197℃　　　　　　　125℃　　　　　　　84℃

8. 分离下列各组化合物。

(1) 乙醚中混有少量乙醇

(2) 汽油中混有少量乙醚

(3) 苯酚、苯甲酸和苯甲醇

(4) 苯酚、苯甲醚

9. 某化合物的分子式为 C_3H_6O，它既不与金属钠作用，也不与高锰酸钾溶液作用，但与氢溴酸共热生成一种产物，将此物进行水解，可以得到一种能被氧化成丙二酸（$HOOC-CH_2-COOH$）的化合物，试推出原化合物的构造式，并写出各步反应。

10. 某醇依次和 HBr，KOH（醇溶液），H_2SO_4，H_2O 和 $K_2Cr_2O_7 + H_2SO_4$ 作用，可得 2-丁酮。试推测原化合物可能的构造式，并写出各步反应。

11. 化合物 A 的相对分子质量为 60，含有质量分数为 60.0%C，13.3%H。A 与氧化剂作用相继得到醛和羧酸。将 A 与溴化钾和硫酸作用生成 B，B 与氢氧化钠乙醇溶液作用生成 C，C 与氢溴酸作用生成 D，D 含有质量分数为 65.0%Br，水解后生成 E，而 E 是 A 的同分异构体，试写出各化合物的构造式。

知识考核表

项目	考 核 内 容	分值	说　　明
醇	1. 醇的结构特征、分类和同分异构现象 2. 醇的命名 　普通命名法 　系统命名法	10 15	重点为系统命名法
醇	1. 醇的结构特征、分类和同分异构现象 2. 醇的命名 　普通命名法 　系统命名法 3. 醇的物理性质及变化规律、应用 一元醇的熔点、沸点、密度和溶解性的递变规律，醇分子间结合的特点。醇合物 4. 醇的化学性质及用途 　与金属的反应 　脱水反应 　与氢卤酸的反应 　氧化反应 　成酯反应 5. 鉴别方法 　硝酸铈反应 　钒-8-羟基喹啉反应 　卢卡斯试验 6. 常见醇的用途及安全知识	10 15 15 25 20 15	重点为系统命名法 变化规律指一元醇的熔点、沸点、密度和溶解性。应用是作为溶剂的溶解性能 重点在与鉴别有关和定量分析的反应 各方法的特点、适用条件和范围、干扰因素、副反应、外观现象等 重点在用途、危害、爆炸范围、火灾防止等
酚	1. 酚的结构特征和分类 2. 酚的命名方法 3. 酚的物理性质及特征 4. 酚的化学性质及用途 　酸性 　与三氯化铁反应 　醚的生成 　芳环上的反应 5. 鉴别方法 　溴水试验 　三氯化铁试验 　4-氨基安替吡啉试验 6. 常见酚的安全知识及使用知识	10 15 5 35 25 10	重点在酸性和与鉴别有关的反应 方法的特点、适用条件和范围、外观现象、干扰因素、注意事项 重点在用途、危害、火灾防止、存储
醚	1. 醚的结构特征和分类 2. 醚的命名 3. 醚的化学性质及用途 　盐的反应 　醚键断裂 　成醚反应 　过氧化物生成 4. 常见醚的安全知识及用途	10 20 50 20	重点为醚的过氧化物生成、检验和消除 重点在用途、危害、爆炸范围、火灾防止

操作技能考核表

项目	方法	考 核 内 容	分值
正确鉴别醇羟基	1. 硝酸铈试验 2. 乙酰氯试验 3. 钒-8-羟喹啉试验 4. 卢卡斯试验	一、要求 　1. 正确选用玻璃仪器 　2. 正确配制所需试剂 　3. 正确判断可能的副反应 　4. 正确操作、观察、记录 　5. 台面整洁 　6. 结束工作规范 　7. 结果准确	65
正确鉴别醇羟基	1. 硝酸铈试验 2. 乙酰氯试验 3. 钒-8-羟喹啉试验 4. 卢卡斯试验	二、安全及其他 　1. 知道可能产生的危害 　2. 知道如何防止危险发生以及发生危险的处理方法 　3. 正确处理产生的废弃物 　4. 合理安排时间	15
		三、相关知识 　1. 硝酸铈试验的适用范围及特点 　2. 高锰酸钾-2,4-二硝基苯肼试验的适用范围及特点 　3. 卢卡斯试验的适用范围及特点 　4. 钒-8-羟喹啉试验的适用范围及特点 　5. 乙酰氯试验的适用范围及特点 　6. 概念：配合物，显色反应，伯，仲，叔醇，酯化反应，氧化反应	20
正确鉴别酚羟基	1. 溴水试验 2. 三氯化铁试验 3. 4-氨基安替吡啉试验	一、要求 　1. 正确选用玻璃仪器 　2. 正确配置所用试剂 　3. 取用试剂、试样规范 　4. 正确操作、观察、记录 　5. 台面整洁 　6. 结束工作规范 　7. 结果准确	65
		二、安全及其他 　1. 知道可能发生的危害因素 　2. 知道如何防止危害发生以及发生危险后的处理方法 　3. 正确处理产生的废弃物 　4. 合理安排时间	15
		三、相关知识 　1. 溴水试验的适用范围及特点 　2. 三氯化铁试验的适用范围及特点 　3. 4-氨基安替吡啉试验的适用范围及特点 　4. 概念：取代反应、显色反应、氧化反应、比色	20

6 | 醛 和 酮

学习指南 通过前面的学习可以发现有机化合物分子大都可分为烃基（碳骨架）和官能团两部分，代表分子化学特性的是官能团，抓住官能团就抓住了有机化合物的核心。本章要认识的醛、酮，均含有碳以双键与氧相连而谓之"羰基"的官能团，我们在学习时首先必须了解它们的含义和分类，理解同分异构现象，并总结出命名法中有规律的部分。要仔细分析醛、酮结构中的羰基官能团的特征，在此基础上认真学习一元醛、酮的化学性质，掌握鉴别醛、酮的基本方法。通过技能训练就能正确、安全地应用和鉴别醛、酮。

本章关键词 醛 酮 羰基 半缩醛 缩醛 羟醛缩合反应 碘仿试验 2,4-二硝基苯肼试验 品红（席夫）试剂 吐伦试剂 费林试剂

认识醛、酮

醛和酮是醇的氧化产物。在醛和酮的分子结构中，都含有羰基$\left(\begin{array}{c}\diagdown\\C=O\\\diagup\end{array}\right)$，统称为羰基化合物。

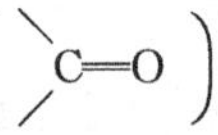

在醛分子中，羰基处于链端，分别和一个烃基，一个氢原子相连。例如：

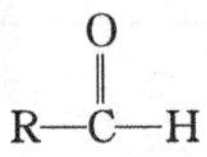

$$R-\overset{\overset{\displaystyle O}{\|}}{C}-H$$

脂肪醛（简写 RCHO）

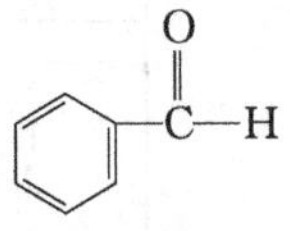

芳香醛（简写 ⬡—CHO ）

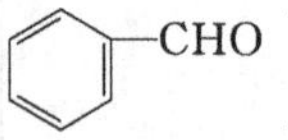

在酮分子中，羰基处在碳链中间，与两个烃基相连。例如

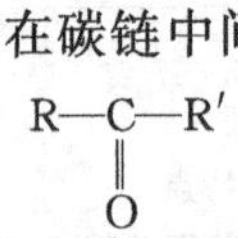

$$R-\underset{\underset{\displaystyle O}{\|}}{C}-R'$$

脂肪酮（简写 RCOR′）

芳香酮（简写 ⬡—COR ）

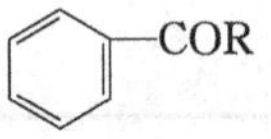

6.1 醛、酮的结构、分类与同分异构

6.1.1 醛、酮的结构

羰基是碳与氧以双键结合的官能团，成键时，羰基中的碳原子以一个 sp^2 杂化轨道和氧原子的一个 p 轨道形成 σ 键，另外两个 sp^2 杂化轨道与氢原子的 1s 轨道或碳原子的 sp^3 杂化

轨道形成 σ 键，这三个 σ 键共处于同一平面上，大约成 120°夹角，羰基碳原子剩余的一个 2p 轨道与氧原子的一个 p 轨道垂直于三个 σ 键所在的平面，且侧面重叠形成一个 π 键，所以与羰基直接相连的原子都在同一平面上，键角接近 120°。

6.1.2 醛、酮的分类

根据醛、酮分子中烃基的类别，可分为脂肪族醛、酮，芳香族醛、酮和脂环族醛、酮。根据烃基是否饱和，可分为饱和醛、酮和不饱和醛、酮。根据分子中含羰基数可分为一元醛、酮，二元醛、酮，多元醛、酮等。在一元酮中，若羰基连接的两个烃基相同，则称单酮；若两个烃基不同，则称混酮。分类情况示例如下

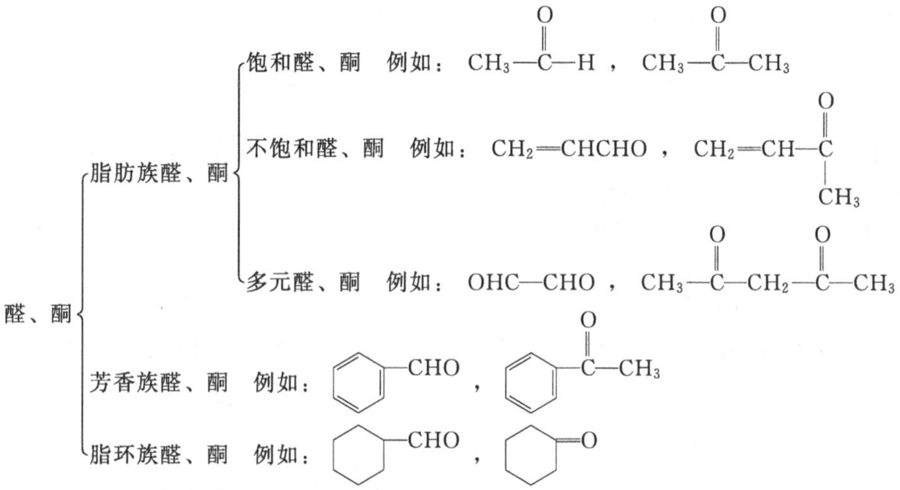

6.1.3 醛、酮的同分异构

醛分子中，由于醛基总是位于碳链的链端，所以醛只有碳链异构体；而酮分子中，由于酮基位于碳链中间，除碳链异构外，还有酮基的位置异构。例如 $C_5H_{10}O$ 饱和一元醛、酮的构造异构体如下。

戊醛有四种构造异构体，它们均为碳链异构体。

$$CH_3CH_2CH_2CH_2CHO \qquad CH_3CHCH_2CHO$$
$$| \\ CH_3$$

$$CH_3CH_2CHCHO \qquad CH_3\overset{CH_3}{\underset{CH_3}{C}}CHO$$
$$| \\ CH_3$$

戊酮有三个构造异构体。

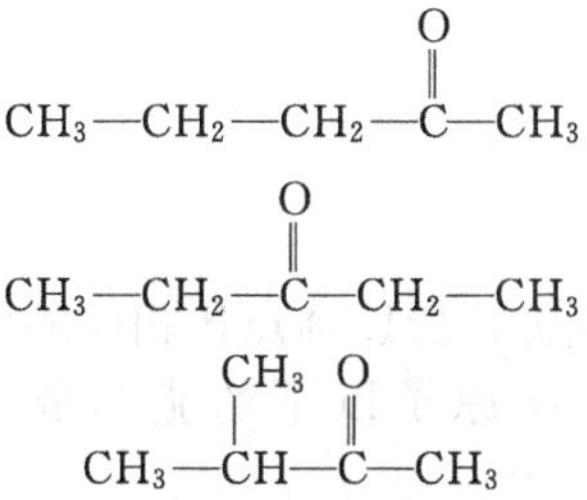

$$CH_3-CH_2-CH_2-\overset{O}{\overset{\|}{C}}-CH_3 \qquad (1)$$

$$CH_3-CH_2-\overset{O}{\overset{\|}{C}}-CH_2-CH_3 \qquad (2)$$

$$CH_3-\overset{CH_3}{\underset{}{CH}}-\overset{O}{\overset{\|}{C}}-CH_3 \qquad (3)$$

其中 (1)与(3)互为碳链异构体，(1)与(2)互为位置异构体。

含有相同碳原子数的饱和一元醛、酮，具有共同的分子式 $C_nH_{2n}O$，它们互为同分异构

体。这种异构体属于官能团不同的构造异构体。例如丙醛（CH_3CH_2CHO）和丙酮（CH_3CCH_3）互为构造异构体。
          $\underset{O}{}$

6.2 醛、酮的命名

醛、酮的命名通常也采用系统命名法。即首先选择含羰基在内的最长且连续的碳链做主链，从醛基一端或从靠近羰基一端给主链编号。因醛基始终处在链端，编号总是1，因此位次不必标出，而酮分子中的羰基位次必须标出。如

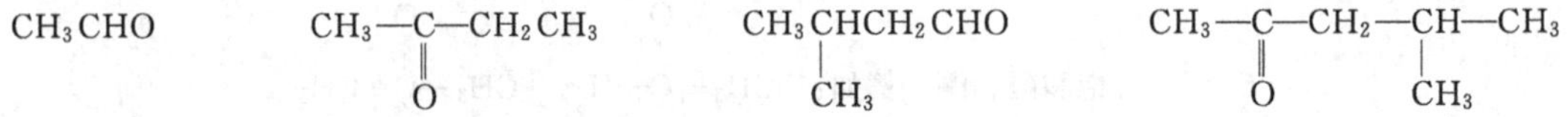

CH_3CHO $CH_3-\underset{O}{C}-CH_2CH_3$ $CH_3\underset{CH_3}{CH}CH_2CHO$ $CH_3-\underset{O}{C}-CH_2-\underset{CH_3}{CH}-CH_3$

   乙醛   丁酮（甲基乙基酮）   3-甲基丁醛   4-甲基-2-戊酮

对于不饱和醛、酮则应将不饱和键包含在主链内，编号仍从靠近羰基一端开始，若羰基位号相等，则考虑不饱和键位号最小。

$CH_2=CH-CH_2-\underset{CH_3}{CH}-CHO$ $CH_3-CH=CH-CH-\underset{O}{C}-CH_2-CH_3$
                                                                $\underset{CH_3}{}$

   2-甲基-4-戊烯醛   4-甲基-5-庚烯-3-酮

脂环酮的羰基在环内，称为环某酮，如羰基在环外，则将环当作取代基，如

   1-甲基环己酮   3,3-二甲基环己基甲醛

芳香醛、酮命名时，总是将芳基作为取代基。另外还是有一些常见的俗名。

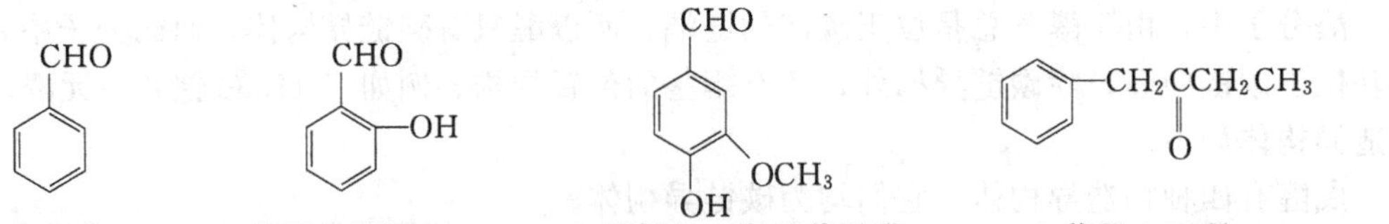

   苯甲醛   邻羟基苯甲醛   3-甲氧基-4-羟基苯甲醛   1-苯基-2-丁酮
              （水杨醛）   （香草醛）

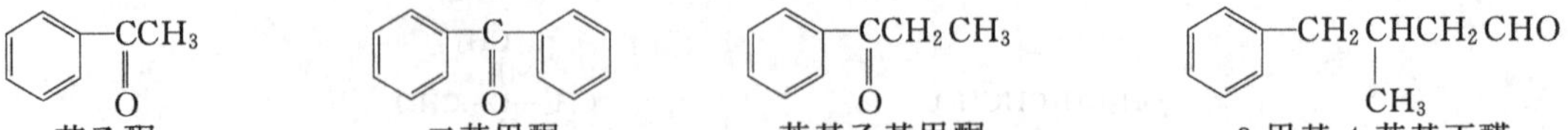

   苯乙酮   二苯甲酮   苯基乙基甲酮   3-甲基-4-苯基丁醛

6.3 醛、酮的性质

6.3.1 醛、酮的物理性质

因为醛、酮分子间不能形成氢键，所以沸点比相应醇低，但却高于同碳数的烃和醚。在常温下，除甲醛是气体外，12个碳原子以下的脂肪醛、酮是液体，高级的脂肪醛、酮为固体。

由于醛、酮的羰基是亲水基，能与水中的氢原子形成氢键，所以低级的醛、酮在水中有一定的溶解度，如甲醛、乙醛、丙醛和丙酮可与水混溶，其他醛、酮随相对分子质量增大，

溶解度降低。醛、酮都易溶于有机溶剂。

低级醛具有强烈刺激性气味，中级（$C_8 \sim C_{13}$）醛、酮在较低浓度时往往具有香味，常用于香料工业中。有些天然香料中都含有酮基，如樟脑、麝香等。

一些常见的一元醛、酮的物理常数见表 6-1。

表 6-1　一些一元醛、酮的物理常数

化合物名称	熔点/℃	沸点/℃	密度(20℃)/g·cm⁻³	化合物名称	熔点/℃	沸点/℃	密度(20℃)/g·cm⁻³
甲醛	-92	-21	0.8150	苯甲醛	-26	178.1	1.0415
乙醛	-121	20.8	0.7836	丙酮	-95.35	56.2	0.7899
丙醛	-81	48.8	0.8058	丁酮	-86.35	79.6	0.8054
正丁醛	-99	75.7	0.8170	2-戊酮	-77.8	102.4	0.8089
正戊醛	-91.5	103	0.8095	3-戊酮	-39.6	101.7	0.8138

6.3.2　醛、酮的化学性质

羰基是醛、酮的官能团。羰基上的碳氧双键和烯烃中的碳碳双键相似，能起加成反应。与烯烃中的碳碳双键不同的是醛、酮中的碳氧双键，由于氧原子的吸电子效应，使得 π 电子云变形，氧原子带部分负电荷，碳原子上带部分正电荷。所以羰基有较大极性。

$$\underset{}{\overset{\delta^+ \quad \delta^-}{C=O}}$$

由于醛、酮化合物中羰基的极性，使得它们化学性质非常活跃，除了羰基的加成反应之外，还能发生多种化学反应。

6.3.2.1　羰基上的亲核加成反应

烯烃中，碳碳双键的加成反应是亲电加成反应，即亲电试剂（正电部分）先进攻 π 键，形成正碳离子，后者再与试剂的负电部分结合生成最终产物。

羰基的加成反应，首先是亲核试剂（负电部分）进攻带有部分正电荷的碳原子，形成较稳定的氧负离子，后者再与试剂的正离子部分结合生成最终产物。因此，醛、酮中羰基上的反应属于亲核加成反应。

（1）与含碳亲核试剂的加成反应

① 与格氏试剂加成　在格氏试剂中，与金属镁相连的碳原子集中了比较多的负电荷。镁带有正电荷，C—Mg 键是 R—Mg—X 中的强极性键

$$\underset{|}{\overset{|}{-C}}\overset{\delta^- \quad \delta^+}{-Mg}$$

碳作为亲核试剂进攻羰基

$$R-Mg-X+ \overset{R'}{\underset{R''}{C}}=O \longrightarrow R-\overset{R'}{\underset{R''}{C}}-O-Mg-X$$

$$R-\overset{R'}{\underset{R''}{C}}-O-MgX+H_2O \longrightarrow R-\overset{R'}{\underset{R''}{C}}-OH+Mg\overset{OH}{\underset{X}{}}$$

由于醛和酮都可以发生上述反应，因此选择不同的羰基化合物最终可得到不同类型的醇。一般由甲醛和格氏试剂反应可制得伯醇，其他醛类的反应产物为仲醇，而酮进行格氏反应得到的产物是叔醇。例如

$$\text{①}-MgCl+HCHO \longrightarrow \text{①}-CH_2OMgCl \xrightarrow{H_3O^+} \text{①}-CH_2OH$$

$$CH_3CHO+RMgCl \longrightarrow RCH-OMgCl \xrightarrow{H_3O^+} RCH-OH$$

$$CH_3COCH_3+RMgCl \longrightarrow RC-OMgCl \xrightarrow{H_3O^+} RC-OH$$

② 与氢氰酸加成　氢氰酸解离后产生的氰基负离子（CN^-）有亲核性。但氢氰酸是弱酸，往往加入碱，促使它解离，以产生更多的氰基负离子。

$$R-C-O+HCN \xrightarrow{\text{稀 NaOH}} R-C-CN$$
$$\underset{\alpha\text{-羟基腈}}{\overset{CH_3(H)}{\underset{}{}}}$$

产物 α 羟基腈在酸性条件下水解，得到 α-羟基酸。与氢氰酸的加成只限于醛和甲基酮。

③ 醇醛缩合（羟醛缩合）在稀碱的作用下，含 α-H 的醛（酮）与另一分子醛（酮）相互作用，生成 β-羟基醛（酮）的反应，称为羟醛缩合反应。

$$2CH_3CHO \xrightarrow{NaOH} CH_3CHCH_2CHO \xrightarrow{-H_2O} CH_3CH=CHCHO$$
$$\underset{\beta\text{-羟基醛}}{} \qquad \underset{\alpha,\beta\text{-不饱和醛}}{}$$

$$CH_3-\overset{O}{\underset{}{C}}-CH_3+CH_3-\overset{O}{\underset{}{C}}-CH_3 \xrightarrow{\text{稀碱}} CH_3-\overset{CH_3}{\underset{OH}{C}}-CH_2-\overset{O}{\underset{}{C}}-CH_3 \xrightarrow{\text{加热}} CH_3-\overset{CH_3}{C}=CH-\overset{O}{\underset{}{C}}-CH_3$$
$$\underset{\beta\text{-羟基酮}}{} \qquad \underset{\alpha,\beta\text{-不饱和酮}}{}$$

在形成 β-羟基醛（酮）后，羟基和 α-氢很快以水的形式脱去，最终产物是 α,β 不饱和醛（酮）。酮发生此反应要比醛难一些。

这个反应表现出羰基化合物的两个特性，一个是 α-氢的活泼性，另一个就是羰基上的亲核加成。反应中用的碱通常是稀氢氧化钠水溶液，也可以用醇钠，作为亲核试剂的醛（酮）必须具有 α-H，这是该反应发生的前提。

（2）与含氧亲核试剂的加成

① 与醇的加成　醛、酮在无水氯化氢的催化剂存在下，与醇发生加成，生成半缩醛、酮。

$$\underset{R}{\overset{R}{C}}=O + HOR' \xrightarrow{\text{无水 HCl}} \underset{R}{\overset{R}{\underset{OR'}{\overset{OH}{C}}}}$$
$$\underset{\text{半缩醛}}{}$$

半缩醛、酮既是醚又是醇，结构很不稳定。在无水强酸存在下，与另一分子醇缩合，失去一分子水形成相对稳定的缩醛、缩酮。

$$\underset{H}{\overset{R}{\underset{OR'}{\overset{OH}{C}}}} + R'OH \xrightarrow{\text{无水 HCl}} \underset{H}{\overset{R}{\underset{OR'}{\overset{OR'}{C}}}}$$
$$\underset{\text{半缩醛}}{} \qquad\qquad \underset{\text{缩醛}}{}$$

缩醛、缩酮具有胞二醚结构，对碱和氧化剂稳定。但在稀酸溶液中，室温下就可以水解，生成原来的醛（酮）和醇。

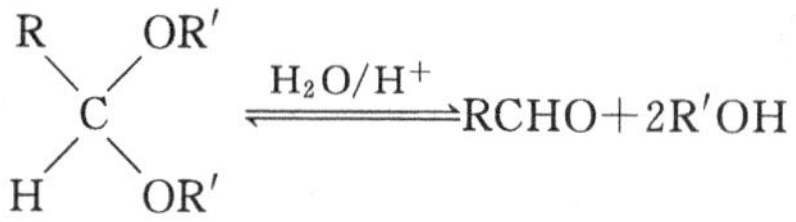

$$\underset{H}{\overset{R}{\underset{\displaystyle |}{\overset{\displaystyle |}{C}}}}\underset{OR'}{\overset{OR'}{}} \xrightleftharpoons{H_2O/H^+} RCHO + 2R'OH$$

因此在有机合成中常用生成缩醛（酮）来保护羰基。

② 与水加成　水也可以作为亲核试剂，但它的亲核性比醇弱。只有个别 α 位有强吸电子基团的羰基化合物可以与之加成，例如

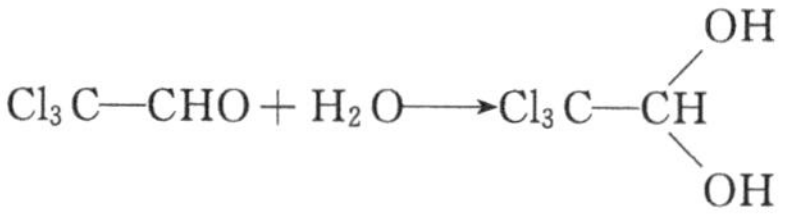

$$Cl_3C—CHO + H_2O \longrightarrow Cl_3C—\underset{OH}{\overset{OH}{\underset{\displaystyle |}{\overset{\displaystyle |}{CH}}}}$$

三氯乙醛　　　　　水合三氯乙醛

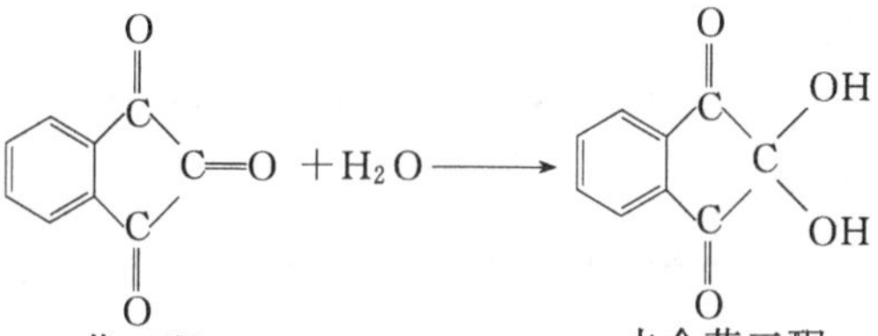

茚三酮　　　　　　　水合茚三酮

（3）与含氮亲核试剂的加成　氨及其衍生物是含氮的亲核试剂。一般的羰基化合物与氨反应，得不到稳定的加成产物。而氨的某些衍生物，如羟胺、肼、苯肼、2,4-二硝基苯肼等能与羰基加成。继而分子内脱水，生成稳定的加成缩合产物。例如

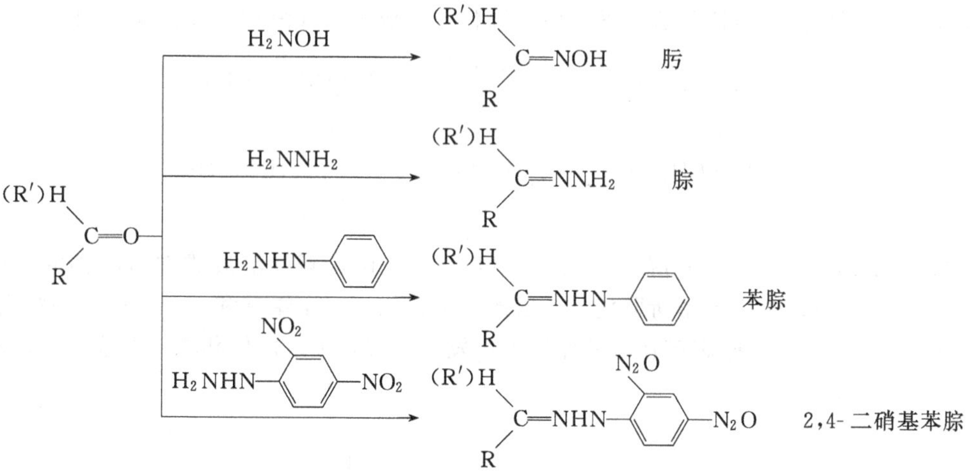

氨的衍生物的亲核性来源于氮上的未共用电子对，醛、酮的肟和腙（尤其是苯腙）绝大多数为白色固体，有固定的熔点，易于提纯，常用于醛、酮的验证。产物用稀酸煮沸水解，可得到原来的醛、酮。因此，利用上述反应可以对醛、酮进行鉴别、分离和提纯。上述羟胺、肼、苯肼、2,4-二硝基苯肼等常称为羰基试剂。

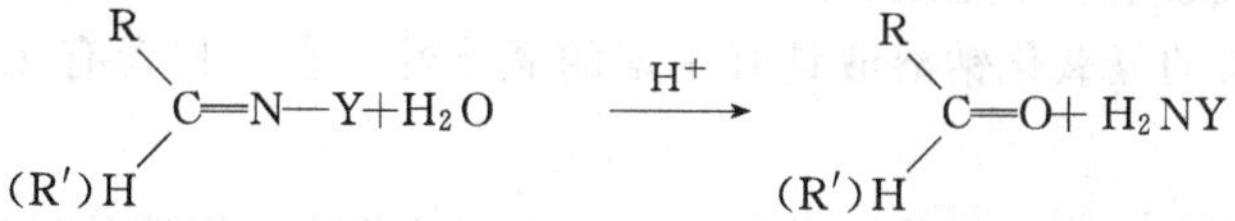

$$\underset{(R')H}{\overset{R}{\underset{\displaystyle |}{\overset{\displaystyle |}{C}}}}{=}N{-}Y + H_2O \xrightarrow{H^+} \underset{(R')H}{\overset{R}{\underset{\displaystyle |}{\overset{\displaystyle |}{C}}}}{=}O + H_2NY$$

(Y=—OH, —NH_2 等)

由于 2,4-二硝基苯肼相对分子质量较大，缩合产物呈现黄色沉淀，反应现象明显，是

鉴别羰基化合物的常用试剂。

(4) 与含硫亲核试剂的加成　亚硫酸氢钠中硫原子上的未共用电子对具有亲核性，可以与某些羰基化合物起加成反应。

$$\begin{array}{c}R \\ \underset{(CH_3)H}{|}C=O + NaHSO_3 \\ (40\%)\end{array} \longrightarrow \begin{array}{c}R \quad OH \\ \underset{(CH_3)H}{|}C\underset{SO_3Na}{|} \end{array}\downarrow \text{（白色）}$$

$$\alpha\text{-羟基磺酸钠}$$

例如

$$CH_3CHO + 40\% NaHSO_3 \longrightarrow CH_3{-}\underset{\underset{OH}{|}}{CH}{-}SO_3Na \downarrow \text{（白色）}$$

产物 α-羟基磺酸钠溶于水，但在饱和的亚硫酸氢钠水溶液中析出结晶，与酸或碱共热，又得到原来的醛、酮。例如

$$CH_3{-}\underset{\underset{OH}{|}}{CH}{-}SO_3Na \begin{array}{c} \xrightarrow{HCl \cdot H_2O/\triangle} CH_3CHO + NaCl + SO_2 + H_2O \\ \\ \xrightarrow{Na_2CO_3, H_2O/\triangle} CH_3CHO + Na_2SO_3 + NaHCO_3 \end{array}$$

能够与亚硫酸氢钠发生加成反应的羰基化合物是醛、甲基酮和七个碳以内的环酮。此反应可用于鉴别与分离提纯。加成物还可与等量氰化钠作用生成 α-羟腈，用这种方法制备的 α-羟腈可以避免直接使用挥发性大，毒性高的 HCN。

6.3.2.2　α-卤代反应及卤仿反应

醛和酮分子中的 α-氢原子容易被卤原子取代，生成 α-卤代醛和 α-卤代酮。例如

$$CH_3\underset{\underset{O}{\|}}{C}CH_3 + Br_2 \xrightarrow{CH_3COOH} CH_3\underset{\underset{O}{\|}}{C}CH_2Br + HBr$$

$$\underset{}{\bigcirc}\underset{\underset{O}{\|}}{C}CH_3 + Br_2 \xrightarrow{AlCl_3/(C_2H_5)_2O} \underset{}{\bigcirc}\underset{\underset{O}{\|}}{C}CH_2Br + HBr$$

如果羰基连有甲基（如乙醛、丙酮，丁酮等），在卤素碱性溶液或次卤酸钠的作用下，甲基上的三个 α-氢均被卤原子所取代。生成的三卤代物，由于羰基和三个卤原子的强吸电子作用，使得 $-\underset{\underset{O}{\|}}{C}{-}X_3$ 中碳-碳键在碱的作用下易发生断裂，生成卤仿和相应的羧酸盐。例如

$$CH_3{-}\underset{\underset{O}{\|}}{C}{-}CH_3 + I_2 \xrightarrow{NaOH} CH_3{-}\underset{\underset{O}{\|}}{C}{-}CI_3$$

$$\downarrow{NaOH/H_2O}$$

$$CH_3{-}\underset{\underset{O}{\|}}{C}{-}ONa + CHI_3 \downarrow \text{（黄色）}$$

$$\text{碘仿}$$

可利用此反应现象鉴别甲基酮、醛。

次卤酸钠或卤素的氢氧化钠溶液具有一定的氧化性，它可将含有 $CH_3{-}\underset{\underset{OH}{|}}{CH}{-}$ 的结构的醇氧化成相应的甲基酮、醛，因此这种醇也能发生卤仿反应，用碘仿反应也可以鉴别这种结构的醇。

6.3.2.3 氧化反应

醛的羰基碳上有氢，可以进一步被氧化，某些弱氧化剂如托伦（Tollen）试剂或斐林（Fehling）试剂等，就可把醛氧化为羧酸。在相同条件下酮不被氧化。托伦（Tollens）试剂是由硝酸银，氢氧化钠水溶液和氨水配制，银离子可将醛氧化为羧酸，本身被还原为金属银。这是个选择性氧化剂，醛分子中含有的双键不受其影响。用此反应可来区别醛和酮。

$$R-CH=CH-CHO + 2Ag(NH_3)_2OH \xrightarrow{\triangle} R-CH=CH-COONH_4 + 2Ag\downarrow + H_2O + 3NH_3$$
（银镜）

$$RCHO + 2Cu^{2+} + NaOH \xrightarrow{\triangle/H_2O} RCOONa + Cu_2O\downarrow + 4H^+$$
（橘红色）

酮在强氧化剂作用下，发生的是碳链断裂反应，生成的是小分子的羧酸混合物。

6.3.2.4 还原反应

醛、酮在不同的条件下，可被还原为相应的醇或烃。

（1）催化氢化　羰基加氢往往需要加压和加热，还原产物是醇

$$R-\overset{O}{\overset{\|}{C}}-H \xrightarrow{H_2/Ni} R-CH_2-OH \qquad 1°醇$$

$$R-\overset{O}{\overset{\|}{C}}-R' \xrightarrow{H_2/Ni} R-\overset{OH}{\overset{|}{C}H}-R' \qquad 2°醇$$

烃基中若含有双键，同时可被加氢成为饱和键。例如

$$CH_3CH=CH-CH_2CHO \xrightarrow{H_2/Ni} CH_3CH_2CH_2CH_2CH_2OH$$

（2）用金属化合物还原　常用的金属化合物是硼氢化钠（NaBH_4）、四氢铝锂（LiAlH_4）和异丙醇铝(Al[OCH(CH_3)_2]_3)。它们是选择性还原剂，只还原醛、酮羰基。例如

$$R-CH=CH-CHO \xrightarrow[②C_2H_5OH]{①NaBH_4} R-CH=CH-CH_2OH$$

（LiAlH_4 极易水解，反应要在无水条件下进行）

$$O_2N-\text{〈〉}-CH=CH-CHO \xrightarrow{异丙醇铝} O_2N-\text{〈〉}-CH=CH-CH_2OH$$

（3）还原成烃、醛、酮在酸性条件下与锌汞齐共热。可把羰基还原为亚甲基，这一反应又称克莱门森（Clemmensen）还原法。

$$\text{〉}C=O \xrightarrow{Zn-Hg/浓 HCl} \text{〉}CH_2 + H_2O$$

例如

$$C_6H_5\overset{O}{\overset{\|}{C}}-CH_2CH_2CH_3 \xrightarrow{Zn-Hg/浓 HCl/\triangle} C_6H_5CH_2CH_2CH_2CH_3$$

醛、酮在碱性条件下及高温，高压中与肼反应，羰基也被还原为亚甲基，这一反应称沃尔夫-基日聂尔（Wolft-Kishner）-黄鸣龙还原法。

$$CH_3\overset{O}{\overset{\|}{C}}-CH_2CH_2CH_3 \xrightarrow{H_2NNH_2/KOH/高温高压} CH_3CH_2CH_2CH_2CH_3$$

6.3.2.5 歧化反应

没有 α-氢的醛与强碱共热，则一分子醛氧化成酸，另一分子醛还原为醇，这种分子间的氧化还原反应称为歧化反应或称康尼查罗（Cannizzaro）反应。

$$2HCHO \xrightarrow{\text{浓 NaOH}} CH_3OH + HCOONa$$

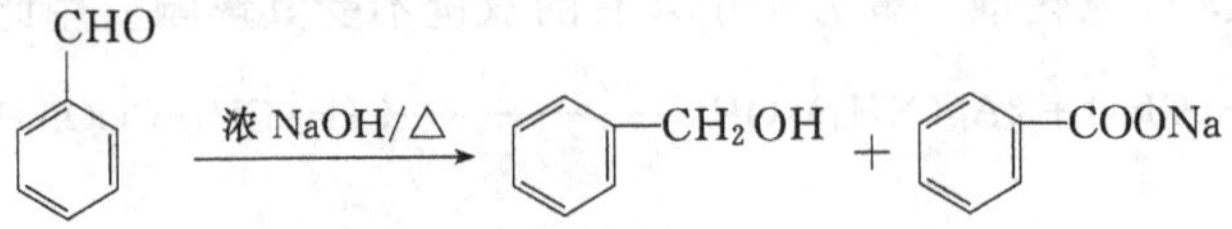

$$\text{（苯甲醛）} \xrightarrow{\text{浓 NaOH}/\triangle} \text{（苯甲醇）CH}_2\text{OH} + \text{（苯甲酸钠）COONa}$$

两种不同的无 α-H 的醛可以进行交叉的歧化反应。

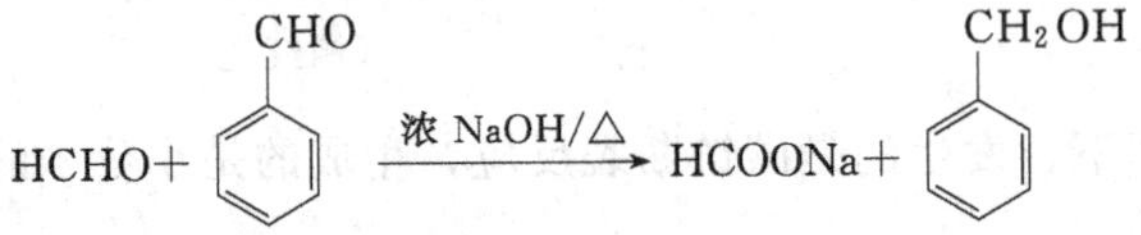

$$HCHO + \text{（苯甲醛）CHO} \xrightarrow{\text{浓 NaOH}/\triangle} HCOONa + \text{（苯甲醇）CH}_2\text{OH}$$

往往甲醛氧化成酸，苯甲醛还原成醇。

应用醛、酮

6.4 醛、酮的用途与使用醛、酮的安全知识

6.4.1 重要的醛、酮

6.4.1.1 甲醛

甲醛在常温下是无色、对黏膜有刺激性的气体，易溶于水。40％甲醛水溶液叫做福尔马林（Formalin），在医药和农业上广泛用作消毒剂和防腐剂。

甲醛极易聚合，不同条件下得到不同的聚合物。气体甲醛在常温下能自动聚合为环状三聚甲醛。

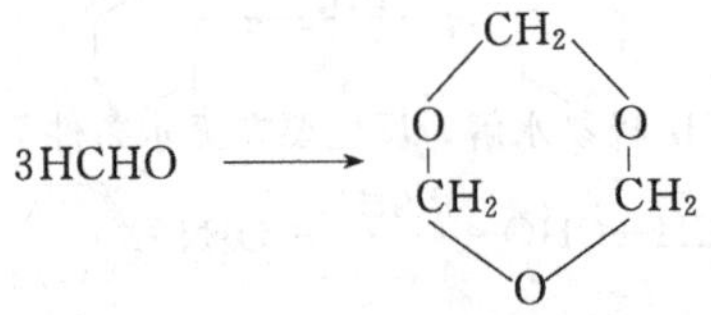

$$3HCHO \longrightarrow \text{三聚甲醛}$$

多聚甲醛和三聚甲醛为白色无定形固体。仍具甲醛的刺激气味，受热后又可分解为甲醛。将甲醛制成聚合体，便于贮存和运输。甲醛的高聚物是重要的合成树脂和工程塑料。

甲醛很容易与氨或铵盐作用，缩合成六亚甲基四胺，俗称乌洛托品（Urotropine）。

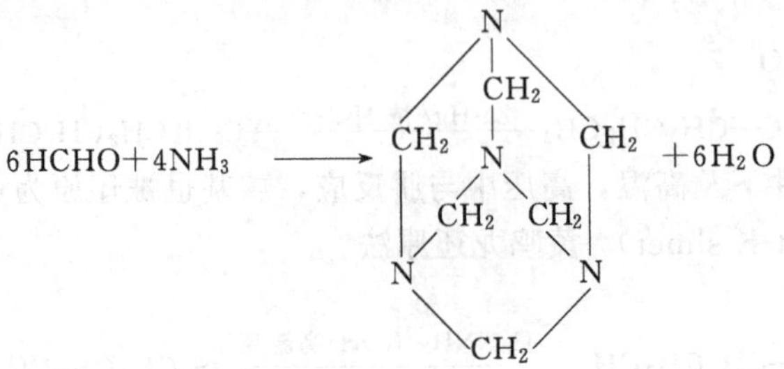

$$6HCHO + 4NH_3 \longrightarrow \text{（六亚甲基四胺）} + 6H_2O$$

六亚甲基四胺是无色晶状固体，熔点263℃，易溶于水，可用作橡胶硫化促进剂、纺织品的防缩剂，在医药上可用作泌尿系统消毒剂。

6.4.1.2　乙醛和三氯乙醛

乙醛又名醋醛，它是一种具有挥发性并有刺激气味的液体，沸点20.8℃。易溶于水和乙醇等有机溶剂中。乙醛是有机合成的重要原料，工业上可由乙炔加水制得。乙醛与甲醛一样，易发生聚合反应，在少量浓硫酸作用下，室温下聚合生成三聚乙醛。三聚乙醛在酸性加热条件下，解聚生成乙醛。

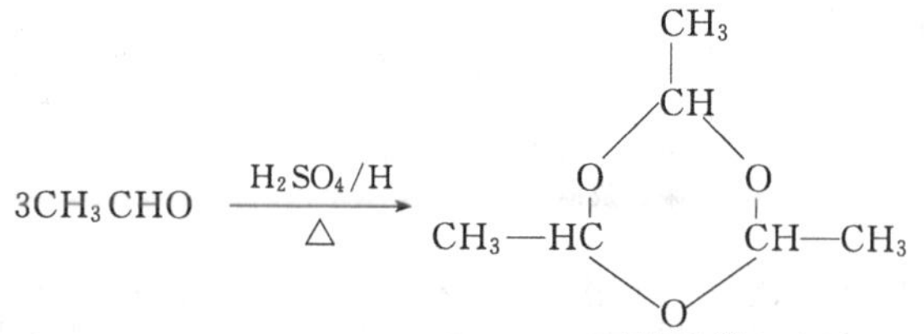

$$3CH_3CHO \xrightarrow[\triangle]{H_2SO_4/H} \text{三聚乙醛}$$

三聚乙醛是一种沸点124℃的液体，不易挥发，难溶于水，性质稳定，因此，工业上常制成三聚乙醛来贮存乙醛。

三氯乙醛是具有刺激性的无色液体，沸点98℃。由于在三氯乙醛分子中，α-碳上有三个氯原子的吸电子诱导效应，使得它在水溶液中易生成水合三氯乙醛。

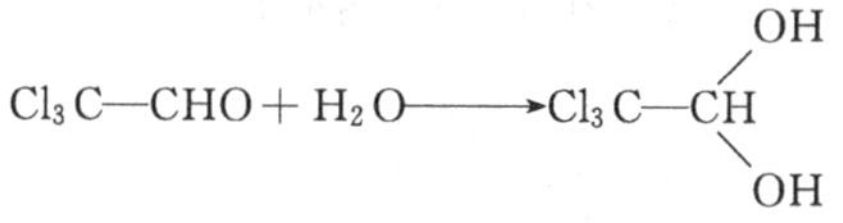

$$Cl_3C-CHO + H_2O \longrightarrow Cl_3C-CH\begin{matrix}OH\\OH\end{matrix}$$
水合三氯乙醛

水合三氯乙醛俗称水合氯醛，为无色透明晶体，熔点57℃。它有快速催眠作用，在兽医上常用作催眠剂和麻醉剂。

三氯乙醛在工业上是制备敌百虫、敌敌畏等有机磷农药的原料。

6.4.1.3　丙酮

丙酮是无色有愉快香味的液体，沸点56.2℃，易挥发、易燃烧，易溶于水和乙醇、乙醚等各种有机溶剂中，是工业和实验室常用的有机溶剂之一。

丙酮可由糖类经丙酮-丁醇发酵制得，也可由异丙苯氧化制备。

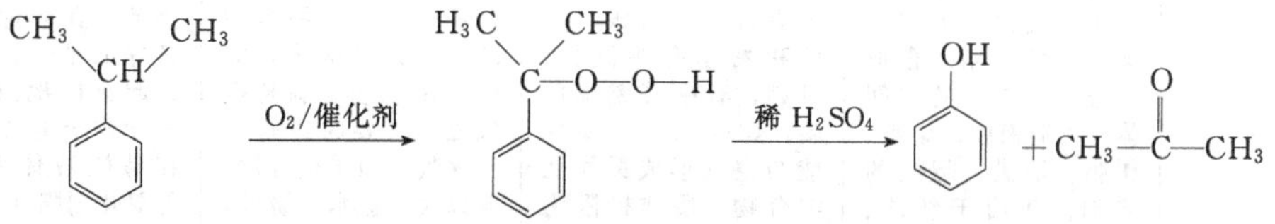

丙酮是生产有机玻璃、环氧树脂、碘仿等重要的有机原料。

6.4.1.4　苯甲醛

苯甲醛是有苦杏仁味的无色液体，沸点178.1℃。它常与糖类物质结合存在于杏仁、桃仁等许多果实的种子中，尤以苦杏仁中含量最高，所以又将苯甲醛称为苦杏仁油。苯甲醛在空气中放置易被氧化成苯甲酸。苯甲醛是制备香料和染料等的原料。

表 6-2　常见醛、酮的用途和安全使用知识

品名	构造式	用途	毒性、危险性与侵害	急救措施	安全使用与防护
甲醛	$HCHO$	用作色谱分析试剂，测定铵盐和氨基酸试剂，杀菌消毒剂，防腐剂，熏蒸剂，除臭剂，蛋白硬化剂；用于生物标本浸渍，制造织物、胶乳、酚、塑料、染料、纤维树脂、维尼纶等；用作制造药物、农药的中间体	本品有毒，吸入蒸气和摄入液体均会引起中毒，对眼、皮肤和呼吸器官有刺激性。易燃，燃点430℃，气体极易从溶液中蒸发，并在空气中燃烧，有中等燃烧危险。在空气中的爆炸极限为7%～73% 通过气体吸入、摄入、与皮肤和眼接触侵入。侵害呼吸系统、眼、皮肤	此化学品如进入眼中，立即用水或洗眼剂冲洗；如直接接触皮肤，会引起灼伤，应迅速用大量水冲洗，再用肥皂水或2%碳酸氢钠溶液洗涤；如大量吸入，立即移离现场至新鲜空气处，必要时进行人工呼吸；如被误服，应尽快用水洗胃，再给3%碳酸铵100mL水洗	用玻璃瓶、大玻璃瓶或有衬防腐蚀材料的金属桶盛装。存放在通风、干燥的库房，避光、密封、15℃以上温度下保存。与氧化物及碱性物品隔开 生产现场加强通风。操作时应穿防护工作服，戴防护眼镜和隔绝式呼吸器。工作服如被弄湿，应立即脱去，以避免燃烧危险
乙醛	CH_3CHO	用作还原剂、杀菌剂。用于制造消毒剂、药物、染料、炸药、调味品、橡胶促进剂、假漆、醋和醛母、酚醛树脂、照相用化学品等；制造农药的中间体	易燃有毒气体。对眼、皮肤和呼吸器官有刺激性，轻度中毒会引起气喘、咳嗽及头痛等症状，蒸气较长时间吸入，有麻醉作用，引起昏迷。易燃，燃点185℃，有较大的燃烧和爆炸危险。在空气中的爆炸极限为4%～57%。在空气中极易和过氧化物作用，引起自爆 通过蒸气吸入、摄入侵入。侵害呼吸系统、眼、皮肤	此化学品如进入眼中，立即用水或洗眼剂冲洗；如接触皮肤，迅速用水冲净；如大量吸入，立即移离现场至新鲜空气处，必要时进行人工呼吸；如误被吞服，服以大量水，诱吐，洗胃。不省人事者即送医院救治	用耐压玻璃瓶或金属桶盛装。存放在有冷气设备、通风良好的不燃材料结构的建筑物内，不准与碱性物品、卤素等存放在同一库房内。远离火源，室内仓库须是标准的易燃液体专用库 操作现场应保持良好通风。操作人员应穿适当的工作服，戴防护眼镜。工作服如被弄湿，应立即脱去，以避免燃烧危险。操作现场应备洗眼剂
丙酮	CH_3COCH_3	常用作分析试剂、溶剂、色谱分析标准物质；用作合成纤维、树脂、塑料、橡胶、油漆、喷漆等的溶剂；用来生产润滑油；用作制造三氯甲烷、碘仿及各种农药和药物的中间体；用于照相材料、雨衣制造及有关化学工业中	本品有毒，吸入和摄入有低到中等的毒性。易燃，燃点537℃，有较大的燃烧危险。蒸气能与空气形成爆炸性混合物，爆炸极限为2.6%～12.8% 通过吸入、摄入、与皮肤和眼接触侵入。侵害呼吸系统、皮肤	此化学品如进入眼中，立即用水或洗眼剂冲洗；如接触皮肤，迅速用水冲净；如大量吸入，立即移离现场至新鲜空气处，必要时进行人工呼吸；如误被吞服，服以大量水，诱吐，洗胃。不省人事者即送医院救治	用玻璃瓶或金属桶盛装。置阴凉处密封保存 操作现场应保持良好通风。操作时戴双层口罩，穿适当的工作服，戴防护眼镜。工作服如被弄湿，应立即脱去，以避免燃烧危险。操作现场应装备安全信号指示器
环己酮		用作色谱分析标准物质，气相色谱固定液，制备树脂、合成纤维、己二酸的中间体，人造橡胶、染料、树脂、油类、脂类的溶剂。并用于纺织、皮革、金属去脂、油漆去除及塑料工业	吸入和皮肤接触有中等毒性，对眼、皮肤和黏膜有刺激性。可燃，有中等燃烧危险，燃点420℃，蒸气能与空气形成爆炸性混合物，爆炸极限为1.1%～8.1% 通过吸入、摄入、与皮肤和眼接触侵入。侵害呼吸系统、皮肤、眼、中枢神经系统	此化学品如触及皮肤和眼，迅速用水冲净；如大量吸入，立即移离现场至新鲜空气处，必要时进行人工呼吸；如误被吞服，服以大量盐水，诱吐，洗胃，并即送医院救治	用玻璃瓶或金属桶盛装。置阴凉、通风良好的地方，远离容易起火的地点。最好使用户外仓库存放或在易燃液体专库内。与氧化剂隔开 生产设备保持密闭，防止跑、冒、滴、漏。操作时应穿防护工作服，戴防护眼镜。工作服如被弄湿，应立即脱去，以避免燃烧危险

6.4.1.5 环己酮

环己酮为无色液体，微溶于水，易溶于乙醇、乙醚，本身也是一种常用的有机溶剂。环己酮主要的工业用途是制备合成纤维的单体，如己二酸、己二胺和己内酰胺。

现代工业主要以环己烷为原料制取环己酮。

6.4.2 常见醛、酮的用途和安全知识

醛、酮类化合物在工业生产中和人们的日常生活中都有非常重要的用途，工业分析中醛、酮是重要的化学试剂，与其他有机化合物一样，许多醛、酮也都具有一定的毒性和危险性，因此有必要很好地了解有毒和危险性的醛、酮，以便达到正确、安全使用它们的目的。表 6-2 列出常见醛、酮的用途和安全知识。

鉴别醛、酮

6.5 鉴别醛、酮的方法

6.5.1 二硝基苯肼试验方法

醛和酮与 2,4-二硝基苯肼反应，生成黄色或橙-红色的 2,4-二硝基苯腙沉淀，这是检验醛酮的重要方法。

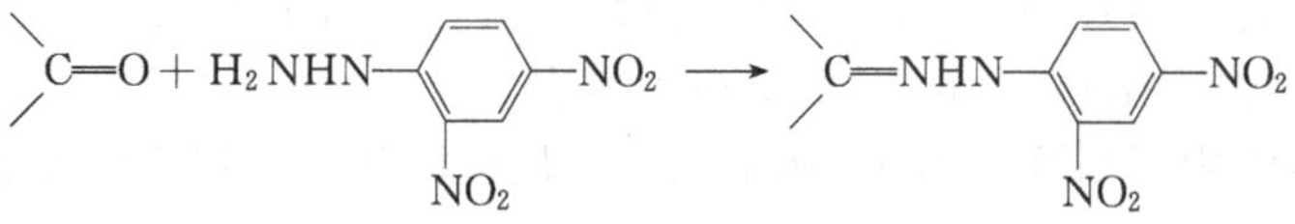

6.5.2 Tollen 试验方法

醛类能还原 Tollen 试剂，产生银镜或黑色金属银沉淀。

$$RCHO + 2Ag(NH_3)_2OH \longrightarrow 2Ag\downarrow + RCO_2NH_4 + H_2O + 3NH_3$$

酮类不能还原 Tollen 试剂，因此常用来区别醛和酮类。

6.5.3 品红-醛试验方法

品红是一种桃红色三苯甲烷染料，它和亚硫酸作用后，制得无色的品红醛试剂（Schiff's 试剂），当试剂与醛作用，失去亚硫酸，产生具有醌型结构的紫-红色染料，脂肪醛反应较快，芳醛较慢，酮呈负结果。

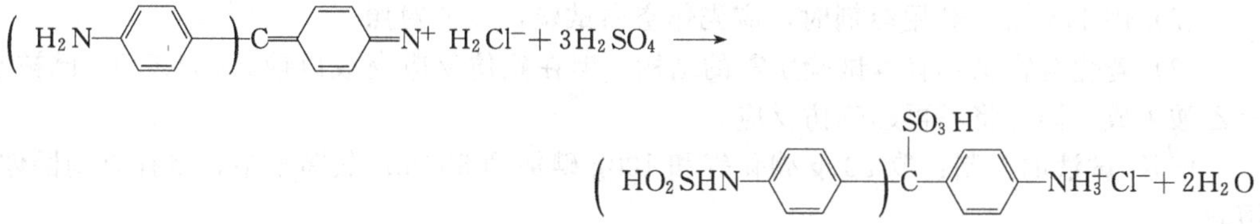

（Schiff's 试剂，无色）

$$\text{Schiff's 试剂} \longrightarrow \left(\underset{\underset{OH}{\displaystyle |}}{\overset{\overset{H}{\displaystyle |}}{R-C}}-O_2SHN-\!\!\!\!\boxed{}\!\!\!\!-\right)_{\!\!\!}NH_3^+\,Cl^- \xrightarrow{-H_2SO_4}$$

$$\left(\underset{\underset{OH}{\displaystyle |}}{\overset{\overset{H}{\displaystyle |}}{R-C}}-O_2SHN-\!\!\!\!\boxed{}\!\!\!\!-\right)_{\!\!\!}C=\!\!\!\!\boxed{}\!\!\!\!=NH_2Cl^-$$

（红紫色带蓝色阴影）

6.6 技能训练

【技能训练 1】 次碘酸试验

目的：(1) 理解 α-氢原子反应的基本原理；

(2) 会利用次碘酸试验鉴别醛、酮。

仪器：试管、试管架、滴瓶、小药匙、量筒、吸管、250mL 烧杯、试管夹。

试剂：$w=10\%$ 的 NaOH 溶液，$w=10\%$ 的 I_2 在 $w=20\%$ KI 中的水溶液。

试样：丙酮、苯乙酮、苯甲醛、甲醛、异丙醇、乙醇。

安全：避免试样及试剂与皮肤直接接触，摄入。

使用电炉时的用电安全。

态度：认真实验、规范操作、仔细观察，及时记录。

步骤

(1) 在试管中加入 100mg 固体样品或 4～5 滴液体样品。

(2) 继续向试管中加入 1mL 水（不溶于水的可溶在 1mL1,4-二　烷中），使试样溶解。

(3) 向试管中加入 3mL $w=10\%$ 的 NaOH 溶液。

(4) 继续向试管中逐滴滴加 I_2-KI 水溶液，边加边振荡，直到溶液有过量碘存在显棕色为止。

(5) 将试管放在 60℃ 的热水浴中，再加入 I_2-KI 水溶液直到碘的颜色持续 2min 之久。

(6) 继续加入数滴 $w=10\%$ 的 NaOH 溶液直到碘的棕色刚好褪去。

(7) 从水浴中取出试管，加入 10mL H_2O 稀释。

(8) 仔细观察试管中的现象，及时记下所观察到的现象。

(9) 将废液倒入指定地点。

(10) 清洗仪器，倒置于试管架上。

(11) 按所列的试样重复上述 (1)～(10) 的步骤。

注意事项

(1) 甲基酮类、甲基甲醇类或其他被试剂氧化后产生碘仿试验所需的结构者，均对本试验呈正结果。

(2) 用 1,4-二　烷用溶剂时，应先作空白试验，以便对照。

(3) 若化合物虽具有本试验所需的结构，但在碘仿反应完成以前，CH_3CO— 已被水解，有乙酸生成，因此将不再起碘仿反应。

I_2-KI 试液的配制：取 200g 碘化钾和 100g 碘加到 800mL 蒸馏水中，搅拌直到固体完全溶解。

【技能训练 2】 2,4-二硝基苯肼试验

目的：(1) 理解羰基化合物与氨类衍生物的缩合反应；

（2）通过训练能用2,4-二硝基苯肼试验鉴别醛、酮；

（3）理解 α-氢原子反应的基本原理；

（4）会利用次碘酸试验鉴别醛、酮。

仪器：试管、试管架、滴瓶、小药匙、量筒、吸管。

试剂：2,4-二硝基苯肼，浓硫酸，95%乙醇。

试样：丙酮、苯乙酮、苯甲醛、甲醛、异丙醇、乙醇。

安全：避免试样及试剂与皮肤直接接触，摄入；

　　　避免使用易燃溶剂产生的火灾事故。

态度：认真实验，规范操作、仔细观察，及时记录。

步骤

（1）在试管中加入20～30mg固体样品或2～3滴液体样品。

（2）继续向试管中加入0.5～1mL 95%乙醇（去醛），使试样溶解。

（3）向试管中加入5mL 2,4-二硝基苯肼试液，塞盖，猛烈摇动。

（4）仔细观察试管中的现象，及时记下所观察到的现象。

（5）若无沉淀生成，可在室温下放置5～10min，或加热至沸30s，再摇动。

（6）再次仔细观察试管中的现象并及时记录。

（7）将废液倒入指定地点。

（8）清洗仪器，倒置于试管架上。

（9）按所列的试样重复上述(1)～(8)的步骤。

注意事项

（1）大多数醛、酮与2,4-二硝基苯肼试剂作用，生成固体产物。有时产物是油状物，放置后逐渐固化。但也有少数产物是油状物。

（2）某些易被试剂或空气氧化的醇如烯丙醇，它们对2,4-二硝基苯肼试剂呈正结果。

（3）2,4-二硝基苯肼能与酚、烃、卤代烃和醚类形成溶解度很小的黄色配合物。因此对实验结果有怀疑时，可用对硝基苯肼代替2,4-二硝基苯肼进行实验。

（4）缩醛（酮）能被酸水解，对本试剂呈正结果。

2,4-二硝基苯肼试液的配制：取2g 2,4-二硝基苯肼溶解在500mL 4mol·L^{-1}盐酸中（可在水浴上温热，加速溶解）。然后用蒸馏水稀释到1L，如有不溶物，过滤后备用。

【技能训练3】 吐伦试验（Tollens试验）

目的：（1）理解吐伦试验鉴别醛的原理；

　　　（2）学会用吐伦试验鉴别醛、酮。

仪器：试管，试管架、滴瓶、小药匙、量筒、吸管、250mL烧杯、试管夹。

试剂：$w=5\%$ 的 $AgNO_3$ 溶液；$c=2mol\cdot L^{-1}$ 的氨水溶液；$w=10\%$ 的 $NaOH$ 溶液。

试样：丙酮、苯乙酮、苯甲醛、甲醛、异丙醇、乙醇。

安全：避免试样及试剂与皮肤直接接触，摄入；

　　　使用电炉时的用电安全。

态度：认真实验，规范操作、仔细观察，及时记录。

步骤

（1）在试管中加入1mL $w=5\%$ 的 $AgNO_3$ 溶液，加入2滴 $w=10\%$ 的 $NaOH$ 溶液，振摇，有黑色沉淀产生。

（2）继续向试管中逐滴加入 $c=2mol\cdot L^{-1}$ 的氨水溶液直到沉淀刚好溶解为止，即为吐伦试液。

(3) 另取一洁净试管，加入 20～30mg 固体样品或 2～3 滴液体样品，再加 2mL 新配制的吐伦试液，静置 10min。

(4) 若此时无反应发生，则将试管置 35℃的温水浴 5min。

(5) 仔细观察试管中的现象，及时记下所观察到的现象。

(6) 将废液倒入指定地点。

(7) 清洗仪器，倒置于试管架上。

(8) 按所列的试样重复上述(1)～(7)的步骤。

注意事项

(1) 本试剂为弱氧化剂。除醛外，其他易被氧化的化合物如还原性糖、多羟基酚、氨基酚、羟胺等均能还原试剂。仅样品已初步判断为醛或酮时，做本试验才有意义。

(2) 吐伦试液必需在使用前配制。所用试管一定要干净，否则生成的是黑色金属银沉淀。

(3) 试剂放置后，沉积出一种雷酸银，干燥时有强爆炸性。实验完毕立即将废液倒入水槽中，并用水冲洗。

【技能训练4】 席夫试验

目的：(1) 理解席夫试验鉴别醛的原理。

(2) 学会用席夫试验鉴别醛、酮。

仪器：试管，试管架、滴瓶、小药匙、量筒、滴管。

试剂：品红盐酸盐、亚硫酸钠、浓盐酸。

试样：丙酮、苯乙酮、苯甲醛、甲醛、乙醛、异丙醇。

安全：避免试样及试剂与皮肤直接接触及摄入。

态度：认真实验，规范操作，仔细观察，及时记录。

步骤

(1) 在试管中加入 20～30mg 固体样品或 2～3 滴液体样品。

(2) 继续向试管中加入 0.5～1mL 95％乙醇（去醛），使试样溶解。

(3) 向试管中加入 1mL 席夫试液，振荡，放置 3～4min。

(4) 仔细观察试管中的现象，及时记下所观察到的现象。

(5) 将废液倒入指定地点。

(6) 清洗仪器，倒置于试管架上。

(7) 按所列的试样重复上述(1)～(6)的步骤。

注意事项

(1) 试剂受热或遇碱，容易分解，放出亚硫酸，回复到品红溶液的桃红色。某些酮和不饱和化合物与亚硫酸作用也使试剂回复到桃红色。这些情况都不能认为是正结果。

(2) 在做未知样品时，可同时用已知醛类做对照实验。

席夫试液的配制：将 0.1g 品红盐酸盐于 100mL 热水中溶解，冷却后加 4mL 饱和亚硫酸氢钠溶液，静置 1h，再加 2mL 浓盐酸，贮于棕色瓶中。

【技能训练5】 斐林试验

目的：(1) 理解斐林试验鉴别醛的原理。

(2) 学会用斐林试验鉴别醛、酮。

仪器：试管、试管架、滴瓶、小药匙、量筒、滴管。

试剂：硫酸铜（$CuSO_4 \cdot 5H_2O$）、酒石酸钾钠、氢氧化钠（$NaOH$）。

试样：丙酮、苯乙酮、苯甲醛、甲醛、乙醛、异丙醇。

安全：避免试样及试剂与皮肤直接接触，摄入。

态度：认真实验，规范操作，仔细观察，及时记录。

步骤

(1) 在试管中加入 20～30mg 固体样品或 2～3 滴液体样品，加入 5mL 水。

(2) 继续向试管中加入 0.5～1mL 95％乙醇（去醛），使试样溶解。

(3) 向试管中加入 2mL 斐林试液，振荡，并置于沸水浴 3min。

(4) 冷却后，仔细观察试管中的现象并及时记录。

(5) 将废液倒入指定地点。

(6) 清洗仪器，倒置于试管架上。

(7) 按所列的试样重复上述(1)～(6)的步骤。

注意事项

(1) 脂肪醛、α-羟基醛、α-羟基酮、α-羰基醛与斐林试液呈正结果。

(2) 苯羟胺、氨基酚能还原该试液。

(3) 巯基（—SH）对本试验有干扰，在有机硫化物中，用来检验硫醇和硫酚。

斐林试液的配制：A 液，17.3g 结晶硫酸铜（$CuSO_4 \cdot 5H_2O$）溶于足量水中，稀释至 250mL。

B 液，溶解 35g NaOH 和 90g 结晶酒石酸钾钠于足量水中，稀释至 250mL。使用时取 A、B 液等体积混合。

【阅读园地】最早得到的醛、酮

1868 年，德国化学家 A. W. 霍夫曼将甲醇的蒸气和空气的混合气体通过加热的铂螺线经获得一气体，这气体不同于原来的甲醇蒸气，有刺激性，有毒，能燃烧，与空气能组成爆炸性混合物，称它为甲醛（methyl aldhyde）。

事实上，早在 1782 年，乙醛已由谢勒制得，但当时他没有认清它。他将酒精、硫酸和软锰矿（MnO_2）共同蒸馏，获得"很好闻的醚"。1800 年法国化学家沃克兰等人重复了谢勒的实验，确定其产物不是醚，它具有不同于醚的嗅味，密度较大，沸点较高，认为是一种新物质。他们认为在这个反应中，酒精不是失去碳，而且由于与软锰矿中氧结合而失氢，称它为乙醛。

最简单的酮是丙酮（$CH_3 \overset{O}{\underset{\|}{C}} CH_3$）。很早就知道它存在于蒸馏木材所得的液体中，但最先却是从加热醋酸盐中得到的。17 世纪，法国药师勒弗夫首先加热醋酸铅获得丙酮。

$$Pb(CH_3COO)_2 \xrightarrow{\triangle} PbCO_3 + CH_3 \overset{O}{\underset{\|}{C}} CH_3$$

因此丙酮的西方名称 acetone，正是从 acetic，acid（醋酸）一词而来，1809 年，出生在爱尔兰，在法国任分析工作的切内维克蒸馏 7 种醋酸盐得到纯丙酮，测定了它的组成，明确比醋酸含有较少的氧，称它为焦木精气。杜马在 1831 年正确测定它的分子式为 C_3H_6O。1852 年威廉森认为它是甲基化合物，建立了现代结构式 $CH_3 \overset{O}{\underset{\|}{C}} CH_3$。

——摘自凌永乐编著．化学元素的发现．北京：科学出版社，2000

 练习

1. 用系统命名法命名下列化合物。

(1) <图> Ph—C(=O)—CH₂CH₃

(2) $(CH_3)_2C$=CHCHO

(3) $(CH_3)_3C—CHO$

(4) 3-甲基环己酮

(5) $OHC—$〇$—COCH_3$

(6) $(CH_3)_3C—\underset{Br}{CH}—\underset{O}{C}—CH_3$

(7) CH_3CHCH_2CHO
$\qquad\quad CH_2CH_3$

(8) $CH_3COCH_2CH_3$

(9) $CH_3COCHClCH_2CH_3$

(10) $CH_3CH_2CH(OC_2H_5)_2$

2. 写出下列化合物的构造式。

(1) α,α-二甲基丁醛

(2) 4-甲基-2-戊酮

(3) α-溴丙醛

(4) 2,4-戊二酮

(5) 氯仿

(6) 2-丁烯醛

(7) 2-甲基-2-羟基丙腈

(8) 2,4-二硝基苯肼

(9) 环己基甲醛

(10) 环己酮

3. 写出苯甲醛与下列试剂反应所得产物的结构，若不反应，请注明。

(1) $NaHSO_3$

(2) CH_3CH_2MgBr、然后再水解

(3) CH_3CH_2OH/H_2SO_4(浓)

(4) $H_2N—OH$

(5) $O_2N—$〇$—NH—NH_2$
$\qquad\qquad\quad NO_2$

(6) $Ag(NH_3)_2 \cdot OH$

(7) $Zn-Hg/HCl$

(8) $NaOI/NaOH$

(9) $HCHO/$浓 OH^-

(10) $CH_3CHO/$稀 OH^-

4. 用化学方法鉴别下列各组化合物。

(1) 丙醛、丙醇、异丙醇、丙酮

(2) 甲醛、乙醛、乙醇、乙醚

(3) 苯甲醇、苯甲醛、苯乙酮

(4) 戊醛、2-戊酮、3-戊酮、2-戊醇

5. 试设计一个分离戊醇、戊醛、戊酸的化学方法，并写出各步反应式。

6. 下列化合物中哪些能发生碘仿的反应？哪些能和 $NaHSO_3$ 加成？哪些能发生银镜反应？并写出其产物。

(1) $CH_3COCH_2CH_3$ 　　　(2) $CH_3CH_2CH_2CHO$ 　　　(3) CH_3CH_2OH

(4) $CH_3CHCH_2CH_3$ 　　　(5) $CH_3CH_2COCH_2CH_3$
$\qquad\ \ OH$

7. 试推断下列各化合物的构造式？

(1) 一低沸点的醇，室温下不与卢卡斯试剂反应，但发生碘仿反应。

(2) 一低沸点的化合物能发生碘仿反应和品红醛反应，但和 CH_3MgBr 作用不产生甲烷。

(3) 一水溶性化合物用钠处理，不产生氢气，和品红醛试剂不发生反应，但和 $NaHSO_3$ 饱和溶液和 I_2+NaOH 都发生反应。

8. 某化合物 $C_6H_{10}O$ 可与羟胺作用肟，也能与饱和亚硫酸氢钠作用生成无色结晶，但不发生银镜反应。试推测该化合物可能的构造式。

9. 有一化合物 A，分子式为 $C_8H_{14}O$，化合物 A 可以很快使溴褪色，还可以和苯肼发生反应，A 氧化后得到一分子丙酮及另一化合物 B，B 具有酸性，和次碘酸钠反应生成碘仿和一分子二酸 C，试写出 A、B、C 结构式。并请写出推导过程。

知识考核表

项目	考 核 内 容	分值	说　　明
醛	1. 醛、酮的结构特征及分类	10	
	2. 醛、酮的同分异构现象	5	
	3. 醛、酮的命名 　习惯命名法 　系统命名法	15	重点是系统命名法
	4. 醛、酮的物理性质及递变规律	15	重点是熔点、沸点、密度和与氢键有关的一些性质（如溶解度等）
	5. 醛、酮的化学性质及用途 　加成反应 与碳亲核试剂的加成 　　　　　与含氧亲核试剂的加成 　　　　　与氨及衍生物的缩合 　　　　　与亚硫酸氢钠的加成 　α-氢原子的反应 羟醛缩合 　　　　　α-卤代 　　　　　卤仿反应 　　　　　碘仿反应 　氧化反应及选择性氧化剂 　还原反应及选择性还原剂	25	重点是与鉴别有关的反应
	6. 鉴别方法 　二硝基苯肼试验 　吐伦试验 　品红醛试验 　次碘酸试验	15	方法的特点、适用范围，干扰因素，外观现象
	7. 常见醛、酮的用途和安全知识	15	重点是用途、危害、爆炸范围、火灾防止、存储等

操作技能考核表

项目	方法	考 核 内 容	分值
正确鉴别醛基 正确鉴别酮基	1. 次碘酸钠试验 2. 2,4-二硝基苯肼试验 3. 吐伦试验 4. 席夫试验 5. 斐林试验	一、要求 　1. 正确选用玻璃仪器 　2. 正确使用电炉 　3. 正确配制所需试剂 　4. 取用试剂、试样规范 　5. 判断副反应 　6. 正确操作、观察、记录 　7. 台面整洁 　8. 结束工作规范 　9. 结果准确	65
		二、安全及其他 　1. 知道可能产生的危害因素 　2. 知道如何防止危险发生以及危险发生时的处理方法 　3. 正确处理产生的废弃物 　4. 合理安排时间 　5. 其他	15
		三、相关知识 　1. 次碘酸反应的适用范围及特点 　2. 2,4-二硝基苯肼试验适用范围及特点 　3. 吐伦试验适用范围及特点 　4. 席夫试验适用范围及特点 　5. 斐林试验适用范围及特点 　6. 概念：络合物、显色反应、氧化反应	20

7 | 羧酸及其衍生物

学习指南 前面几章涉及的化合物分子中都只含有一个官能团,那么如果将两个官能团相互连接共处于一个分子中时,是否会有另外特性的化合物出现呢?本章我们将认识的羧酸及其衍生物,它们的官能团就是由一个羰基和一个羟基组成谓之"羧基"。学习时同样首先必须了解它们的分类,掌握它们的命名方法;从分析官能团着手找出其结构特点,才能更好地理解羧酸及其衍生物的化学特性,掌握鉴别羧酸及其衍生物的方法。从而通过技能训练,能正确、安全地应用和鉴别羧酸及其衍生物。

本章关键词 羧酸 羧酸的衍生物 酯 酰卤 酸酐 酰胺 离解常数(K_a) 甲基红试验 羟肟酸试验 醇解 氨解 表面活性剂

认 识 羧 酸

7.1 羧酸

含有羧基(—C̈—OH)的有机化合物称为羧酸。

7.1.1 羧酸的结构与分类

7.1.1.1 羧酸的结构

羧酸的官能团是羧基(—C̈—OH),简写作—COOH 或—CO₂H。羧基中的碳原子可认为是 sp² 杂化,其三个 sp² 杂化轨道分别与两个氧原子和烃基的一个碳原子或氢原子(如甲酸)形成三个 σ 键,且在同一平面上。碳原子余下的一个 p 轨道与 $\diagdown$C =O 中氧原子的 p 轨道互相重叠形成一个 π 键。而羟基氧原子上的 p 轨道与羰基的 π 键又形成 p-π 共轭体系。

由于 p-π 共轭效应的存在,羟基氧上电子发生离域,导致两个碳-氧键的键长平均化。因此,在羧酸中的 C =O 不具有普通羰基的典型性质,而—OH 也不具有醇的典型性质,而是两者相互影响,另有特性的一类有机化合物。

7.1.1.2 羧酸的分类

根据羧酸分子中所含烃基的种类,可分为脂肪族羧酸、脂环族羧酸和芳香族羧酸。根据烃基是否饱和,可分为饱和羧酸和不饱和羧酸。根据羧酸分子中所含羧基的数目，又可分为一元羧酸、二元羧酸、多元羧酸等，三元以上的羧酸称为多元羧酸。饱和一元羧酸的通式为 $C_nH_{2n}O_2$。一元羧酸的通式为 RCOOH，其中 R 为烃基或氢。

7.1.2 羧酸的命名

羧酸一般采用两种命名法。最常见的酸根据其来源命名称为俗名。另一种是系统命名法。

7.1.2.1 俗名

下面列出一些常用的羧酸的俗名。

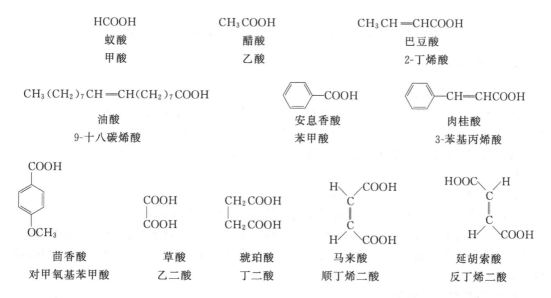

HCOOH
蚁酸
甲酸

CH₃COOH
醋酸
乙酸

CH₃CH=CHCOOH
巴豆酸
2-丁烯酸

CH₃(CH₂)₇CH=CH(CH₂)₇COOH
油酸
9-十八碳烯酸

安息香酸
苯甲酸

肉桂酸
3-苯基丙烯酸

茴香酸
对甲氧基苯甲酸

草酸
乙二酸

琥珀酸
丁二酸

马来酸
顺丁烯二酸

延胡索酸
反丁烯二酸

7.1.2.2 系统命名法

在系统命名法中含碳链的羧酸是以含羧基的最长碳链为主链，从羧基碳开始进行编号，根据主链上碳原子的数目称为某酸，以此作为母体名。然后在母体名称前面加上取代基的名称和位号。一些简单的脂肪酸也可以用 α，β，γ，……希腊字母表明取代基的位次。如

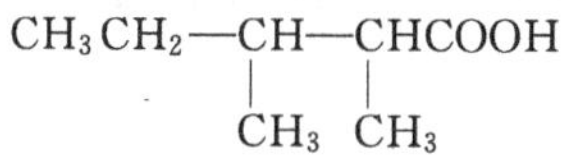

CH₃CH₂—CH—CHCOOH
        | |
       CH₃   CH₃

2,3-二甲基戊酸
或 α,β-二甲基戊酸

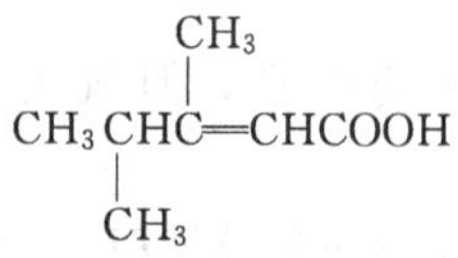

         CH₃
          |
CH₃CHC=CHCOOH
    |
   CH₃

3,4-二甲基-2-己烯酸

羧基直接连在芳环上的芳香酸常用苯甲酸作母体，其他基团为取代基，并标明取代基位置。羧基连在芳环侧链上时，则芳环看作取代基。如

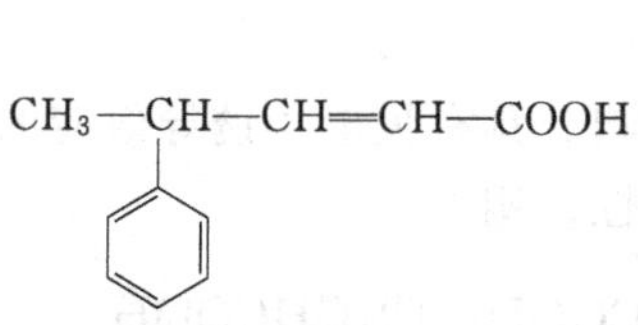

CH₃—CH—CH=CH—COOH

4-苯基-2-戊烯酸

(CH₃)₂C—CH₂COOH
        ‖O

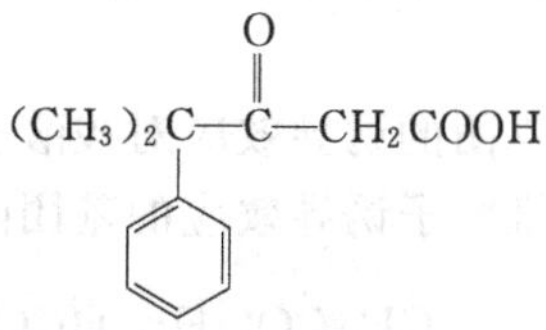

4-甲基-4-苯基-3-戊酮酸

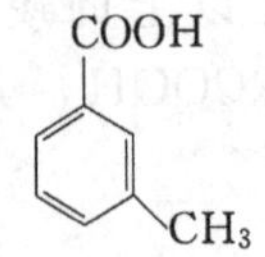

间甲基苯甲酸 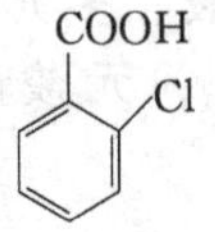　　　邻氯苯甲酸 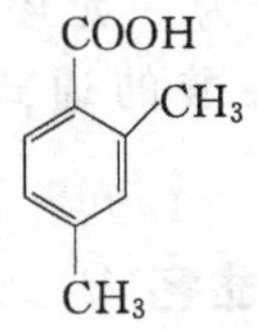　　　2,4-二甲基苯甲酸

含有碳环的羧酸则是将环作为取代基命名。编号从羧基所连的碳开始，称为环某甲酸。

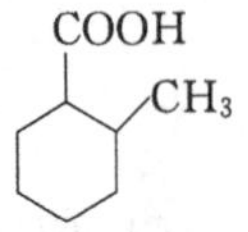

2-甲基环己基甲酸 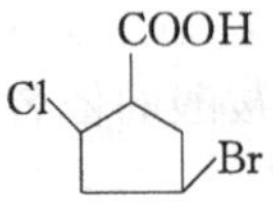　　　　2-氯-4-溴环戊基甲酸

7.1.3　羧酸的性质

7.1.3.1　羧酸的物理性质

从羧酸结构可知，羧酸是极性化合物。4 个碳以下的低级脂肪酸是液体，与水混溶，具有刺鼻的气味，随着烃基的增大在水中的溶解度降低；中级脂肪酸也是液体，部分溶于水，具有难闻的气味；高级脂肪酸是蜡状固体，无味，不溶于水。二元脂肪酸和芳香酸一般为结晶固体。

羧酸能溶于极性较小的有机溶剂，如乙醚、乙醇、苯等。

羧酸的沸点比相应相对分子质量的醇高，这是因为羧酸分子间形成氢键二聚体之故。

羧酸的熔点随着分子中碳原子数目的增加而增大，一般是含偶数碳原子羧酸的熔点较相邻含奇数碳原子羧酸熔点高，即随相对分子质量增大熔点值呈交替上升趋势。一些常见羧酸的物理常数见表 7-1。

7.1.3.2　羧酸的化学性质

羧基是羧酸的官能团，羧酸的化学反应主要发生在羧基和受羟基影响变得比较活泼的 α-H。

（1）酸性　羧酸在水溶液中能够离解出氢离子而呈现明显的酸性。

$$RCOOH + H_2O \longrightarrow RCOO^- + H_3O^+$$

虽然羧酸具有酸性，但氢离子的离解度不大，所以大多数为弱酸，但比水、酚、醇等强。

羧酸可与强碱和弱碱反应生成羧酸盐。

$$RCOOH + NaOH \longrightarrow RCOONa + H_2O$$
$$2RCOOH + Na_2CO_3 \longrightarrow 2RCOONa + H_2O + CO_2\uparrow$$
$$RCOOH + NaHCO_3 \longrightarrow RCOONa + H_2O + CO_2\uparrow$$

酚只能与强碱作用溶于该碱液中，不能与弱碱成盐。可利用这一性质鉴别和分离羧酸与酚类化合物。

羧基邻近基团的诱导效应对羧酸酸性有很大影响。具有吸电子诱导效应的基团增加羧酸的酸性。具有推电子诱导效应的基团降低羧酸的酸性。例如

$$CH_3COOH < HCOOH < ClCH_2COOH < Cl_2CHCOOH$$

表 7-1　一些常见羧酸的物理常数

名称	构　造　式	熔点/℃	沸点/℃	溶解度/$g \cdot 100gH_2O^{-1}$	pK_{a1}
甲酸	HCOOH	8.4	100.5	∞	3.77
乙酸	CH_3COOH	16.6	118	∞	4.76
丙酸	CH_3CH_2COOH	−22	141	∞	4.88
正丁酸	$CH_3(CH_2)_2COOH$	−6	163	∞	4.82
正戊酸	$CH_3(CH_2)_3COOH$	−34	187	3.7	4.81
正己酸	$CH_3(CH_2)_4COOH$	−3	205	0.97	4.84
软脂酸	$CH_3(CH_2)_{14}COOH$	63		不溶	
硬脂酸	$CH_3(CH_2)_{16}COOH$	70		不溶	
苯甲酸	〇—COOH	122		0.34	4.17
苯乙酸	〇—CH₂COOH	78		1.66	4.31
乙二酸	HOOC—COOH	189		8.6	1.46
丙二酸	$HOOCCH_2COOH$	136		73.5	2.80
顺丁烯二酸	HOOC—C=C—COOH（H,H 顺式）	130		79	1.90
反丁烯二酸	HOOC—C=C—COOH（H,H 反式）	302		0.7	3.000
邻苯二甲酸	〇（1,2-COOH）	213(>191℃脱水)		0.7	2.93
间苯二甲酸	〇（1,3-COOH）	348(升华)		0.01	3.62
对苯二甲酸	〇（1,4-COOH）	300(升华)		0.002	3.54

同样连有吸电子基团，电负性越强，羧酸的酸性也越强。例如

$$FCH_2COOH > ClCH_2COOH > BrCH_2COOH > ICH_2COOH$$

诱导效应是通过 σ 键传递，随距离增长而减弱。同样的吸电子基团，离羧基越近，作用越强。

酸性顺序由强到弱，例如

$$CH_3CH_2\underset{|}{\overset{}{CH}}-COOH > CH_3\underset{|}{\overset{}{CH}}CH_2COOH > \underset{|}{\overset{}{CH_2}}CH_2CH_2COOH > CH_3CH_2CH_2COOH$$
$$\quad\quad Cl \quad\quad\quad\quad\quad Cl \quad\quad\quad\quad Cl$$

一般经过三个碳原子以上其影响就可以忽略不计了。

（2）**羧基中羟基的取代反应**　羧基中的羟基可以被卤素、酰氧基、烷氧基及氨基所置换，分别生成酰卤，酸酐、酯及酰胺。

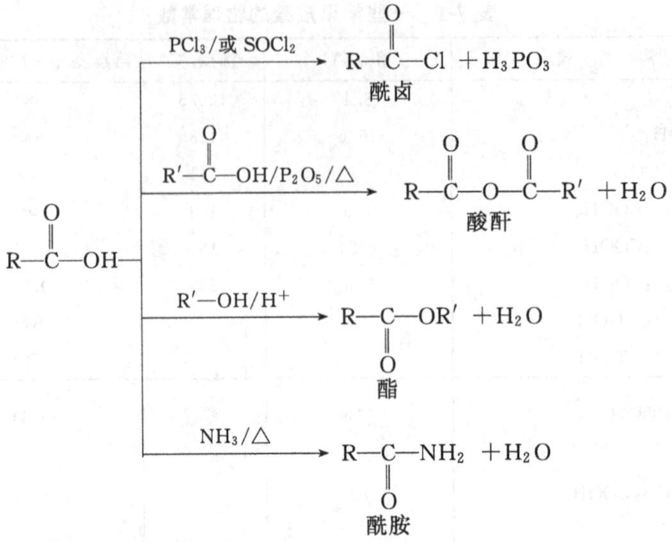

$$\text{R—C—OH} \begin{cases} \xrightarrow{\text{PCl}_3/\text{或 SOCl}_2} \text{R—C—Cl} + H_3PO_3 \quad \text{酰卤} \\ \xrightarrow{\text{R'—C—OH}/P_2O_5/\triangle} \text{R—C—O—C—R'} + H_2O \quad \text{酸酐} \\ \xrightarrow{\text{R'—OH}/H^+} \text{R—C—OR'} + H_2O \quad \text{酯} \\ \xrightarrow{\text{NH}_3/\triangle} \text{R—C—NH}_2 + H_2O \quad \text{酰胺} \end{cases}$$

生成的这四种化合物都称为羧酸衍生物。

（3）脱羧反应　除甲酸和低级二元羧酸外，一般脂肪酸比较稳定，难于脱羧，但在特殊条件下羧基可以脱去，一元脂肪酸的盐与碱共熔也可脱羧，并且比脂肪酸容易。

$$RCOONa + NaOH(CaO) \xrightarrow{\triangle} RH + Na_2CO_3$$

此反应由于副反应多，实际上只用于低级羧酸盐。在实验室中用于少量甲烷的制备。例如

$$CH_3COONa + NaOH(CaO) \xrightarrow{\triangle} CH_4\uparrow + Na_2CO_3$$

当羧酸分子中的 α-碳原子上连有较强的吸电子基时，受热易脱羧。例如

$$HOOCCH_2COOH \xrightarrow{\triangle} CO_2 + CH_3COOH$$

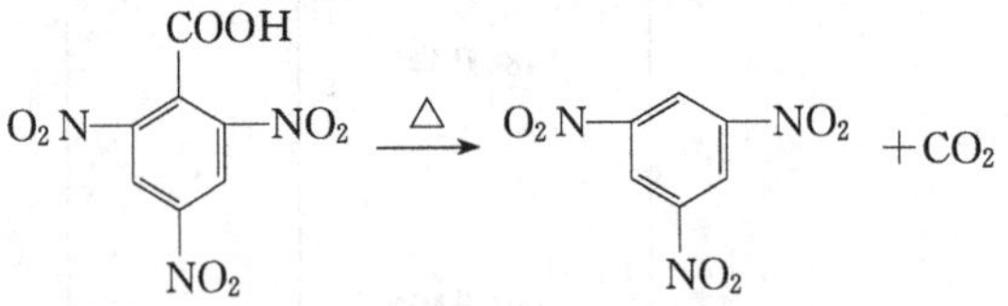

（4）还原反应　羧基虽然含有碳氧双键，但由于 p-π 共轭效应的结果，不容易被催化氢化还原。强的还原剂如四氢铝锂可将羧酸直接还原成伯醇，但不还原非共轭的碳碳双键。

$$RCH{=}CHCH_2COOH \xrightarrow{\text{LiAlH}_4/\text{无水乙醚}} RCH{=}CHCH_2CH_2OH$$

（5）α-氢原子的卤代反应　羧酸分子中的 α-氢原子因受羧基的影响，具有一定的活泼性，在一定的条件下可被氯或溴取代，但羧酸中的羧基对 α-氢的影响不如醛、酮中的羰基对 α-氢的致活作用强。因此要在催化剂（红磷、碘或硫）作用下才能发生卤代反应。

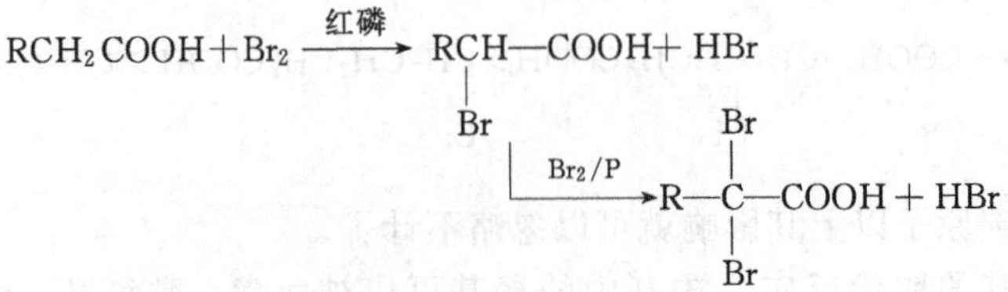

$$RCH_2COOH + Br_2 \xrightarrow{\text{红磷}} \underset{Br}{RCH}{-}COOH + HBr \xrightarrow{Br_2/P} \underset{Br}{\overset{Br}{R-C}}{-}COOH + HBr$$

例如

$$CH_3COOH \xrightarrow{Cl_2/P} \underset{\overset{|}{Cl}}{CH_2COOH} \xrightarrow{Cl_2/P} \underset{\overset{|}{Cl}}{\overset{\overset{Cl}{|}}{CH}COOH} \xrightarrow{Cl_2/P} Cl_3COOH$$

一氯乙酸　　　　　二氯乙酸　　　　　三氯乙酸

若要获得一卤代酸，需控制反应条件。α-卤代酸的卤很活泼，可以进行取代和消除反应。例如

$$CH_3CH{-}COOH \underset{\overset{|}{Cl}}{}$$

$$\xrightarrow{NaOH/H_2O} \underset{\overset{|}{OH}}{CH_3CH{-}COOH} \quad \alpha\text{-羟基丙酸}$$

$$\xrightarrow{NH_3} \underset{\overset{|}{NH_2}}{CH_3{-}CH{-}COOH} \quad \alpha\text{-氨基丙酸}$$

$$\xrightarrow{NaCN} \underset{\overset{|}{CN}}{CH_3{-}CH{-}COOH} \quad \alpha\text{-腈基丙酸}$$

$$\xrightarrow{KOH/醇溶液} CH_2{=}CH{-}COOH \quad 丙烯酸$$

上述反应在有机合成上有着重要意义。

应 用 羧 酸

7.1.4　羧酸的用途与使用羧酸的安全知识

7.1.4.1　重要的羧酸

（1）甲酸　甲酸存在于蚁类等昆虫体中，是一种无色有刺激性的液体，具有较强的酸性和腐蚀性。甲酸中既有羧基又有醛基，从而表现出其他同系物没有的一些特性，如易脱水、脱羧、有还原性等。

$$H{-}\overset{\overset{O}{\|}}{C}{-}OH \xrightarrow{H_2SO_4/\triangle} H_2O + CO\uparrow$$

$$H{-}\overset{\overset{O}{\|}}{C}{-}OH \xrightarrow{室温或160℃} H_2 + CO_2\uparrow$$

$$H{-}\overset{\overset{O}{\|}}{C}{-}OH \xrightarrow{[O]} H_2 + CO_2\uparrow$$

甲酸不仅可被强氧化剂氧化，还可被弱氧化剂（如吐伦试剂等）氧化，生成碳酸盐。

$$H{-}\overset{\overset{O}{\|}}{C}{-}OH \xrightarrow{Ag(NH_2)_2^+} (NH_4)_2CO_3 + Ag\downarrow$$

甲酸在工业上用作还原剂和橡胶凝胶剂。另外,甲酸还具有杀菌能力,可作消毒剂和防腐剂。

（2）草酸　草酸盐存在于许多植物及菌藻类中。纯品为无色晶体，常含两分子结晶水，加热至101℃失水变成无水草酸，其熔点为189℃。草酸为二元羧酸，并且没有烃基，因而除了具有羧酸的通性外还有以下特性，如还原性、与金属的配合能力、脱水和脱羧等。

$$5 \left|\begin{array}{l}\text{COOH}\\\text{COOH}\end{array}\right. +2MnO_4^- +6H^+ \longrightarrow 2Mn^{2+} +8H_2O +10CO_2\uparrow$$

$$\left|\begin{array}{l}\text{COOH}\\\text{COOH}\end{array}\right. \xrightarrow[\text{或浓 }H_2SO_4,\ 90℃]{150℃} CO_2 +CO +H_2O$$

$$Fe +3C_2O_4^{2-} \longrightarrow [Fe(C_2O_4)_3]^{3-}$$

（3）丁烯二酸 丁烯二酸有顺、反两种异构体。顺丁烯二酸在自然界中未发现；反丁烯二酸广泛存在于动植物体内，是生物代谢的重要中间产物之一。顺、反丁烯二酸纯品为无色结晶，反丁烯二酸较顺丁烯二酸稳定。

（4）苯甲酸 苯甲酸存在于安息香胶及其他一些树脂中。纯品为白色有光泽的鳞片状晶体，熔点122℃，受热易升华，常作为食品和某些药物制剂的防腐剂。

（5）己二酸 己二酸俗称肥酸，为白色固体，微溶于水，易溶于乙醇、丙酮和乙醚等有机溶剂中。在工业上己二酸主要用于合成纤维尼龙-66，也可用于合成增塑剂、润滑剂，还可用于医药、分析化学、染料、合成香料及照相纸等方面。

7.1.4.2 常见羧酸的用途和安全知识

羧酸在自然界广泛存在，而且对人类生活非常重要。如食用的醋；日常使用的肥皂；食用的油等，羧酸也是一个非常重要的工业原料，例如合成纤维的重要原料之一就是羧酸。虽然羧酸在日常生活中非常重要，但同样有些羧酸会因浓度的变化或多或少有一定的毒性和危险性，有些羧酸本身也有一定的毒性和危险性，因此很好地了解羧酸的毒性和危险性，对于安全使用它们有着十分重要的意义。表 7-2 列出了常见羧酸的用途和安全使用知识。

表 7-2 常见羧酸的用途和安全使用知识

品名	构造式	用途和接触机会	毒性、危险性与侵害	急救措施	安全使用与防护
甲酸	HCOOH	测定砷、铋、铅、铜等过渡金属的试剂；有机分析中用于芳香伯胺和仲胺的检验；用作还原剂、脱钙剂，食物杀菌防腐剂；用于杀菌剂、杀虫剂、冷冻剂的制造。纸张、纺织品的染色和整理等	本品有毒。吸入或经皮肤吸收均会引起中毒，对眼、皮肤和黏膜有刺激性。可燃，燃点600℃，具有一定程度的失火危险，爆炸极限为18%～57%。有强腐蚀性 通过蒸气吸入、经皮肤吸收、摄入，与皮肤和眼接触侵入。侵害皮肤、眼、肾、呼吸系统	此化学品如进入眼中，立即用大量水冲洗；如接触皮肤亦应即用水洗净；灼烧部位先用大量水清洗，再用2%～4%碳酸氢钠溶液洗涤。如大量吸入，立即移离现场至新鲜空气处，再吸入2%雾化碳酸氢钠，必要时进行人工呼吸；如被吞服，服以大量水，不诱吐，立即送医院治疗	用玻璃瓶或镀锌桶盛装。置阴凉、通风良好处，密封保存 操作时需穿防护工作服，并戴防护眼镜，可渗透的工作服如被弄湿，应立即脱去，以避免燃烧危险。生产现场应备置安全信号指示器、洗眼剂和冲洗设备
乙酸	CH$_3$COOH	常用作分析试剂；作香精油、树脂、树胶等的溶剂。也单独用于染料、橡胶、制药、食品保藏、纺织和洗涤等工业中。也用于漂白剂、褪色剂等精细化学品的制造。还用作食品添加剂、乳胶凝结剂，油井酸化剂	纯乙酸吸入和摄入均有中等程度的毒性，但稀释的乙酸（约5%）可以食用。10%以上的酸有腐蚀性。冰醋酸在其闪点温度42.8℃以上时产生易燃蒸气，与空气形成爆炸性混合物 通过蒸气吸入侵入。侵害呼吸系统、皮肤、眼、牙	此化学品如进入眼中，立即用洗眼剂或水冲洗；如接触皮肤应立即用清水或2%碳酸氢钠溶液冲洗。如大量吸入，立即移离现场至新鲜空气处，必要时进行人工呼吸；如误服，用温水或2.5%氧化镁溶液洗胃，禁用碳酸氢钠溶液洗胃	用玻璃瓶、酸坛、聚乙烯大瓶或衬聚乙烯的金属桶盛装，保持干燥，贮存温度应保持在冰点以上。最好在附近的仓库内存放，与氧化剂隔开 操作时需穿戴防护服、手套，戴防护眼镜，可渗透的工作服如被弄湿，应立即脱去

续表

品名	构造式	用途和接触机会	毒性、危险性与侵害	急救措施	安全使用与防护
乙二酸	COOH | COOH	用于钙、钍和稀土元素的沉淀，高锰酸钾标准液的标定；用作标准物质，色谱分析试剂，鞣革剂，织物漂白剂，染料中间体，金属设备净化剂；用于甲醇、甘油等的精制；用于制造抗生素等药物；用于照相、陶瓷、冶金、橡胶、造纸等工业	本品有毒，吸入和摄入会引起中毒，对皮肤和眼睛有强刺激性；吞服有剧毒，火灾中能放出剧毒和刺激性的烟雾 通过烟雾和粉尘的吸入，皮肤吸收，摄入，与皮肤和眼接触侵入。侵害呼吸系统、皮肤、肾、眼	此化学品如触及眼和皮肤应迅速用大量水冲洗；如大量吸入，立即移离现场至新鲜空气处，必要时进行人工呼吸；如被吞服，服以大量水，迅速洗胃，给予医学注视，然后对症处理	用玻璃瓶、木桶、多层纸袋或金属盛装，置阴凉、通风、干燥处，密封保存。最好使用露天仓库。远离任何能发生严重火灾的地方。与氧化剂隔开 操作时需穿戴防护服，手套、戴防护眼镜，可渗透的工作服如被弄湿，应立即脱去

鉴 别 羧 酸

7.1.5　鉴别羧酸的方法

7.1.5.1　酸性甲基红试验

甲基红是一种酸碱指示剂，其变色范围从 pH＝4.4（红）到 pH＝6.2（黄），在黄色甲基红中加入酸性样品，其颜色发生变化，由黄转为红，这一变化可用来鉴别羧酸化合物。甲基红构造式为

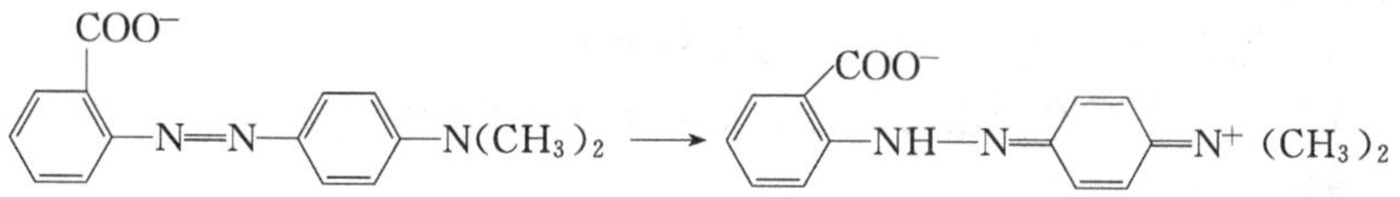

黄色（偶氮式）　　　　　　　　红色（醌式）

7.1.5.2　碘酸钾-碘化钾试验方法

碘酸钾与碘化钾溶液发生歧化反应的条件为酸性介质，因此，在这两种试剂的混合物中加入酸性样品，可生成碘，碘遇淀粉指示剂变蓝色。

$$KIO_3 + KI + H^+ \longrightarrow K^+ + I_2 + H_2O$$
$$I_2 + 淀粉 \longrightarrow I_2\text{-淀粉复合物}$$
$$(蓝色)$$

7.1.6　技能训练

【技能训练】　酸性甲基红试验

目的：（1）理解酸性甲基红试验的基本原理。

　　　（2）学会用酸性甲基红试验鉴别羧酸。

　　　（3）了解酸碱指示剂的变色原理及使用方法。

仪器：试管、试管架、滴瓶、小药匙、量筒、滴管。

试剂：$w＝0.1\%$ 甲基红溶液：$c(NaOH)＝0.1mol \cdot L^{-1}$ 的氢氧化钠溶液。

试样：甲酸、乙酸、苯甲酸、邻苯二甲酸。

安全：避免试样及试剂与皮肤直接接触，摄入。

态度：认真实验，规范操作，仔细观察，及时记录。

步骤

(1) 在试管中加入 1mL $w=0.1\%$ 的甲基红溶液。

(2) 继续向试管中加入 $c(NaOH)=0.1mol \cdot L^{-1}$ 的 NaOH 溶液调节甲基红溶液至刚呈黄色。

(3) 再向试管中加入 25～30mg 固体样品或 4～5 滴液体样品。

(4) 仔细观察试管中溶液颜色的变化。记录所观察到的现象。

(5) 将废液倒入指定地点。

(6) 清洗仪器，倒置于试管架上。

(7) 按所列的试样重复上述(1)～(6)的步骤。

【技能训练】 碘酸钾-碘化钾试验

目的：(1) 理解碘酸钾-碘化钾试验的基本原理。

(2) 正确理解歧化反应。

(3) 学会用碘酸钾-碘化钾试验鉴别羧酸。

仪器：试管、试管架、滴瓶、小药匙、量筒、滴管、烧杯。

试剂：$w=4\%$ 碘酸钾溶液；$w=2\%$ 碘化钾溶液；$w=0.1\%$ 淀粉溶液。

试样：甲酸、乙酸、苯甲酸、邻苯二甲酸。

安全：避免试样及试剂与皮肤直接接触，摄入。

态度：认真实验，规范操作，仔细观察，及时记录。

步骤

(1) 将 5mg 固体试样或 2 滴液体试样置于试管中。

(2) 继续向试管中加入 2 滴 $w=2\%$ 的 KI 溶液和 2 滴 $w=4\%$ 的 KIO_3 溶液。

(3) 塞好试管，在沸水浴中加热 10min。

(4) 冷却后，加入 1～4 滴 $w=0.1\%$ 的淀粉溶液。

(5) 仔细观察试管中溶液颜色的变化。记录所观察到的现象。

(6) 将废液倒入指定地点。

(7) 清洗仪器，倒置于试管架上。

(8) 按所列的试样重复上述(1)～(7)的步骤。

注意事项：活泼的酰卤、酸酐有干扰。

【新视野】己二酸生产新技术

己二酸是制造尼龙 66 纤维、聚氨基甲酸酯弹性纤维、润滑剂、增塑剂等的重要中间体，世界上己二酸的年生产能力已达 230 万吨。

但己二酸的传统生产方法是以石油提取的苯为原料、经 Ni 或 Pd 作为催化剂加氢生成环己烷，环己烷进行空气氧化生成环己酮和环己醇、然后进一步利用硝酸氧化制成己二酸。该方法被认为是现代合成有机化学的最伟大的成就之一。但从绿色化学的更高要求来看，这一工艺存在着严重缺点：原料来自石油，属于不可再生资源，且是引起癌症和肺炎的剧毒物质，在生产过程中严重危及操作人员的人身安全；加工过程中采用空气和硝酸为氧化剂的氧化过程，其选择性较差，原料利用率较低，特别是最后一步采用硝酸为氧化剂，腐蚀严重，而且反应的副产物笑气（N_2O），排放后进入大气层，会造成对大气臭氧层的破坏，同时 N_2O 也是一种温室气体，与 CO_2 一起引起地球温度上升。据估计，每年因己二酸的生产，引起大气中 N_2O 的含量每年以 10% 的速度上升！

为了克服以石油为原料的己二酸生产路线的缺陷，美国 Michigan 州立大学的

J. W. Frost 和 K. M. Draths 开发出了生产己二酸的生物技术路线。新工艺以由淀粉和纤维素制取的葡萄糖为原料，利用经 DNA 重组技术改进的细菌，将葡萄糖转化为己二烯二酸，然后在催化剂的作用下加氢制备己二酸。

新工艺不仅利用可再生生物质资源，而且过程安全、可靠、效率高，因此是先进的绿色化学技术。生物技术路线制造己二酸，被认为是采用可再生生物质资源代替矿物质石油资源制造化学品，从而实现过程无毒、无害、无污染的典型实例。J. W. Frost 和 K. M. Draths 也因这一突出贡献而荣获 1998 年美国"总统绿色化学挑战奖"的学术奖。

——摘自闵恩泽，吴巍. 绿色化学与化工. 化学工业出版社，2000

认识羧酸衍生物

7.2　羧酸衍生物

羧酸中羧基的羟基被其他基团取代的化合物称为羧酸衍生物，重要的羧酸衍生物有酯、酰胺、酰卤和酸酐。

7.2.1　羧酸衍生物的命名

羧基中羟基去掉，剩余的基团（ $R-\overset{O}{\underset{}{C}}-$ ）称为酰基。羧酸衍生物则由酰基和其他基团组成，通常根据它们相应的羧酸或酰基来命名。

7.2.1.1　酰卤

酰卤由酰基和卤素组成，命名也是以相应酸的酰基和卤素命名。

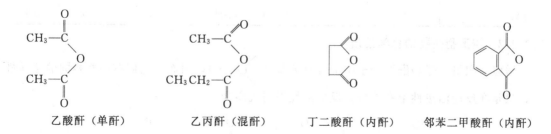

苯甲酰氯　　　　丙酰氯　　　　2-甲基丙酰溴

7.2.1.2　酸酐

酸酐的名称是由相应的羧酸加"酐"字组成。若形成酸酐的两个羧酸相同，称为单酐反之称为混酐。二元羧酸分子内失水形成的酸酐又称内酐。

乙酸酐（单酐）　　　乙丙酐（混酐）　　　丁二酸酐（内酐）　　　邻苯二甲酸酐（内酐）

7.2.1.3　酯

酯的名称是由相应的羧酸和与氧相连的烃基名称组合而成，称某酸某酯。

$$CH_3-\overset{\overset{\displaystyle O}{\|}}{C}-OC_2H_5$$

乙酸乙酯

$$\overset{\overset{\displaystyle O}{\|}}{\underset{}{C}}-OCH(CH_3)_2$$

苯甲酸异丙酯

$$CH_3-\overset{\overset{\displaystyle CH_3}{|}}{\underset{\underset{\displaystyle CH_3}{|}}{C}}-CH_2-COOCH_3$$

3,3-二甲基丁酸甲酯

7.2.1.4 酰胺

根据其相应的酰基和氨基称"某酰胺",氮原子上连有烃基时要指出烃基的名称,用 N 字表明连在氮原子上的烃基,放在酰胺名称的前面。例如

$$CH_3-\overset{\overset{\displaystyle O}{\|}}{C}-NH_2$$

乙酰胺

$$CH_2=CH-\overset{\overset{\displaystyle O}{\|}}{C}-NH_2$$

丙烯酰胺

$$CH_3-\overset{\overset{\displaystyle O}{\|}}{C}-NHCH_3$$

N-甲基乙酰胺

$$H-\overset{\overset{\displaystyle O}{\|}}{C}-\overset{\overset{\displaystyle CH_3}{|}}{\underset{\underset{\displaystyle CH_3}{|}}{N}}$$

N,N-二甲基甲酰胺(DMF)

$$\overset{}{\underset{}{\bigcirc}}-CH_2-\overset{\overset{\displaystyle O}{\|}}{C}-NH_2$$

苯乙酰胺

$$\overset{}{\underset{}{\bigcirc}}-NH-\overset{\overset{\displaystyle O}{\|}}{C}-CH_3$$

乙酰苯胺

7.2.2 羧酸衍生物的性质

7.2.2.1 羧酸衍生物的物理性质

低级的酰卤和酸酐都是具有刺激性臭味的无色液体。C_{14} 以内的羧酸甲酯、乙酯为液体,低级酯类一般具有香味,如乙酸异戊酯有香蕉香味,苯甲酸甲酯有茉莉香味等。酰胺中除甲酰胺外均为固体,没有气味。

酰氯、酸酐和酯由于分子中已没有羟基,因而没有缔合作用,所以它们的沸点比相对分子质量相近的羧酸要低。而酰胺的沸点比相应的羧酸高。一些羧酸衍生物的物理常数见表7-3。

表 7-3　一些羧酸衍生物的物理常数

化合物	相对分子质量	熔点/℃	沸点/℃	化合物	相对分子质量	熔点/℃	沸点/℃
乙酰胺	59	82	221	乙酸	60	16.6	118
N-甲基乙酰胺	73	28	204	甲酸甲酯	60	−99	31.5
N,N-二甲基乙酰胺	83	−20	165	乙酸乙酯	72	−83	77
乙酰氯	78.5	−112	51	乙酸酐	102	−73	140
丙酰氯	92.5	−94	80	丙酸酐	116	−45	169

7.2.2.2 羧酸衍生物的化学性质

酰卤、酸酐、酯和酰胺分子中都含有羰基($\overset{\diagdown}{\diagup}C=O$),因而,它们有一些相同的化学性质,只是在反应活泼性上有差异。反应活性强弱次序为

$$R-\overset{\overset{\displaystyle O}{\|}}{C}-Cl > R-\overset{\overset{\displaystyle O}{\|}}{C}-O-\overset{\overset{\displaystyle O}{\|}}{C}-R' > R-\overset{\overset{\displaystyle O}{\|}}{C}-OR' > R-\overset{\overset{\displaystyle O}{\|}}{C}-NH_2$$

(1)水解反应　酰卤、酸酐、酯和酰胺都可以和水作用生成相应的酸。

$$
\left.\begin{array}{c}
\underset{\displaystyle R-C-Cl}{\overset{\displaystyle O}{\parallel}} \\[2mm]
\underset{\displaystyle R-C}{\overset{\displaystyle O}{\parallel}}\!\!\overset{\displaystyle O}{\underset{\displaystyle R'-C}{\parallel}} \\[2mm]
\underset{\displaystyle R-C-OR'}{\overset{\displaystyle O}{\parallel}} \\[2mm]
\underset{\displaystyle R-C-NH_2}{\overset{\displaystyle O}{\parallel}}
\end{array}\right\}
\xrightarrow[\text{（水解）}]{\text{H—OH/}}
\left\{\begin{array}{c}
\underset{\displaystyle R-C-OH}{\overset{\displaystyle O}{\parallel}}+HCl \\[2mm]
\underset{\displaystyle R-C-OH}{\overset{\displaystyle O}{\parallel}}+\underset{\displaystyle R'-C-OH}{\overset{\displaystyle O}{\parallel}} \\[2mm]
\underset{\displaystyle R-C-OH}{\overset{\displaystyle O}{\parallel}}+R'OH \\[2mm]
\underset{\displaystyle R-C-OH}{\overset{\displaystyle O}{\parallel}}+HNH_2
\end{array}\right.
$$

其中以酰卤最易水解，酸酐次之，酯和酰胺水解较慢。例如乙酰氯遇水时要起猛烈的放热反应。一般酯和酰胺的水解则需要碱作催化剂，同时还要加热，反应才能完全。

由于油脂制肥皂用的是酯的碱性水解反应，所以酯的碱性水解也称为"皂化"反应。

酰胺用溴或氯的碱水溶液处理，可以降解失去羰基得到胺，此反应称为霍夫曼（Hoffmann）降解反应。

$$
\underset{\displaystyle R-C-NH_2}{\overset{\displaystyle O}{\parallel}}+NaOBr+2NaOH \longrightarrow RNH_2+Na_2CO_3+NaX+H_2O
$$

例如

$$
\underset{\displaystyle CH_3-C-NH_2}{\overset{\displaystyle O}{\parallel}}+NaOCl+2NaOH \longrightarrow CH_3NH_2+Na_2CO_3+NaCl+H_2O
$$

（2）醇解反应　酰卤、酸酐、酯与醇作用生成酯

$$
\left.\begin{array}{c}
\underset{\displaystyle R-C-Cl}{\overset{\displaystyle O}{\parallel}} \\[2mm]
\underset{\displaystyle R-C}{\overset{\displaystyle O}{\parallel}}\!\!\overset{\displaystyle O}{\underset{\displaystyle R-C}{\parallel}} \\[2mm]
\underset{\displaystyle R-C-OR}{\overset{\displaystyle O}{\parallel}}
\end{array}\right\}
\xrightarrow[\text{（醇解）}]{\text{R'—OH}}
\left\{\begin{array}{c}
\underset{\displaystyle R-C-OR'}{\overset{\displaystyle O}{\parallel}}+HCl \\[2mm]
\underset{\displaystyle R-C-OR'}{\overset{\displaystyle O}{\parallel}}+\underset{\displaystyle R-C-OH}{\overset{\displaystyle O}{\parallel}} \\[2mm]
\underset{\displaystyle R-C-OR'}{\overset{\displaystyle O}{\parallel}}+ROH
\end{array}\right.
$$

酰卤和酸酐与醇的作用虽然没有水解反应快，但也是很容易进行的反应。这是一种制酯的方法，特别是酸酐，因为它较酰卤易制备和保存，所以用得较广。

酯的醇解是生成另外一种酯，所以它又称为酯交换反应。

（3）氨解反应　酰卤、酯酐和酯与氨作用生成酰胺。

$$
\left.
\begin{array}{l}
\underset{\underset{R-\overset{O}{\overset{\|}{C}}-Cl}{}}{} \\[2mm]
R-\overset{O}{\overset{\|}{C}}-O \\
R-\overset{O}{\overset{\|}{C}} \\[2mm]
R-\overset{O}{\overset{\|}{C}}-OR'
\end{array}
\right\}
\xrightarrow[\text{（氨解）}]{NH_3}
\left\{
\begin{array}{l}
R-\overset{O}{\overset{\|}{C}}-NH_2 + NH_4Cl \\[2mm]
R-\overset{O}{\overset{\|}{C}}-NH_2 + R-\overset{O}{\overset{\|}{C}}-ONH_4 \\[4mm]
R-\overset{O}{\overset{\|}{C}}-NH_2 + R'OH
\end{array}
\right.
$$

酰卤和酸酐与氨的反应相当快，酯要在无水条件下，用过量的氨处理才能得到酰胺。因此，制备酰胺常用酰卤和酸酐做原料。

（4）还原反应 羧酸衍生物均具有还原性，可用多种方法进行还原。不同的衍生物采用不同的还原方法能得到不同的还原产物。其中酯的还原反应尤其重要。

$$
R-\overset{O}{\overset{\|}{C}}-OR' \xrightarrow[\quad]{\text{Na，乙醇}/\triangle，回流} RCH_2OH + R'OH
$$

利用酯的还原反应，可从高级脂肪酸的酯制备高级脂肪醇。

7.2.3 肥皂和表面活性剂

7.2.3.1 肥皂

肥皂分子中含有两个组成部分：一是羧基；二是高级烷基。前者具有强的极性，与水有强的吸引力；而烷基是非极性基团，与水相排斥，不溶于水。因此，当肥皂溶于水时，羧基有序地排列在水中，而烷基排列在外面，形成单分子膜。这种单分子膜可以覆盖很大面积，以减少蒸发，起保水保温的作用。它可以将油或水包在分子膜内产生乳化现象。

凡是一个有机化合物分子有亲水的极性基团和疏水的非极性基团，而且两者强度相差不大，能大致达到平衡，就能降低水的表面张力或者说是有表面活性的性能，可以作为乳化剂、湿润剂、洁净剂等。

除肥皂外，对十二烷基苯磺酸钠、月桂醇与环氧烷的缩合物都作为洗衣粉或洗涤剂的主要成分。均有表面活性作用。

7.2.3.2 表面活性剂

在有机合成中经常使用一些相转移催化剂，这些物质也多数是分子内既有亲水基团又有亲油基团，可以将分布在两相中的反应物拉在一起促使反应的进行，如聚醚、冠醚等。

应用羧酸衍生物

7.2.4 羧酸衍生物的用途与使用羧酸衍生物的安全知识

由羧酸可获得相应的羧酸衍生物，它在人类生活中占据重要地位，如动植物体内含有的类脂质，存在于动植物体内的蜡属于高级酯类；多数动物和人类蛋白质的新陈代谢产物尿素属于酰胺类化合物，总之羧酸衍生物不仅在日常生活中非常重要，而且也是重要的工业原料，用途非常广泛，在工业分析中它们也是重要的试剂和溶剂，因此了解一些常见羧酸衍生物的用途和安全知识，对于正确使用它们就显得相当重要。表 7-4 列出了常见的羧酸衍生物的用途和安全使用知识。

表 7-4 常见羧酸衍生物的用途和安全使用知识

品名	构造式	用途和接触机会	毒性、危险性与侵害	急救措施	安全使用与防护
乙酸酐（俗称醋酐）	CH_3C ... CH_3C (酸酐结构)	用作乙酰化试剂，或制造纤维素、乙酰苯胺、合成纤维、塑料、炸药、树脂、香料和调味的溶剂以及制造药物和农药的中间体；还用于纺织染料工业中	本品有强烈的刺激性和腐蚀性，蒸气的刺激性更强，能引起组织细胞的蛋白质变性，高浓度时会使皮肤和眼睛灼伤与损害。易燃，燃点385℃，有中等的燃烧危险，其蒸气能与空气形成爆炸性混合物，爆炸极限为 3%～10% 通过蒸气吸入、摄入、与皮肤和眼接触侵入。侵害呼吸系统、皮肤、眼	此化学品如溅入眼中，立即用流水冲洗；如溅及或黏附于皮肤时，立即用清水或 2%苏打水冲洗；如大量吸入，立即移离现场至新鲜空气处，必要时进行人工呼吸；如被吞服，服以大量水，洗胃，不诱吐严重者立即送医院治疗	用玻璃瓶或带箱皮保护的大玻璃瓶或铝桶、不锈钢桶盛装。置阴凉、通风良好处，密封保存。远离火源和热源 设备应密封，防止泄漏。操作人员应穿防护工作服，戴防护眼镜。如有沾染，迅速用肥皂和清水洗净。工作服如被弄湿，应立即脱去，以避免燃烧危险。备置安全信号指示器和洗眼剂
乙酰氯	CH_3COCl	用作测定磷、胆甾醇、有机溶剂中的水分、亚硝基、羟基、四乙基铅等的试剂；用于制药工业、农药制造、乙酰基衍生物和染料等的制备	对皮肤和黏膜有腐蚀作用，对眼睛有强刺激性。易燃，燃点390℃，有较大的燃烧危险，其蒸气能与空气形成爆炸性混合物，爆炸极限尚未确定 通过蒸气吸入、摄入、与皮肤和眼接触侵入	本品接触皮肤或眼部，应迅速用清水冲洗	用大玻璃瓶盛装，外加箱皮保护。防潮、密封保存。存放于阴凉、通风良好、最好是附近的处所。离开火源。室内仓库必须是标准的易燃液体库房或贮藏间。与氧化剂隔开 工作时应戴橡皮手套，穿衣裤相连的橡皮工作服
甲酰胺	$HCONH_2$	用作色谱分析试剂，农业分析中作纸色谱的展开剂；用于大米中氨基酸含量的分析；还用溶剂、软化剂；用于有机合成和制造药物的中间体	本品有中等毒性，对皮肤和黏膜有刺激性。可燃 通过蒸气吸入、摄入、与皮肤和眼接触侵入	本品如溅入眼中，立即用水冲洗；如身体被污染，立即用肥皂和水清洗身体污染部位。按常规治疗皮肤灼伤	用硬聚乙烯桶或铁桶盛装，密封保存。存放在阴凉、通风干燥处，避免与水接触。按有毒品规定贮运 生产过程应注意设备的密闭性，防止泄漏，操作人员应穿戴橡皮手套、护目镜和工作服等防护用具，避免与人体直接接触
乙酸乙酯	$CH_3COOCH_2CH_3$	用分析试剂，用于金、铋、铁、汞、铂、钼、钾和铊等的测定。用作色谱分析的标准物质；人造革、胶卷、真漆、塑料和涂料的溶剂。用于香料、涂料、调味剂、药物等的制造；合成水果香精，洗涤剂；有机合成	吸入和被皮肤吸收会中等程度的中毒；对眼睛和皮肤、黏膜有刺激性。易燃，燃点 426℃，有较大的燃烧和爆炸危险，其蒸气能与空气形成爆炸性混合物，爆炸极限为 2.2%～9% 通过蒸气吸入、摄入、与皮肤和眼接触侵入。侵害眼、皮肤、呼吸系统	此化学品如进入眼中，立即用水或洗剂冲洗；如接触皮肤时，迅速用清水冲洗；如大量吸入，立即移离现场至新鲜空气处，必要时进行人工呼吸；如被吞服，服以大量盐水，诱吐，洗胃	用玻璃瓶或铁桶盛装。存放在干燥、阴凉、通风良好的地方。远离任何容易起火的地点。最好使用露天仓库在户外存放，室内须存放在标准的易燃液体专库内 生产现场要通风良好，防止设备泄漏。操作人员应穿适当工作服；必要时，戴防毒面具或双层口罩。戴防护镜，工作服如被弄湿或受到污染，应立即脱去，以避免燃烧危险

鉴别羧酸衍生物

7.2.5 鉴别羧酸衍生物方法

酯与羟胺作用，生成异羟肟酸，后者在酸性溶液中与三氯化铁溶液生成蓝-红色。

$$RCOOR' + H_2NOH \longrightarrow RCONHOH + R'OH$$

$$3RCONHOH + FeCl_3 \longrightarrow (RCONHO)_2Fe + 3HCl$$

7.2.6 技能训练

【技能训练】 异羟肟酸试验

目的：（1）理解异羟肟酸试验鉴别羧酸衍生物的基本原理。

（2）会用异羟肟酸试验鉴别羧酸衍生物。

仪器：试管，试管架、滴瓶、小药匙、量筒、滴管、烧杯、试管夹。

试剂：$c=1mol \cdot L^{-1}$羟胺盐酸盐的甲醇溶液，$c=2mol \cdot L^{-1}$、$c=1mol \cdot L^{-1}$的盐酸溶液，$c=2mol \cdot L^{-1}$的氢氧化钾的甲醇液，$w=10\%$的三氯化铁溶液，$w=95\%$的乙醇。

试样：乙酸乙酯、苯甲酸乙酯、乙酸酐、乙酰乙酸乙酯。

安全：避免试样及试剂与皮肤直接接触，摄入。

态度：认真实验，规范操作、仔细观察，及时记录。

步骤

（1）在试管中加入 30mg 固体样品或 2 滴液体样品，加入 1mL 95%乙醇使样品溶解。

（2）继续向试管中加入 1mL（$c=1mol \cdot L^{-1}$）的盐酸溶液和 1 滴 $w=10\%$的三氯化铁溶液。

（3）仔细观察试管中的颜色变化并及时记录。如溶液不呈橙、红、蓝或紫等颜色而呈淡黄色，则继续进行下步操作。

（4）在试管中加入 30mg 固体样品或 2 滴液体样品和 0.5mL（$c=1mol \cdot L^{-1}$）羟胺盐酸盐的甲醇溶液。

（5）继续向试管滴加 $c=2mol \cdot L^{-1}$的氢氧化钾的甲醇液，直到对石蕊试纸呈碱性，再多加 2～4 滴。

（6）将混合物加热至刚刚沸腾，冷却。

（7）用 $c=2mol \cdot L^{-1}$的盐酸酸化至 pH=3。加 1 滴 $w=10\%$的三氯化铁溶液。

（8）仔细观察试管中的颜色变化并及时记录，显蓝红色为正结果。

（9）如上述步骤显正结果，则继续下列步骤，以确定是否为酸酐和酰氯。

（10）在试管中加入 30mg 固体样品或 2 滴液体样品和 0.5mL（$c=1mol \cdot L^{-1}$）羟胺盐酸盐的甲醇溶液。

（11）继续向试管中加入 2 滴 $c=6mol \cdot L^{-1}$的盐酸，温热 2min 后，再煮沸数秒钟。

（12）冷却后，加 1 滴 $w=10\%$的三氯化铁溶液。

（13）仔细观察试管中的颜色变化并及时记录。显蓝红色为正结果。

（14）将废液倒入指定地点。

（15）清洗仪器，倒置于试管架上。

注意事项

（1）大多数酯类，在 2min 内显蓝红色。但也有些酯类需要 1h 以上。

（2）脂肪族伯酰胺等类化合物，虽然也对本试验呈正结果。根据元素分析和溶解度试验能够辨别。

（3）溶液的颜色受 pH 值影响。当蓝红色的溶液中蓝色较强时，可加 2～3 滴 $c=2mol \cdot L^{-1}$ 的盐酸，溶液将趋向紫色。

试液的配制

（1）$c=1mol \cdot L^{-1}$ 羟胺盐酸盐的甲醇溶液 7g 羟胺盐酸盐溶于 100mL 甲醇中；

（2）$c=2mol \cdot L^{-1}$ 的氢氧化钾的甲醇液 28g 氢氧化钾溶于 20mL 水，用甲醇稀释至 250mL；

（3）$w=10\%$ 的三氯化铁溶液 16g 水合三氯化铁溶于水中，稀释至 100mL。

【阅读园地】最早制得的五种有机酸

醋酸学名乙酸，是人们最早制得的有机酸，也是人们最早知道的酸。17 世纪，德国化学家格劳伯从干馏木材所得的木焦油中获得醋酸。1845 年，德国化学家科尔比在实验室中首先完成了人工合成醋酸。

第二种制得的有机酸是蚁酸，又名甲酸（HCOOH），存在于赤蚁、蜂、蜈蚣等体内和一些植物（臭荨麻）中，这类毒虫咬人或皮肤碰及这些植物时引起皮肤肿痛，正是由于蚁酸作用。1670 年英国人菲希尔在蒸馏蚂蚁时获得蚁酸。1749 年，德国化学家与格拉夫重复蒸馏红蚁，获得纯净的蚁酸。1822 年，德国化学家多贝赖纳指出，蚁酸不仅可以从蒸馏蚂蚁制得，也可以从蒸馏酒石酸和软锰矿取得。

第三种较早制得的酸是酒石酸，最初是从酒石中制取。酒石存在于葡萄汁和一些浆果中，将葡萄汁或其他浆果发酵酿酒时落在桶底，形成固体沉淀，因而得名。1769 年，瑞典化学家谢勒先用氢氧化钙与酒石共煮，使其酒石酸形成钙盐沉淀，再用硫酸提取酒石酸。他发现了几种有机酸。

第四种酸是琥珀酸。它的学名是丁二酸。它存在于琥珀中。琥珀是天然塑料，是植物树脂经过地层变化，呈块状，黄色或红褐色。17 世纪，法国医生勒法夫从蒸馏琥珀中得到它，1859 年，英国化学家辛普森从乙烯的氰化物中合成了琥珀酸。

第五种最早发现的有机酸是苯甲酸，又名安息香酸，因存在于安息香树胶中而得名。1775 年，谢勒从安息香树胶中制得它。1785 年谢勒还从尿中取得它。苯甲酸在人体中是由进食的植物组织成分中含有的芳香族化合物转变而来的。1846 年德国医生、化学家德塞涅又在马尿中提得了安息香酸。1832 年，德国化学家李比希和武勒在研究中发现并建立了苯甲酸的分子式。

——摘自凌永乐编著．化学物质的发现．北京：科学出版社，2000

 练习

1. 命名下列化合物。

（1）$\underset{\underset{CH_3}{|}}{CH_3CHCH_2COOH}$

（2）$CH_2=CH-CH_2COOH$

（3）$\underset{\underset{Cl}{|}}{CH_3CH-COOH}$

（4）$HOOC(CH_2)_4COOH$

(5)

$$\text{邻苯二甲酸 (COOH, COOH)}$$

(6) $CH_3-\overset{O}{\overset{\|}{C}}-O-\overset{O}{\overset{\|}{C}}-CH_2CH_3$

(7) $CH_3-\overset{O}{\overset{\|}{C}}-N(CH_3)_2$

(8) $CH_2\begin{cases} COOC_2H_5 \\ COOC_2H_5 \end{cases}$

2. 写出下列化合物的构造式。

(1) 蚁酸　　　　　　(2) 醋酸　　　　　　(3) 琥珀酸

(4) 安息香酸　　　　(5) α-氯乙酸　　　(6) 苯酐

3. 比较下列各组化合物酸性强弱。

(1) CH_3CH_2OH, 〈〉$-OH$, CH_3-〈〉$-OH$, O_2N-〈〉$-OH$

(2) C_2H_5OH, H_2O, CH_3COOH, 〈〉$-OH$

(3) 〈〉$-COOH$, $HCOOH$, CH_3COOH, $(CH_3)_3N^+-$〈〉$-COOH$

(4) CH_3COOH, $ClCH_2COOH$, $Cl_2CHCOOH$, Cl_3CCOOH

(5) CH_3CH_2OH, CH_3COOH, CBr_3COOH, $HCOOH$

4. 试比较下列各组化合物沸点高低。

(1) 苯酚、苯酚钠　　　　　　　(2) 苯甲酸、苯甲醛

(3) 对硝基苯酚, 邻硝基苯酸　　(4) $CH_3-\overset{O}{\overset{\|}{C}}-NH_2$, $CH_3-\overset{O}{\overset{\|}{C}}-OH$, $CH_3-\overset{O}{\overset{\|}{C}}-Cl$

(5) $CH_3CH_2-\overset{O}{\overset{\|}{C}}-N(CH_3)_2$, $CH_3CH_2-\overset{O}{\overset{\|}{C}}-NH_2$, $CH_3CH_2\overset{O}{\overset{\|}{C}}NHCH_3$

5. 完成下列反应式。

(1) $CH_3CH=CH_2 \xrightarrow{HBr} ? \xrightarrow{?} CH_3\underset{\underset{CN}{|}}{CH}CH_3 \xrightarrow[\triangle]{H_2O/H^+} ?$

(2) $CH_3CH_2CH_2Br \xrightarrow{?} CH_3CH_2CH_2OH \xrightarrow{?} CH_3CH_2COOH \xrightarrow{?} (CH_3CH_2CO)_2O$

(3) $CH_3CH_2OH \xrightarrow{?} CH_3CH_2Br \xrightarrow{?} CH_3CH_2MgBr \xrightarrow{CO_2/H_2O} ? \xrightarrow{Cl_2/P} ?$

(4) CH_3-〈$\overset{CH_3}{\underset{CH_3}{}}$〉$-Br \xrightarrow[乙醇]{Mg} ? \xrightarrow{CO_2} ? \xrightarrow{H_2O} ? \xrightarrow{SOCl_2} ?$

(5) 〈〉 $\xrightarrow{?}$ 〈〉$-CH_2CH_3$ $\xrightarrow{?}$ 〈〉$-COOH$ $\xrightarrow{?}$ 〈〉$-CONH_2$ $\xrightarrow{?}$ 〈〉$-CN$

6. 用化学方法区别下列各组化合物。

(1) 甲酸、乙酸、乙醛、丙酮

(2) 苯甲酸、邻羟基苯甲酸、苯甲醛、苄醇

(3) 乙酸、乙酸乙酯、乙酰氯

7. 分离或提纯下列各组化合物。

(1) 从正戊醇、1-氯戊烷、正戊酸乙酯及正丁酸的混合物中提纯出正丁酸

(2) 将 CH_3—CH_2—$\overset{\text{O}}{\underset{}{C}}$—$CH_3$，$CH_3\text{---}(CH_2)_2\text{COOH}$，$CH_3$—$CH_2$—$CH_2OH$ 混合物分离并提纯

8. 化合物 A、B、C 分子式都是 $C_3H_6O_2$，A 能与 Na_2CO_3 作用放出 CO_2，B 和 C 在 NaOH 溶液中水解产物之一能起碘仿反应。推测 A、B、C 的构造式。

9. 化合物 A 的分子式为 $C_4H_6O_2$，它不溶于氢氧化钠溶液，与碳酸钠不反应，可使溴-四氯化碳褪色。它有类似乙酸乙酯的香味，A 与氢氧化钠液共热后生成乙酸钠和乙醛。另一化合物 B 的分子式与 A 相同。它和 A 一样，不溶于氢氧化钠溶液，和碳酸钠不反应，可使溴-四氯化碳褪色，香味和 A 类似。B 和氢氧化钠液共热后，生成甲醇和一种羧酸钠盐。这种钠盐用硫酸中和蒸出的有机物，可使溴-四氯化碳褪色。试推出 A 和 B 各为何物？

知识考核表

项目	考核内容	分值	说明
羧酸	1. 羧酸的结构特征及分类	5	
	2. 羧酸的命名方法 普通命名法 系统命名法 俗名	10	重点为系统命名法，俗名
	3. 羧酸的物理性质及递变规律	5	重点在熔点、沸点、溶解度的变化规律 重点在酸性及与鉴别有关的反应
	4. 羧酸的化学性质及用途 酸性 生成衍生物的反应 脱羧反应 还原反应 α-氢原子反应	15	
	5. 鉴别方法 酸性甲基红试验 碘酸钾-碘化钾试验	10	方法的特点、适用范围和条件、干扰因素、外观现象
	6. 常见羧酸的用途及安全知识	5	重点在用途、危害和存储
羧酸及其衍生物	1. 羧酸衍生物的结构及分类	5	
	2. 羧酸衍生物的命名	5	
	3. 羧酸衍生物的物理性质	5	
	4. 羧酸衍生物的化学性质 水解反应 醇解反应 氨解反应 还原反应	15	重点在于鉴别有关的反应
	5. 鉴别方法 异羟肟酸试验	5	方法的特点、适用范围和条件、干扰因素、外观现象
	6. 羧酸衍生物的用途和安全知识	10	重点在作溶剂的用途以及熔点和沸点
	7. 油脂与洗涤剂	5	

操作技能考核表

项　目	方　法	考　核　内　容	分值
正确鉴别羧酸 正确鉴别羧酸的衍生物	酸性甲基红试剂 碘酸钾-碘化钾试验 羟肟试验	一、要求 　1. 正确选用玻璃仪器 　2. 正确配制所需试剂 　3. 取用试剂、试样规范 　4. 判断副反应 　5. 正确操作、观察、记录 　6. 台面整洁 　7. 结束工作规范 　8. 结果准确	65
		二、安全及其他 　1. 知道可能产生危害的因素 　2. 正确处理产生的废弃物 　3. 合理安排时间	15
		三、相关知识 　1. 甲基红试剂的适用范围和特点 　2. 碘酸钾-碘化钾试验的适用范围和特点 　3. 羟肟酸试验的适用范围和特点 　4. 概念：显色反应、指示剂、歧化反应	20

8 含氮化合物

学习指南　本章我们将认识精细化工产品生产的重要原料，与生命密切相关的化合物——含氮化合物。含氮化合物种类很多，本章主要学习胺类化合物、硝基化合物、季铵盐、季铵碱、重氮和偶氮化合物及腈，了解这类化合物的分类，掌握它们的命名方法，通过对结构的分析及对比，掌握这类化合物的化学性质。进而掌握鉴别这类化合物的方法，最后通过技能训练达到能正确、安全应用和鉴别这类化合物的目的。

本章关键词　胺　硝基化合物　季铵盐　季铵碱　重氮化合物　偶氮化合物　重氮甲烷　烷基化反应　酰基化反应　重氮化反应　偶氮化反应

　　含氮有机化合物通常是指分子中碳原子与氮原子直接相连的有机化合物。它们可以看做是烃分子中的氢原子被各种含氮原子的官能团取代而生成的化合物。含氮化合物是一类重要烃的衍生物，主要包括硝基化合物，胺、腈、重氮化合物和偶氮化合物。

认　识　胺

8.1　胺

8.1.1　胺的结构与分类

8.1.1.1　胺的结构
　　胺可以看做是氨的烃基衍生物。即氨分子中的一个，两个或三个氢原子被烃基取代的生成物。

　　胺的结构与氨相似也是三角锥形结构。在胺分子中，氮原子的三个 sp^3 杂化轨道分别与氢的 1s 轨道或其他基团的碳杂化轨道重叠，形成三个 σ 键，氮原子的未共用电子对则占据另一个 sp^3 杂化轨道。如三甲胺分子，三个甲基取代了氨分子中的三个氢原子，使的键角为 108°（氨分子中为 107°）。

8.1.1.2　胺的分类
　　根据氮上烃基数目分为伯、仲、叔胺。氮上只连有一个烃基叫伯（第一）胺，连有两个或三个烃基分别称为仲（第二）和叔（第三）胺。

$$NH_3 \qquad RNH_2 \qquad R_2NH \qquad R_3N$$

氨　　　　伯胺（1°）　　仲胺（2°）　　叔胺（3°）

应该注意的是胺的分类与卤代烃和醇不同，后两者均以官能团（卤素和羟基）所连接的碳分为伯、仲、叔卤代烃或醇，而胺则是以氮上所连接的烃基个数为分类标准，如异丙醇为仲醇，异丙基溴为仲卤代烃，而异丙胺却为伯胺。

$$\underset{\underset{OH}{|}}{CH_3-CH-CH_3} \qquad \underset{\underset{Br}{|}}{CH_3-CH-CH_3} \qquad \underset{\underset{NH_2}{|}}{CH_3-CH-CH_3}$$

仲醇　　　　　　　　仲卤代烃　　　　　　　　伯胺

胺分子中氮原子与脂肪烃基相连的称为脂肪胺，与芳香烃基相连的称为芳香胺。例如

$$CH_3CH_2CH_2NH_2$$

脂肪胺（丙胺）　　　　　　芳香胺（苯胺）

根据胺分子所含氨基的数目，可分为一元胺、二元胺、多元胺等。例如

$$CH_3NH_2 \qquad\qquad H_2NCH_2-CH_2NH_2$$

一元胺（甲胺）　　　　　　　二元胺（乙二胺）

若氮上连有 4 个烃基，带有正电荷，则它与负离子组合成的化合物为季铵盐和季铵碱。例如

$$[R_4N]^+X^- \qquad\qquad R_4\overset{+}{N}OH^-$$

季铵盐　　　　　　　　　　季铵碱

8.1.2　胺的命名

简单的胺以习惯命名法命名，它是在"胺"字之前加以烃基的名称来命名。如果是仲胺或叔胺，把简单烃基的名称放在前面，复杂烃基的名称放在后面。烃基相同时，用汉字二或三来表示。例如

$$CH_3CH_2NH_2 \qquad (CH_3)_2NH \qquad \underset{\underset{CH_3}{|}}{CH_3CHNH_2} \qquad \underset{\underset{CH_3}{|}}{CH_3CH_2-NH}$$

乙胺　　　　　　二甲胺　　　　　　异丙胺　　　　　　甲乙胺

$$N(CH_3)_2 \qquad\qquad CH_2NH_2 \qquad\qquad H_3C-\!\!\!\!\!\!-NH_2$$

N,N-二甲基苯胺　　　　苯胺（苄胺）　　　　对甲苯胺

$$\underset{\underset{NH_2}{|}\ \underset{CH_3}{|}}{CH_3CH_2CH-CHCH_2CH_3} \qquad\qquad \underset{\underset{N(CH_3)_2}{|}}{CH_3CH_2CHCH_3}$$

3-甲基-4-氨基己烷　　　　　　　　2-二甲氨基丁烷

较复杂的胺或含有其他官能团时，一般看做氨基命名。例如

$$H_2N-\!\!\!\!\!\!-SO_3H \qquad\qquad H_2N-\!\!\!\!\!\!-COOH$$

对氨基苯磺酸　　　　　　　对氨基苯甲酸

季铵盐的名称是由相应的烃基和无机酸的名称加"铵"字构成。

$$(CH_3CH_2)_4\overset{+}{N}Cl^- \qquad\qquad [CH_3(CH_2)_{11}N(CH_3)_3]^+Br^-$$

氯化四乙铵　　　　　　　　溴化三甲基十二烷基铵

8.1.3　胺的性质

8.1.3.1　胺的物理性质

胺是极性化合物，分子间可形成氢键，但由于氮的电负性比氧小，故 N…H—N 氢键较

O…H—O 氢键弱。胺的沸点比相应相对分子质量的醇低，但比烃、醚等非极性化合物高。例如

	$CH_3CH_2CH_2CH_2OH$	$CH_3CH_2CH_2CH_2NH_2$	$CH_3CH_2OCH_2CH_3$
沸点（b.p）	117℃	77.8℃	34.5℃

叔胺在纯液体状态不存在氢键，沸点比相应的伯、仲胺低。

由于胺与水也可生成氢键（包括叔胺），低级胺溶于水。6 个碳以上的胺溶解度低。

低级脂肪胺中的甲胺、乙胺和二甲胺在常温下为气体，其他为液体，高级胺为固体，有鱼腥味。芳胺一般具有毒性，容易通过皮肤渗入体内。β-萘胺、联苯胺是致癌物，实验操作中应特别小心。一些胺的物理性质见表 8-1。

表 8-1 常见胺的物理性质

名　称	沸点/℃	熔点/℃	密度/g·cm^{-3}	溶解度/g·100gH$_2$O^{-1}
甲胺	−6.7	−92.5	0.7961(−10℃)	易溶
二甲胺	7.3	−96	0.6604(0℃)	易溶
三甲胺	3.5	−117	0.7229(25℃)	91
乙胺	16.6	−80.5	0.706(0℃)	很大
二乙胺	55.5	−50		很大
三乙胺	89.5	−115	0.7275	14
正丙胺	48.7	−83	0.719	易溶
异丙胺	32.4	−95.2	0.8889	
正戊胺	104	−55.0	0.7614	
乙二胺	117	−85	0.899	溶
己丙胺	204	42		易溶
丙二胺	135.5		0.884	
丁二胺	158	27	0.877	易溶
苯胺	184.3	−6	1.022	3.7
N-甲基苯胺	196.25	−57	0.936	微溶
N,N-二甲基苯胺	194	2.5	0.956	1.4
邻甲苯胺	197	−28		1.7
对甲苯胺	200	44		0.7
苄胺	185			
联苯胺	401.7	128	1.250	微溶
β-萘胺	306	110.2	1.061(25℃)	溶于热水

8.1.3.2 胺的化学性质

由于胺中氮上具有孤对电子，在化学反应中能提供电子，表现出碱性、亲核性及氨基致活芳环上的亲电取代反应等胺的一系列化学性质。

（1）碱性　由于胺中氮上孤对电子的存在，使其能从水中接受质子而呈碱性。

胺的碱性强弱可用 pK_b 值表示。pK_b 值越小，碱性越大，pK_b 值越大，则碱性越小。一些胺的 pK_b 值见表 8-2。

表 8-2 胺的 pK_b

胺	pK_b	胺	pK_b	胺	pK_b	胺	pK_b
NH$_3$	4.75	(CH$_3$)$_2$NH	3.27	⬡—NH$_2$	9.4	CH$_3$O—⬡—NH$_2$	8.66
CH$_3$NH$_2$	3.34	(CH$_3$)$_3$N	4.19	O$_2$N—⬡—NH$_2$	13		

从表 8-2 中的数据不难看出，碱性强度为脂肪胺＞氨＞芳香胺。这是因为脂肪胺相对氨

而言引入了给电子的烃基，使氨基氮上电子更为集中，接受质子能力增强，碱性增大。或者说，在水中接受质子后生成的 $R\overset{+}{N}H_3$，由于 R 为给电子基团，靠诱导效应使其稳定，平衡向右，碱性增加。从这两方面很容易理解脂肪胺比氨碱性强的原因。苯胺 p-π 共轭效应，使氮原子上的电子云密度降低，削弱了它与质子结合的能力，因而碱性减弱。胺的碱性与无机碱相比，属于弱碱，正因为胺的碱性较弱，因此它的盐与氢氧化钠或氢氧化钾作用时，可释放出游离胺。例如

$$(CH_3)_2\overset{+}{N}H_2Cl^- + NaOH \longrightarrow (CH_3)_2NH + H_2O + NaCl$$

利用这一性质，可将胺与其他有机物分离并加以精制，因为不溶于水的胺形成盐后能溶于水，经分离后可将盐在强碱中置换出来。例如

不溶于水　　　　溶于水（苯胺盐酸盐）

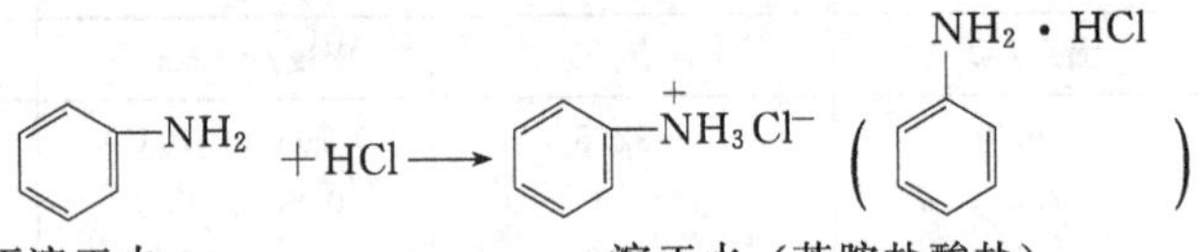

由于胺盐是弱碱形成的盐，遇强碱即游离出胺。

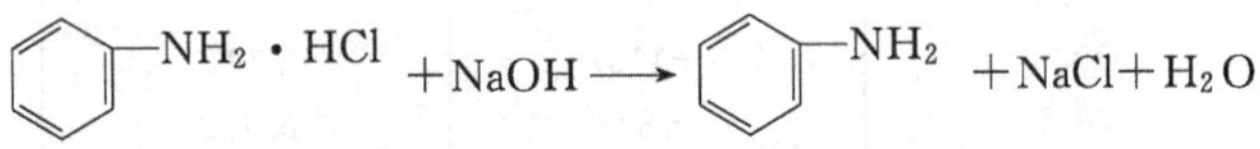

(2) 胺的烷基化和季铵化合物生成　与氨相同，胺也是亲核试剂，能与卤代烃反应生成高一级的胺类。例如

$$C_2H_5NH_2 + C_2H_5Cl \longrightarrow (C_2H_5)_2\overset{+}{N}H_2Cl \xrightarrow{NaOH} (C_2H_5)_2NH$$

$$(C_2H_5)_2NH + C_2H_5Cl \longrightarrow (C_2H_5)_2\overset{+}{N}HCl^- \xrightarrow{NaOH} (C_2H_5)_3N$$

$$(C_2H_5)_3N + C_2H_5Cl \longrightarrow \underset{\text{季铵盐}}{(C_2H_5)_4\overset{+}{N}Cl^-}$$

这个胺的烷基化反应又叫卤代烃的胺解。季铵盐与氢氧化钠的醇溶液，氢氧化银作用得到季铵碱。

$$(C_2H_5)_4\overset{+}{N}Cl^- + Ag_2O + H_2O \longrightarrow \underset{\text{季铵碱}}{(C_2H_5)_4\overset{+}{N}OH} + AgCl\downarrow$$

芳伯胺与卤代烃反应，同样可生成芳仲胺，芳叔胺和季铵盐的混合物。工业上可直接采用醇作烷基化试剂，在浓硫酸（或 Al_2O_3）催化下进行反应。例如

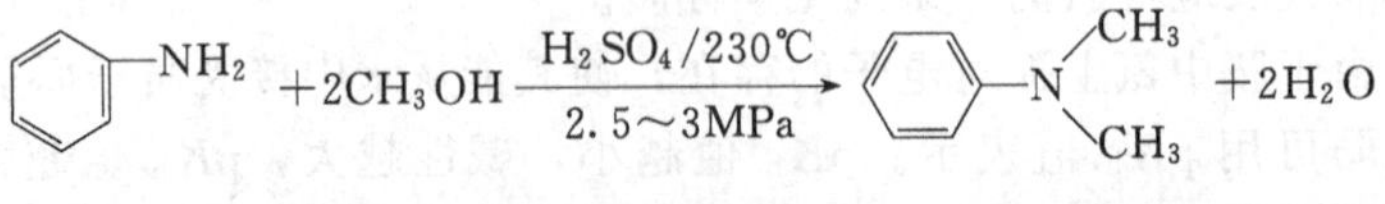

(3) 酰基化　伯胺、仲胺和氨一样能与酰基化试剂（酰卤或酸酐等）发生酰基化反应，其产物是 *N*-取代酰胺。而叔胺的氮原子上没有氢原子，因此叔胺不发生酰基化反应。

$$CH_3-\overset{O}{\overset{\|}{C}}-Cl + H-NH_2 \longrightarrow \underset{\text{乙酰胺}}{CH_3-\overset{O}{\overset{\|}{C}}-NH_2} + HCl$$

$$CH_3-\overset{O}{\overset{\|}{C}}-Cl + H-NHCH_3 \longrightarrow \underset{N\text{-甲基乙酰胺}}{CH_3-\overset{O}{\overset{\|}{C}}-NHCH_3} + HCl$$

$$\text{(苯)}C\overset{O}{\underset{}{\|}}Cl + H-N\overset{CH_3}{\underset{CH_3}{\diagdown}} \longrightarrow \text{(苯)}C\overset{O}{\underset{}{\|}}-N(CH_3)_2 + HCl$$

N,N-二甲基苯甲酰胺

$$\text{(苯)}NH_2 \xrightarrow[\text{或 }(CH_3CO)_2O]{CH_3-C\overset{O}{\underset{}{\|}}-Cl} \text{(苯)}NHCOCH_3 \xrightarrow{HNO_3\text{-}H_2SO_4} \text{(苯)}\overset{NHCOCH_3}{\underset{NO_2}{}} \xrightarrow{OH^-/H_2O} \text{(苯)}\overset{NH_2}{\underset{NO_2}{}}$$

苯胺易被氧化，故苯胺不易直接硝化，须将苯胺先酰基化，生成酰胺以保护氨基，然后再硝化，反应完后再水解成芳胺。

伯胺、仲胺在碱性条件下可与苯磺酰氯作用，生成苯磺酰胺。伯胺生成的苯磺酰胺因氨基上的氢原子受磺酰基影响而呈弱酸性，所以能溶于碱变成盐；仲胺所生成的苯磺酰胺氮原子上没有氢原子，不能与碱成盐；叔胺不与苯磺酰氯作用。例如

$$\begin{matrix} C_2H_5NH_2 \\ (C_2H_5)_2NH \\ (C_2H_5)_3N \end{matrix} \xrightarrow[NaOH]{\text{(苯)}-SO_2Cl} \begin{matrix} \text{(苯)}-SO_2\overset{-}{N}C_2H_5 \ Na^+ \\ \text{(苯)}-SO_2N(C_2H_5)_2 \\ (C_2H_5)_3N \end{matrix} \xrightarrow{\text{蒸馏}}$$

$$\xrightarrow{\text{残留液}} \begin{matrix} \text{(苯)}-SO_2\overset{-}{N}C_2H_5 \ Na^+ \\ \text{(苯)}-SO_2N(C_2H_5)_2 \end{matrix} \xrightarrow{\text{分层后中和}} \begin{cases} \text{(苯)}-SO_2\overset{-}{N}C_2H_5 \ Na^+ \xrightarrow{H^+/H_2O} C_2H_5NH_2 \\ \text{(苯)}-SO_2N(C_2H_5)_2 \xrightarrow{H^+/H_2O} (C_2H_5)_2NH \end{cases}$$

$$\xrightarrow{\text{馏出物}} (C_2H_5)_3N$$

这个反应叫兴斯堡（Hinaberg）试验，可用于鉴别和分离伯、仲、叔胺。

（4）与亚硝酸的反应　伯、仲、叔胺与亚硝酸反应生成不同的产物。

脂肪族伯胺与亚硝酸作用，生成极不稳定的重氮盐，重氮盐极易分解，并定量释放出氮气，故可通过测量氮气的体积定量分析脂肪伯胺的含量。脂肪族仲胺与亚硝酸作用生成黄色油状物或固体的 *N*-亚硝基化合物。脂肪族叔胺在同样条件下不与亚硝酸反应。例如

$$\begin{matrix} ① \ CH_3CH_2NH_2 \\ ② \ (CH_3CH_2)_2NH \\ \\ ③ \ (CH_3CH_2)_3N \end{matrix} \xrightarrow{NaNO_2+HCl} \begin{cases} ① \ CH_3CH_2OH+N_2\uparrow+Cl^- \\ ② \ (CH_3CH_2)_2N-N=O+H_2O \\ \qquad\qquad\qquad \text{黄色油状物} \\ ③ \ \text{不反应} \end{cases}$$

利用此反应可鉴别伯、仲、叔胺。

芳香族伯胺在低温和过量强酸存在下和亚硝酸反应，生成重氮盐，并在弱碱条件下与 β-萘酚反应生成橘红色的偶氮染料，是鉴别芳伯胺的一个特征反应。

$$\text{(苯)}NH_2 \xrightarrow{NaNO_2+HCl} \text{(苯)}\overset{N_2^+ \ Cl^-}{} \xrightarrow{HO-\text{(萘)}} \text{(苯)}-N=N-\text{(萘)OH}$$

染料

芳香族仲胺与亚硝酸作用生成棕黄色的亚硝基胺固体。

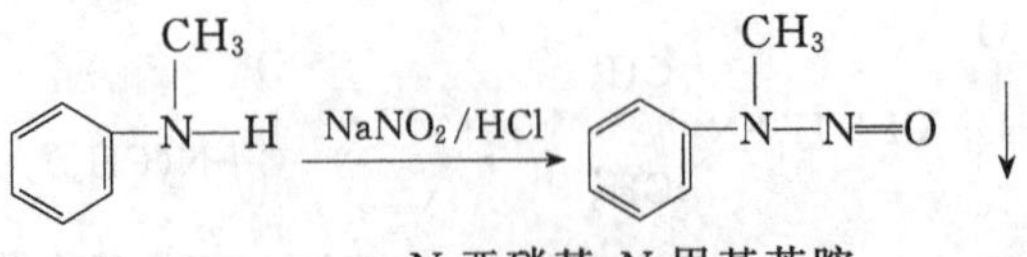

N-亚硝基-N-甲基苯胺
（棕黄色固体）

这个反应在一定的条件下是定量反应，以亚硝酸钠标准溶液直接滴定芳仲胺，根据亚硝酸钠标准溶液的消耗量，可测得芳仲胺的含量。

芳香族叔胺与亚硝酸反应，生成对亚硝基取代物。例如

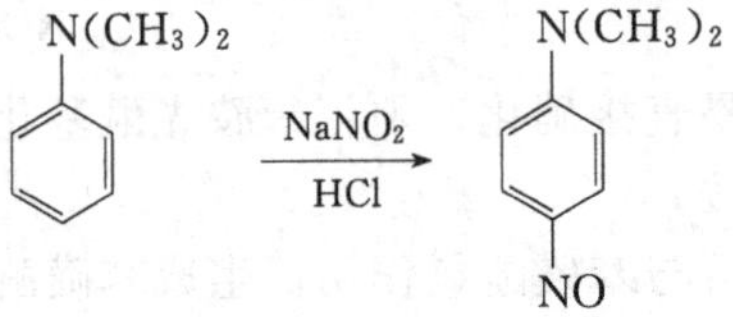

对亚硝基-N,N-二甲基苯胺
（绿色晶体）

综上所述，不同的胺与亚硝酸反应，其反应产物和现象不同，利用此反应可鉴别伯、仲、叔三种胺。

（5）芳环上的亲电取代反应　氨基是强的给电子基团，它的存在使芳环上的亲电取代反应极易进行。

① 与酚类似，苯胺在常温下与溴水作用，生成 2,4,6-三溴苯胺白色沉淀。

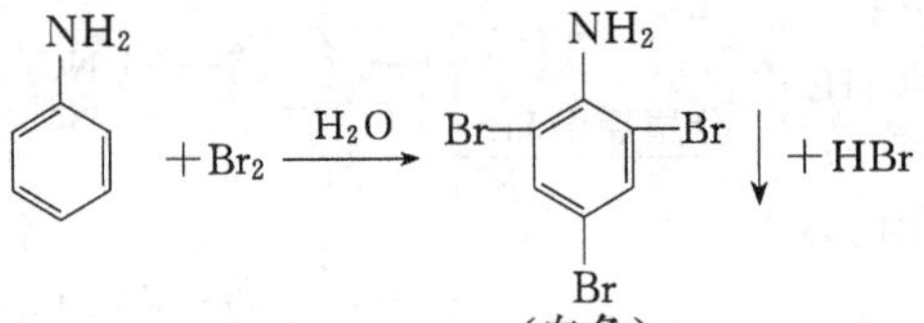

要得到一溴代芳胺，应降低芳环的取代活性，方法是在氨基上引入酰基，溴代反应完成后再水解使氨基复原。

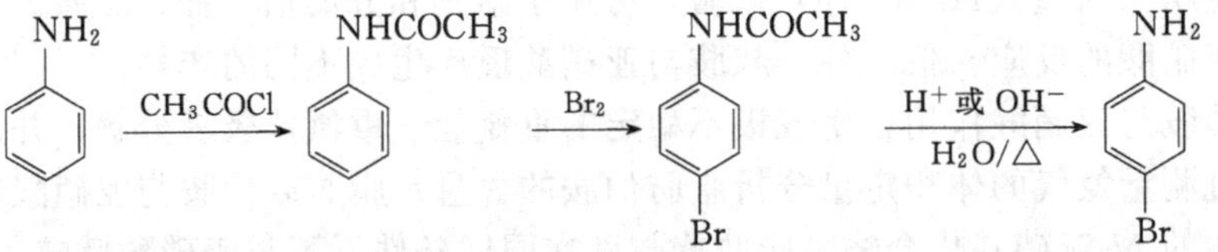

② 硝化　芳胺对氧化剂敏感，易被氧化成黄色的对苯醌。因此苯胺在进行硝化反应前，需先将氨基保护起来，把氨基转变为乙酰氨基，再进行硝化。若在冰醋酸溶剂中硝化，主要得到对位硝化产物；若在乙酐中硝化，主要为邻位硝化产物。

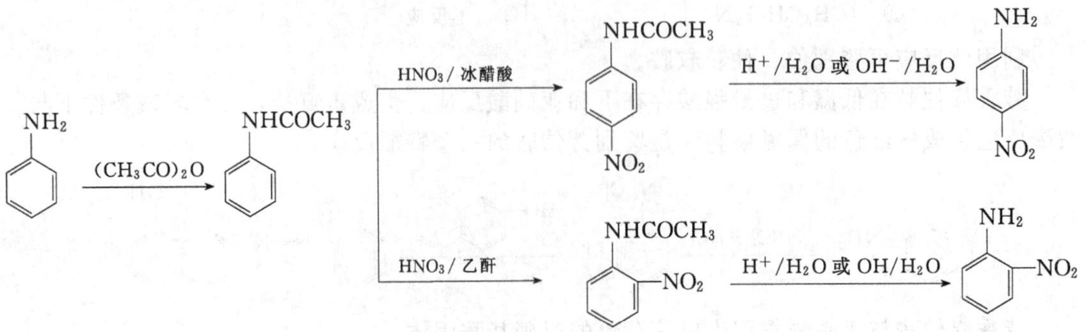

③ 磺化　苯胺与浓硫酸混合，先生成苯胺硫酸盐，再在 180~190℃下烘焙数小时，经脱水、重排等反应后，即得对氨基苯磺酸。

$$\text{（苯胺）} + H_2SO_4 \longrightarrow \text{（·}H_2SO_4\text{）} \xrightarrow{\triangle/-H_2O} \text{（NHSO}_3H\text{）} \xrightarrow{180℃分子重排} \text{（NH}_2, SO_3H\text{）}$$

苯胺磺酸　　　　　　　　　　　对氨基苯磺酸

对氨基苯磺酸为白色晶体，是制备染料和药物的重要中间体。

应 用 胺

8.1.4　重要的胺及使用胺的安全知识

8.1.4.1　重要的胺

（1）乙二胺（$H_2NCH_2CH_2NH_2$）　乙二胺是最简单且重要的二元胺。乙二胺为无色清亮稠厚液体。凝固点 8.5℃，沸点 117℃，相对密度 0.8995（20℃/4℃），易溶于水，能与乙醇混溶，不溶于乙醚、苯，具有氨味。乙二胺可由二氯乙烷或醇胺与氨反应制得。

$$ClCH_2CH_2Cl \xrightarrow{NH_3} H_2NCH_2CH_2NH_2$$

$$H_2NCH_2CH_2OH \xrightarrow{NH_3} H_2NCH_2CH_2NH_2$$

乙二胺有毒，对眼睛、呼吸道、皮肤有刺激性。乙二胺用于生产农药杀菌剂（代森锌、代森胺）、杀虫剂、除草剂、染料、合成乳化剂、纤维表面活性剂、水质稳定剂、金属螯合剂 EDTA、酸性气体净化剂等。例如用于合成 EDTA：

$$H_2NCH_2CH_2NH_2 + 4ClCH_2COOH \xrightarrow{NaOH} \begin{array}{l} CH_2N(CH_2COOH)_2 \\ CH_2N(CH_2COOH)_2 \end{array}$$
（EDTA）

EDTA 及其盐是一种重要的螯合剂，可与多种金属离子络合，在分析化学上有广泛的用途，可作为水处理剂，能防止水中存在的一些金属离子给生产环节造成有害影响。

（2）己二胺（$H_2NCH_2CH_2CH_2CH_2CH_2CH_2NH_2$）　无色叶状结晶，由升华而得到长针状结晶。熔点 42℃，沸点 204~205℃，易溶于水、乙醇和苯。能从空气中吸收二氧化碳和水。带有吡啶气味。毒性较大，对皮肤、眼睛有刺激性。可由己二腈催化加氢或己内酰胺氨化还原制得。

$$NCCH_2CH_2CH_2CH_2CN \xrightarrow{H_2} H_2N(CH_2)_6NH_2$$

$$\text{（己内酰胺）} \xrightarrow{NH_3} H_2N(CH_2)_5CN \xrightarrow{H_2} H_2N(CH_2)_6NH_2$$

己二胺主要用于合成尼龙 66、尼龙 610 等，也可用于合成二异氰酸酯，以及用作脲醛树脂、环氧树脂等的固化剂及有机交联剂等。

（3）苯胺（ —NH$_2$ ）　苯胺存在于煤焦油中，为无色或淡黄色油状液体。熔点 $-6.3℃$,沸点 $184℃$，相对密度 $1.0217(20℃/4℃)$，折射率 1.5863。有毒，有特殊气味，微溶于水，易溶于有机溶剂。露置空气中或见光会逐渐变成棕色。工业上苯胺可由硝基苯还原、氯苯氨化等方法制得。

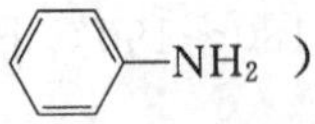

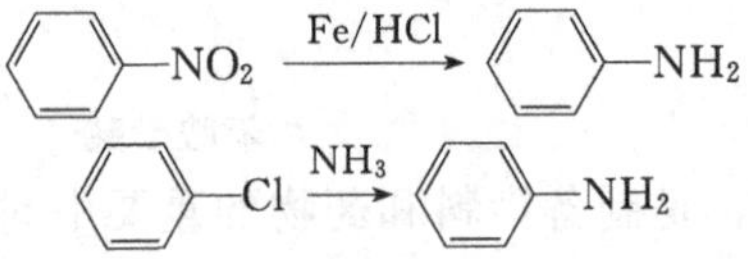

苯胺是重要的中间体，广泛用于合成染料、农药、药物等。农用杀菌剂敌锈钠（sodium sulfanilate）、除草剂邻酰胺（mebenil）就是由苯胺作原料合成的。

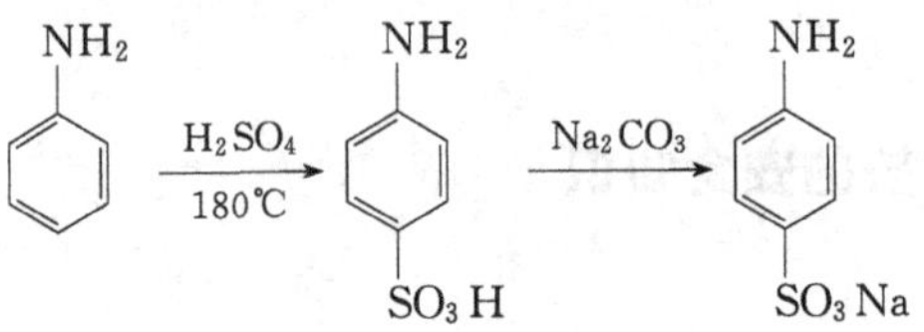

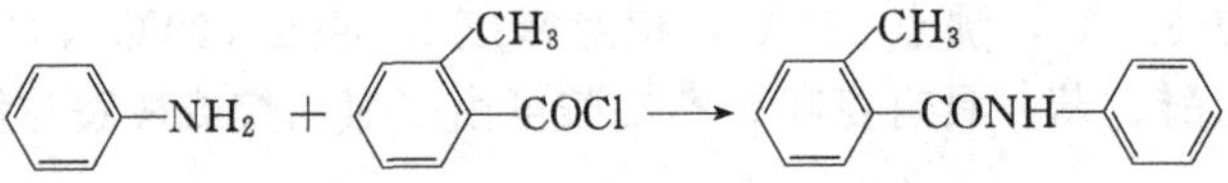

（4）二甲胺〔$(CH_3)_2NH$〕　二甲胺为无色气体，沸点 $7.4℃$，易溶于水、乙醇和乙醚。其低浓度气体有鱼腥臭味，高浓度气体有令人不愉快的氨味。易燃，与空气可形成爆炸性混合物，爆炸极限为 $2.80\%\sim14.40\%$（体积分数）。有毒，对皮肤、眼睛和呼吸器官都有刺激性。空气中允许浓度为 $10\mu g/g$。工业上由甲醇与氨在高温、高压和催化剂存在下制得。

二甲胺主要用于医药、农药、染料等工业。是合成磺胺类药物、杀虫脒、二甲基甲酰胺等的中间体。

（5）三聚氰胺　俗称蜜胺、蛋白精，是一种三嗪类含氮杂环有机化合物，三聚氰胺为白色单斜晶体，几乎无味，微溶于水，可溶于甲醇、甲醛、乙酸、甘油、吡啶等，具毒性，不可用于食品加工或食品添加物。它是一种重要的化工原料，其主要用途是用于合成三聚氰胺-甲醛树脂，也是生产涂料、造纸、纺织、皮革、电器等不可缺少的原料。

一些造假者利用三聚氰胺（含氮量 66%）比蛋白质（平均含氮量 16%）含有更高比例的氮原子，将其添加在食品中以造成食品蛋白质含量较高的假象，从而造成诸如 2007 年美国宠物食品污染事件和 2008 年三鹿奶粉污染事件等严重的食物安全事故。

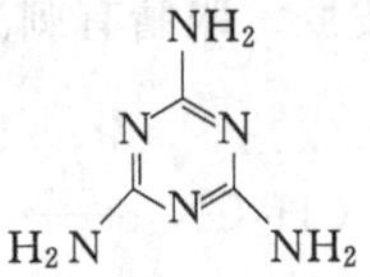

8.1.4.2　常见胺类化合物的用途和安全知识

胺类化合物是重要的工业原料，也是工业分析中广泛使用的试剂，但它们都存在着不同程度的毒性和危险性。因此很好地了解它们的毒性和危险性，对于正确、安全、合理地使用胺类化合物就显得相当重要。表 8-3 列出常见胺类化合物的用途和安全使用知识。

表 8-3 常见胺类化合物的用途和安全使用知识

品名	构造式	用 途	毒性、危险性与侵害	急救措施	安全使用与防护
甲胺	CH_3NH_2	用于许多药物、农药和橡胶化学品的合成；用作溶剂，提取剂，表面活性剂，聚合作用的抑制剂，制冷剂；还用于染织工业	本品有毒，能刺激皮肤和黏膜，对眼和呼吸器官作用更强。易燃，燃点430℃，有较大的燃烧危险，能与空气形成爆炸性混合物，爆炸极限为5%～21% 通过吸入、摄入、皮肤吸收、与皮肤和眼接触侵入。侵害呼吸系统、皮肤、眼	此化学品如进入眼中，立即用水冲洗15min；如接触皮肤立即用大量水洗；如大量吸入，急性中毒者，立即移离现场至新鲜空气处，必要时进行人工呼吸；如被吞服，服以大量水，诱吐，洗胃；对于不省人事者立即送医院治疗	气体用钢瓶贮装，溶液用铁桶盛装。最好使用露天或附建的仓库。水溶液须存放在标准的易燃液体专库内。气体须置阴凉、通风无可燃物存在的地方，避光密封保存。操作人员应穿适当工作服；戴防护眼镜，严防入眼、入口或接触皮肤。工作服如被弄湿，应立即脱去，以避免燃烧危险。操作现场须备置安全信号指示器、洗眼剂和冲洗设备
乙二胺	$H_2NCH_2CH_2NH_2$	用作化学分析试剂用于铍、铈、镧、镁、镍等的检定；锑、铋、镉、钴、铜等的测定。用于非水滴定。用于纤维表面活性剂、合成乳化剂、破乳剂、粘接剂、蛋白质、纤维蛋白的溶剂；染料固色剂、合成蜡、药物制造的化学中间体。还用于有机合成和高分子聚合	蒸气或液体对皮肤、黏膜和眼睛均有强刺激作用，能引起过敏；吸入和皮肤吸收会中毒，如吸入高浓度蒸气可引起喘息，发生致命性中毒；易燃，有中等程度的燃烧危险 通过蒸气吸入，经皮肤吸收。摄入，与皮肤和眼接触侵入。侵害呼吸系统、皮肤、眼、肝、肾	此化学品如进入眼中，应立即用流水冲洗；如接触皮肤立即用清水冲洗，并涂以硼酸软膏；如吸入蒸气中毒时，立即移离现场至新鲜空气处，必要时进行人工呼吸；如被吞服，服以大量水，诱吐；对于不省人事者立即送医院治疗	可用玻璃瓶、聚乙烯塑料瓶或铁桶盛装，密封保存，最好存放在阴凉、干燥、通风良好而远离可能发生严重火灾的区域。与酸类物品及氧化剂隔开。防潮、防热 生产设备应密闭，防止渗、漏。操作人员应穿防护工作服，戴防护眼镜，每天下班后应淋浴。工作服如受污染应每天更换。工作服如被弄湿，应立即脱去
苯胺	NH₂—⬡	用于染料合成，制药工业，印染工业，橡胶促凝剂和防老化剂、打印油墨、照相显影剂、香料及许多其他有机化学品的制造	本品剧毒，吸入蒸气、摄入和经皮肤吸收均会引起中毒。是一种过敏素。易燃，燃点615℃。有较大的燃烧危险，能与空气形成爆炸性混合物，爆炸极限下限1.3% 通过蒸气吸入，液体和蒸气经皮肤吸收，摄入，与皮肤和眼接触侵入。侵害血液、心血管系统、中枢神经系统、肝、肾	此化学品如进入眼中，立即用水冲洗；如接触皮肤迅速用肥皂和水清洗干净；如有轻度中毒现象，立即移离现场至新鲜空气处，大量饮用茶水或牛奶促进体内毒物排出。如急性中毒，应进行人工呼吸或接氧，立即送医院治疗	用玻璃瓶或金属桶盛装。存放在阴凉、干燥、通风良好的地方，避光密封保存。最好使用露天或附建的仓库。远离易发生火灾的地区 车间要加强通风，设备要密闭。操作人员应穿适当工作服；戴防护眼镜，严防入眼、入口或接触皮肤。每天清洗工作服。操作现场须备置安全信号指示器和冲洗设备

鉴　别　胺

8.1.5　鉴别胺的方法

8.1.5.1　苯磺酰氯试验方法

苯磺酰氯与伯、仲胺作用，生成的苯磺酰伯胺，显弱酸性，能溶于稀碱中；苯磺酰仲胺呈中性，从碱液中沉淀出来，苯磺酰氯与叔胺的作用物，在碱性条件下，水解生成原来的胺，这样可将伯、仲、叔胺完全区别开来。

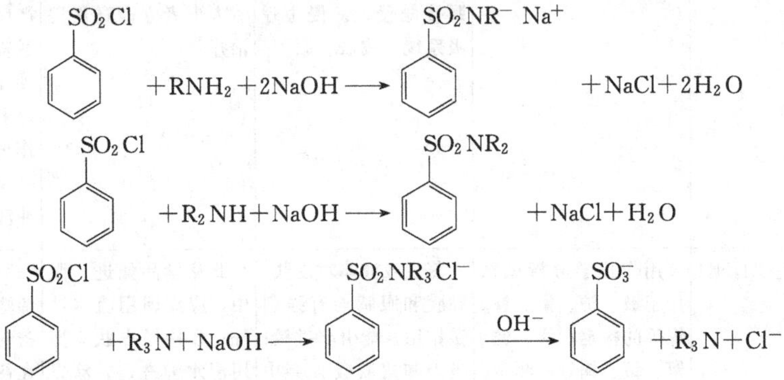

8.1.5.2　酰化试验方法

伯、仲胺和酰化试剂作用，生成酰胺，叔胺不起作用，因此可把伯、仲胺和叔胺区分。常用酰化剂是乙酰氯、乙酐和苯甲酰氯。

$$2RNH_2 + CH_3COCl \longrightarrow CH_3CONHR + RNH_2 \cdot HCl$$

$$RNH_2 + (CH_3CO)_2O \longrightarrow CH_3CONHR + CH_3COOH$$

8.1.5.3　亚硝酸试验方法

脂肪族伯胺与亚硝酸作用，生成的重氮盐不稳定，立即分解成醇和烯烃等混合物，芳香族伯胺在强酸和较低温度，与亚硝酸作用，生成的重氮盐能与 β-萘酚的碱性溶液起偶联反应，得橘红色偶氮染料。

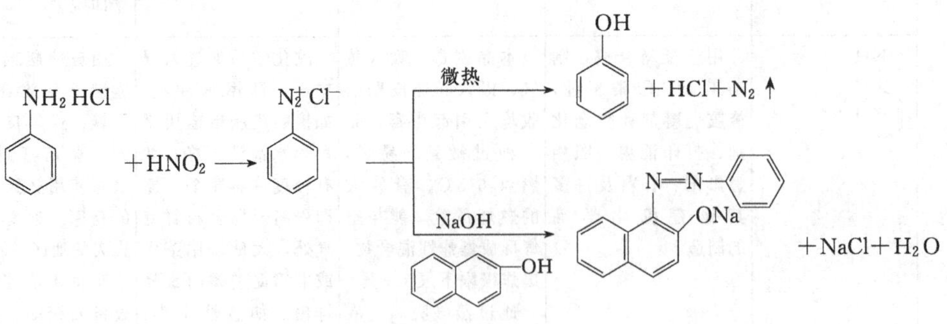

8.1.6　技能训练

【技能训练 1】　2,4-二硝基氯苯试验

目的：（1）理解 2,4-二硝基氯苯试验鉴别胺的基本原理。

（2）学会用 2,4-二硝基氯苯鉴别胺类化合物。

仪器：点滴板、滴瓶、吸管、小药匙、试管、试管架。

试剂：乙醚、$\rho = 0.01g/mL$ 的 2,4-二硝基氯苯的乙醚溶液。

试样：苯胺、N-甲基苯胺、N,N-二甲基苯胺、乙二胺、对氨基苯磺酸。

安全：避免试样及试剂吸入，摄入，与皮肤直接接触。

态度：认真实验，规范操作、仔细观察，及时记录。

步骤

（1）在干燥洁净的点滴板的凹处分别加入 30mg 苯胺、N-甲苯胺、N,N-二甲苯胺、乙二胺、对氨基苯磺酸。

（2）继续向点滴板的凹处加入 2 滴乙醚和 1 滴 2,4-二硝氯苯的乙醚溶液。

（3）待乙醚液挥发。仔细观察滴板上装有样品凹处的现象变化，并及时记录。

（4）将废液倒入指定地点。

（5）清洗点滴板。

注意事项：分子中带有羧酸基或磺酸基时则反应不发生。

【技能训练 2】 兴士堡试验

目的：（1）理解兴士堡试验鉴别伯、仲、叔胺的基本原理。

　　　（2）学会用兴士堡试验鉴别伯、仲、叔胺。

仪器：试管、试管架、橡皮塞、玻璃棒、滴管、水浴、滴瓶、小药匙、10mL 量筒。

试剂：苯磺酰氯、氢氧化钠、浓盐酸、乙醇。

试样：苯胺、N-甲苯胺、N,N-二甲苯胺。

安全：避免试样及试剂吸入，摄入，与皮肤和眼直接接触。

态度：认真实验，规范操作、仔细观察，及时记录。

步骤

（1）在试管中加入 100mg 固体样品或 4～5 滴液体样品，加入 3mL 乙醇使样品溶解。

（2）继续向试管中滴加 3 滴苯磺酰氯，在水浴中加热煮沸，冷却。

（3）再向试管中加入过量的浓盐酸，沉淀过滤、洗涤。

（4）将沉淀物转移至另一试管，加 5mL 水，4 滴氢氧化钠，温热。

（5）仔细观察试管中沉淀的变化。记录所观察到的现象。若沉淀溶解即为伯胺；若沉淀不溶即为仲胺；若试样是叔胺或季铵盐，则加浓 HCl 时无沉淀析出。

（6）将废液倒入指定地点。

（7）清洗仪器，试管倒置于试管架上。

（8）按所列的试样重复上述（1）～（7）的步骤。

注意事项

（1）实验中要严格控制苯磺酰氯与样品的比例，胺＋氢氧化钠＋苯磺酰氯＝1＋4＋5（mol）。过量 10%～20% 已经足够。用量过多伯胺易形成双磺酰胺固体，不溶解于氢氧化钠中。

（2）在检验三种胺类时，应注意样品的溶解度。两性化合物不用此试验检验。

（3）相对分子质量较大的伯胺的苯磺酰胺钠盐在水中溶解度较小，需用大量水稀释后才可以完全溶解。

【技能训练 3】 亚硝酸试验

目的：（1）理解亚硝酸试验鉴别芳香族伯胺、仲胺和叔胺的基本原理。

　　　（2）学会用亚硝酸试验鉴别芳香族伯胺、仲胺和叔胺，并鉴定芳伯胺。

仪器：试管、试管架、滴管、滴瓶、小药匙、5mL 量杯。

试剂：浓盐酸、亚硝酸钠、β-萘酚、淀粉-碘化钾试纸、$w=10\%$ 的氢氧化钠溶液。

试样：苯胺、N-甲基苯胺、N,N-二甲基苯胺、乙二胺。

安全：避免试样及试剂吸入，摄入，与皮肤直接接触。

态度：认真实验，规范操作、仔细观察，及时记录。

步骤

(1) 在试管中加入 0.3mL 试样，加 1mL 浓盐酸和 2mL 水，置于 0℃ 冰盐浴。

(2) 在另一试管中加入 0.3g $NaNO_2$ 和 2mL 水，使之溶解成亚硝酸钠溶液，置于 0℃ 冰盐浴。

(3) 在第三支试管中加入 0.1g β-萘酚和 2mL $w=10\%$ 的氢氧化钠溶液，溶解后再加入 5mL 水稀释成 β-萘酚溶液，置于 0℃ 冰盐浴。

(4) 将亚硝酸钠溶液逐滴加到样品溶液中，振荡试管，直到混合液遇淀粉-碘化钾试纸呈蓝色为止。

(5) 仔细观察试管中溶液的变化。记录所观察到的现象。

(6) 若溶液中无固体生成，则加入 β-萘酚溶液数滴，析出的橙红色沉淀为伯胺。若溶液中有黄色固体或油状物析出，加碱不变色为仲胺。加 NaOH 溶液到碱性时转变成绿色固体，为叔胺。

(7) 将废液倒入指定地点。

(8) 清洗仪器，试管倒置于试管架上。

(9) 按所列的试样重复上述(1)～(8)的步骤。

注意事项：在邻或对位有电负性取代基的芳香族伯胺，如 2,4-二硝基苯胺，用通常的方法不能重氮化，可改用亚硝酸钠的硫酸来试验。

【新视野】褪黑素

褪黑素（Melatonin，又称松果体素），其分子式为 $C_{13}H_{16}N_2O_2$，化学名为 N-乙酰基-5-甲氧基色胺，是人体大脑松果体分泌的一种激素。目前在国内市场上销售的一种保健食品——脑白金，其有效成分就是通常所说的褪黑素。

褪黑素最早在美国生产和销售是 1993 年，1995 年《新闻周刊》作为专题大肆报道，尤其是已经 70 岁的瑞杰森为了让褪黑激素一举成名，又写了一本小册子《褪黑激素的奇迹》（《MELATONIN MIRACLE》），终于在美国掀起了一股褪黑素销售热。在那本小册子里，褪黑素被毫无根据地说成可以防止衰老，使人返老还童，不但能够治疗失眠、治疗癌症、提高免疫力，还能预防心脏病、高血压、推迟更年期、提高性能力（而医学家却普遍认为这种激素是抑制生殖功能的），褪黑素简直就成了 20 世纪拯救人类的新曙光。

这一切很快引起美国医学界严肃学者的关注，经过他们的批评、论证和指责，半年之后，1996 年，这股褪黑素的销售热灭火了，从此褪黑素只是被作为一种食品添加剂，在超级市场、食品店出售，对于功效的说明也仅仅是"有助于睡眠"，并且标明"没有获得美国食品和药物管理署（FDA）证实"。目前卫生部除肯定脑白金能改善睡眠的作用外，其余保健作用均未认可。有关部门认定褪黑素类食品为保健食品，并非药品，还特别强调青少年、孕期及哺乳期妇女、自身免疫性疾病及抑郁性精神病患者不宜食用。同时提醒大家注意，脑白金不能替代药物的治疗作用。驾车、机械作业及从事危险操作者慎用脑白金。

褪黑素

认识硝基化合物

8.2 硝基化合物

烃分子中的氢原子被硝基（—NO₂）取代生成的化合物称为硝基化合物。

8.2.1 硝基化合物的结构与分类

8.2.1.1 硝基化合物的结构

在硝基的电子结构中，从表面形式上看两个氮氧键一个为共价双键，另一个为配价键，应具有不同的键长，但实际测定结果它们的键长都是等长的。这是因为硝基结构中存在着四电子三原子的 p-π 共轭体系，表示如下：

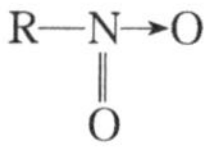

$$R—N{\rightarrow}O$$

8.2.1.2 硝基化合物的分类

硝基化合物的分类可根据与硝基连接的烃基不同分为脂肪族硝基化合物和芳香族硝基化合物。例如

$CH_3CH_2NO_2$ 硝基乙烷

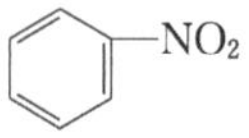

硝基苯

还可根据分子中所含硝基的数目分为单硝基化合物和多硝基化合物。如

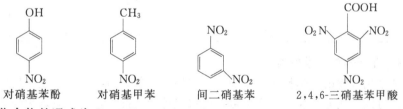

对硝基苯酚   对硝基甲苯   间二硝基苯   2,4,6-三硝基苯甲酸

单硝基化合物的通式为 $R—NO_2$、$Ar—NO_2$。

8.2.2 硝基化合物的命名

脂肪族硝基化合物的命名按照烷烃的系统命名法命名，命名时将硝基作为取代基。例如

$$CH_3CH_2CHCH_3$$
$$\quad\quad\quad | $$
$$\quad\quad\quad NO_2$$

2-硝基丁烷

$CH_3CH_2NO_2$

硝基乙烷

芳香族硝基化合物的命名，一般是以芳烃为母体，硝基作为取代基来命名。例如

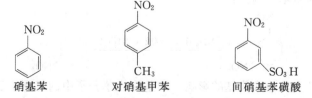

硝基苯   对硝基甲苯   间硝基苯磺酸

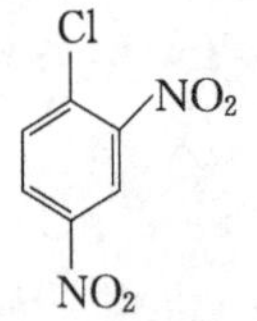

2,4-二硝基氯苯 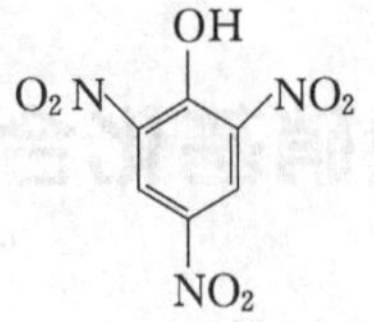　　　2,4,6-三硝基苯酚　　　2,4,6-三硝基甲苯
　　　　　　　　　　　（苦味酸）　　　　　　　（TNT）

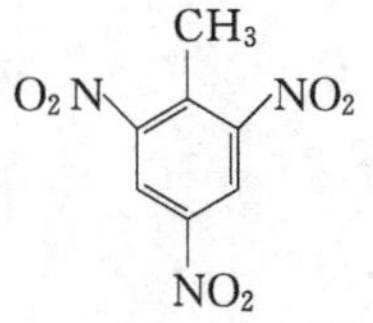

8.2.3　硝基化合物的性质

8.2.3.1　硝基化合物的物理性质

　　简单的脂肪族硝基化合物为液体，加热可能爆炸；芳香族硝基化合物为淡黄色的高沸点液体或固体，有苦杏仁气味，硝基化合物的相对密度大于1，难溶于水，易溶于有机溶剂。硝基苯可用作某些反应溶剂。多硝基化合物受热易分解而爆炸。硝基化合物一般都具有毒性，与皮肤接触也会引起中毒，使用时应注意安全。常见硝基化合物的物理常数见表8-4。

表 8-4　常见硝基化合物的物理常数

名　　称	熔点/℃	沸点/℃	密度/$g \cdot cm^{-3}$
硝基甲烷	−29	101	1.130
硝基乙烷	−90	114	1.0448
1-硝基丙烷	−108	132	1.0221
2-硝基丙烷	−93	120	1.024
硝基苯	5.7	210.8	1.203
邻二硝基苯	118	319	1.565(17℃)
间二硝基苯	89	303	1.571(0℃)
1,3,5-三硝基苯	122		1.688
对二硝基苯	174	299	1.625
2,4-二硝基甲苯	70	300	1.521(15℃)
邻硝基甲苯		222	1.168
间硝基甲苯	16	231	1.157
对硝基甲苯	52	238.5	1.286

8.2.3.2　硝基化合物的化学性质

　　芳香族硝基化合物的化学性质比较稳定，与酸和一般亲电试剂都不发生反应。但在一定条件下，硝基可发生还原反应，芳环上可发生取代反应。此外，由于硝基为强吸电子基，它对环上邻、对位取代基会产生较明显的影响。

　　（1）硝基的还原反应　硝基可以被还原，特别是芳香硝基化合物的还原有很大的实用意义。例如，在酸性介质中以铁粉还原硝基苯则生成伯胺，这是工业上制备苯胺的方法。

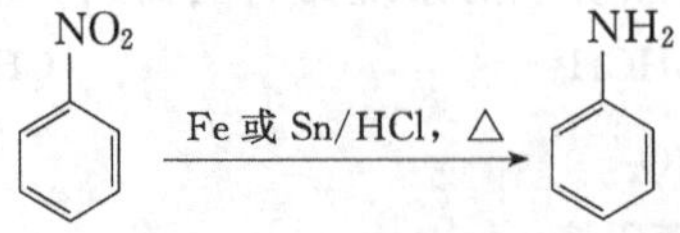

　　芳香族多硝基化合物，以硫氢化铵（钠）或硫化铵（钠）为还原剂还原时，可有选择地还原其中一个硝基为氨基。例如：

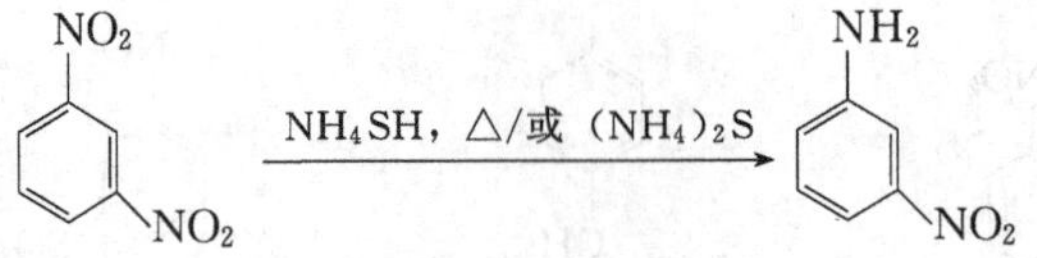

　　（2）硝基对苯环上其他取代基的影响　硝基取代苯分子中的氢原子后，由于硝基是吸电

子基团，使苯环上电子的密度降低，苯环钝化，不利于亲电试剂的进攻。同时，硝基对苯环上的其他取代基也产生影响。

① 提高卤素的活性　在通常情况下氯苯很难发生取代反应。即使将氯苯和氢氧化钾溶液煮沸数天也没有苯酚生成。但当氯的邻位和对位被硝基取代后，氯则很容易被羟基取代。这就是由于硝基的吸电子作用使与氯原子相连的碳原子电子密度大大降低，有利于亲核试剂进攻，从而容易发生双分子亲核取代反应。例如

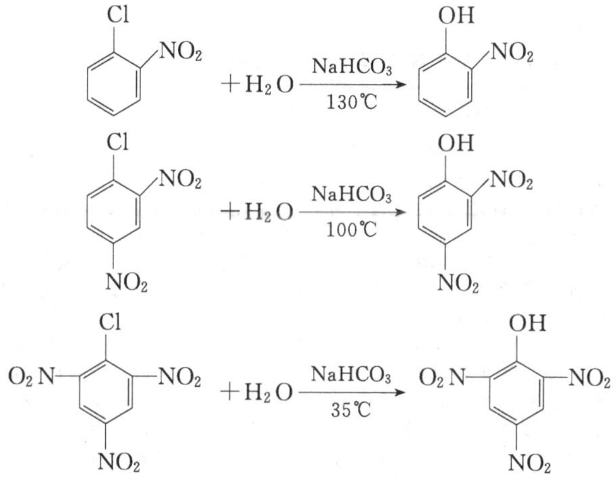

② 增强酚的酸性　在苯酚的芳环上引入硝基，吸电子的硝基通过共轭效应传递，增加了羟基中的氢离解成质子的能力，苯环上引入的硝基越多，酚的酸性越强。例如：

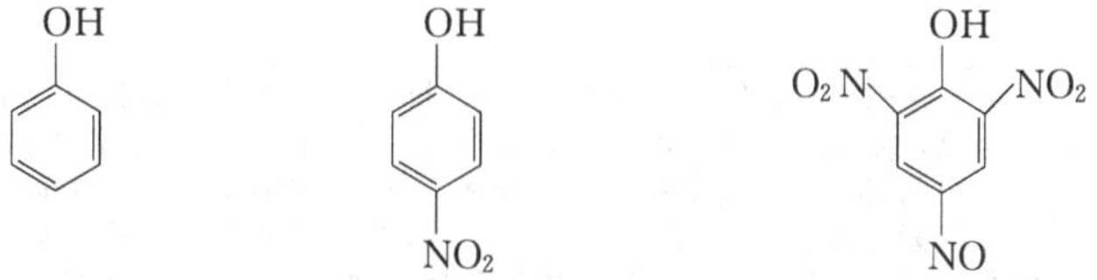

pK_a　　　9.89　　　7.15　　　0.38

应用硝基化合物

8.2.4　硝基化合物的用途与使用硝基化合物的安全知识

8.2.4.1　重要的硝基化合物

（1）硝基苯　硝基苯为浅黄色油状液体，熔点5.7℃，沸点210.8℃，相对密度1.197，具有苦杏仁气味，有毒、不溶于水，而易溶于乙醇、乙醚等有机溶剂。硝基苯可通过苯的硝化反应制备。它是生产苯胺及制备染料和药物的重要原料。此外，它还可用于作溶剂和缓和的氧化剂。

（2）2,4,6-三硝基甲苯　2,4,6-三硝基甲苯俗称TNT，为黄色结晶，熔点80.6℃，味苦，有毒，不溶于水而溶于有机溶剂。它是一种猛烈的炸药。TNT本身性质稳定，熔融后并不分解，受震动也相当稳定。故装弹、贮存、运输都比较安全。但在引爆剂的引发下则发生猛烈的爆炸。

（3）2,4,6-三硝基苯酚　俗称苦味酸。为黄色晶体，熔点122℃，不溶于冷水，溶于热水、乙醇和乙醚中。其酸性与强无机酸接近。它是制造硫化染料的原料。

8.2.4.2 常见硝基化合物的用途和安全知识

在硝基化合物中最重要的是芳香族硝基化合物，它是化学工业、染料工业的基本原料，叔丁基苯的某些多硝基化合物有类似天然麝香的气味，可用作化妆品的定香剂。大多数芳香多硝基化合物都有极强的爆炸性。且芳香硝基化合物有一定的毒性，它们能使血红蛋白变性而引起中毒，较多地吸入它们的蒸气或粉尘，或者长期与皮肤接触都能引起中毒。因此了解这些芳香硝基化合物对于正确、合理、安全地使用是十分重要的。表 8-5 列出了常见硝基化合物的用途和安全使用知识。

表 8-5 常见硝基化合物的用途和安全使用知识

品名	构造式	用途和接触机会	毒性、危险性与侵害	急救措施	安全使用与防护
硝基苯	NO$_2$ 苯环	用作气相色谱固定液，可用于低级烃分析；用来制造炸药、联苯胺、喹啉、偶氮苯染料、香料、蜡漆、鞋油、墨水等；用作傅-克反应的溶剂，有机合成、有机化学品中间体；还可用作金属、皮鞋和地板擦亮剂，皮革涂料，标准折射率液	本品有毒，摄入，吸入和皮肤吸收会引起中毒，严重者能致死。可燃，燃点 482℃，蒸气能与空气形成爆炸性混合物，爆炸极限不明 通过吸入，摄入，液体经皮肤吸收，皮肤和眼接触侵入。侵害血液、肾、肝、心血管系统、皮肤	此化学品如进入眼中，立即用水或洗眼剂冲洗；如触及皮肤迅速用肥皂和大量水洗净；如大量吸入，立即移离现场至新鲜空气处，必要时进行人工呼吸或输氧；如被吞服，洗胃，催吐；对于不省人事者立即送医院治疗。美蓝为特效解毒药	用玻璃瓶盛装，外加箱皮保护，或用金属桶盛装。避光、密封保存。置阴凉、干燥处，最好使用附建的仓库，与其他仓库隔开 生产现场要通风，设备要密闭，防止泄漏。操作人员应穿防护工作服；戴防护眼镜，严防入眼、入口或接触皮肤和伤口。每天更换工作服，淋浴。工作服如被弄湿，应立即脱去，现场应装备安全信号指示器
硝基乙烷	CH$_3$NO$_2$	用于有机合成，傅-克合成，制造药物和农药中间体；用作硝化纤维素乙酯、醇酸树脂、蜡、脂肪及染料等的溶剂，火箭推进剂和燃料助剂	本品有毒，摄入，吸入会引起中毒；受高热时会分解，分解产物有剧毒。易燃，有中等燃烧危险，燃点 415℃，蒸气能与空气形成爆炸性混合物，爆炸极限低限为 3.4% 通过吸入，摄入，与皮肤和眼接触侵入。侵害皮肤	此化学品如进入眼中，立即用水冲洗；如触及皮肤，迅速用肥皂和水洗净；如大量吸入，立即移离现场至新鲜空气处，必要时进行人工呼吸；如被吞服，催吐，洗胃；严重者立即送医院治疗	用玻璃瓶或铁桶盛装。用过的容器不得再用于盛装。最好使用露天或附建的仓库在户外存放，与其他易燃液体或气体隔开。避光、密封保存。置阴凉、干燥处 生产现场要加强通风，设备要密闭。操作时应穿防护工作服；戴面罩或隔绝式呼吸防护器，严防入眼、入口或接触皮肤。工作服如被弄湿或受到污染，应立即脱去，以避免燃烧危险
对硝基苯胺	NO$_2$ 苯环 NH$_2$	主要用作染料中间体，也用作分析试剂，作有机元素（氮）定量分析的标样，标定三氯化钛的标准溶液；还用作药物和农药的中间体。此外，并可用于制造对苯二胺、防腐剂和抗氧剂	吸入蒸气或皮肤接触会引起严重中毒。可燃。有燃烧和爆炸的危险，在湿气存在下能使有机物发生硝化反应，发生自燃 通过吸入，摄入，与皮肤和眼接触侵入。侵害血液、心脏、肺、肝、皮肤	此化学品如进入眼中，立即用水或洗眼剂冲洗；如触及皮肤，迅速用肥皂和水洗净；如大量吸入，立即移离现场至新鲜空气处，必要时进行人工呼吸；如被吞服，催吐，洗胃；严重者立即送医院治疗	用内衬塑料袋，外套铁桶或纤维板桶盛装。置通风、干燥地方，避热、避光保存 生产设备要密闭。操作时应穿防护工作服；戴防护眼镜。下班后应淋浴，每天更换工作服。可渗透的工作服如被弄湿或受到污染，应立即脱去。操作现场装备安全信号指示器

鉴别硝基化合物

8.2.5 鉴别硝基化合物的方法

8.2.5.1 锡-盐酸还原试验法

硝基化合物用锡-盐酸还原生成伯胺，然后再用胺类的特征试验来检验。

$$RNO_2 + 6[H] \longrightarrow RNH_2 + 2H_2O$$

8.2.5.2 与氢氧化亚铁反应试验法

硝基化合物可与氢氧化亚铁作用生成胺和氢氧化铁。

$$RNO_2 + 6Fe(OH)_2 + 4H_2O \longrightarrow 6Fe(OH)_3 \downarrow + RNH_2$$

反应过程中，绿色的氢氧化亚铁被氧化成为棕色的氢氧化铁，根据这一现象可检验硝基的存在。

8.2.5.3 与锌粉反应试验法

硝基化合物在乙酸条件下与锌粉反应生成羟胺类化合物。

$$RNO_2 \xrightarrow{Zn+HAc/C_2H_5OH} RNHOH$$

羟胺可还原吐伦试剂，生成银镜。可利用这一反应检验硝基的存在。

8.2.5.4 氢氧化钠-丙酮试验法

二硝基芳烃和三硝基芳烃可与氢氧化钠的丙酮液反应，一般二硝基芳烃显紫色，三硝基芳烃显红色，这个反应可用于多硝基芳烃检验。

8.2.6 技能训练

【技能训练1】 氢氧化亚铁试验

目的：(1) 理解氢氧化亚铁试验鉴别硝基化合物的基本原理。

(2) 学会用氢氧化亚铁试验鉴别硝基化合物。

仪器：试管、试管架、滴管、滴瓶、小药匙、量筒 5mL、橡皮塞。

试剂：氢氧化钾乙醇溶液、$w=5\%$ 的硫酸亚铁铵。

试样：硝基苯、2,4-二硝基氯苯、硝基甲苯、硝基乙烷、异丙醇。

安全：避免试样及试剂与皮肤直接接触，摄入。

态度：认真实验，规范操作、仔细观察，及时记录。

步骤

(1) 在试管中加入 10mg 样品和 1mL 新鲜配制的 $w=5\%$ 的硫酸亚铁铵溶液。

(2) 继续向试管中加入 0.7mL 的氢氧化钾乙醇溶液，立即将试管塞住，振荡。

(3) 仔细观察 1min 内试管中的颜色变化。记录所观察到的现象。

(4) 将废液倒入指定地点。

(5) 清洗仪器，试管倒置于试管架上。

(6) 按所列的试样重复上述(1)~(5)的步骤。

注意事项

(1) 硝基化合物一般在 30s 内显正结果。还原速率与样品在试剂中的溶解度有关。

(2) 羟胺、醌、硝酸和亚硝酸酯能氧化氢氧化亚铁，显正结果。

（3）绿色沉淀是由于氢氧化亚铁未被氧化所致，为负结果。

（4）有色化合物不要做本试验。

试液的配制

（1）$w=5\%$ 的硫酸亚铁铵溶液：将 25g 硫酸亚铁铵加到 500mL 新煮沸过的蒸馏水中，加 2mL 浓硫酸，放入一小铁钉，以防试剂被氧化。

（2）氢氧化钾-乙醇溶液：溶解 30g 氢氧化钾在 30mL 蒸馏水中，再加到 200mL95% 乙醇中。

【技能训练 2】 锌-乙酸试验

目的：（1）理解锌-乙酸试验鉴别硝基化合物的基本原理。

　　　（2）学会用锌-乙酸试验鉴别硝基化合物。

仪器：试管、试管架、酒精灯、玻璃棒、小药匙、滴管、试管夹、5mL 量筒。

试剂：锌粉、冰乙酸、乙醇、$w=5\%$ 的硝酸银溶液、$w=10\%$ 的氢氧化钠、$c=1mol \cdot L^{-1}$ 的氨水、$c=6mol \cdot L^{-1}$ 的硝酸。

试样：硝基苯、2,4-二硝基氯苯、硝基甲苯、硝基乙烷、异丙醇。

安全：避免试样及试剂与皮肤直接接触，摄入。

态度：认真实验，规范操作，仔细观察，及时记录。

步骤

（1）在试管中加入 50mg 固体样品或 3 滴液体样品和 2mL 50% 乙醇。

（2）继续向试管中加入 4 滴冰乙酸和 50mg 锌粉。

（3）在酒精灯上加热试管使溶液沸腾。

（4）静置 5min，过滤，将滤液置于一试管中。

（5）在另一试管中加入 1mL $w=5\%$ 的 $AgNO_3$ 溶液，加入 2 滴 $w=10\%$ 的 $NaOH$ 溶液，振摇，有黑色沉淀产生。

（6）继续向试管中逐滴加入 $c=2mol \cdot L^{-1}$ 的氨水溶液直到沉淀刚好溶解为止，即为吐伦试液。

（7）向装有滤液的试管中加入 2mL 新配制的吐伦试液，静置 10min。

（8）若此时无反应发生，则将试管置 35℃ 的温水浴 5min。

（9）仔细观察试管中的现象。及时记下所观察到的现象。

（10）将废液倒入指定地点。

（11）清洗仪器，倒置于试管架上。

（12）按所列的试样重复上述（1）～（11）的步骤。

注意事项

（1）亚硝基化合物、偶氮化合物、氧化偶氮化合物在本试验条件下均可发生反应。

（2）如果样品中混有还原性杂质将产生干扰。

【技能训练 3】 氢氧化钠-丙酮试验

目的：（1）理解氢氧化钠-丙酮试验鉴别硝基化合物的基本原理。

　　　（2）学会用氢氧化钠-丙酮试验鉴别硝基化合物。

仪器：试管、试管架、小药匙、滴管、试管夹、5mL 量筒、滴瓶。

试剂：$w=5\%$ 的氢氧化钠溶液、丙酮。

试样：二硝基苯胺、三硝基苯酚（苦味酸）、间二硝基苯、硝基苯。

安全：避免试样及试剂与皮肤直接接触，摄入；

　　　避免易燃液体的火灾事故。

态度：认真实验，规范操作、仔细观察，及时记录。

步骤

（1）在试管中加入 50mg 样品和 5mL 丙酮。

（2）继续向试管中加入 2mL $w=5\%$ 的氢氧化钠溶液，边加边振荡。

（3）仔细观察试管中颜色的变化。及时记下所观察到的现象。

（4）将废液倒入指定地点。

（5）清洗仪器，试管倒置于试管架上。

（6）按所列的试样重复上述（1）～（5）的步骤。

注意事项

（1）脂肪族硝基化合物、芳香族硝基化合物，在本试验条件下不发生反应。

（2）芳环上有氨基、烷氧基、羧基、酰胺基等对本试验有干扰。

（3）一般情况下，二硝基化合物呈蓝紫色、三硝基化合物呈红色。部分多硝基化合物在本实验条件下的显色反应如下

1,3,5-三硝基苯	深红色	2,4,6-三硝基苯	深红色
2,4,6-三硝基苯酚	橙红色	2,4-二硝基甲苯	深蓝色
2,4-二硝基苯胺	红色；	1,4-二硝基苯	绿黄色

【技能训练 4】 锡-盐酸试验

目的：（1）理解锡-盐酸试验鉴别硝基化合物的基本原理。

　　　（2）学会用锡-盐酸试验鉴别硝基化合物。

仪器：试管、试管架、小药匙、滴管、试管夹、滴瓶、烧瓶。

试剂：$w=10\%$ 的盐酸、乙醇、锡粒、$w=40\%$ 的氢氧化钠、乙醚。

试样：硝基苯、2,4-二硝基氯苯、对硝基苯胺、硝基乙烷。

安全：避免试样及试剂与皮肤直接接触，摄入。

　　　避免易燃液体的火灾事故。

态度：认真实验，规范操作、仔细观察，及时记录。

步骤

（1）在小烧瓶中加入 1g 样品和 2g 锡粒。

（2）分次加入 20mL $w=10\%$ 的盐酸，每次加后猛烈振荡，在水浴上加热 30min。

（3）如样品不溶，加 5mL 乙醇。

（4）反应完全后，倒入 5mL 水中，加 $w=40\%$ 的氢氧化钠溶液直至氢氧化锡沉淀全部溶解。

（5）用 10mL 乙醚提取三次，合并醚提取液，干燥后，蒸去乙醚。

（6）用兴士堡或 2,4-二硝基氯苯试验对残留液检验胺类化合物的存在。

（7）仔细观察试管中颜色的变化，及时记下所观察到的现象。

（8）将废液倒入指定地点。

（9）清洗仪器，试管倒置于试管架上。

（10）按所列的试样重复上述（1）～（9）的步骤。

注意事项：如果还原产物是挥发性胺类，可用蒸馏法代替乙醚提取法，蒸馏液收集在稀盐酸中，加苯甲酰氯或苯磺酰氯和氢氧化钠进行试验。

【阅读园地】诺贝尔与炸药

今天，全世界很多人都知道诺贝尔（Nobel）这个姓氏，每年都有几位卓越的科学家、

文学家、经济学家和争取和平人士被评定获得以这个姓氏命名的巨额奖金和崇高的荣誉。

诺贝尔全称阿尔费雷德·贝恩哈德·诺贝尔（Alfred Bernhard Nobel），瑞典人，1833年10月21日出生在瑞典首都斯德哥尔摩，1850年，诺贝尔16岁，曾到德国、法国、意大利和美国学习，同时代表家庭企业采购工具、机器、原料，并了解新的技术和情报，在美国进入了父亲的一位朋友、工程师和发明家的化学实验室工作学习。1854～1856年他的父亲忙于制造大量军用物资，包括水雷。1863年，诺贝尔回到瑞典，进行制造硝化甘油的研究，获第一件划时代的发明——诺贝尔专利发火件。1865年，世界第一座硝化甘油生产工厂在斯德哥尔摩建成投产，诺贝尔自身兼厂长、工程师、会计员、推销员，接着在德国又建起了一座生产炸药的工厂。

1867～1868年诺贝尔的黄色炸药（硝化甘油）在瑞典、英国和美国取得专利，并将发明的炸药用来筑路、开凿运河，在开掘油井和矿藏中也建立了功勋。他一共获专利权355项，在近20个国家里拥有90个企业。

1896年12月10日诺贝尔在意大利圣雷莫因脑溢血逝世，享年63岁。在他去世前一年，他立下遗嘱，将他价值3300万瑞典法郎（约合920万美元）的遗产作为基金，每年以利息（约20万美元）作为奖金，分为五等份，分给在物理学、化学、生理学和医学、文学和平5个领域内做出卓越贡献的人，这在诺贝尔逝世5年之后得以实现。基金会于1900年成立。

——摘自凌永乐编著. 化学物质的发现. 北京：科学出版社，2000

认 识 腈

8.3　腈

腈可看做氢氰酸（H—C≡N：）分子中的氢原子被烃基取代后的生成物。通式为R—C≡N。

8.3.1　腈的命名

腈的命名是根据分子中所含碳原子数（包括氰基碳原子在内）称为"某"腈。例如

$$CH_3CN \qquad CH_3CH_2CN \qquad CH_2{=}CHCN \qquad \text{苯环}CH_2CN$$

乙腈　　　　　丙腈　　　　　丙烯腈　　　　　苯乙腈

8.3.2　腈的性质

大多数腈是无色液体，高级腈是固体，低级腈可溶于水，腈分子的极性非常强，腈的沸点较高，毒性大。

腈能在酸、碱的作用下发生水解。例如

$$RCN + H_2O \xrightarrow{H^+/\triangle} RCOOH + NH_3$$

$$Cl\text{—}\bigcirc\text{—}CH_2CN + H_2O \xrightarrow{65\%H_2SO_4/\triangle} Cl\text{—}\bigcirc\text{—}CH_2COOH + NH_3$$

腈可被还原成伯胺。常用的还原剂是钠和乙醇，也可在催化剂存在下氢化还原。

$$RC{\equiv}N \xrightarrow{Na + C_2H_5OH \ \text{或} \ H_2/Ni} RCH_2NH_2$$

应 用 腈

8.3.3 重要的腈与使用腈的安全知识

8.3.3.1 重要的腈

(1) 乙腈 用于合成苯乙酮、α-萘乙酸，维生素 B_{12}、香料等。也可用于除不溶于乙腈外的烃类、酚类、焦油和有色物质，用作非水滴定的溶剂和无机盐的非水溶剂。乙腈是无色液体，乙醚味，有毒，熔点 $-45℃$，沸点 $81.6℃$，混溶于水、甲醇、丙醇、乙醚、氯仿等有机溶剂，不溶于饱和烃。

(2) 丙腈 用作分离烃类和精制石油馏分的选择溶剂，无色液体、有毒、熔点 $-92.9℃$，沸点 $94.7℃$，溶于水、乙醇。

(3) 丙烯腈 丙烯腈的沸点 $78.5℃$，它溶于有机溶剂，微溶于水。

丙烯腈在引发剂（如过氧化苯甲酰）存在下，可聚合成聚丙烯腈。

$$n CH_2=CH \xrightarrow{\text{引发剂}} \underset{CN}{\underbrace{{\vphantom{}}}}\ \big[CH_2-CH\big]_n$$

$$\underset{CN}{} \qquad\qquad \underset{CN}{}$$

聚丙烯腈纤维即为腈纶，又称人造羊毛，或合成纤维。

表 8-6 常见腈的用途和安全使用知识

品名	构造式	用途和接触机会	毒性、危险性与侵害	急救措施	安全使用与防护
乙腈	CH_3CN	用作色谱分析标准物质、气相色谱固定液、酒精的变性剂、动植物油的提取剂等。在烃类提取过程中以及在药物工业中用作溶剂；还用作催化剂、特殊溶剂、化学中间体；用于从植物油中分离脂肪酸，制造合成药物	有中等程度的毒性，高浓度的乙腈剧毒，可很快致死。易燃，有较大的燃烧危险，燃点 $524℃$，蒸气能与空气形成爆炸性混合物，爆炸极限 $4.4\%\sim16\%$。通过吸入，摄入，经皮肤吸收，与皮肤和眼接触侵入。侵害肺、肾、肝、眼、心血管系统、皮肤、中枢神经系统	此化学品如进入眼中，立即用水冲洗 $15min$ 以上；如触及皮肤立即用大量水洗净；如大量吸入，立即移离现场至新鲜空气处，必要时进行人工呼吸或输氧；如被吞服，迅速催吐，洗胃；对于不省人事者立即送医院诊治	用玻璃瓶或铁桶盛装。置阴凉处，密封保存。最好使用露天仓库，室内仓库必须是标准的易燃液体仓库。生产设备要密闭，防止跑、冒、滴、漏。操作人员应穿防护工作服，戴防护眼镜，严防入眼、入口或接触皮肤和伤口。工作服如被弄湿，应立即脱去，现场应装备安全信号指示器
丙烯腈	$CH_2=CHCN$	重要的有机原料，主要用于橡胶合成、塑料合成、有机合成、制造腈纶、尼龙 66 等合成纤维，杀虫剂和抗水剂，黏合剂，还用作谷物烟熏剂、色谱分析标准物质	本品高毒，吸入和经皮肤吸收均会中毒。是已知致癌物。易燃，有最大的燃烧危险，燃点 $481℃$，蒸气能与空气形成爆炸性混合物，爆炸极限 $3\%\sim17\%$。通过吸入，经皮肤吸收，摄入，与皮肤和眼接触侵入。侵害肾、肝、皮肤、中枢神经系统	此化学品如进入眼中，立即用水冲洗 $15min$ 以上；如触及皮肤立即用大量水洗净；如大量吸入，立即移离现场至新鲜空气处，必要时进行人工呼吸或输氧；如误被吞服，则用温盐水洗胃，诱吐。立即送医院治疗	用具有衬里的金属桶盛装。置阴凉处，密封保存。最好使用露天仓库，室内仓库必须是标准的易燃液体仓库。不准有强碱性物质或氧化剂存放在库内。生产设备要密闭。操作时要着专用防护工作服，戴防护眼镜，严防入眼、入口或接触皮肤。工作服如被弄湿，应立即脱去，现场应装备安全信号指示器和冲洗设备

8.3.3.2 使用腈的安全知识

腈是一类重要的溶剂，它也是制备精细化学品的重要原料之一，也是常用的分析试剂，大多腈都有一定的毒性，它们能侵害人的心血管系统和中枢神经系统，较多地吸入它们的蒸气或粉尘，或者长期与皮肤接触都能引起中毒。因此了解腈化合物对于正确、合理、安全地使用它们是十分重要的。表 8-6 列出了常见腈的用途和安全使用知识。

【阅读园地】合成纤维

合成纤维是日常生活中广为应用的一类有机聚合物。通常把以低分子化合物经聚合反应以及机械加工而制得的纤维，统称为合成纤维（synthetic fibers）。这类大分子多为线型结构的有机聚合物。其单体可以从煤、石油、天然气体中获得。因此，合成纤维的原料极为丰富，它不受气候变化的影响；又由于合成纤维具有强度高、弹性大、耐磨耐腐蚀等特点，其应用之广泛，产量之大早已超过了天然纤维。

"纤维"和"纤维素"只差一个字，但意义完全不同。纤维是物质的一种状态，细细的、长长的。纤维素是一种化学物质，是一种高分子化合物。棉花、羊毛、蚕丝、玻璃丝等都是细细的、长长的，都称为纤维。但只是棉花中含有纤维素。尼龙、的确良等是利用由煤、石油化学加工产生的简单物质合成的高分子化合物，是合成纤维。

常见的合成纤维有：尼龙、涤纶、腈纶等。它有很多优点，耐磨、耐疲劳、弹性好、密度小。但其耐热性较差，因此，尼龙织物不宜用开水浸泡洗涤。

——摘自凌永乐编著. 化学物质的发现. 北京：科学出版社，2000

认识重氮化合物、偶氮化合物

8.4 重氮化合物、偶氮化合物

8.4.1 重氮和偶氮化合物的结构和命名

重氮和偶氮化合物分子中都含有两个氮原子，但其结构不同。分子中含有—N═N—基，若两端都与烃基碳原子相连，则称偶氮化合物，—N═N—称偶氮基。例如

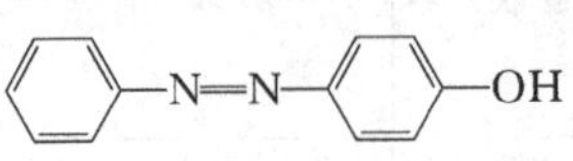

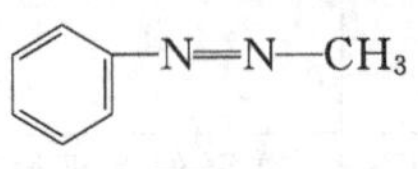

若—N═N—基只有一端与烃基碳原子相连（或者说以 $\langle\!\!\!\!\!\!\!\!\!\bigcirc\!\!\!\!\!\!\!\!\!\rangle$—$N_2^+$ 形式），另一端与其他原子（非碳原子，CN 例外）或原子团相连的化合物，称重氮化合物。例如

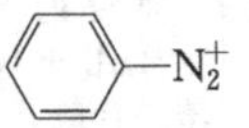

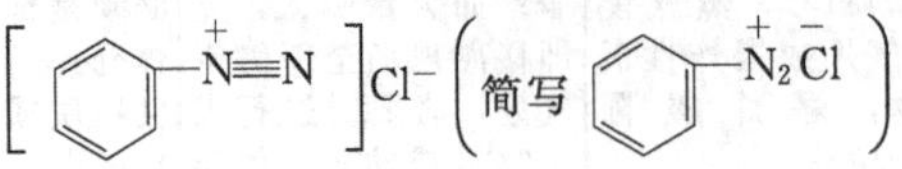

氯化重氮苯 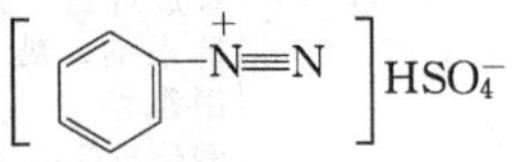　　　　　　　　　　　　硫酸氢重氮苯

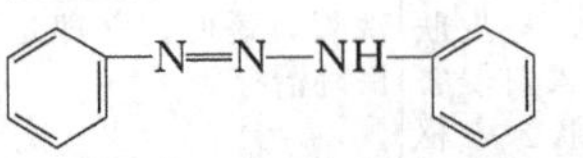

苯重氮氨基苯 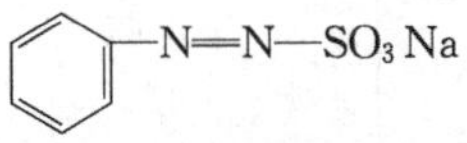　　　　　　　　　　　苯重氮磺酸钠

具有 $\diagdown\!\!\diagup C\!\!=\!\!N\!\!\equiv\!\!N$ 结构的化合物，将"重氮"作词头放在母体名称之前。例如

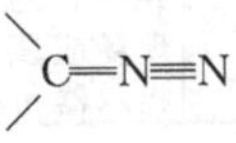

$CH_2=N\equiv N$ 重氮甲烷

$CH_3CH_2-O-\overset{O}{\overset{\|}{C}}-CH=N\equiv N$ 重氮乙酸乙酯

8.4.2 芳香族重氮化合物

8.4.2.1 芳香族重氮盐的制备——重氮化反应

芳香伯胺在冷的强酸存在下与亚硝酸作用发生重氮化反应，生成重氮盐。

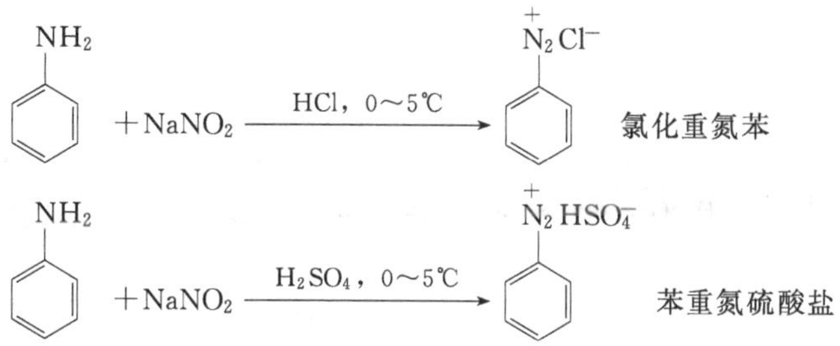

NH₂
+NaNO₂
HCl，0～5℃
N₂Cl⁻
氯化重氮苯
NH₂
+NaNO₂
H₂SO₄，0～5℃
N₂HSO₄⁻
苯重氮硫酸盐

芳香族重氮盐的通式是：$Ar-\overset{+}{N_2}X^-$。

温度超过 5℃通常会引起重氮盐分解。若环上连有$-NO_2$ 或$-SO_3H$ 的芳胺，可以在 40～60℃进行重氮化反应。

8.4.2.2 芳香族重氮盐的反应

芳香族重氮盐是离子化合物，易溶于水，其水溶液能导电。干燥的重氮盐很不稳定，受热或撞击时容易发生爆炸，故生产中常直接使用重氮盐的水溶液来进行反应。

芳香族重氮盐的化学性质非常活泼，能产生多种反应。一类是重氮基（$-N_2X$）被其他原子或原子团取代，同时放出氮气，另一类为保留氮的反应。

（1）取代反应　重氮盐中的重氮基可被羟基、氢原子、卤素或氰基等取代，因此，通过重氮盐可以将芳环上的氨基换成其他基团，制备多种芳香族化合物。例如

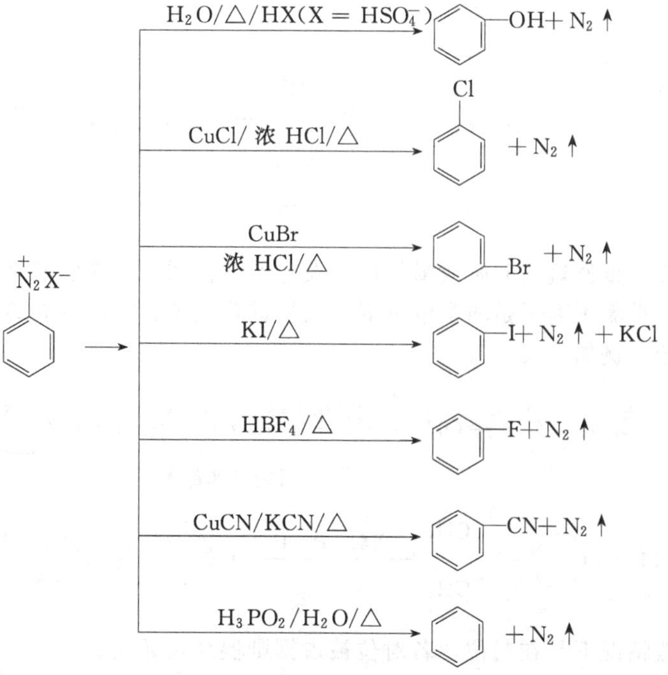

N₂X⁻
H₂O/△/HX(X = HSO₄⁻)
OH+ N₂↑
CuCl/ 浓 HCl/△
Cl
+ N₂↑
CuBr
浓 HCl/△
Br
+ N₂↑
KI/△
I+ N₂↑ + KCl
HBF₄/△
F+ N₂↑
CuCN/KCN/△
CN+ N₂↑
H₃PO₂/H₂O/△
+ N₂↑

重氮盐的取代反应对于合成某些芳香化合物是十分重要的。

例1

从

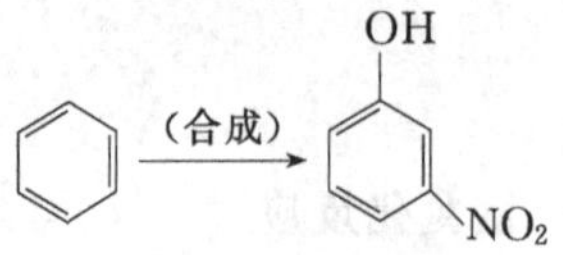

方法

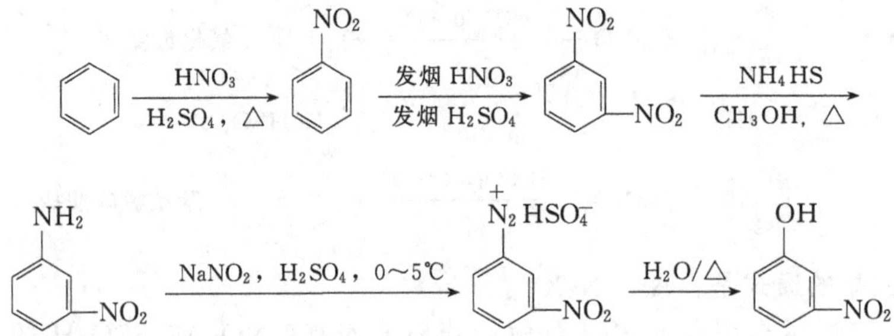

例2

从

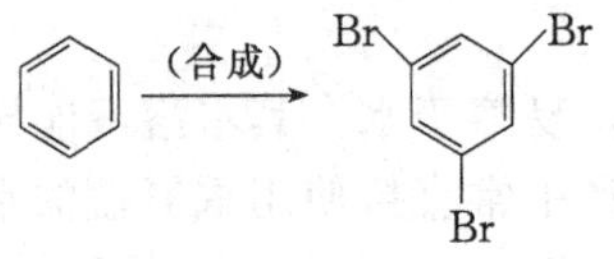

方法

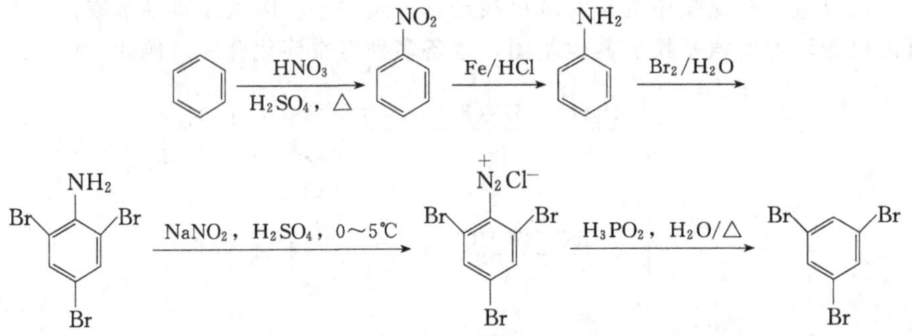

（2）偶合反应　重氮盐与芳胺或酚作用，发生偶合作用，生成偶氮化合物。偶合反应属于亲电取代反应，重氮正离子是弱亲电试剂，它易进攻电子云密度较大的芳环，因此偶合对象主要是芳胺和酚。例如

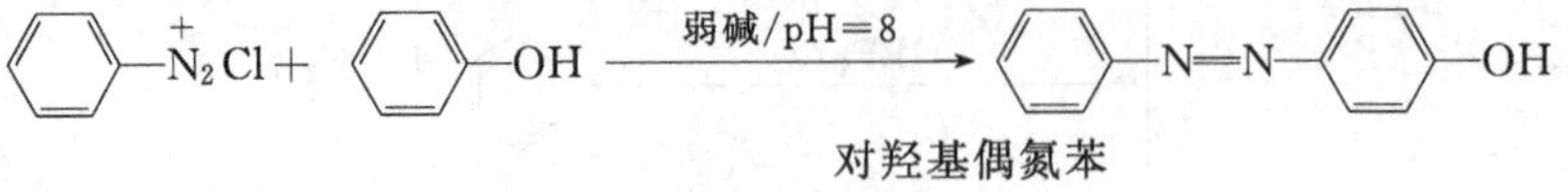

对羟基偶氮苯

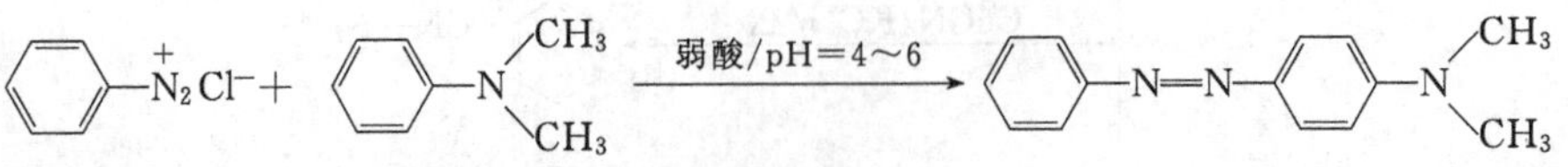

偶合位置一般情况下是在对位，若对位被占据则偶合在邻位。

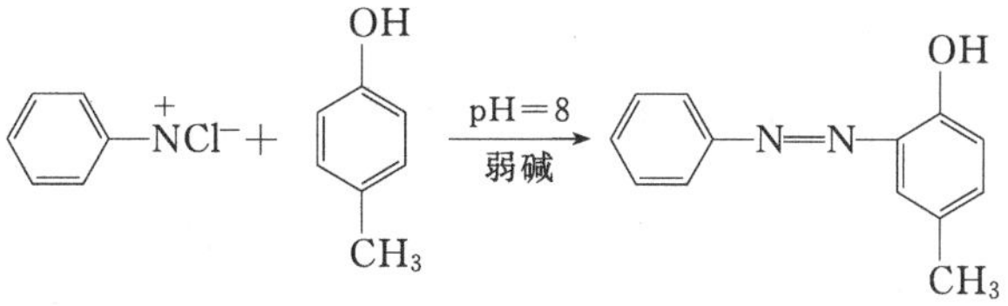

许多偶氮化合物被用作染料和色素。

（3）还原反应　重氮盐可以被锡和盐酸、锌和乙酸、氯化亚锡等还原成苯肼。例如

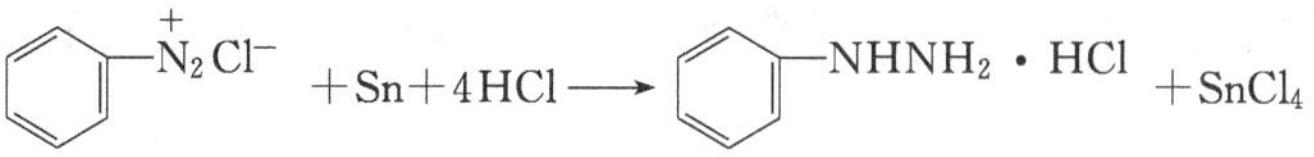

生成的苯肼盐酸盐用碱处理得苯肼。

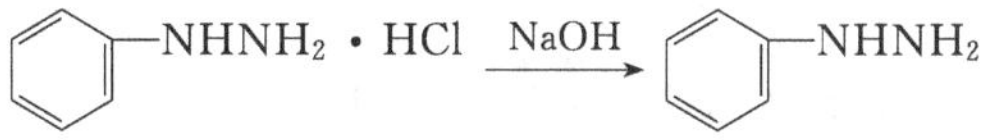

苯肼用于制备药物，染料、显像剂及鉴定羰基化合物。但苯肼有毒，使用时要注意。

应用重氮化合物、偶氮化合物

8.4.3　重氮化合物的应用

重氮化合物可分为脂肪族重氮盐和芳香族重氮盐。芳香族重氮盐主要用于有机合成（详见 8.4.2）。脂肪重氮盐较为重要的是重氮甲烷（ $CH_2=N\equiv N$ ），其主要性质与应用如下。

8.4.3.1　重氮甲烷的制取

可以从 N-烷基酰胺与亚硝酸作用，生成的 N-甲基-N-亚硝基酰胺，再用氢氧化钾分解制得。

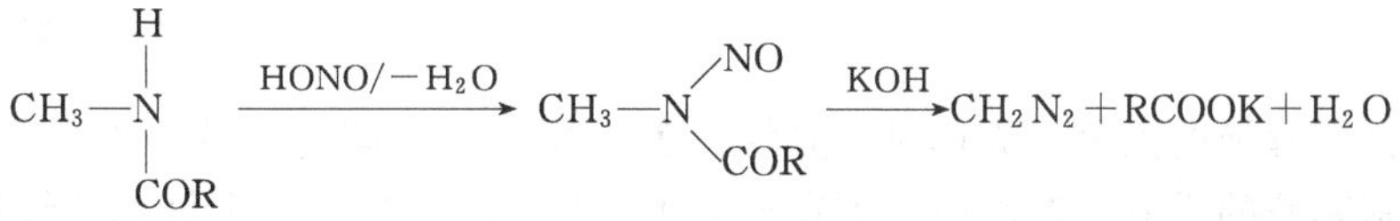

8.4.3.2　重氮甲烷的性质

重氮甲烷是黄色气体，剧毒且容易爆炸。液态重氮甲烷的沸点为 $-24℃$。重氮甲烷溶于乙醚，其乙醚溶液较稳定，在合成上常使用重氮甲烷的乙醚溶液。重氮甲烷的化学性质很活泼，能发生许多类型的反应，所以它在有机合成上占有重要的地位。

8.4.3.3　重氮甲烷的应用

重氮甲烷是一个重要的甲基化剂。它能与羧酸作用生成羧酸甲酯，并放出氮气。例如：

$$RCOOH + CH_2N_2 \longrightarrow RCOOCH_3 + N_2\uparrow$$

除羧酸外，弱酸性化合物如酚、烯醇等也可以和重氮甲烷作用。

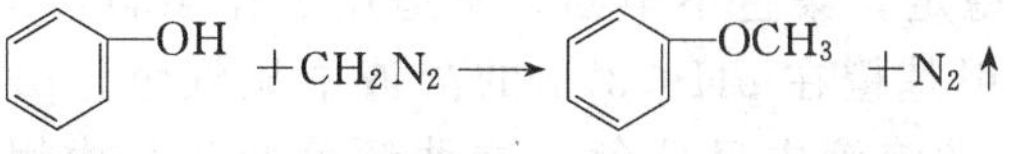

重氮甲烷又能与酰氯作用生成重氮甲基酮。

$$R-\overset{\overset{\text{O}}{\|}}{C}-Cl + 2CH_2N_2 \longrightarrow R-\overset{\overset{\text{O}}{\|}}{C}-CHN_2 + N_2\uparrow$$

$$R-\overset{\overset{\text{O}}{\|}}{C}-CHN_2 \begin{array}{l} \xrightarrow{\text{H}_2\text{O/Ag}} RCH_2COOH + N_2\uparrow \\ \xrightarrow{\text{R'OH/Ag}} RCH_2COOR' + N_2\uparrow \\ \xrightarrow{\text{NH}_3\text{/Ag}} RCH_2CONH_2 + N_2\uparrow \end{array}$$

重氮甲基酮在银催化下与水、醇或氨等作用，则得到比原来酰氯多一个碳原子的羧酸或其衍生物。

重氮甲烷受光或热作用，分解生成亚甲基（又称碳烯），因此重氮甲烷也是碳烯的来源之一。

$$CH_2N_2 \xrightarrow{\text{光或热}} :CH_2 + N_2\uparrow$$

8.4.4　偶氮化合物的应用

芳香族偶氮化合物大多具有鲜艳的颜色，它的色谱齐全，性质稳定，使用方便，广泛应用于各种染料和在工业分析上用作指示剂、萃取剂等。

用来着色的染料能使纤维或其他物料染色，也称偶氮染料。偶氮染料品种很多，占全部合成染料的半数以上，是工业上最主要的染料。

8.4.4.1　对位红

它是由对硝基苯胺经重氮化后，再与 β-萘酚偶合而成。

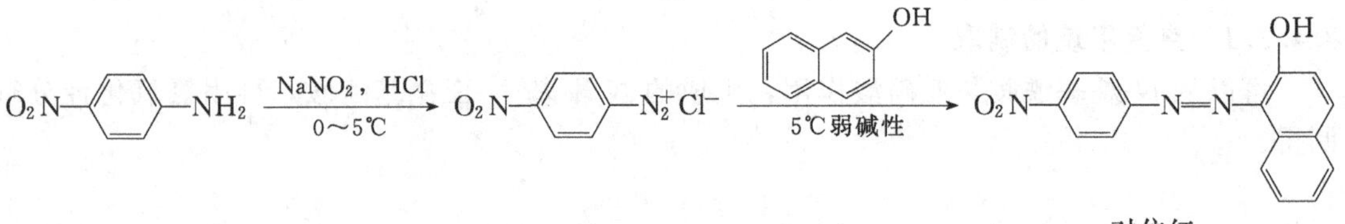

对位红具有鲜艳的红色。染色时，先将白色织物浸入 β-萘酚的碱溶液中，取出晾干后，再浸入对硝基苯胺的重氮盐溶液中，即在纤维上发生偶合反应，染上鲜艳的红色。

8.4.4.2　甲基橙

它是由对氨基苯磺酸经重氮化后，再与 N,N-二甲基苯胺偶合而成的。

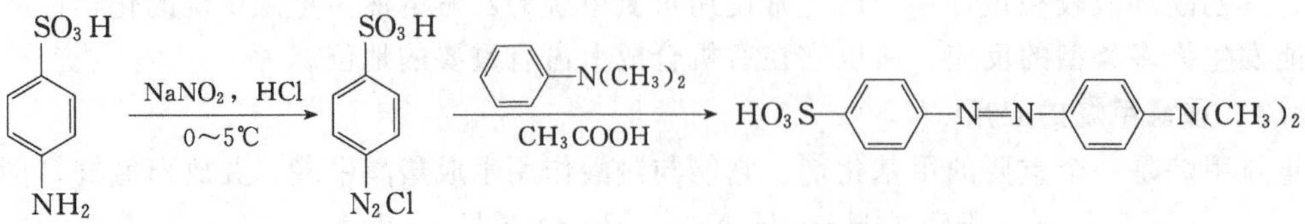

对二甲氨基氮苯磺酸钠（甲基橙）

由于甲基橙颜色不稳定，染色不牢固，不适用于作染料，但它能随着溶液的 pH 值的变化而显不同颜色。甲基橙在 pH<3.1 的溶液中显红色，pH 值在 3.1～4.4 的溶液中显橙色，在 pH>4.4 的溶液中显黄色。这种颜色变化是由甲基橙分子结构的变化引起的。

$$^-O_3S-\langle\bigcirc\rangle-N=N-\langle\bigcirc\rangle-N(CH_3)_2 \underset{OH^-}{\overset{H^+}{\rightleftharpoons}} HO_3S-\langle\bigcirc\rangle-N=N-\langle\bigcirc\rangle-\overset{+}{\underset{H}{N}}(CH_3)_2$$

$$\text{pH}>4.4\text{（黄色）} \qquad\qquad \text{pH}<3.1\text{（红色）}$$

【新视野】含氮化合物与人体健康

含氮化合物与人体健康有着密切的关系。称之为精神模拟药的苯异丙胺

（ $Ph-CH_2\underset{CH_3}{CHNH_2}$ ）、巴比妥类（ $O=C\overset{\overset{H}{N}}{\underset{NH}{}}\overset{C=O}{\underset{CH_2}{}}C=O$ ）及其巴比妥类衍生物、吗啡等都是胺或胺

的衍生物，它们能改变人的精神或感情状态。苯异丙胺类药物能以某种方式作用于交感神经系统而使人们有兴奋、清醒、机灵、减少疲劳增加精神活力的感觉。当大剂量或长期服用苯异丙胺，也会引起精神上的不愉快等副作用。巴比妥类药物能降低中枢神经系统的活性，诱发睡眠，是一类常用的镇静剂。因此它们是"抑制型药"，与苯异丙胺是"兴奋型药"正相反。

除此之外，在天然植物中的一些含氮化合物，叫生物碱。生物碱是一类存在于植物体内（偶尔也在动物体内发现）、对人和动物有强烈生理作用的含氮碱性有机物。其碱性大多是因为含有氮杂环，但也有少数非杂环的含有氨基官能团的生物碱。一种植物中如含有生物碱的话，往往含有多种结构相近的一系列生物碱。例如，金鸡纳树皮中含有二十多种生物碱，烟草中含有十种以上生物碱。生物碱在植物体内常与有机酸（柠檬酸、苹果酸、草酸等）或无机酸（硫酸、磷酸等）结合成盐而存在。也有少数以游离碱、苷或鳌的形式存在。

生物碱的发现始于19世纪初叶，最早发现的是吗啡（1803年），随后不断地报道了各种生物碱的发现，例如奎宁（1920年）、颠茄碱（1831年）、古柯碱（1860年）、麻黄碱（1887年）……19世纪兴起了对生物碱的研究和结构测定，它对杂环化学、立体化学和合成新药物提供了大量的资料和新的研究方法。到目前为止人们已经从植物中分离出的生物碱有几千种。

很多生物碱是很有价值的药物，它们都有很强的生理作用。例如，吗啡碱有镇痛的作用，麻黄碱有止咳平喘的效用等。许多中草药如当归、甘草、贝母、常山、麻黄、黄连等，其中的有效成分都是生物碱。我国使用中草药医治疾病的历史已有数千年之久，积累了非常丰富的经验。新中国成立后我国中草药的研究受到很大重视，特别是近些年，生物碱的研究取得显著的成果。这对于开发我国的自然资源和提高人民的健康水平起着十分重要的作用。

在我们日常生活中，加入某些含氮化合物可使食物有较好的味道或作为防腐剂。例如糖

精（ $\langle\bigcirc\rangle\overset{\overset{O}{\parallel}}{\underset{SO_2}{}}\overset{C}{\underset{}{}}N^-Na^+$ ）可作为糖的代用品。尽管糖精很甜，但吃后遗留一些苦味。因此

人们在寻找新的人工合成甜剂。

味精——谷氨酸单钠盐作为各种食品中的鲜味剂已有较长时间了。尽管它缺乏营养价

值，但为了使食物更可口，仍受到人们的欢迎。

总之，含氮化合物与人体健康有着密切的关系。

——摘自伍越寰编．有机化学·安徽：中国科学技术大学出版社，2002

练习

1. 命名下列各化合物。

(1) $CH_3CH_2CH—CH(CH_3)_2$ 位于 NO_2

(2) 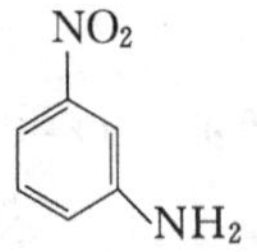 间位 NO_2、NH_2 苯环

(3) $CH_3NHCH(CH_3)_2$

(4) 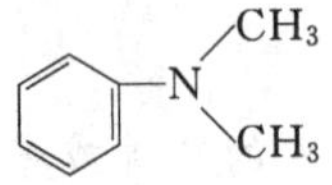 苯环—$N(CH_3)_2$

(5) $CH_3CHCH CH_2CH_3$ 含 NH_2 和 CH_3

(6) 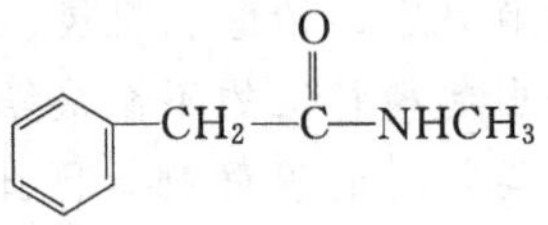 苯环—$CH_2—C(=O)—NHCH_3$

2. 写出下列化合物的构造式。

(1) 苦味酸   (2) 苯肼盐酸盐
(3) TNT   (4) 对氨基苯磺酸
(5) 氯化重氮苯   (6) 甲基橙

3. 完成下列反应。

(1) 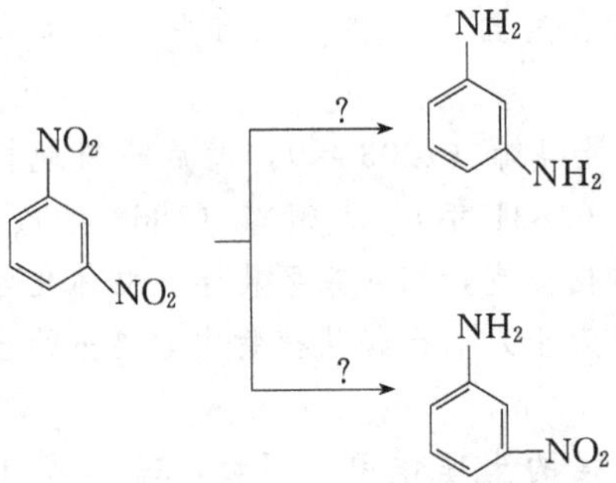 间二硝基苯 (NO_2, NO_2)
→ ? → 间苯二胺 (NH_2, NH_2)
→ ? → 间硝基苯胺 (NH_2, NO_2)

(2) $CH_3CH_2—C(=O)—Cl + CH_3$—苯环—$NHC_2H_5 \longrightarrow ?$

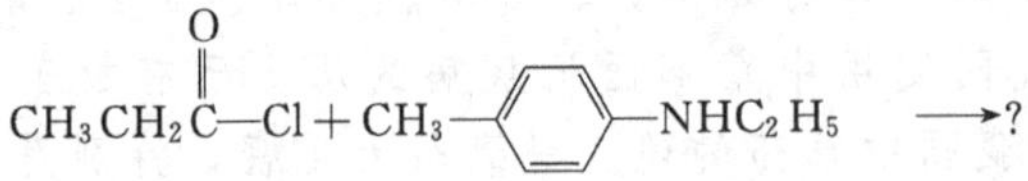

(3) $(CH_3)_3N + C_{12}H_{25}Br \longrightarrow ?$

(4) 苯环—$N_2^+Cl + H_2O \xrightarrow{\triangle/H^+} ?$

(5) 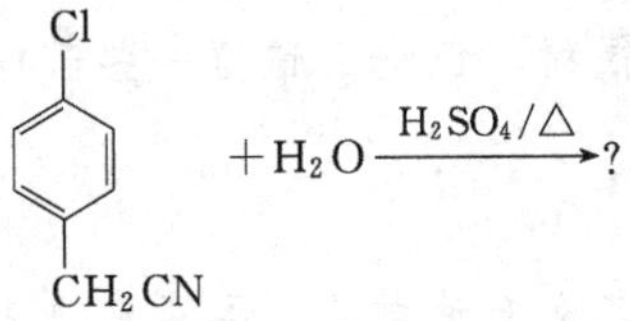 对氯苯乙腈 (Cl, CH_2CN) $+ H_2O \xrightarrow{H_2SO_4/\triangle} ?$

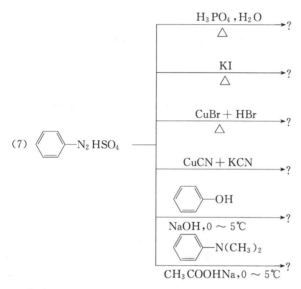

4. 按碱性由强到弱的顺序排列下列各组化合物。

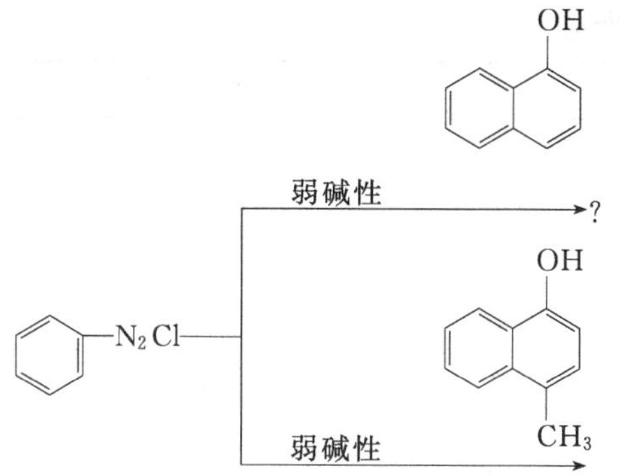

（1）乙胺、氨、苯胺、二苯胺、N-甲基苯胺

（2）甲胺、二甲胺、三甲胺、苯胺、邻甲苯胺

（3）苯胺、对甲苯胺、对硝基苯胺、对氯苯胺

5. 将下列化合物，按酸性由强到弱的顺序排列。

苯酚、碳酸、对硝基苯酚、对甲苯酚、2,4,6-三硝基苯酚、乙酸、2,4-二硝基苯酚

6. 用化学方法区别下列各组化合物。

（1）乙醇、乙醛、乙酸和乙胺

（2）苄胺、苯胺、N-甲基苯胺、N,N-二甲基苯胺

（3）环己胺、苯胺、环己醇

7. 以苯或甲苯原料合成下列化合物。

（1） 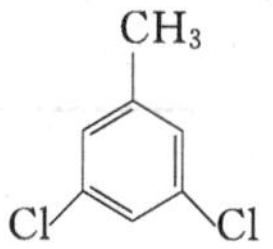　　　　　　（2） 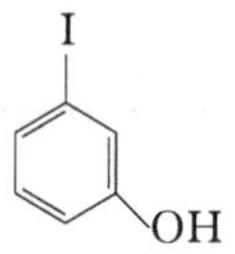　　　　　　（3） 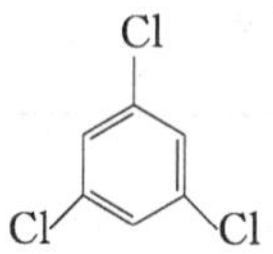　　　　　　（4）

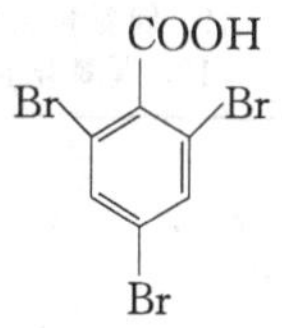

8. 有一化合物分子式为 $C_7H_7O_2N$，无碱性，还原后生成有碱性的 C_7H_9N，使 C_7H_9N 的盐酸与亚硝酸作用，加热后放出氮气并生成对甲苯酚，试推化合物 $C_7H_7O_2N$ 的构造式。

知识考核表

项目	考 核 内 容	分值	说　　明
胺	1. 胺类化合物的结构特征与分类	15	
	2. 胺类化合物的命名 　脂肪胺 　芳香胺 　多元胺	15	
	3. 胺类化合物的物理性质和特征	5	
	4. 胺类化合物的化学性质及用途 　碱性 　胺类碱性的强弱 　烷基化反应 　酰基化反应 　亚硝酸试验 　芳胺环上的亲电取代反应	35	重点在碱性及与鉴别有关的反应
	5. 鉴别方法 　2,4-二硝基氯苯试验 　兴士堡试验 　亚硝酸试验	20	方法的特点、适用条件和范围，干扰因素、外观现象
	6. 常见胺类的用途和安全	10	重点在于用途、危害、爆炸范围、火灾防止、储存
硝基化合物	1. 硝基化合物的结构特征与分类	15	
	2. 硝基化合物的命名	15	
	3. 硝基化合物的物理性质及特征	15	
	4. 硝基化合物的化学性质 　还原反应 　硝基对芳环上其他取代基的影响	20	
	5. 硝基化合物的鉴别方法 　锌-乙酸试验 　氢氧化铁试验 　锡-盐酸试验 　氢氧化钠-丙酮试验	20	方法的特点、适用条件和范围、干扰因素、外观现象
	6. 常见硝基化合物的用途及安全知识	15	重点为用途、危害及储存
腈及芳香族重氮化合物	1. 腈的结构特征和命名	10	
	2. 腈的物理性质特点	5	
	3. 腈的化学性质	10	
	4. 重氮和腈	5	
	5. 重氮化合物的结构及命名	10	
	6. 芳香族重氮化合物的制备	10	
	7. 芳香族重氮化合物的用途及性质 　重氮基的取代反应 　重氮基的偶合反应 　重氮基的还原反应	15	
	8. 重氮甲烷	15	
	9. 偶氮化合物的结构及命名	10	
	10. 偶氮化合物的应用	10	

9 含杂原子有机化合物

学习指南 氮、硫、氧等原子与碳环的结合再加上磷原子的介入，使得有机化合物更加绚丽多彩，功能各异。它们有的结构复杂，反应也相当繁杂，在此我们只能学习其最基本的内容，主要是理解含一个杂原子的五元杂环、六元杂环、有机含硫化合物、含磷化合物的基本命名方法，了解这些化合物的最基本的化学性质，以及一些重要化合物的用途和安全知识，从而达到正确、安全使用有毒和危险化学品的目的。

本章关键词 芳香性　吡咯　吡啶　硫醇　硫酚　硫醚　磺酸　磷酸酯　膦

认识杂环化合物

9.1　杂环化合物

当构成环状化合物的原子除碳原子外还有其他原子时，这类化合物叫作杂环化合物。碳原子以外的其他原子称为杂原子，最常见的杂原子是氧、硫和氮。例如：

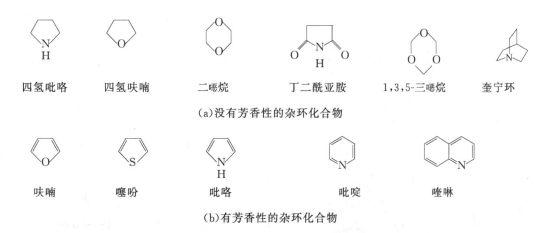

四氢吡咯　　四氢呋喃　　二噁烷　　丁二酰亚胺　　1,3,5-三噁烷　　奎宁环

(a)没有芳香性的杂环化合物

呋喃　　噻吩　　吡咯　　吡啶　　喹啉

(b)有芳香性的杂环化合物

杂环化合物可分为二大类：一类是没有芳香性的,它们的性质与其杂原子有关。上述的(a)则属于这一类,如四氢呋喃、二噁烷是典型的醚;1,3,5-三噁烷是典型的缩醛;四氢吡咯、奎宁环是典型的胺;丁二酰亚胺则是羧酸衍生物。另一类化合物在结构上与苯环相似,构成了一个闭合的共轭体系,从而像苯一样具有不同程度的"芳香性",如上述的（b）。与（a）中的杂环化合物相比,　（b）中的化合物在性质上有较大的差异。本节主要讨论这一类

化合物。

9.1.1 杂环化合物的结构与分类

9.1.1.1 杂环化合物的结构

杂环化合物成环的规律和碳环一样，最稳定和最常见的是五元环和六元环，下面以含一个杂原子的五元和六元杂环化合物为例阐述其结构。

呋喃、噻吩、吡咯是含一个杂原子的五元杂环化合物，其中成环的 4 个碳原子和杂原子都是以 sp^2 杂化轨道成键形成一个环平面。每个碳原子上含有一个电子的未杂化 p 轨道与含有两个电子的杂原子的未杂化 p 轨道，互相平行，侧面重叠，像苯环一样形成闭合的共轭体系，π 电子云分布在环平面的上、下方。

因此它们像苯一样具有芳香性，易于进行取代反应，较难进行加成和氧化反应。由于杂原子的未共用电子对参与环的共轭体系，环中碳原子的电子云密度相对地比苯大，常称之为富电子芳杂环，它们比苯更易发生取代反应。取代反应主要发生在α-位。

以吡啶为代表的含一个杂原子的六元杂环化合物，其结构与苯非常相似，可以看作苯分子中的一个碳原子被一个氮原子代替所得的化合物。氮原子的一个 p 轨道参与环的共轭体系。由于氮的电负性大于碳，环上的电子云密度较低，因此吡啶与苯有所不同，较难发生亲电取代反应。

9.1.1.2 杂环化合物的分类

杂环化合物结构比较复杂，但成环规律和碳环相似，一般是按环的大小、杂原子的种类、数目与环的数目进行分类。最稳定的和最常见的也是五元杂环、六元杂环和稠杂环三大类，见表 9-1。

表 9-1 常见杂环化合物的分类和命名

分类	含一个杂原子的杂环			含有两个以上杂原子的杂环			
五元杂环	 furan 呋喃 	thiophene 噻吩 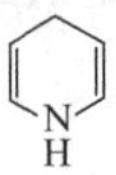	pyrrole 吡咯	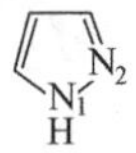 pyraole 吡唑 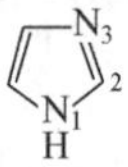	lmidazole 咪唑 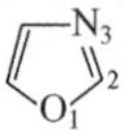	oxazole 噁唑 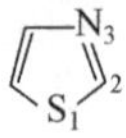	thiazole 噻唑
六元杂环	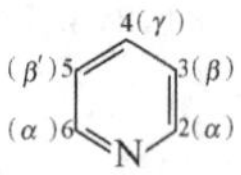 pyridine 吡啶 	pyran 吡喃		 pyrimidine 嘧啶 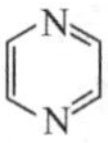	pyrazine 吡嗪		
苯稠杂环	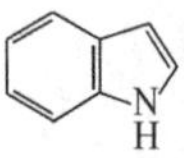 indole 吲哚 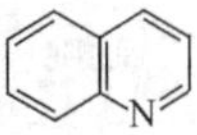	quinoline 喹啉		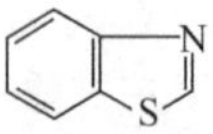 benzothiazole 苯并噻唑 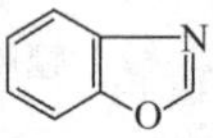	benzoxazole 苯并噁唑		
稠杂环				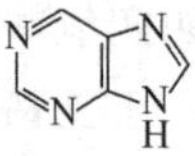 嘌呤			

9.1.2 杂环化合物的命名

杂环化合物的命名方法是根据外文名称的译音,选用同音汉字,再加上"口"旁命名。例如吡啶、噻吩,详见表9-1。

杂环化合物的编号虽然比较复杂,但一般可按下列规则进行。

一般是从杂原子开始,用阿拉伯数字标示。环上只有一个杂原子时,也可用希腊字母 α、β 和 γ 编号,邻近杂原子的碳原子为 α,其次为 β,再次为 γ。

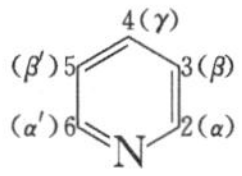

环上有两个或两个以上相同杂原子时,应从连有氢或取代基的杂原子开始编号,并使其他杂原子编号的数字尽可能地小。

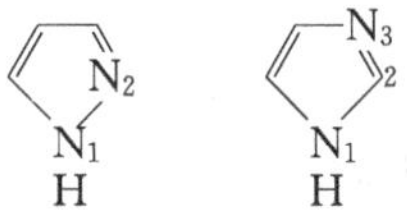

若环上有不同的杂原子时,则按氧、硫、氮的顺序编号。

环上有取代基(如烷基、卤素、羟基、氨基、硝基等)的杂环化合物,命名时以杂环为母体。但若环上有醛基、羧基、磺酸基等官能团时,一般把杂环作为取代基来命名。

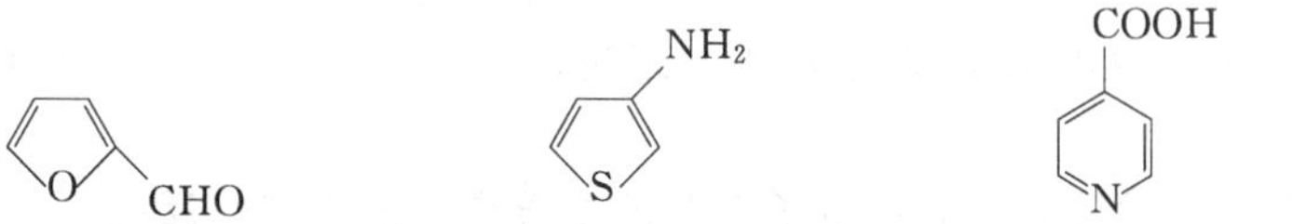

α-呋喃甲醛 β-氨基噻吩 γ-吡啶甲酸
2-呋喃甲醛   3-氨基噻吩   4-吡啶甲酸

9.1.3 杂环化合物的性质

芳杂环具有类似于苯环的结构,有芳香性,因此在化学性质上与苯有很多相似之处,能发生亲电取代反应。但结构上的差异也引起了杂环化合物与苯在反应性上的不同。下面以吡咯和吡啶为例,对杂环的化学性质作一讨论。

9.1.3.1 杂环碳原子上的取代反应

(1) 卤代 吡咯等五元芳杂环很容易发生卤代反应,并常可得到多卤代物。

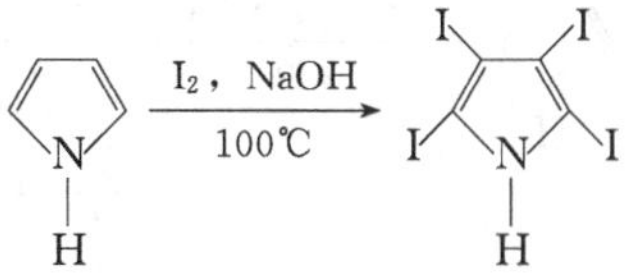

吡啶则要在较剧烈的条件下才被卤代。

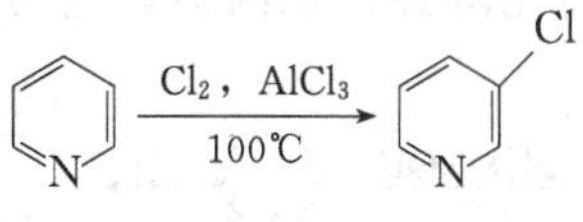

(2) 硝化 吡咯等五元芳杂环在比较缓和的条件下即可被硝化;而吡啶的硝化较难,需

在剧烈的条件下，并要较长的反应时间，而且产率很低。如：

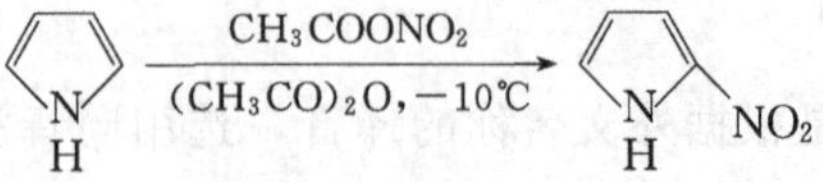

51%

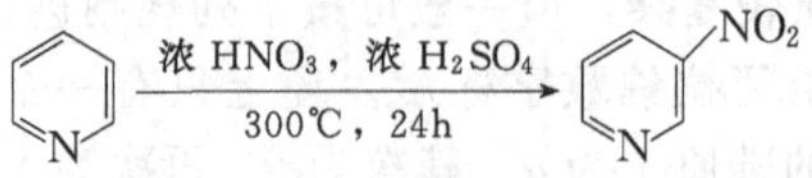

8%

（3）磺化 吡咯等五元芳杂环较易磺化，吡啶等则磺化较难：

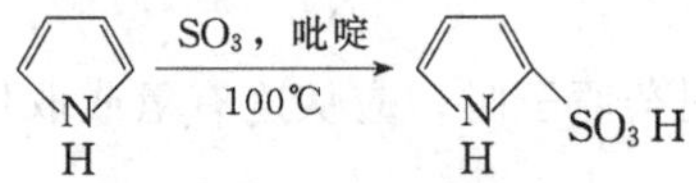

吡咯-2-磺酸

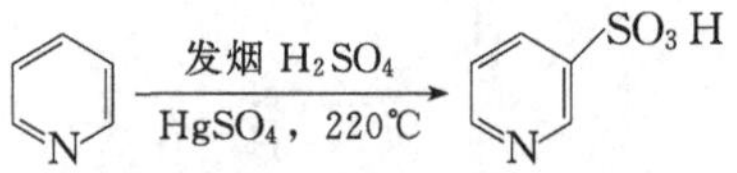

吡啶-3-磺酸

（4）傅-克酰化反应 吡咯等五元芳杂环可被乙酸酐等酰化，而吡啶则不起酰化反应。

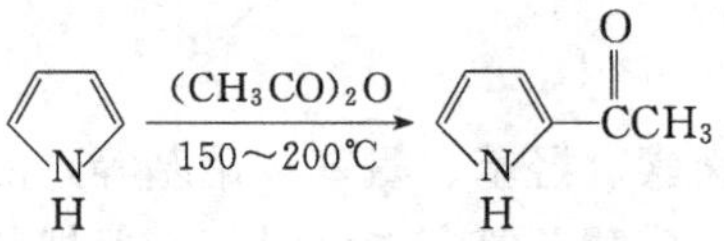

2-乙酰基吡咯

从上述例子可以看出富电子芳杂环的亲电取代反应比苯容易，而缺电子芳杂环则比苯困难。

吡啶能起亲核取代反应，而富电子芳杂环就很难起亲核取代反应。如：

9.1.3.2 加成反应

一般来说，芳杂环比苯容易起加氢反应（还原反应），它们可以在缓和的条件下加氢，并且还可以得到部分加氢的产物。如：

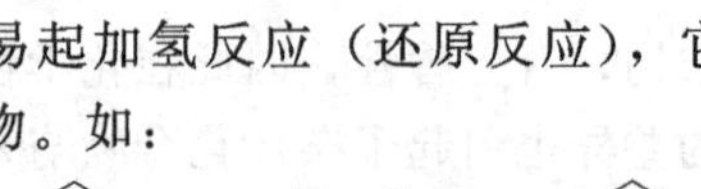

六氢吡啶

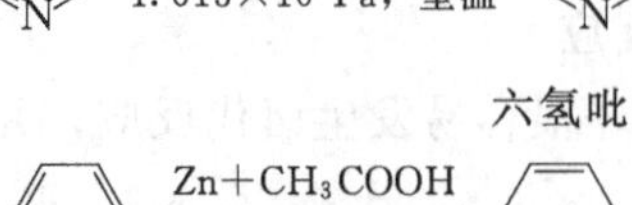

2,5-二氢吡咯

9.1.3.3 酸碱性

吡咯的碱性比苯胺弱，其酸性比醇强，比酚弱，它可与强碱或碱金属成盐。吡啶显碱性，可与酸成盐。

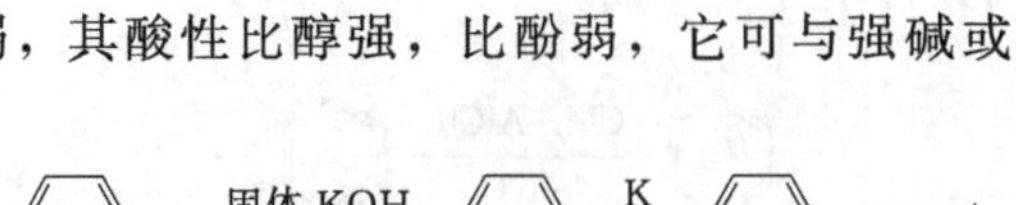

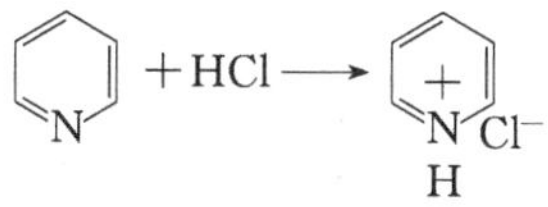

9.1.3.4 氧化

吡咯很容易被氧化，常导致环的破裂和聚合物的形成。特别在酸性环境中，氧化反应更易发生。所以吡咯和呋喃不能用浓硝酸和浓硫酸进行硝化和磺化。

吡啶环很稳定，它比苯环更不易被氧化，只有侧链才会被氧化，如：

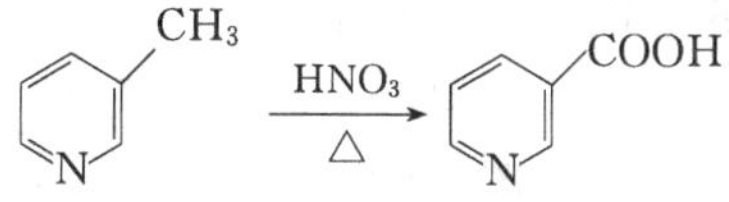

β-甲基吡啶　　β-吡啶甲酸

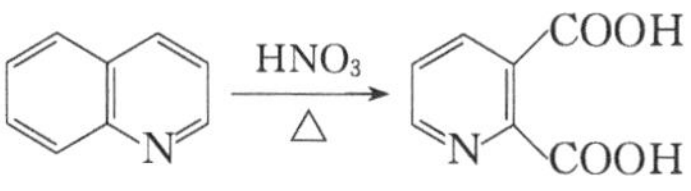

喹啉　　α，β-吡啶二甲酸

应用杂环化合物

9.1.4 杂环化合物的用途与使用杂环化合物的安全知识

9.1.4.1 重要的杂环化合物

(1) 糠醛　纯净的糠醛是无色液体，沸点 162°C，在空气中易氧化变黑，并产生树脂状聚合物。糠醛遇苯胺醋酸盐溶液能呈现红色，这个反应可用来鉴别糠醛的存在。

糠醛可由农副产品大麦壳、玉米芯、麦秆、高粱秆等水解得到。这些原料中含有戊醛糖的高聚物——戊聚糖或多缩戊糖。戊聚糖用稀酸处理并加热，则解聚变为戊醛糖，然后再失水生成糠醛：

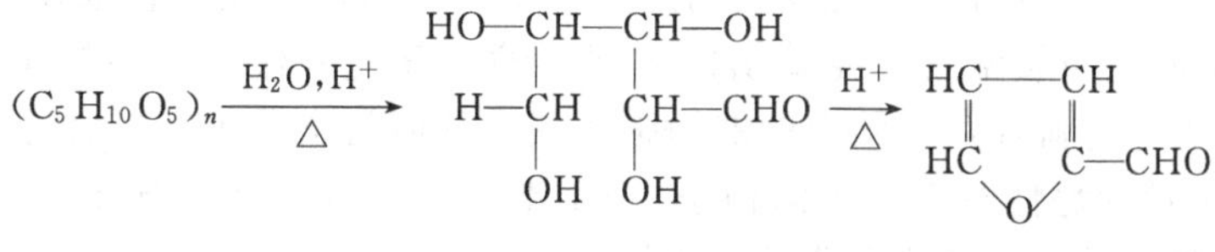

糠醛是良好的溶剂，常用于精炼石油，以溶解含硫物质及环烷烃等。还可用于精制松香、脱除色素、溶解硝酸纤维等。作为重要的工业原料，糠醛可用于合成酚醛树脂、农药、药物等。

糠醛的化学性质与苯甲醛相似。例如，糠醛与浓碱作用也能发生康尼查罗歧化反应，生成糠醇和糠酸钠盐：

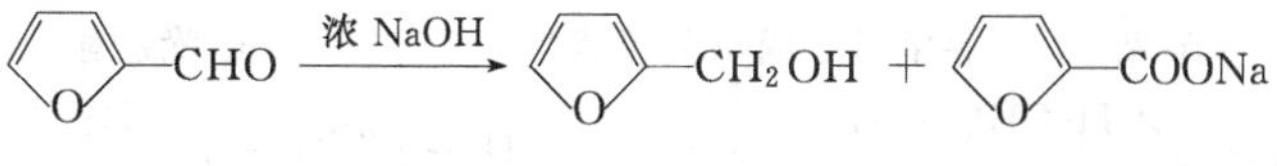

(2) 卟吩环系化合物　卟吩环系是由 4 个吡咯和 4 个次甲基（ —CH ）交替相连组成的共轭体系。

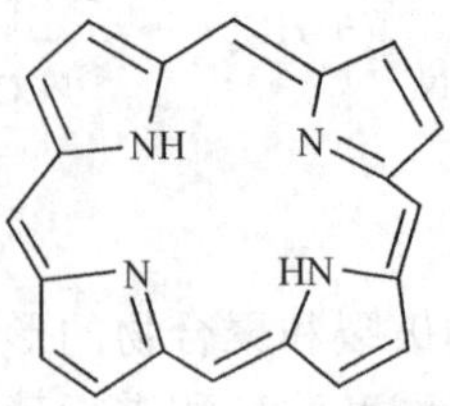

卟吩环呈平面结构，环的中间空隙以共价键、配位键和不同的金属离子结合，在叶绿素中结合的是镁，血红素中结合的是铁，维生素 B_{12} 中结合的是钴。叶绿素是重要的色素。自然界中的叶绿素是由 a 和 b 两种叶绿素组成的，a 为蓝黑色结晶，熔点 117～120℃，b 为深绿色结晶，熔点为120～130℃，两者比例 a：b 为 3：1，其结构如图 9-1 所示。

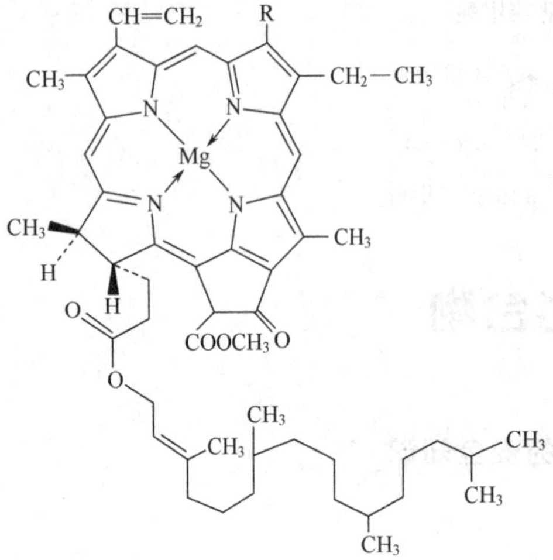

叶绿素 (R＝CH_3，叶绿素 a；R＝CHO，叶绿素 b)

图 9-1 叶绿素的结构

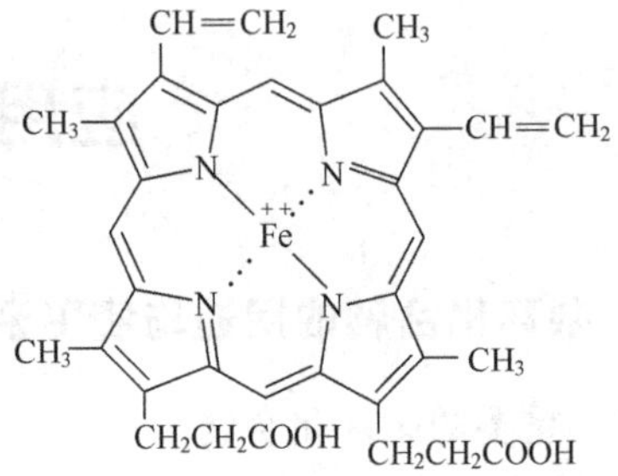

血红素

图 9-2 血红素的结构

叶绿素与蛋白质结合，存在于植物的叶和绿色的茎中。叶绿素利用卟啉环的多共轭体系易吸收紫外光，成为激发态，促进光合作用，使光能转变为化学能。

血红素（如图 9-2）存在于哺乳动物的红血球中，它与蛋白质结合成血红蛋白，血红素中的 Fe^{2+} 可以可逆地与氧配合，在动物体内起到输送氧气的作用。一氧化碳会使人中毒，其原因之一是因为它与血红蛋白结合的能力强于氧，从而阻止了血红蛋白与氧的结合。

维生素 B_{12} 可治疗恶性贫血，其结构于 1954 年确定，1972 年完成了它的全合成，这是至今为止人工合成的最复杂的非高分子化合物。

（3）吲哚及其衍生物　吲哚为白色片状结晶，熔点 52.5℃，具有极臭的气味，但纯粹的吲哚在极稀薄时（10^{-6} 级含量）有素馨花的香味，可作香料。其结构为：

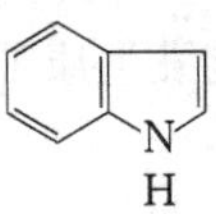

吲哚 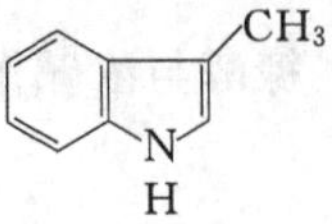　　　　　β-甲基吲哚（粪臭素） 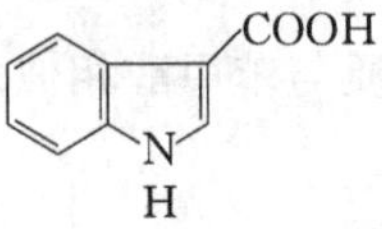　　　　　β-吲哚乙酸

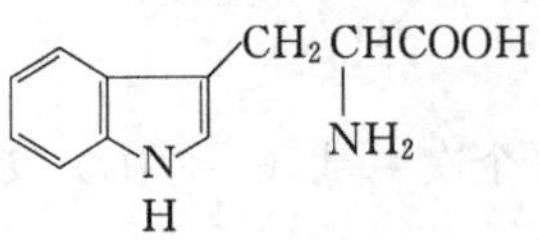

色氨酸 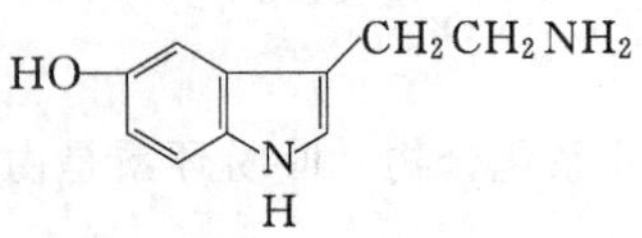　　　　　　　　　　5-羟基色胺

　　β-吲哚乙酸为植物生长调节剂。组成蛋白质的色氨酸、哺乳动物及人脑中思维活动的重要物质 5-羟基色胺都是重要的吲哚衍生物。含吲哚的生物碱广泛存在于植物中。

　　（4）烟碱　烟碱又名尼古丁，沸点 246.1℃。有剧毒，少量有兴奋中枢神经、增高血压的作用，大量则抑制中枢神经系统，使心脏麻痹以致死亡。烟碱在农业上为一植物性杀虫剂。

烟碱（尼古丁）

9.1.4.2　使用杂环化合物的安全知识

　　芳杂环化合物广泛存在于自然界并且具有重要的生理功能，如叶绿素、血红素、核酸等。同时芳杂环化合物也是合成药物、合成染料和合成农药的重要原料，尤其在医药、化学农药的新发展中占据了主要地位，目前使用的药物中有很大一部分含有芳杂环。芳杂环化合物或多或少存在着不同的毒性和危险性，因此了解有毒和危险的芳杂环化合物用途、毒性及安全使用知识，对于正确、安全、合理的使用杂环化合物是有着很大的帮助。表 9-2 列出了常见有毒和危险杂环化合物的用途和安全使用知识。

表 9-2　常见有毒和危险杂环化合物的用途和安全使用知识

品名	构造式	用途	毒性、危险性与侵害	急救措施	安全使用与防护
呋喃甲醛		用作色谱分析试剂；树脂、硝化棉、醋酸纤维和树胶的溶剂；用来生产酚醛塑料、热固树脂、染料、硫化橡胶、杀虫剂、杀菌剂、除草剂、呋喃衍生物以及其他化学品	有毒，易燃，燃点 392℃，其蒸气与空气形成爆炸性混合物，爆炸下限为 21%　蒸气吸入，经皮肤吸收、摄入，与皮肤和眼接触。主要侵害眼、呼吸系统、皮肤	此化学品进入眼中，立即用水或洗眼剂冲洗；如溅及或接触皮肤亦用水冲洗；如吸入浓蒸气时立即移离现场至新鲜空气中做深呼吸	用玻璃瓶或清洁干燥的金属桶盛装，密封存放在阴凉、通风良好的地方，远离着火点。与氧化剂和强酸隔开　生产设备、管道要密闭，生产现场要通风良好，操作时应穿防护工作服，并戴防护眼镜，以避免与人体直接接触
吡啶		用作分析试剂，色谱分析标准物质，是有机和无机化合物的良好溶剂；用于有机合成，制造涂料、炸药、染料、橡胶促进剂、软化剂、合成树脂缩合剂、维生素、磺胺药物、消毒剂等；制取农药治螟磷的脱酸剂	有毒，极易燃，燃点 482℃，有较大的燃烧危险。加热时分解放出氰化物烟雾　蒸气吸入，液体经皮肤吸收、摄入，与皮肤和眼接触。侵害中枢神经系统、肝、皮肤、胃肠系统	此化学品如触及眼和皮肤时，应立即用水冲洗；如大量吸入，立即移离现场到新鲜空气处，必要时进行人工呼吸或请医生对症处理	用玻璃瓶或镀锌小口铁桶盛装，最好使用露天或附建的仓库户外存放，室内须放在易燃液体专库内。与强氧剂隔开　生产设备应密闭，防止泄漏；生产现场保持良好的通风。操作时应穿防护服，戴隔绝式呼吸器及防护眼镜。生产现场置备冲洗耳设备和洗眼剂
2-氨基吡啶		用于药物制造，尤其抗组胺制造的中间体；有机合成；还用于显微分析；在硫氰酸存在下可用以测定钴、锌、铜、锑、铋、金。3-氨基吡啶主要用于药物和染料制造的中间体。4-氨基吡啶主要用作化学中间体	有毒，摄入和吸入均会引起中毒　吸入、摄入；与眼和皮肤接触。侵害中枢神经系统、呼吸系统	此化学品进入眼中或接触皮肤，立即用水冲洗；如有人大量吸入，立即移离现场至新鲜空气处，必要时进行人工呼吸；如被吞服，催吐洗胃，给予医学观察。严重者立即送医院救治	操作时应穿防护工作服，戴防护眼镜。工作服如可能受污染，应每天更换。可渗透的工作服如被弄湿或受到污染，立即脱去。操作现场应装备安全信号指示器

品名	构造式	用途	毒性、危险性与侵害	急救措施	安全使用与防护
烟碱	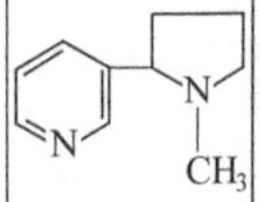	主要用作杀虫剂和熏香剂。用作杀虫剂时要受到限制（限量使用）。还用来制造某些药物，并用于生化研究，鞣革	本品有毒，摄入、吸入和皮肤吸收均会引起中毒。易燃、燃点243℃吸入，皮肤吸收和眼接触。侵害中枢神经系统、心血管系统、肺、胃肠系统	此化学品如进入眼中，立即用水或洗眼剂冲洗；如接触皮肤，立即用水冲洗；如大量吸入，立即移离现场至新鲜空气处，必要时进行人工呼吸；如被吞服，催吐洗胃，给予医学观察。严重者立即送医院救治	

 练习

1. 命名下列化合物。

(1)

(2)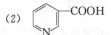

(3)

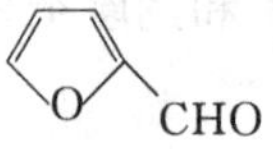

(4)

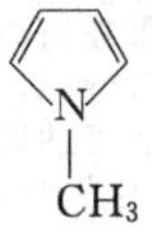

(5)

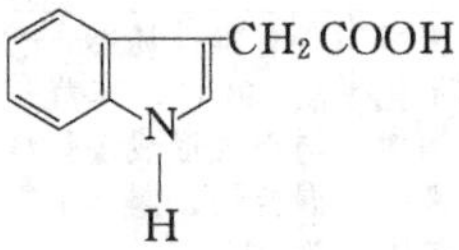

(6)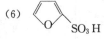

2. 写出下列化合物的构造式。

(1) 糠醇　　(2) 5-硝基-2-呋喃甲醛　　(3) 四氢呋喃　　(4) 烟酸

(5) α-噻吩磺酸　　(6) 六氢吡啶　　(7) 2-噻吩甲酸　　(8) 喹啉

3. 简答题。

(1) 如何除去苯中的少量噻吩？

(2) 如何除去混在甲苯中的少量吡啶？

4. 写出吡咯与下列试剂反应的主要产物

(1) NaOH　　(2) Br_2/乙醚　　(3) CH_3COONO_2/乙酐，$-10℃$　　(4) H_2/Ni，200℃

5. 写出吡啶与下列试剂反应的主要产物

(1) HCl　　(2) Br_2，300℃　　(3) HNO_3/H_2SO_4，300℃　　(4) H_2/Pt

(5) CH_3I

6. 将下列化合物按碱性由强到弱排列成序

(1)

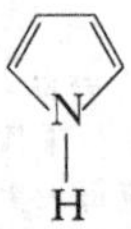

(2)

(3)

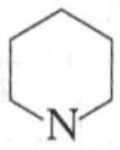

(4)

【阅读园地】　植物碱——药物、毒物、毒品

1805 年，德国的一位年轻药剂师塞尔杜纳发现从鸦片中分离出的一种物质能与酸作用形成盐，具有催眠效果。11 年后他提纯获得这一物质的晶体，并用希腊神话中睡梦神 morpheus 命名它为 morphin（德文，英文是 morphine），我们从读音译成吗啡。它的这一发现让各国药学家们和化学家们先后从鸦片中发现了那可丁、可待因。在 1818～1821 年法国教授彼尔蒂埃和卡万图共同发现了奎宁、辛可宁、马钱子碱、咖啡碱等。

这些来自植物的碱，大多不溶于水而溶于醇和一些有机溶剂，有苦味，对人和动物具有明显的生理作用和毒性。德国化学家李比希确定它们分子中共同含有氮原子，是复杂环状结构的一部分。并用 alcaloide（法文，英文 alkaloid）命名它们，含义为类似碱，我们称为植物碱，又因其中少数来自动物，因而又称为生物碱。

这些生物碱既是很好的药物，但也是毒物。例如：吗啡 $C_{17}H_{19}NO_3$ 是鸦片的主要组成成分，它是白色结晶体，无臭、味苦，易溶于水，具有镇痛、止咳、兴奋、抑制呼吸及肠蠕动作用，常用会成瘾而中毒。吗啡中的二个羟基经乙酸酐的乙酰化作用后，就是我们通常所说的"海洛因"，它是一种白色粉末状物质，欲称白粉或白面。原先是为了寻找吗啡的安全代用品而研制，哪知它比吗啡更易成瘾，更毒。虽然它可成为止痛，医治抑郁症、支气管炎、哮喘、胃癌的药物，但吸食后上瘾很快。最初吸毒的那种快感和幻觉在 3～5 个月后逐渐消失，最终导致死亡，成为一种对人危害很大的毒品。

——摘自凌永乐编著．化学物质的发现．北京：科学出版社，2000

认识含硫有机化合物

9.2 含硫有机化合物

9.2.1 含硫有机化合物的结构与分类

硫和氧在元素周期表中同属一族，都能形成两价化合物。但硫位于第三周期，且硫的电负性比氧小，所以硫与氧的不同在于可形成四价或六价的高价化合物。含氧有机化合物中的氧原子被硫置换，则变成了相应的含硫有机化合物。表 9-3 列出了某些含氧的有机物与相应的含硫有机物。

表 9-3　某些含氧的有机物与相应的含硫有机物

含氧有机化合物		含硫有机化合物	
醇	R—OH	硫醇	R—SH
酚	Ar—OH	硫酚	Ar—SH
醚	R—O—R′	硫醚	R—S—R′
醛、酮	$\begin{matrix}R\\(H)R\end{matrix}\!\!>\!\!C{=}O$	硫酮（醛）	$\begin{matrix}R\\(H)R\end{matrix}\!\!>\!\!S{=}O$
羧酸	$R{-}\overset{O}{\overset{\|}{C}}{-}OH$	硫代羧酸	$R{-}\overset{O}{\overset{\|}{C}}{-}SH$
		二硫代羧酸	$R{-}\overset{S}{\overset{\|}{C}}{-}SH$

9.2.2 含硫有机化合物的命名

9.2.2.1 硫醇、硫酚、硫醚的命名

硫醇、硫酚、硫醚的命名与相应的含氧化合物相同，只是在母体名称前加一个硫字，如：

$$CH_3SH \qquad CH_2{=}CH{-}CH_2{-}SH \qquad \text{⬡}{-}SH$$

甲硫醇　　　　　　烯丙硫醇　　　　　　环己硫醇

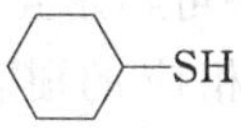

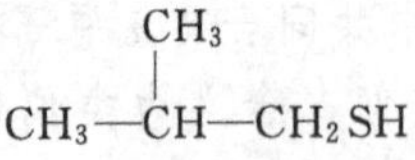

CH₃—CH—CH₂SH

异丁硫醇
2-甲基-1-丙硫醇

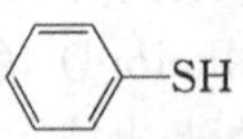

苯硫酚

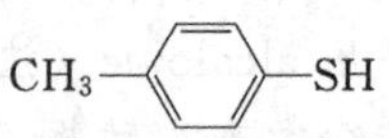

CH₃—⟨benzene⟩—SH

对甲基苯硫酚

CH₃CH₂—S—CH₂CH₃

乙硫醚

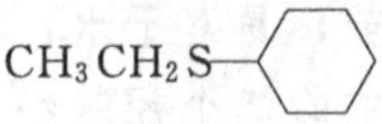

CH₃CH₂S—⟨cyclohexane⟩

乙环己硫醚

⟨benzene⟩—S—⟨benzene⟩

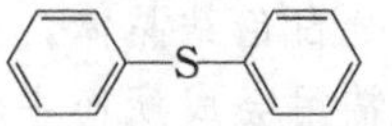

二苯硫醚

当在含多官能团的化合物中时，—SH 有时作为母体称作硫醇，有时作为取代基叫做巯基，或称氢硫基。这需根据"多官能团化合物的命名"原则而定。

9.2.2.2 磺酸及其衍生物的命名

如前所述，硫酸（HOSO₂OH）分子中去掉一个羟基后余下的基团（—SO₂OH 或 —SO₃H）称为磺酸基，简称磺基。磺（酸）基与烃基相连的化合物称为磺酸。磺基是磺酸的官能团。磺酸的命名，通常是以"磺酸"为母体，即烃基名加"磺酸"二字。如：

$CH_3CH_2SO_3H$

乙磺酸

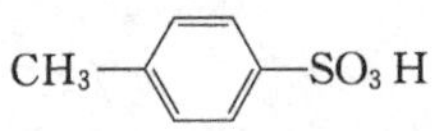

CH_3—⟨benzene⟩—SO_3H

对甲苯磺酸

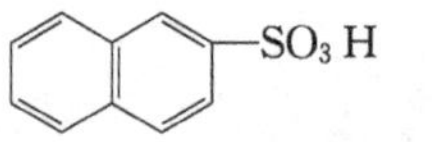

⟨naphthalene⟩—SO_3H

β-萘磺酸

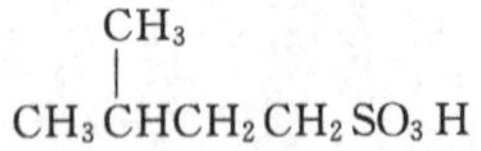

$CH_3\underset{|}{CH}CH_2CH_2SO_3H$

3-甲基丁（基）磺酸

⟨benzene⟩—CH_2SO_3H

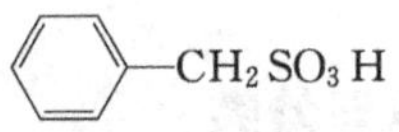

苄磺酸

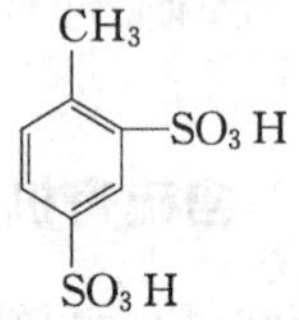

4-甲基-1,3-苯二磺酸

当烃基取代硫酸和亚硫酸分子中的氢所形成的衍生物，分别叫做硫酸酯和亚硫酸酯。例如：

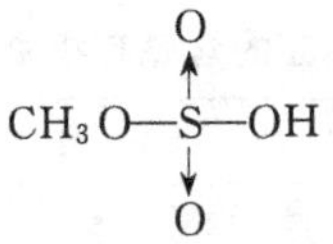

硫酸氢甲酯

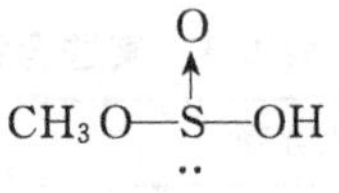

亚硫酸氢甲酯

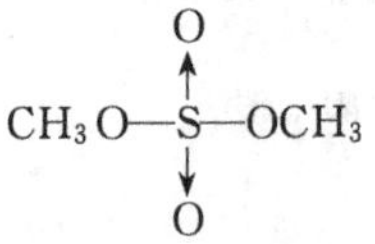

硫酸甲酯

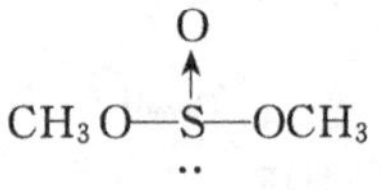

亚硫酸甲酯

9.2.3 硫醇、硫酚、硫醚、磺酸及其衍生物的性质

9.2.3.1 硫醇、硫酚、硫醚的物理性质

由于硫的电负性比氧小得多，因而巯基之间形成氢键的能力比醇羟基小，硫醇和硫酚的沸点比相应的醇和酚低得多。例如乙醇的沸点为 79.5℃，而乙硫醇为 37℃；苯酚的沸点为 181.8℃，而苯硫酚的为 70.5℃。硫醇与水也难以形成氢键，因而硫醇在水中的溶解度比相应的醇小。例如乙醇可与水互溶，而乙硫醇在水中的溶解度仅 1.5g/100mL 水。

硫醚的沸点比相应的醚高。硫醚不溶于水。低级的硫醇、硫酚和硫醚都有极难闻的气味。

9.2.3.2 硫醇、硫酚、硫醚的化学性质

(1) 硫醇和硫酚的酸性 硫化氢的酸性比水强，硫醇和硫酚的酸性也比相应的醇和酚强。因此硫醇能溶于氢氧化钠的乙醇溶液生成盐，通入二氧化碳又重新变成硫醇。硫酚的酸性比碳酸强，可溶解于碳酸氢钠溶液中。例如：

$$CH_3CH_2SH+NaOH \xrightarrow{C_2H_5OH} CH_3CH_2SNa+H_2O$$

$$CH_3CH_2SNa+CO_2+H_2O \longrightarrow CH_3CH_2SH+NaHCO_3$$

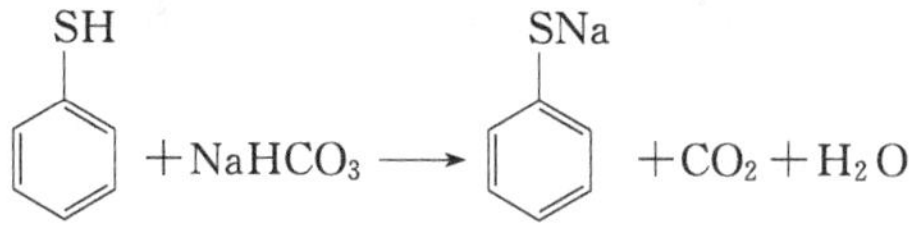

硫醇和硫酚的重金属盐如汞、铅、铜等盐类，都不溶于水。

$$2RSH+HgO \longrightarrow (RS)_2Hg\downarrow+H_2O$$

许多重金属离子能引起人畜中毒，原因是重金属离子与机体内的某些酶的巯基结合，使酶丧失正常的生理功能。若向机体内注射含巯基的化合物，如二巯基丙醇，能夺取与酶的巯基结合的重金属离子，形成稳定的盐从尿中排出，从而达到解毒的目的。例如：

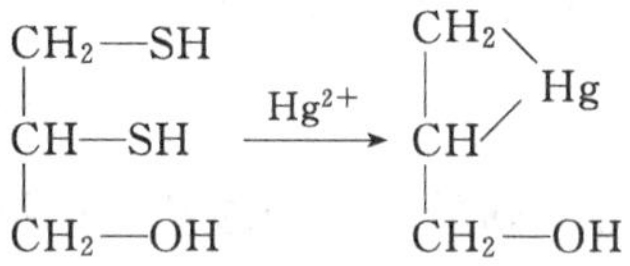

(2) 硫醇、硫酚和硫醚的氧化 硫醇和硫酚都容易被弱氧化剂（如碘的碱性溶液）氧化生成二硫化物，后者又可被还原为硫醇或硫酚：

$$R-SH \underset{还原}{\overset{氧化}{\rightleftharpoons}} R-S-S-R$$

硫醇　　　　　二硫化物

这种氧化还原过程在生物体内十分重要。例如硫辛酸与二氢硫辛酸之间的相互转化：

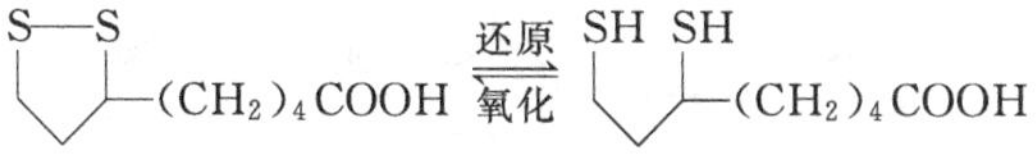

硫辛酸　　　　　　二氢硫辛酸

硫醇和硫酚都可以被强氧化剂（硝酸、高锰酸钾等）氧化生成亚磺酸和磺酸。

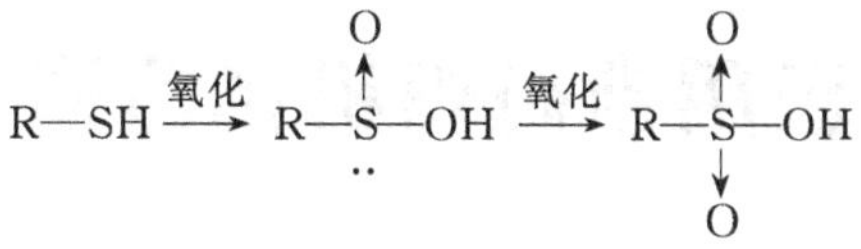

亚磺酸　　　　　磺酸

硫醚也容易被氧化，产物为亚砜和砜。例如：

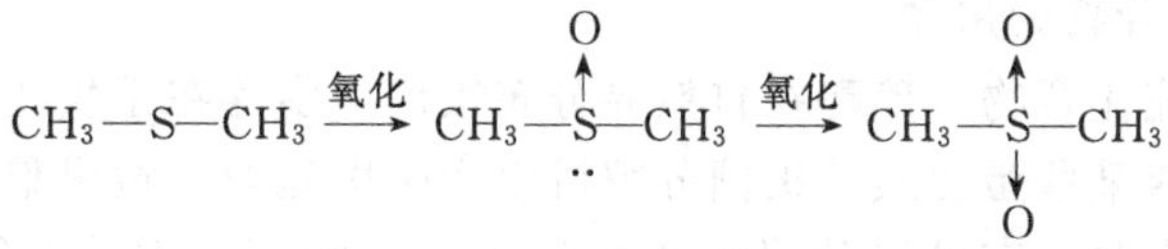

二甲硫醚　　　　　二甲亚砜　　　　　二甲砜

二甲亚砜（DMSO）为无色液体，沸点189℃，能与水互溶，是非质子极性溶剂，能溶解许多无机盐和有机化合物

9.2.3.3 磺酸及其衍生物的性质

磺酸及其衍生物都是含硫的高价氧化物,以磺酸及其衍生物为最重要。磺酸是与硫酸相当的强酸,有极强的吸湿性,不溶于一般的有机溶剂而易溶于水。磺酸与金属的氢氧化物生成稳定的盐。磺酸的钙盐、镁盐和银盐都易溶解于水。其化学性质主要表现为以下几方面。

(1) 磺酸基中羟基的取代反应 羧基中的羟基被卤素、氨基、烷氧基取代,则生成一系列羧酸的衍生物。磺酸基中的羟基也可被这些基团取代,形成一系列磺酸的衍生物。例如,磺酸与三氯化磷作用,则磺酸中的羟基被氯取代,生成磺酰氯。

$$CH_3-\!\!\bigcirc\!\!-SO_3H + PCl_3 \longrightarrow CH_3-\!\!\bigcirc\!\!-SO_2Cl + H_3PO_3$$

对甲苯磺酸　　　　　　　　对甲苯磺酰氯

磺酰氯与氨作用,可以得到磺酰胺。

$$CH_3-\!\!\bigcirc\!\!-SO_2Cl + NH_3 \longrightarrow CH_3-\!\!\bigcirc\!\!-SO_2NH_2$$

对甲苯磺酰胺

$$\bigcirc\!\!-SO_2Cl + H_2NR \longrightarrow \bigcirc\!\!-SO_2NHR$$

N-烷基苯磺酰胺

(2) 磺酸基中的取代反应 芳香磺酸中的磺酸基可以被 H,OH 等基团取代。如苯磺酸与水共热,则磺酸基被氢取代而得到苯。

$$\overset{SO_3H}{\bigcirc} \xrightarrow[H_2O,\ \triangle]{H_2SO_4} \bigcirc$$

这实际就是前面所学的磺化反应的逆反应。

苯磺酸钠与固体氢氧化钠共熔,则磺酸基被羟基取代而得到酚。

$$\overset{SO_3Na}{\bigcirc} \xrightarrow[\triangle]{NaOH} \overset{ONa}{\bigcirc} \xrightarrow[H^+]{H_2SO_4} \overset{OH}{\bigcirc}$$

这就是较早由苯制取苯酚的方法,至今仍有沿用。

应用含硫有机化合物

9.2.4 含硫有机化合物的用途与使用含硫有机化合物的安全知识

9.2.4.1 含硫有机化合物的用途

(1) 自然界的含硫化合物 硫醇在自然界分布很广,多存在于生物组织和动物的排泄物中,例如,动物大肠内某些蛋白质受细菌分解可以产生甲硫醇;黄鼠狼利用硫醇的臭气作为防御武器,当遭到袭击时,它可以分泌出 3-甲基-1-丁硫醇等;大蒜的特殊气味是由多种含硫化合物构成的,例如蒜素是氧化二烯丙基二硫化物:

$$CH_2\!=\!CH-CH_2-\overset{\underset{\displaystyle \|}{\displaystyle O}}{S}-S-CH_2-CH\!=\!CH_2$$

蒜素是对皮肤有刺激性的油状液体，对酸稳定，对热碱不稳定，对许多革兰阳性和阴性细菌以及某些真菌都有很强的抑制作用，可用于医药，也用作农业杀虫、杀菌剂。

（2）合成洗涤剂　烷基磺酸钠（RSO_3Na）和烷基苯磺酸钠（ R—⟨苯环⟩—SO_3Na ）是产量最大、用途最广的合成洗涤剂。R 是亲脂基团（一般为 12～18 个碳原子的直链烷基），—SO_3^- 是阴离子亲水基团，因此它们属于阴离子型表面活性剂。烷基苯磺酸钠一般由烷基苯的磺化得到：

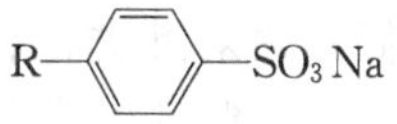

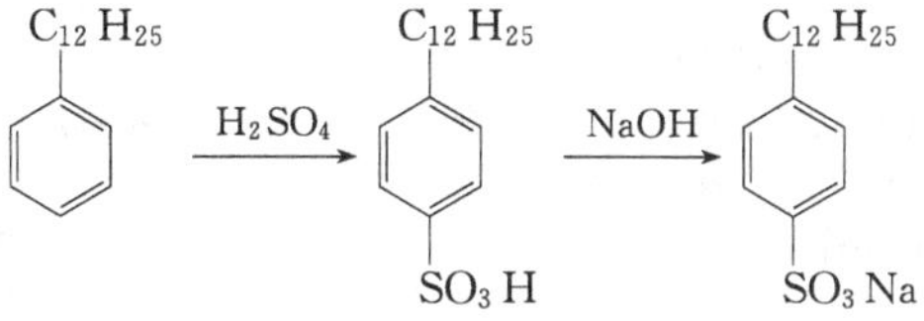

烷基磺酸或烷基苯磺酸的钙盐和镁盐都溶于水，因此烷基磺酸钠或烷基苯磺酸钠为主要原料的洗衣粉在硬水中使用并不影响去污能力。而肥皂不宜在硬水中使用，因为肥皂是高级脂肪酸的钠盐，在硬水中会形成不溶于水的钙盐和镁盐。

（3）离子交换树脂　苯乙烯与二乙烯苯共聚形成的交联聚合物是一种不溶于水的，具有相当硬度的高聚物：

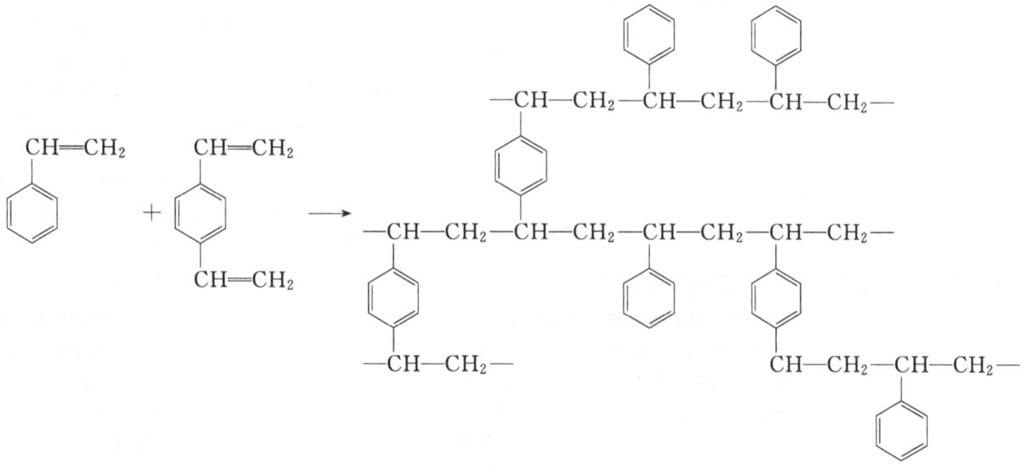

在这些高聚物的苯环上可以通过亲电取代反应引进某些活性基团，如磺酸基、氨基等，形成带有官能团的不溶于水的高聚物，高聚物上的阳离子或阴离子可以与水中的阳离子或阴离子进行交换，因此该种物质叫作离子交换树脂。

含有磺酸基的叫做阳离子交换树脂，因为磺酸基中的氢离子是以离子键与磺酸结合的，所以将这样的树脂浸入水中，氢离子很容易进入水中，而水中的其他阳离子可以取代树脂上的氢离子从而平衡磺酸根的负电性，所以磺酸型离子交换树脂属于强酸性阳离子交换树脂。如果在高聚物上引入氯甲基后，再与三甲胺反应，即得季铵型阴离子交换树脂，这种树脂中的阴离子（OH^-）可以与水溶液中的其他阴离子交换。季铵碱是强碱，所以这一类树脂属于强碱性阴离子交换树脂。

离子交换树脂的用途极广，如工业用水的软化、海水淡化、工业废水的处理、提取稀有元素、分离氨基酸等天然产物、催化有机反应以及用于医药等方面。

9.2.4.2　使用含硫有机化合物的安全知识

有机硫化合物是一类重要的化合物，它是维持生命不可缺少的物质。例如常用的抗生素青霉素、头孢菌素、磺胺药、维生素 B_1 等都是含硫化合物，它们在解除病痛、挽救生命中起着重大作用。但也有一些有机硫化合物会给生命过程带来障碍（如中毒），甚至危及生命。因此我们必须对此类化合物要有进一步的了解，以便在使用过程中能保障生命的安全存在。表 9-4 列出了常见含硫有机化合物用途和安全使用知识。

表 9-4　常见含硫有机化合物的用途和安全使用知识

品名	构造式	用途	毒性、危险性与侵害	急救措施	安全使用与防护
甲硫醇	CH_3SH	用于蛋氨酸合成；用作制造农药的中间体，喷气式发动机燃料的添加剂，杀菌剂；还用作催化剂	有毒和强刺激性。易燃，有较大的燃烧危险，能与空气形成爆炸性混合物，爆炸极限 3.9%～21.8% 通过吸入及与皮肤和眼接触而侵入。侵害呼吸系统，中枢神经系统	此化学品进入眼中，立即用水冲洗；如接触皮肤亦即用水洗净；如有人大量吸入，立即移离现场，呼吸新鲜空气，必要时进行人工呼吸。或请医生治疗	用钢瓶盛装。放置钢瓶时须防碰撞。存放在阴凉、通风良好的地方，最好使用露天或附建的仓库，远离容易起火地点。与氧化剂隔开
丁硫醇	$CH_3CH_2CH_2$ CH_2SH	用于合成橡胶，生产有机磷化合物和硫代氨基甲酸酯，即用于生产杀虫剂、除草剂、杀螨剂以及脱叶剂；还用作中间体和溶剂	吸入有毒。易燃，较大的燃烧危险 通过吸入，摄入，与皮肤和眼接触而侵入。侵害呼吸系统，对动物侵害中枢神经系统及肝、肾	此化学品如进入眼，立即用水冲洗；如接触皮肤，迅速用肥皂水和清水洗净；如大量吸入，立即移离现场至新鲜空气处，必要时吸氧；呼吸停止时，进行人工呼吸；如被吞服，服以大量水，诱至呕吐，洗胃。必要时送医院	一级易燃液体。运输时容器上须标有"易燃液体"标记，不得载有乘客 操作时应穿适当的工作服，以防止皮肤反复或长时间接触。戴防护眼镜，以防止眼接触的可能性。工作中如皮肤被弄湿或受到污染，应迅速冲洗
苯硫酚	SH（苯环）	用于有机合成和制药工业；用作制造农药的中间体，去除多硫化合物密封剂的溶剂成分，杀蚊幼虫剂	本品有毒，吸入会引起中毒。刺激皮肤和眼，能引起皮炎。对动物能引起不安、呼吸加快、共济失调、后肢骨骼麻痹、嗜眠，甚至昏迷、死亡		本品贮存时不得与空气和酸类接触。操作时须戴橡皮手套和防护眼镜，穿工作服，防止眼和皮肤与之接触
硫酸二甲酯	$(CH_3)_2SO_4$	用作测定煤焦油类的试剂，在有机合成中用作甲基取代剂，还可作芳香族烃的溶剂；可用于甲基酯、醚和胺的制造，染料、颜料、药物、香料、酚衍生物和其他有机化学品的制造以及制造药物和农药的中间体	本品剧毒，有强腐蚀性，对呼吸系统、黏膜和皮肤有刺激作用，并能致损伤，触及皮肤能被灼伤，其蒸气毒性极强。可燃 通过蒸气吸入，液体经皮肤吸收，摄入，与眼和皮肤接触。侵害眼、呼吸系统、肝、肾、中枢神经系统、皮肤	此化学品如进入眼中，立即用洗眼剂或水冲洗；如接触皮肤，亦应即用水冲洗；如大量吸入，立即移离现场，至少观察 24h，必要时进行人工呼吸或吸氧；如误被吞服，给予医学观察，服以大量水，诱吐，对症处理	用玻璃瓶盛装，外加箱皮保护。或用铁桶盛装，包装容器必须清洁无泄漏。存放在阴凉、干燥、通风良好的地方，远离容易起火地点。最好使用露天或附建的仓库。与其他仓库隔开

练习

1. 命名下列化合物。

(1) $(CH_3)_2CHSCH_3$　　　　(2)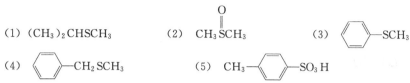

(3) 〈苯环〉—SCH_3

(4) 〈苯环〉—CH_2SCH_3　　　　(5) CH_3—〈苯环〉—SO_3H

2. 写出下列化合物的构造式。

(1) 硫酸二乙酯　　　　(2) 甲磺酰氯　　　　(3) 对硝基苯磺酸甲酯

(4) 二苯砜　　　　(5) 2,2′-二氯代乙硫醚　　　　(6) 对氨基苯磺酰胺

3. 将下列化合物按酸性大小排列。

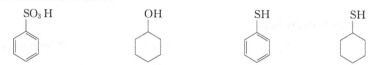

4. 写出下列反应的主要产物。

(1) $CH_3CH_2CH_2SH + CH_3I \longrightarrow$

(2) $CH_3CH_2CH_2SH \xrightarrow{HNO_3}$

(3) $\begin{array}{l}SCH_2CH(NH_2)COOH\\ |\\ SCH_2CH(NH_2)COOH\end{array} \xrightarrow{\text{还原}}$

(4) 〈S 杂环〉 $\xrightarrow[\triangle]{H_2O_2}$

【阅读园地】磺胺药剂

　　磺胺类药物是含磺胺基团合成抗菌药物的总称。它对于局部和全身细菌感染的预防和治疗都有很好的效果，曾在保障人类生命健康方面发挥过重要的作用，此类药物的发现和应用有效地控制了严重危害人类健康的肺炎、脑膜炎、败血症等疾病，能抑制多种细菌和少数病毒的生长和繁殖，用于防治多种病菌感染。

　　磺胺药物母体对氨基苯磺酰胺早在1908年就已合成，当时仅将它作为偶氮染料中间体，而未考虑到应用于医疗方面。1932年发现含有磺酰胺基的偶氮染料"百浪多息"对链球菌及葡萄球菌有很好的抑制作用，但仍未引起人们的重视，直到1935年进一步证明"百浪多息"具有良好的抗菌作用，继而又发现"可溶性百浪多息"的抗菌作用，才引起医药界的重视，从此，开辟了对细菌的化学治疗的一种新途径。

　　试验证明"百浪多息"奏效的原因主要是由于在机体内经代谢作用分解为对氨基苯磺酰胺显现出抗菌作用，因此1936年提出磺胺类药物抗菌作用的基本结构为：

$$NH_2—〈苯环〉—SO_2NHR$$

　　自此以后，对磺胺类药物的研究达到了一个高峰，据1950年统计，合成的磺胺类衍生物已达6000种以上，其中在临床上使用的约有20多种。但自从1940年青霉素和其他抗生素相继出现以后，磺胺药物在抗菌谱及抗菌强度上，都略有逊色，在细菌性感染的治疗中，已退居到次要地位。但由于磺胺药仍具有疗效确实，性质稳定，服用方便，容易组织生产，成本低廉等优点，因此磺胺类药物仍是临床上占有一定位置的药物。

　　　　　　——参考凌永乐编．化学物质的发现．北京：科学出版社．2000

　　　　——参考兰州大学等编．有机化学实验．第2版．北京：高等教育出版社，1994

认识含磷有机化合物

9.3 含磷有机化合物

9.3.1 含磷有机化合物的结构和分类与命名

磷和氮是同族元素，就像硫与氧的关系一样，对应于含氮的有机物，也有一系列含磷的有机物。

9.3.1.1 含磷有机化合物的结构

磷和氮同属于周期表中 VA，它们的价电子排布相同，因此，磷和氮可以形成类似的共价化合物。事实上，磷化氢（PH_3）和氨（NH_3）的组成形式相同，膦与胺的组成形式也相同。如：

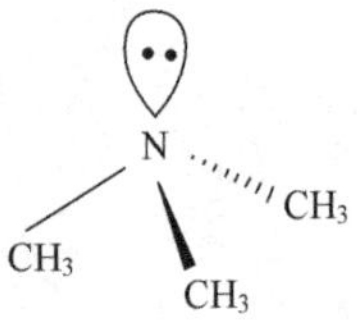

三甲胺 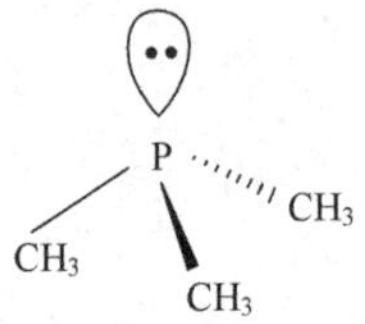　　　　三甲基膦 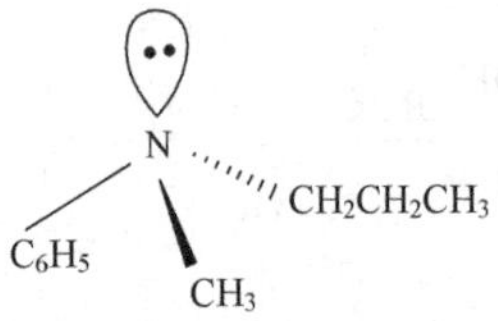　　　　甲基正丙基苯胺 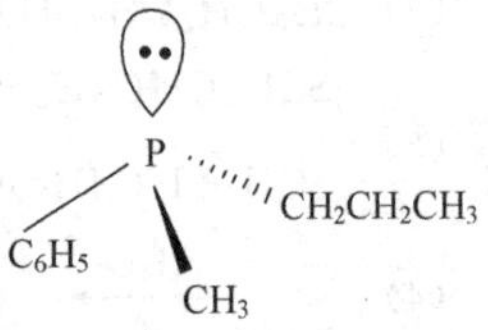　　　　甲基正丙基苯基膦

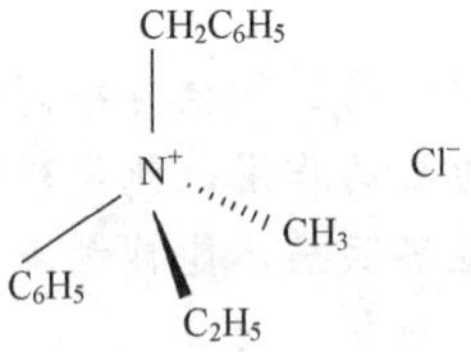

氯化甲基乙基苯基苄基铵 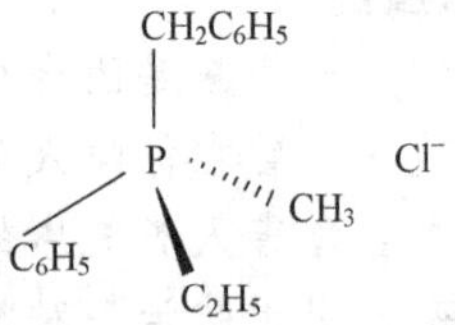　　　　氯化甲基乙基苯基苄基镃

上述含三个取代基的化合物都呈棱锥形，碳与磷直接相连。

9.3.1.2 含磷有机化合物的分类与命名

磷化氢分子的氢原子被烃基取代后生成的衍生物称为膦。与胺类相似，可以分为伯膦、仲膦、叔膦和季镃盐。例如：

伯膦　　　　　仲膦　　　　　叔膦　　　　　季镃盐

对于简单的膦，其命名同胺，即采用习惯命名法，称某烃基膦，如：

$CH_3CH_2NH_3$	$(CH_3CH_2)_2NH$	$(C_6H_5)_3N$	$(C_4H_9)N^+Cl^-$
乙胺	二乙胺	三苯胺	氯化正丁基铵
$CH_3CH_2PH_2$	$(CH_3CH_2)_2PH$	$(C_6H_5)_3P$	$(C_4H_9)_4P^+Cl^-$
乙膦	二乙膦	三苯膦	氯化正丁基镃

磷酸酯是磷酸分子中的氢原子被烃基取代后的衍生物。在磷酸酯分子中，磷原子不与碳原子相连。

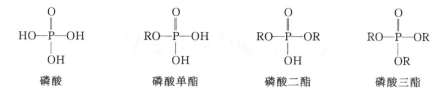

亚磷酸酯也有相应的亚磷酸单酯、亚磷酸二酯和亚磷酸三酯衍生物。

磷酸分子中的一个或两个—OH 被烃基取代的衍生物叫作膦酸。在膦酸分子中含有 C—P 键。膦酸分子中的氢被烃基取代后的衍生物叫作膦酸酯。

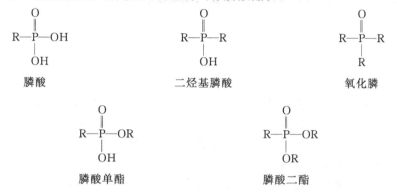

这类化合物的命名与羧酸的命名相类似，如：

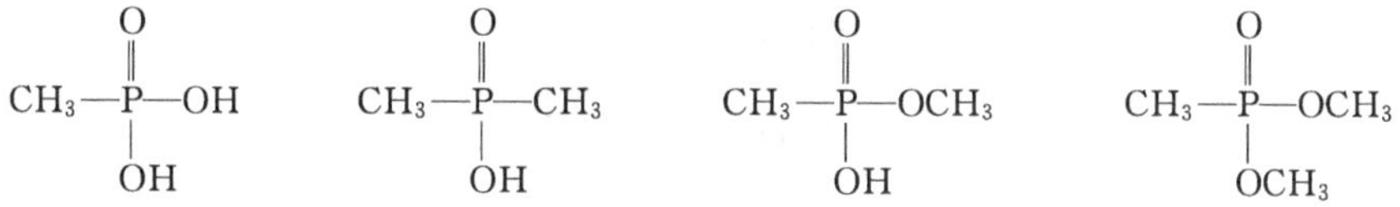

$$CH_3-\overset{\displaystyle O}{\underset{\displaystyle OH}{P}}-OH \qquad CH_3-\overset{\displaystyle O}{\underset{\displaystyle OH}{P}}-CH_3 \qquad CH_3-\overset{\displaystyle O}{\underset{\displaystyle OH}{P}}-OCH_3 \qquad CH_3-\overset{\displaystyle O}{\underset{\displaystyle OCH_3}{P}}-OCH_3$$

甲基膦酸　　　　　二甲基膦酸　　　　甲基膦酸甲酯　　　　甲基膦酸二甲酯

9.3.2　含磷有机化合物的性质

有机磷化合物和有机氮化合物在性质上的区别，与含硫和含氧有机物间的区别类似，如膦的碱性比胺弱，但由于磷原子的外层电子比氮原子更容易被极化，因而膦的亲核性比胺强。例如叔膦极易和卤代烷起 S_N2 反应，生成季𬭚盐：

$$(CH_3CH_2CH_2CH_2)_3P+CH_3CH_2CH_2CH_2Br \longrightarrow (CH_3CH_2CH_2CH_2)_4P^+Br^-$$

　　　　三丁基膦　　　　　　　　　　　　　　　溴化四丁基𬭚

$$(C_6H_5)_3P+CH_3Br \longrightarrow (C_6H_5)_3\overset{+}{P}CH_3Br^-$$

　　　　三苯基膦　　　　　　　　　　溴化甲基三苯基𬭚

溴化甲基三苯基𬭚对热较稳定，在水中也不分解。当用丁基锂等强碱处理时，则生成极性很大的内𬭚盐$[(C_6H_5)_3\overset{+}{P}-\overset{-}{C}H_2]$，叫作磷叶立德，该盐在温和条件下可以和醛酮反应生成烯烃。该反应是由维悌希发现的，因此称作维悌希反应，磷叶立德也称为维悌希试剂。由于维悌希反应应用很广，维悌希获得 1979 年诺贝尔化学奖。

应用含磷有机化合物

9.3.3　含磷有机化合物的用途和使用含磷有机化合物的安全知识

9.3.3.1　含磷有机化合物的用途

有机磷化合物不仅与生命化学有关，而且在工农业生产上都有极为广泛的用途。许多含磷的有机化合物可分别用作某些金属的萃取剂、纺织品的防皱剂、塑料制品的阻燃剂、润滑油的添加剂以及农药、医药等，有些有机磷化合物是有机合成中非常有用的试剂，有机磷农药则是有机磷化学研究的主要方面之一。下面介绍几种常见的有机磷农药。

(1) 乙烯利　乙烯利的化学名称为 2-氯乙基膦酸。分子式为 $C_2H_6O_3PCl$，相对分子质量为 144.50，其结构式如下：

$$ClCH_2CH_2-\overset{\overset{O}{\|}}{\underset{\underset{OH}{|}}{P}}-OH$$

乙烯利易被植物吸收并进入到茎、叶、花果等细胞中。一般植物细胞里的 pH 值都在 4 以上，所以进入植物体内的乙烯利就会逐渐分解放出乙烯，调节植物生长发育和代谢作用，促进果实成熟等。目前，我国将乙烯利主要用于促进橡胶树多流胶、烟叶催黄、果实催熟以及促使瓜类早期多开雌花等方面。

(2) 敌百虫　属膦酸酯化合物，其化学名称为 O,O-二甲基(1-羟基-2,2,2-三氯乙基)膦酸酯。分子式为 $C_4H_8O_4PCl_3$，相对分子质量为 257.38，其结构式如下：

$$\begin{array}{c}CH_3O \\ \\ CH_3O\end{array}\overset{\overset{O}{\|}}{\underset{\underset{OH}{|}}{P}}-CHCCl_3$$

纯敌百虫为无色晶体，熔点 83～84℃，可溶于水。它是一种高效低毒的有机磷杀虫剂，对昆虫有胃毒和触杀作用，常用于防治鳞翅目、双翅目、鞘翅目害虫。由于敌百虫对哺乳物的毒性很低，故用来防治家畜体内及体外的寄生虫。在卫生方面，它对杀灭苍蝇特别有效。

(3) 敌敌畏　敌敌畏是有机磷酸酯类杀虫剂。其化学名称为 O,O-二甲基-O-(2,2-二氯乙烯基)磷酸酯。分子式为 $C_4H_7O_4PCl_2$，相对分子质量为 220.92，其结构式如下：

$$\begin{array}{c}CH_3O \\ \\ CH_3O\end{array}\overset{\overset{O}{\|}}{P}-OCH=CCl_2$$

敌敌畏是一种无色或浅黄色的液体，易挥发，微溶于水。具有胃毒、触杀和熏蒸作用，杀虫谱广，作用快。主要用于防治刺吸口器害虫及潜叶害虫。敌敌畏较敌百虫的杀虫效果好，但对人畜的毒性也较大。

(4) 乐果　它是属于二硫代磷酸酯类的杀虫剂。其化学名称为 O,O-二甲基-S-(N-甲基氨基甲酰甲基)二硫代磷酸酯。分子式为 $C_5H_{12}NO_3PS_2$，相对分子质量为 229.12，其结构式如下：

$$\begin{array}{c}CH_3O \\ \\ CH_3O\end{array}\overset{\overset{S}{\|}}{P}-SCH_2\overset{\overset{O}{\|}}{C}NHCH_3$$

乐果的纯品为白色晶体，熔点 51～52℃，可溶于水和多种有机溶剂。工业品原油是浅黄色液体，在酸性介质中较稳定，在碱性介质中则迅速水解。乐果具有内吸性，能被植物的根、茎、叶吸收，并传导分布到整个植株。它对温血动物的毒性很低，而对昆虫的毒性却相当高，这是因为它在不同的情况下发生不同的水解或氧化过程的缘故。

9.3.3.2 使用含磷有机化合物的安全知识

生物体内需要的有机磷化合物，是一种重要的能源。有机磷化合物有一些是很好的杀虫剂；还有许多是有用的试剂，在有机合成中非常重要。同样有机磷化合物中也有很多是有毒和危险性的，因此了解一些有毒和危险的有机磷化合物对于安全使用它们有着十分重要的意义。表 9-5 列出常见有机磷化合物的用途和安全使用知识。

表 9-5 常见有机磷化合物的用途和安全使用知识

品名	构造式	用途	毒性、危险性与侵害	急救措施	安全使用与防护
六甲基磷酰三胺 (HMPA)	$(CH_3)_2N$ $(CH_3)_2N-P=O$ $(CH_3)_2N$	用作有机合成的溶剂，气相色谱固定液（最高使用温度35℃，溶剂为甲醇），分离分析烃类化合物，分离烷、烯和炔烃；也用于实验室有机和有机金属的反应中；还用作聚氯乙烯的紫外线抑制剂和耐寒剂，昆虫化学绝育剂，特种溶剂，阻燃物以及喷气燃料的防冻添加剂等	本品低毒，系致癌物。易燃。通过蒸气吸入		传统的措施是操作人员应穿防护服，戴防护眼镜和手套，避免与产品直接接触，生产现场应进行良好通风
磷酸三丁酯	C_4H_9O $C_4H_9O-P=O$ C_4H_9O	用作气相色谱固定液，硝化纤维素和乙酸纤维素的溶剂，防沫剂，消静电剂，增塑剂，颜料研磨助剂，铀和稀土金属分离用萃取剂，有机合成中间体，热交换介质，介电物质	本品有中等毒性，摄入和吸入会引起中毒，对皮肤、眼、黏膜有刺激性。可燃 通过烟雾吸入，与眼和皮肤接触，摄入。侵害呼吸系统、皮肤、眼	此化学品如溅入眼中，立即用水冲洗；如接触皮肤，用肥皂和大量水清洗；如大量吸入，立即移离现场至新鲜空气处，必要时，进行人工呼吸；如误被吞服，催吐，洗胃，给予医学观察，必要时送医院诊治	用玻璃瓶盛装，外用木箱加固。存放在阴凉、通风、干燥的地方。搬运中要轻拿轻放。按有毒化学品规定贮运 生产设备应密闭，防止泄漏。操作时应穿防护工作服，戴防护眼镜。可渗透的工作服如被弄湿或受到污染，迅速脱去
磷酸三甲酚酯	$CH_3C_6H_4O$ $CH_3C_6H_4O-P=O$ $CH_3C_6H_4O$	用作气相色谱固定液；用于芳烃、酚类异构体、卤代物和硫醇等的分析；用作硝化纤维、树脂、涂料等的溶剂，氯化橡胶、乙烯基塑料、聚苯乙烯、聚丙烯和聚甲基丙烯酯的增塑剂，各种天然树脂等的黏合剂等	本品有中等毒性，吸入或经皮肤吸收会引起中毒。邻位异构体磷酸三邻甲酚酯毒性最大。易燃，燃点410℃	此化学品如溅入眼中，立即用水冲洗；如接触皮肤，用肥皂和大量水清洗；如大量吸入，立即移离现场至新鲜空气处，必要时，进行人工呼吸；如误被吞服，催吐，洗胃，给予医学观察，严重者不进行催吐，立即送医院治疗	用玻璃瓶或金属桶盛装。存放在阴凉、通风良好的地方。贮运中小心轻放，切勿倒置，防止碰撞 生产设备应密闭，防止泄漏。操作时应穿防护工作服。工作者如皮肤被弄湿或受到污染，应迅速冲洗。可渗透的工作服如被弄湿或受到污染，迅速脱去

练习

写出下列化合物的构造式。

(1) 溴化三丁基鏻　　　(2) 氧化三丙基膦　　　(3) 亚磷酸三苯酯

(4) 环己基膦酸单丁酯　　(5) 磷酸三乙酯

知识考核表

项目	考核内容	分值	说明
杂环化合物	1. 杂环化合物的结构特征及分类	5	译音命名法
	2. 杂环化合物的命名法	10	
	3. 吡咯、吡啶的化学性质	18	
	4. 常见芳杂环化合物的安全知识	7	
含硫有机化合物	1. 含硫有机化合物的结构与分类	5	
	2. 硫醇、硫酚、硫醚、磺酸及其衍生物的命名	10	
	3. 硫醇、硫酚、硫醚、磺酸及其衍生物的化学性质	10	
	4. 常见含硫有机化合物的安全知识	5	
含磷有机化合物	1. 含磷有机化合物的结构、分类	10	了解
	2. 含磷有机化合物的命名	10	
	3. 含磷有机化合物的性质	5	
	4. 常见含磷有机化合物的安全知识	5	

【科海拾贝】生物农药

农药，英文名为"Pesticide"——即"杀害物剂"。而实际上农药系指用于防治危害农林牧业生产的有害生物（害虫、害螨、线虫、病原菌、杂草及鼠类等）和调节植物生长的药剂。按来源可分为矿物农药、化学合成农药及生物农药。生物农药指来自于动物、植物或微生物、具有农药作用的物质。

生物农药包括了组成整个生物界的三大类生物。即动物（动物毒素、昆虫信息素）、微生物（病毒、细菌、真菌等及微生物的代谢产物）和植物（植物及藻类）。

动物农药主要有两大类，一是由动物产生的毒素对害虫的杀灭，如沙蚕毒是最典型的农药之一，为杀虫剂中的一个大类。二是利用动物（主要是昆虫）产生的信息素的特殊功能，扰乱昆虫的正常生理习性，使其提早和推迟蜕皮而难适应外界环境以致死亡，或使其聚集而歼之，如集合信息素和性信息素就具有此功能。

微生物农药是指由"微生物"及其微生物的代谢产物和由它加工而成的具有杀虫、杀菌、除草、杀鼠或调节植物生长等具农药活性的物质。主要是利用微生物及其代谢物所具有的促进生长、专一寄主性及某种生物对其的拮抗作用等特性。如人们利用苏云金杆菌寄生于某些害虫内使其致病死亡的特性，开发了对人畜及天敌等有益生物安全的杀虫药剂。

用具有杀虫、杀菌、除草及植物生长调节等活性的植物的某些部位，或提取其有效成分，加工而成的药剂，即为植物农药，它是历史上最古老的生物农药之一。化学农药的发展，在一定程度上依赖于植物农药，环境的压力和化学农药开发难度的增加，植物无疑是新农药开发的宝贵资源和钥匙。

生物物质为新农药的开发提供了无穷的资源，生物农药有着极大的开发潜力。随着计算机技术的进步、合成与分析手段的提高，生物农药的开发以及进而以化学与生物相结合的方法进行新农药的开发，定会出现迅猛的飞跃。

——摘自沈寅初，张一宾编著．生物农药．化学工业出版社，2000

10 | 糖、蛋白质与高分子化合物

学习指南 日常生活中，我们发现有些"有机化合物"，如橡胶、蛋白质、纤维素、淀粉等，却与前述的有机化合物不同，具有许多特殊的性质，如橡胶有良好的弹性，丝、毛、棉等纤维却有很好的韧性，蛋白质在生命中是那么不可缺少。事实上它们都是高分子化合物，有些是天然形成的，有些是人工合成的，这就是本章所涉及的内容。在了解这些高分子化合物之前，首先要理解旋光性物质的结构、标记方法；理解组成天然高分子化合物的基本单元糖、氨基酸的结构特点和性质，进而了解合成高分子化合物的分类、命名、结构、特性及合成方法。并通过技能训练，掌握鉴别糖、蛋白质的方法。

本章关键词 对映异构 旋光性 手性 比旋光度 构型 D/L R/S 单糖 二糖 多糖 氨基酸 蛋白质 等电点 单体 加聚反应 缩聚反应

认识糖、蛋白质

10.1 糖、蛋白质

10.1.1 对映异构

在有机化合物中，许多化合物都有着各自的异构体，有因为原子的排列顺序不同而形成的构造异构体，有因为双键等的阻碍而形成的几何（顺、反）异构体。而在有些有机化合物中，特别是在那些具有生物活性的化合物里，还有一种有趣的立体异构体。这种异构体之间的关系就像是隔着镜子的实物和镜中的影像一样，称之为对映异构，而人们对对映异构现象的认识，首先是从物质的旋光性开始的，同时旋光性也是识别对映异构体的最重要的方法，因此对映异构体也叫作旋光异构。

10.1.1.1 物质的旋光性和比旋光度

（1）旋光物质 当偏振光（只在一个平面上振动的光）通过某些液体或溶液时，如葡萄糖溶液，偏振光的振动平面会旋转一定的角度 α。这种能使偏振面旋转的性质称为物质的旋光性，具有旋光性的物质叫作旋光物质。偏转角度 α 叫作旋光度。

使偏振光向右旋转的物质叫做右旋体，使偏振光向左旋转的物质叫做左旋体，旋光方向分别用（＋）（右旋）和（－）（左旋）表示。例如（＋）-葡萄糖表示右旋葡萄糖，（－）-果糖表示左旋果糖。

有些物质如水、乙醇、苯等不能使偏振光旋转，它们是非旋光物质。

（2）比旋光度　旋光度 α 可用旋光仪测定，物质旋光度的大小随所测定的样品浓度、盛液管的长度、温度、光波的波长以及溶剂的性质等改变。为了便于比较，规定在 20℃时，将波长 λ 为 581.3nm（钠光 D 线）的偏振光通过长为 1dm、装有浓度为 $1g \cdot mL^{-1}$ 溶液的样品时测得的旋光度为比旋光度，通常用 $[\alpha]$ 表示，其表达式为：

$$[\alpha]_\lambda^t = \frac{\alpha}{c \cdot l}$$

式中，c 为样品的浓度，单位 $g \cdot mL^{-1}$；l 为盛液管的长度，单位 dm；t 为测定时的温度；λ 为光源的波长。如果所测定的样品不是溶液，而是样品纯液体，则用该液体的密度 ρ 更换式中的浓度 c。

例如：在 20℃，用钠光灯为光源，在 1dm 长的盛液管内装有浓度为 0.05g/mL 的果糖水溶液，测得旋光度为 $-4.64°$，则果糖的比旋光度为：

$$[\alpha]_D^{20} = \frac{-4.64}{1 \times 0.05} = -92.8°(H_2O)$$

10.1.1.2　手性和对映异构体

人的左右手是互为实物与镜像的关系，乍看上去似乎没什么不同，但就像我们的左右手手套不能混着戴一样，它们又是不相同的两个物体，如果将它们叠合在一起，就会发现它们确实是不相同的，物体的这种性质就叫作手性。

不仅是宏观物体，某些微观分子也具有手性。例如：图 10-1 是乳酸分子的模型，两个模型构造相同，但无论怎样放置，它们都不能完全叠合，它们互为镜像，正如左手和右手的关系一样。因此，我们将乳酸这样具有手性的分子称作手性分子。

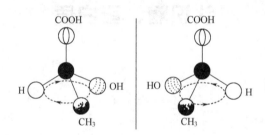

图 10-1　乳酸分子的模型示意图

乳酸的两种分子，互为镜像而不能叠合，构造相同而构型不同，这样的异构现象叫作对映异构，这样的异构体叫作对映异构体，简称对映体。对映体都具有旋光性。

自然界中确实存在着两种光学活性的乳酸，一种是从肌肉运动产生的有机物中分离得到的右旋体，即（＋）-乳酸，$[\alpha]_D^{15} = +3.8°(H_2O)$，另一种是从糖发酵液中分离得到的左旋体，即（－）-乳酸，$[\alpha]_D^{15} = -3.8°(H_2O)$。两种乳酸的比旋光度数值相等但符号相反，它们的熔点都是 53℃。

若将等量的右旋体和左旋体混合，其旋光能力互相抵消，比旋光度为 0，这种等量的对映体混合物叫做外消旋体，以（±）表示。从酸牛奶中分离得到的乳酸就是（±）-乳酸，它是（＋）-乳酸和（－）-乳酸的等量混合物，比旋光度等于 0，熔点为 16.8℃。

我们可以看到，乳酸分子之所以有手性，是因为与中心碳原子相连的四个原子或原子团各不相同且位于四面体的四个顶点，这样就导致它们在碳原子周围有两种固定的不同排列方式，即有两种构型，相应于右旋体和左旋体。这种碳原子叫做手性碳原子或不对称碳原子，通常用星号（＊）标记。苹果酸、酒石酸分子都有手性碳原子，但有手性碳原子的分子不一定是手性分子。

$$CH_3CHCOOH \atop |\ OH$$ 乳酸 $$HOOCCHCH_2COOH \atop |\ OH$$ 苹果酸 $$HOOCCH—CHCOOH \atop |\ \ \ \ |\ \ OH\ \ OH$$ 酒石酸

10. 1. 1. 3　对映异构体构型的表示与标记

（1）对映异构体构型的表示方法　对映异构体在结构上的区别仅在于基团在空间的排列顺序不同，所以一般的平面结构式无法表示基团在空间的相对位置，需采用透视法，则乳酸的一对对映异构体可表示为：

这种表示方法比较直观，但写起来比较麻烦，对于结构比较复杂的分子，则更增加了书写的困难。所以一般都采用比较简便的方法，即用一个"十"字，以其交点代表手性碳原子，四端与四个不相同的基团相连，按国际命名的原则，将碳链原子放在垂直线上，氧化态较高的碳原子或主链中第一号碳原子在上。以垂直线相连的基团表示伸向纸后，即远离读者；以水平线相连的基团表示伸出纸前即伸向读者，则乳酸的一对对映异构体可用下式表示：

这种表示方法叫做费歇尔（Fisher. E）投影式。

必须注意的是，投影式是用平面式来代表三维空间的立体结构的。一对对映异构体的模型可以任意翻转而不会重叠，但应用投影式时，只能在纸面上平移或转动 $180°$，而不能离开纸面翻转，否则一对对映异构体的投影式能互相重叠。

（2）构型的标记方法

将与手性碳原子相连的原子或原子团按照次序规则排列，较优基团在前，如 a＞b＞c＞d，观察者从最后基团 d 对面观察。若 a→b→c 是顺时针方向排列的，则构型为 R；若 a→b→c 是逆时针方向排列的，则构型为 S，这种标记法称作 R/S 标记法（见图 10-2）。

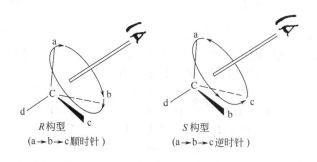

图 10-2　确定 R 和 S 构型的方法

例如

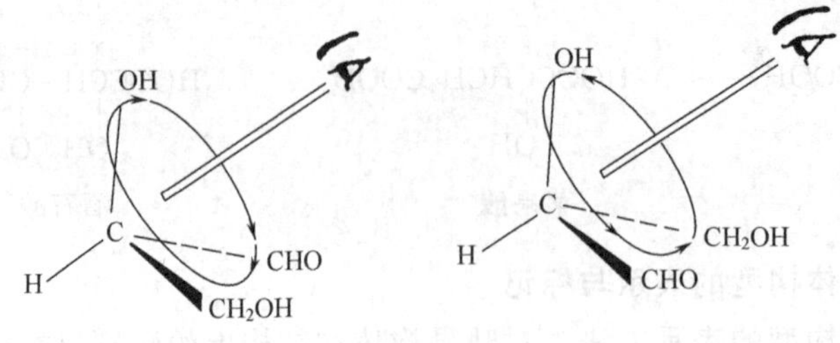

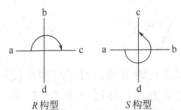

$$-OH > -CHO > -CH_2OH > -H$$

(*R*)-甘油醛　　　　　　　　　(*S*)-甘油醛

标记费歇尔投影式的构型时，若最后基团 d 在竖线上，a→b→c 是顺时针方向排列的，则构型为 *R*，a→b→c 是逆时针方向排列的，则构型为 *S*。

R 构型　　　　　　　　　*S* 构型

若最后基团 d 在横线上，a→b→c 是顺时针方向排列的，则构型为 *S*，a→b→c 是逆时针方向排列的，则构型为 *R*。

R 构型　　　　　　　　　*S* 构型

R/S 标记法已获得广泛应用，但在氨基酸和糖类的构型标记中，一般仍沿用较早的D/L标记法。所谓 D/L 标记法，是费歇尔人为地规定右旋甘油醛的构型为 D 型（Ⅰ），左旋甘油醛的构型为 L 型（Ⅱ）：

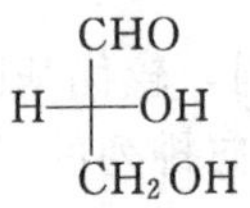

$$
\begin{array}{cc}
\text{CHO} & \text{CHO} \\
\text{H}\!-\!\!\!-\!\!\!-\!\text{OH} & \text{HO}\!-\!\!\!-\!\!\!-\!\text{H} \\
\text{CH}_2\text{OH} & \text{CH}_2\text{OH} \\
（Ⅰ） & （Ⅱ） \\
\text{D-(+)-甘油醛} & \text{L-(−)-甘油醛}
\end{array}
$$

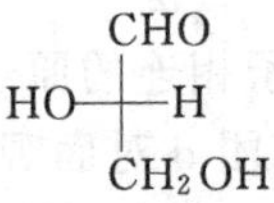

其他的旋光化合物的构型以甘油醛为标准比较得到。凡是由 D-甘油醛通过化学反应得到的化合物或可转变为 D-甘油醛的化合物，只要在转变过程中原来的手性碳原子构型不变，其构型即为 D 型。同样，与 L-甘油醛相关的即为 L 型。例如：

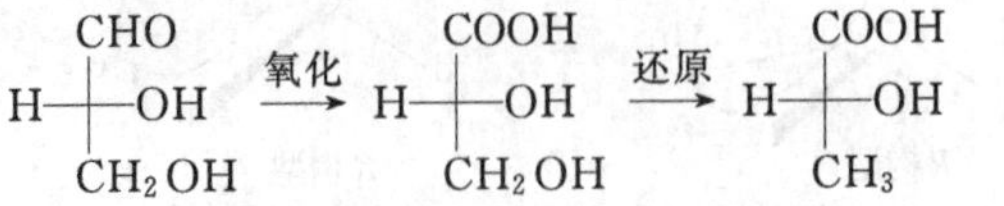

D-(＋)-甘油醛　　D-(−)-甘油酸　　　D-(−)-乳酸

D-(＋)-甘油醛经温和氧化得到甘油酸，后者经还原得到乳酸，由于反应中未涉及手性碳原子的构型，因而生成的甘油酸和乳酸也是 D 型的。必须指出，D 和 L 是构型的标记符号，（＋）、（−）表示旋光的方向，后者只能由旋光仪测得，两者无任何对应关系。

【阅读园地】2001 年诺贝尔化学奖

2001 年诺贝尔化学奖授予美国科学家威廉·诺尔斯、日本科学家野依良治和美国科学家巴里·夏普雷斯，以表彰他们在不对称合成方面所取得的成绩。三位化学奖获得者的发现则为合成具有新特性的分子和物质开创了一个全新的研究领域。现在，像抗生素、消炎药和心脏病药物等，都是根据他们的研究成果制造出来的。

许多化合物的结构都具有对映性，就像人的左右手一样，被称作手性。而药物中也存在这种特性，在有些药物成分里只有一部分具有治疗作用，而另一部分没有药效甚至有毒。这些药是消旋体，它的左旋与右旋共生在同一分子结构中。在欧洲发生过妊娠妇女服用没有经过拆分的消旋体药物作为镇痛药或止咳药，而导致大量胚胎畸形的"反应停"惨剧，使人们认识到将消旋体药物拆分的重要性。2001 年的化学奖得主就是在这方面作出了重要贡献。他们使用一种对映体试剂或催化剂，把分子中没有作用的一部分剔除，只利用有效用的一部分，就像分开人的左右手一样，分开左旋体和右旋体，再把有效的对映体作为新的药物，这称作不对称合成。

10.1.2 糖的定义与分类

10.1.2.1 糖的定义

糖亦称碳水化合物，这是因为早年发现的葡萄糖和果糖的分子式是 $C_6H_{12}O_6$，而且分子中氢与氧的比例为 $2:1$，可用一般通式 $C_n(H_2O)_m$ 表示，即把它们看成是碳和水结合成的化合物，则葡萄糖和果糖可表示为 $C_6(H_2O)_6$，蔗糖是 $C_{12}H_{22}O_{11}$ 或写为 $C_{12}(H_2O)_{11}$。但后来发现有些化合物，从化学结构上看，和糖是相似的，但成分并不符合上述关系，如鼠李糖是一种甲基戊糖，它的分子式是 $C_6H_{12}O_5$，若按上述看法，显然就不是一个碳水化合物了，而有些化合物虽符合上述通式，如乙酸（$C_2H_4O_2$）、乳酸（$C_3H_6O_3$），却并非糖类，所以严格地讲"碳水化合物"这个名称是不确切的，但因沿用已久，至今仍在使用。实际上从糖的结构来看，糖是多羟基醛、酮或多羟基醛、酮的聚合物。

10.1.2.2 糖的分类

糖类根据其能否水解及水解后生成分子数的多少，可分为 3 类。

（1）单糖 指不能水解的多羟基醛酮，如葡萄糖、果糖和核糖等。

（2）低聚糖或寡糖 水解时能生成 2～10 个分子单糖的化合物总称为低聚糖，水解时生成 2 个，3 个、……分子单糖的低聚糖分别叫做二糖、三糖……其中最主要的是能水解成两分子单糖的二糖，如麦芽糖、蔗糖或乳糖。

（3）多糖 水解时能生成 10 个以上单糖分子的化合物叫做多糖。如淀粉、纤维素和糖原。

10.1.3 单糖

10.1.3.1 单糖的分类及构型

单糖可以根据分子中所含的羰基分为醛糖和酮糖两类，再按分子中含碳原子的数目称作某醛糖或某酮糖。例如：

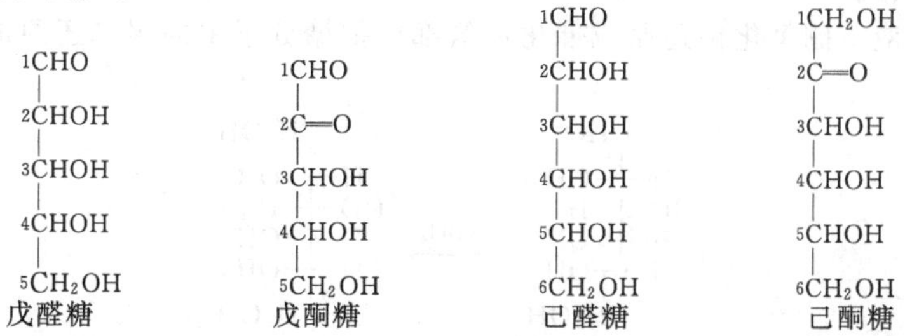

戊醛糖　　　　戊酮糖　　　　己醛糖　　　　己酮糖

相应的醛糖和酮糖是同分异构体。自然界中含五个或六个碳原子的单糖最为普遍。写糖的结构时，一般是将羰基写在上端，碳链的编号从醛基或靠近酮基的一端开始。

糖都具有手性中心，分子有旋光性。其构型可用费歇尔投影式来表示，例如（＋)-葡萄糖的构型可以表示为：

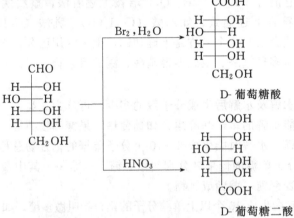

D-（＋)-葡萄糖

为了书写方便，手性碳原子上的氢可以省去，甚至羟基也可以省去，只用一短横线表示。有时也采用更简化的形式，用△代表 CHO，○代表 CH_2OH。单糖的构型一般用 D/L 标记法。如上述的葡萄糖即为 D 型糖，自然界中存在的糖绝大多数是 D 型的，L 型的糖极少。

10.1.3.2 单糖的性质

单糖都是无色晶体，易溶于水，可溶于乙醇，难溶于乙醚、丙酮、苯等有机溶剂，但能溶解于吡啶。在色层分析中常以吡啶作溶剂提取糖，因无机盐不溶于吡啶，可避免无机离子干扰色层分析。

单糖含有羰基和羟基，因此它具有醛、酮和醇的化学性质。

（1）氧化反应 单糖可被氧化，氧化剂不同，产物也不同，例如 D-葡萄糖可以被溴水和硝酸分别氧化成 D-葡萄糖酸或 D-葡萄糖二酸：

酮糖与溴水无作用，用溴水可以区别醛糖与酮糖。

酮糖虽不含醛基，但在碱性溶液中能转变成醛糖，所以醛糖和酮糖都可被托伦试剂或斐林试剂氧化，分别产生银镜或红色氧化亚铜沉淀。

能与吐伦试剂和斐林试剂起反应的糖都叫做还原性糖，不起反应的糖叫做非还原性糖。单糖都是还原性糖。

（2）还原反应 硼氢化钠还原或催化加氢都可把糖分子中的羰基还原成羟基，得到糖醇，例如：

（3）成脎反应　正像醛、酮可与羰基试剂苯肼加成生成苯腙一样，醛糖或酮糖或与苯肼生成苯腙。若苯肼过量，则反应继续进行下去生成二苯腙，糖的二苯腙称作糖脎。

成脎反应是 α-羟基醛和 α-羟基酮的特有反应，反应如下：

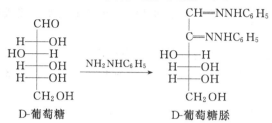

由糖生成的糖脎引入了两个苯肼基，相对分子质量大增，水溶性则大为降低，因此在糖溶液中加入苯肼，加热即可析出糖脎。糖脎是美丽的黄色结晶，不同的糖脎的晶形、熔点和成脎时间都各不相同，所以成脎反应常用于糖的定性鉴别。

10.1.4　二糖和多糖

10.1.4.1　二糖

最常见的低聚糖是二糖。重要的二糖有蔗糖、麦芽糖、乳糖和纤维二糖等，它们的分子式为 $C_{12}H_{22}O_{11}$，可看作是两分子单糖脱水所形成的，它水解以后生成两分子单糖。由于两分子脱水形成二糖的方式不同，所以生成的二糖的性质也不相同，据此二糖可分为还原性二糖和非还原性二糖。

（1）还原性二糖　具有一般与单糖相似的性质，成脎，能还原吐伦试剂、斐林试剂等弱氧化剂，麦芽糖、纤维二糖和乳糖属还原性二糖。

麦芽糖是淀粉水解的中间产物，在用淀粉发酵制酒的过程中，靠存在于麦芽（发芽的大麦）中的淀粉酶作催化剂进行水解而生成麦芽糖。饴糖的主要成分就是麦芽糖，麦芽糖为无色针状结晶，通常含 1 分子结晶水，分子式 $C_{12}H_{22}O_{11} \cdot H_2O$，易溶于水，水溶液的比旋光度为 $+137°$，甜味次于蔗糖。

纤维二糖是纤维素水解的中间产物。

乳糖因存在于人和哺乳动物的乳汁而得名。人乳约含乳糖 5%～8%，牛乳约含乳糖 4%～5%。乳糖为白色结晶粉末，含 1 分子结晶水（$C_{12}H_{22}O_{11} \cdot H_2O$），甜味不如蔗糖，难溶于水，不吸湿，水溶液的比旋光度为 $+55.3°$。

（2）非还原性二糖　非还原性二糖不成脎，不与吐伦试剂、斐林试剂等弱氧化剂反应。蔗糖属非还原性二糖。

蔗糖即普通食糖，以甘蔗和甜菜中含量最多，蔗糖是最重要的非还原性二糖。它易被酸性水解成等物质的量的 D-葡萄糖和 D-果糖。蔗糖的比旋光度为 $+66.5°$，但水解后的混合物的比旋光度却变成 $-110.75°$，与水解前的旋光方向相反，因此蔗糖水解的过程称为转化，水解后的混合物称为转化糖，催化蔗糖的酶称为转化酶。

10.1.4.2　多糖

多糖是由成百上千个单糖结合而成的天然高分子化合物，它是一种聚合程度不同的长链分子混合物。有的多糖可作为动植物骨干的组成部分；有的可作为单糖的储存形式，如糖原是血糖的储存形式；有的是动物结缔组织、组织间液、腺体分泌液的成分。

由同种单糖单位组成的多糖称为均多糖。如淀粉、糖原和纤维素都是由葡萄糖单位组成的，都属均多糖。由不同种单糖单位组成的多糖称为杂多糖。如黏多糖，是由己醛糖酸、氨基己糖和其他己糖等组成的。

均多糖和杂多糖组分只有糖类，称为单纯多糖；若组分中除糖类外，还含有其他组分如蛋白质、脂类等，则称为复合多糖。

多糖没有还原性，不能成脎，在酸和酶催化下，多糖水解最终生成单糖。大多数多糖为无定形粉末，没有甜味，无一定熔点，不溶于水，少数能与水形成胶体溶液。下面介绍两种重要的多糖。

（1）淀粉　淀粉主要存在于植物的种子和块根中，大米含淀粉 $62\%\sim82\%$，小麦含淀粉 $57\%\sim75\%$。淀粉是白色无定形粉末，由直链淀粉与支链淀粉两部分组成，其相对含量与淀粉的来源有关。

淀粉在酸或酶的催化下，彻底水解时生成 D-(+)葡萄糖，用淀粉酶水解得到麦芽糖。所以可以将淀粉看作是麦芽糖的聚合物。

$$(C_6H_{10}O_5)_n \xrightarrow[H^+或酶]{H_2O} (C_6H_{10}O_5)_{n-x} \xrightarrow[H^+或酶]{H_2O} C_{12}H_{22}O_{11} \xrightarrow[H^+或酶]{H_2O} C_6H_{12}O_6$$

　　　淀粉　　　　　　　　　　糊精　　　　　　　　　麦芽糖　　　　　　　D-葡萄糖

（2）糖元　糖元是动物体内储存的多糖，又称动物淀粉。主要存在于肝脏和肌肉中，分别称作肝糖元和肌糖元。

葡萄糖在血液中含量较高时，可转变成糖元储存于肝脏和肌肉中；当血液中葡萄糖含量较低时，糖元就会分解成葡萄糖供给机体能量。人体约含 400g 糖元，用以保持血液中葡萄糖含量的基本恒定。

糖元的结构与支链淀粉相似，只是分支程度更高，糖元是无色粉末，较难溶于冷水而易溶于热水，遇碘显紫红色。

（3）纤维素　纤维素是自然界中分布最广的多糖。木材含纤维素 $50\%\sim70\%$，棉花含 $92\%\sim98\%$。此外，动物体内发现有动物纤维素。

纤维素的结构单位也是 D-葡萄糖，它是不含支链的链状分子，并且将几条这样的分子长链并排成索，通过大量邻近的羟基形成氢键，相互聚集，像绳索一样拧在一起而成纤维素。

纤维素为白色固体，韧性强，不溶于水、稀酸和稀碱中，但能溶于二硫化碳和氢氧化钠溶液中，纤维素较难水解，在高温、高压下与无机酸共热，能被水解成葡萄糖。

纤维素虽和淀粉一样均由葡萄糖组成，但人体内只有能水解淀粉的酶而没有水解纤维素的酶，因此人类只能消化淀粉而不能消化纤维素。纤维素经酶作用而成蛋白质，这是目前极其重要的一项研究课题。目前已能使纤维素转变成动物食用蛋白，而转变成人类的食用蛋白也为期不远了。

【阅读园地】德国科学家费歇尔

被誉为"实验室的明灯"的德国有机化学家费歇尔，1852 年出生于德国乌斯吉城。1919 年 7 月 15 日辞世。

1884 年，费歇尔开始用苯肼鉴定糖类化学结构。1887 年他分离了葡萄糖的苯脎，并证明它是在形成脎的过程中生成的中间体，1889 年他通过苯脎的形成，得到了较纯的甘露糖。他指出，葡萄糖和甘露糖是具有相同结构的异构体。1891 年他根据葡萄糖、甘露糖、果糖的表现，确定了它们的结构式，他将自然界存在的糖叫做 D 系糖。他还确定了咖啡碱和可可碱的化学结构和 9 种蛋白质的组成，合成了阴丹士林染料及三苯基甲烷，他用 18 个春秋研究了嘌呤。由于他对糖类及嘌呤衍生物等的研究做出了卓越的贡献，因此而荣获 1902 年度诺贝尔化学奖。

——摘自夏强，马卫华等编著．世界科技 365 天．河北：河北科学技术出版社，2001

10.1.5　氨基酸

羧酸分子中烃基上的氢原子被氨基取代后的化合物，称为氨基酸。分子中同时含有氨基和羧基两种官能团。

10.1.5.1　氨基酸的分类和命名

从结构上根据所连烃基的不同，氨基酸可分为脂肪族和芳香族两类。根据氨基和羧基的相对位置可分为 α-氨基酸、β-氨基酸、γ-氨基酸，……ω-氨基酸。

$$R\text{—}\underset{\underset{NH_2}{|}}{CH}\text{—}COOH \qquad\qquad R\text{—}\underset{\underset{NH_2}{|}}{CH}\text{—}CH_2\text{—}COOH$$

$$\alpha\text{- 氨基酸} \qquad\qquad\qquad\qquad \beta\text{- 氨基酸}$$

$$R\text{—}\underset{\underset{NH_2}{|}}{CH}\text{—}CH_2\text{—}CH_2\text{—}COOH \qquad\qquad \underset{\underset{NH_2}{|}}{CH_2}\text{—}(CH_2)_n\text{—}COOH$$

$$\gamma\text{- 氨基酸} \qquad\qquad\qquad\qquad\qquad \omega\text{- 氨基酸}$$

构成天然蛋白质的氨基酸均为 α-氨基酸。在 α-氨基酸分子中，若氨基和羧基数目相等时称为中性氨基酸；若羧基数目多于氨基时称为酸性氨基酸；若氨基数目多于羧基时称为碱性氨基酸。除最简单的甘氨酸外，天然氨基酸都含有旋光性，其构型均为 L 型。

氨基酸的命名，是以羧酸为母体，氨基作为取代基命名的。但从蛋白质分离得到的 20 余种 α-氨基酸，通常都有简单的俗名，并被广泛使用。例如：

$$\underset{\underset{NH_2}{|}}{CH_2}\text{—}COOH \qquad CH_3\underset{\underset{CH_3}{|}}{CH}CH_2\underset{\underset{NH_2}{|}}{CH}COOH \qquad HOOCCH_2\underset{\underset{NH_2}{|}}{CH}COOH$$

$$\begin{matrix} 氨基乙酸 \\ 甘氨酸 \end{matrix} \qquad\qquad \begin{matrix} 4\text{- 甲基 -2- 氨基戊酸} \\ 亮氨酸 \end{matrix} \qquad\qquad \begin{matrix} 2\text{- 氨基丁二酸} \\ 天门冬氨酸 \end{matrix}$$

10.1.5.2　氨基酸的性质

氨基酸为无色晶体，熔点较高，溶于水，不溶于醚等非极性有机溶剂。氨基酸分子中含有羧基和氨基，因此具有羧基和氨基的典型性质。例如，与羧酸相似，氨基酸也能与醇反应生成相应的酯；与胺相似，也能与酰氯或酸反应生成相应的酰胺等。另外，由于羧基和氨基相邻较近，因此它们之间的相互影响又使氨基酸具有某些特殊的性质。

（1）两性和等电点　氨基酸因含氨基能与酸生成铵盐，因含羧基能与碱生成羧酸盐，是两性化合物。分子内的氨基和羧基也能相互作用生成盐，称为内盐或偶极离子。氨基酸与酸碱的反应可表示如下：

$$R\text{—}\underset{\underset{{}^+NH_3}{|}}{CH}\text{—}COOH \underset{OH^-}{\overset{H^+}{\rightleftharpoons}} R\text{—}\underset{\underset{{}^+NH_3}{|}}{CH}\text{—}COO^- \underset{H^+}{\overset{OH^-}{\rightleftharpoons}} R\text{—}\underset{\underset{NH_2}{|}}{CH}\text{—}COO^-$$

$$\qquad 正离子 \qquad\qquad\qquad 偶极离子 \qquad\qquad\qquad 负离子$$

氨基酸在碱性溶液中以负离子的形式存在，此时在电场中，氨基酸向正极移动；在酸性溶液中，以正离子的形式存在，在电场中氨基酸向负极移动。当溶液为某一个 pH 值时，正、负离子浓度相等，净电荷等于零，氨基酸在电场中既不向正极也不向负极移，这时溶液的 pH 值称为该氨基酸的等电点。不同的氨基酸具有不同的等电点。中性 α-氨基酸的等电点约在 5～6.3 之间；酸性 α-氨基酸约在 2.8～3.2 之间；碱性 α-氨基酸约在 7.6～10.8 之间。在等电点时，偶极离子的浓度最大，氨基酸在水中的溶解度最小，因此利用调节等电点的方法，可以分离氨基酸。

阴离子交换树脂上的磺酸基能与氨基酸中的氨基成盐。

虽然阴离子交换树脂与不同氨基酸之间的成盐形式是相同的，但由于具有不同等电点的氨基酸其氨基的强弱不同，因此它们与阴离子交换树脂所成的盐的稳定程度略有差异。当用一定 pH 值的缓冲溶液淋洗这个吸收柱时，则它们相继被淋洗下来，淋洗下来的溶液，经茚三酮处理显色并应用光电比色计的原理将它们的含量一一测定出来，这就是氨基酸自动分析仪的化学原理。

（2）与水合茚三酮反应　α-氨基酸水溶液与水合茚三酮反应生成蓝紫色物质。此反应很灵敏，几微克 α-氨基酸就能显色，所以常用水合茚三酮显色剂定性鉴定 α-氨基酸。同时由于生成的紫色溶液在 570nm 有强吸收峰，其强度与参加反应的氨基酸的量成正比，因而可以定量测定 α-氨基酸的含量。

（3）与亚硝酸的反应　α-氨基酸中的氨基与亚硝酸作用时定量放出氮气。

$$R-\underset{\underset{+NH_3}{|}}{CH}-COO^- \xrightarrow{HNO_2} R-\underset{\underset{OH}{|}}{CH}-COOH +N_2+H_2O$$

测定放出氮气的体积，可计算出氨基的含量。这个方法叫做范斯莱克（Van slyke）氨基测定法。

（4）与甲醛的反应　α-氨基酸的氨基能与甲醛迅速反应，释出 H^+。

$$R-\underset{\underset{+NH_3}{|}}{CH}-COO^- \rightleftharpoons R-\underset{\underset{\underset{\xrightarrow[H^+]{OH^-} 中和滴定}{NH_2^+}}{|}}{CH}-COO^- \xrightarrow{HCHO} R-\underset{\underset{NHCH_2OH}{|}}{CH}-COO^- \xrightarrow{HCHO} R-\underset{\underset{NH(CH_2OH)_2}{|}}{CH}-COO^-$$

以酚酞作指示剂，用 NaOH 滴定可间接测定氨基的含量。

10.1.6　蛋白质

蛋白质是生物体内的一切组织的基础，承担着各种生理作用和机械功能。肌肉、毛发、指甲、酶、血清和血红蛋白等，都是由不同的蛋白质构成的。

蛋白质是由许多 α-氨基酸的氨基与羧基进行分子间脱水以酰胺键（也称肽键）连接而成的天然高分子化合物，由两个、三个或多个氨基酸组成的肽，分别称为二肽、三肽或多肽。

蛋白质的相对分子质量通常在 1 万以上，水解生成 α-氨基酸，另外有些蛋白质水解后除生成 α-氨基酸外，还生成糖类、核酸、含磷或含铁等非蛋白质物质。

10.1.6.1　蛋白质的性质

（1）两性和等电点　与氨基酸相似，蛋白质也是两性物质，与强酸强碱都能生成盐。在酸性溶液中带正电，在碱性溶液中带负电。调节溶液的 pH 值，使蛋白质的净电荷为零，在电场中不移动，此时溶液的 pH 值就是该蛋白质的等电点。不同的蛋白质等电点不同，如卵清蛋白的等电点是 4.9，而血红蛋白则是 6.8。与氨基酸相似，在等电点时，氨基酸的溶解度也最小，利用这一性质，可将蛋白质从溶液中分离出来。

（2）盐析　在蛋白质溶液中加入无机盐（如硫酸铵、硫酸镁、氯化钠等）溶液，蛋白质则从溶液中析出，这种作用称为盐析。盐析出来的蛋白质还可以溶于水，不影响其性质。

（3）变性　在热、酸、碱、紫外线、X 射线或重金属等的作用下，蛋白质的溶解度降低，甚至凝固，性质发生变化，这种现象称为蛋白质的变性。变性的蛋白质不仅丧失了原有的可溶性，也失去了许多生理活性。

（4）显色反应　在蛋白质水溶液中加入碱和硫酸铜，测溶液显红紫色；与茚三酮反应，生成蓝紫色物质；某些含有苯环的 α-氨基酸构成蛋白质后，仍保持苯环的性质，与硝酸作用，能生成硝基化合物而显黄色。

10.1.6.2　蛋白质的结构

蛋白质的结构很复杂，不仅有多肽链内氨基酸的种类和排列顺序问题，也有肽链本身或几条肽链之间的空间结构问题。蛋白质有四级结构。

蛋白质分子中的氨基酸的种类、数目和排列顺序是最基本的结构，称为一级结构。由于肽链不是直线形的，一条肽链可以通过一个酰胺键中的氧原子与另一酰胺键中氨基的氢原子形成氢键，使之绕成螺旋形，称为 α-螺旋；或几条肽链通过氢键拉在一起，形成折叠状，称为 β-折叠。这两种形式构成蛋白质的二级结构。蛋白质的三级结构则是在二级结构的基础了进一步卷曲折叠，构成一定形态的紧密结构。蛋白质的四级结构则情况复杂。

应用糖、蛋白质

10.1.7　糖、蛋白质的用途

10.1.7.1　糊精

淀粉在酸、加热或 α-淀粉酶的作用下部分水解，得到比淀粉相对分子质量小得多的糖称为糊精。其中相对分子质量稍大的，遇碘呈红色的称红糊精；相对分子质量较小的，遇碘不发生颜色变化的称无色糊精。无色糊精有还原性，溶于水并具有黏性；因此，可做黏合剂及纸张上胶和布匹上浆。无色糊精继续水解可得麦芽糖和 D-葡萄糖。

淀粉经环糊精糖基转化酶水解得到一种环状低聚糖称为环糊精。一般情况下，环糊精是由 6～8 个葡萄糖单元结合成环。根据成环葡萄糖单元分别称 α，β，γ-环糊精。以 α-环糊精为例，其结构和形状如图 10-3 所示。环糊精为晶体，具有旋光性。各种环糊精对碘呈现不同的颜色，α-环糊精呈青色，β-环糊精呈黄色，γ-环糊精呈紫褐色。环糊精由于分子中没有半缩醛羟基，故无还原性。同时对酸和普通淀粉酶也比较稳定。环糊精中间的空穴可选择性地和一些有机化合物形成包合物。由于环糊精具有极性的外侧和非极性的内侧，它可以包含非极性分子，而形成的包合物却能溶于极性溶剂中，因此可作为相转移催化剂使用。另外，它常用于立体选择合成以及仿生合成、分离和医药工业中。它最重要的用途是作为研究酶作用的模型。

10.1.7.2　果胶和琼脂

果胶是植物细胞的黏合剂。果胶是以 D-半乳糖醛酸和 L-鼠李糖为主链，以 D-阿拉伯糖、D-木糖、D-甘露糖和 D-半乳糖组成的低聚糖为支链的杂多糖。支链中低聚糖的组成随植物的种类和组织部位而异。

琼脂的水解产物有 D-半乳糖（40%），3,6-去水 L-半乳糖（40%）以及 D-半乳糖的硫酸酯和丙酮酸酯（2%～3%）。琼脂是微生物培养基的常用介质，1%～2% 的琼脂水溶液冷却后就成为凝胶。琼脂糖依靠糖基之间的氢键作用力可以形成网状结构，而不需要加化学交联剂。不同浓度的琼脂糖制成的珠状凝胶构成各种孔径的分子筛，用于层析分析。

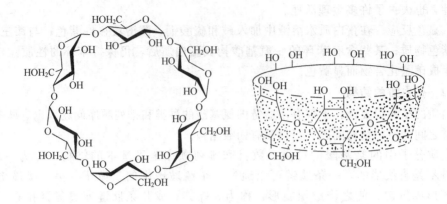

图 10-3 α-环糊精的结构和形状

10.1.7.3 维生素 C

维生素 C 也叫做 L-抗坏血酸，$[\alpha]_D^{20}=24°$，存在于新鲜蔬菜和水果中，它可看作是六碳糖的衍生物，它的结构测定及合成或看作是糖化学中的一项重大成果。目前工业上是以葡萄糖为原料通过发酵和化学半合成工艺生产的。从结构上看维生素 C 是不饱和糖酸的内酯，烯醇式羟基上的氢易离解，因而显弱酸性。维生素 C 易被氧化为去氢抗坏血酸，因而是一种还原剂，在机体内保护蛋白质中半胱氨酸残基的—SH，具有防止坏血病的功能。分析化学上借用了这个性质成为一个重要的分析手段就叫作抗坏血酸测定法。此外，维生素 C 也用作食品抗氧剂。

10.1.7.4 酶

酶是一类由细胞产生的，对特定的生物化学反应有催化作用的蛋白质，是生物化学反应的催化剂，所有的酶都是单纯的或结合蛋白质，还没有发现过一种非蛋白质的酶。酶催化反应在常温、常压下迅速进行，并且具有高度的区域选择性和立体选择性，显现出了两个主要的特点：强大的催化能力和专一性。

酶的催化速度是惊人的，例如体内的过氧化氢酶每一分子在 1min 内就可分解 5×10^7 个过氧化氢分子。有些酶的专一性是非常强的，例如胰蛋白酶只水解由碱性氨基酸如赖氨酸和精氨酸的羧基形成的肽键；但也有些酶专一性不太强，例如胃蛋白酶几乎可以水解一切的肽键。从被分解的底物看，有些酶只能分解、还原或氧化很小的分子，如前述的过氧化氢酶，只分解 H_2O_2；有些酶分解的底物是非常大的分子，如核糖核酸酶可以分解巨大的核酸分子。酶的相对分子质量也大小不等，例如糜蛋白酶和核糖核酸酶分别由 241 个和 124 个氨基酸组成，它们的一级及高级结构均已被测定，后者已通过固相及液相接肽法合成。酶在复杂的生物合成中所起的催化作用是任何化学工业中化学催化剂的催化无法比拟的。

酶的种类很多。根据结构可分为：不含非蛋白物质的单纯蛋白酶，如脲酶、淀粉酶等；含有蛋白质和非蛋白物质的结合蛋白酶（类蛋白酶），如氧化酶等。结合蛋白酶的分子中还有辅基，也叫作辅酶，蛋白质部分缺少它，就失去生物活性。辅基是多种多样的，其作用是活化另一个结合蛋白酶，最重要的是核苷和核苷酸的衍生物。

根据催化性能又可分为六类：氧化还原酶；转移酶；水解酶；裂解酶；异构酶；合成酶。

【阅读园地】泛素调节的蛋白质降解

2004 年诺贝尔化学奖授予以色列科学家阿龙·切哈诺沃、阿夫拉姆·赫什科和美国科学家欧文·罗斯，以表彰他们发现了泛素调节的蛋白质降解。其实他们的成果就是发现了一种蛋白质"死亡"的重要机理。

生物体内存在着各种各样的蛋白质。不同的蛋白质有不同的结构，也有不同的功能。蛋白质的降解在生物体中普遍存在，比如人吃进食物，食物中的蛋白质在消化道中就被降解为氨基酸，随后被人体吸收。最初的一些研究发现，蛋白质的降解不需要能量，这如同一幢大楼自然倒塌一样，并不需要炸药来爆破。不过，20 世纪 50 年代科学家却发现，同样的蛋白质在细胞外降解不需要能量，而在细胞内降解却需要能量。这成为困惑科学家很长时间的一个谜。70 年代末 80 年代初，阿龙·切哈诺沃、阿夫拉姆·赫什科和欧文·罗斯进行了一系列研究，终于揭开了这一谜底。原来，生物体内存在着两类蛋白质降解过程，一种是不需要能量的，比如发生在消化道中的降解，这一过程只需要蛋白质降解酶参与；另一种则需要能量，它是一种高效率、指向性很强的降解过程。这如同拆楼一样，如果大楼自然倒塌，并不需要能量，但如果要定时、定点、定向地拆除一幢大楼，则需要炸药进行爆破。

这三位科学家发现，一种被称为泛素的多肽在需要能量的蛋白质降解过程中扮演着重要角色。这种多肽由 76 个氨基酸组成，它最初是从小牛的胰脏中分离出来的。它就像标签一样，被贴上标签的蛋白质就会被运送到细胞内的"垃圾处理厂"，在那里被降解。

这三位科学家进一步发现了这种蛋白质降解过程的机理。原来细胞中存在着 E1、E2 和 E3 三种酶，它们各有分工。E1 负责激活泛素分子。泛素分子被激活后就被运送到 E2 上，E2 负责把泛素分子绑在需要降解的蛋白质上。但 E2 并不认识指定的蛋白质，这就需要 E3 帮助。E3 具有辨认指定蛋白质的功能。当 E2 携带着泛素分子在 E3 的指引下接近指定蛋白质时，E2 就把泛素分子绑在指定蛋白质上。这一过程不断重复，指定蛋白质上就被绑了一批泛素分子。被绑的泛素分子达到一定数量后，指定蛋白质就被运送到细胞内的一种称为蛋白酶体的结构中。这种结构实际上是一种"垃圾处理厂"，它根据绑在指定蛋白质上的泛素分子这种标签决定接受并降解这种蛋白质。蛋白酶体是一个桶状结构，通常一个人体细胞中含有 3 万个蛋白酶体，经过它的处理，蛋白质就被切成由 7 至 9 个氨基酸组成的短链。这一过程如此复杂，自然需要消耗能量。

后来很多科学家的大量研究证实，这种泛素调节的蛋白质降解过程在生物体中的作用非常重要。它如同一位重要的质量监督员，细胞中合成的蛋白质质量有高有低，通过它的严格把关，通常有 30% 新合成的蛋白质没有通过质检，而被销毁。但如果它把关不严，就会使一些不合格的蛋白质蒙混过关；如果把关过严，又会使合格的蛋白质供不应求。这都容易使生物体出现一系列问题。比如，一种称为"基因卫士"的 P53 蛋白质可以抑制细胞发生癌变，但如果对 P53 蛋白质的生产把关不严，就会导致人体抑制细胞癌变的能力下降，诱发癌症。事实上，在一半以上种类的人类癌细胞中，这种蛋白质都产生了变异。

泛素调节的蛋白质降解在生物体中如此重要，因而对它的开创性研究也就具有了特殊意义。目前，在世界各地的很多实验室中，科学家不断发现和研究与这一降解过程相关的细胞新功能。这些研究对进一步揭示生物的奥秘，以及探索一些疾病的发生机理和治疗手段具有重要意义。

鉴别糖、蛋白质

10.1.8 鉴别糖、蛋白质的方法

10.1.8.1 鉴别糖的方法

（1）蒽酮试验——糖的一般检验

蒽酮在浓硫酸中，除最复杂的糖外，与大多数糖发生反应，显绿色，为正结果。

在这个试验中，单糖、二糖、多糖和它们的乙酸乙酯、糊精、葡萄糖、树胶和淀粉，对试剂均显正结果，呋喃醛显短暂的绿色，并迅速转变成棕色。

醇、醛、酮、某些芳胺和蛋白质对试剂显红色。多数情况下，在水浴上煮沸 3~5min，红色才会出现。

蒽酮试剂每隔数日后应重新配制。

（2）Moish 试验——水溶性糖的检验

所有单糖和二糖能被浓硫酸去水，生成糖醛或羟甲基糠醛等类化合物，如：

$$\underset{\substack{\text{HOCH}_2 \quad \text{OH} \;\; \text{HO} \quad \text{CHO}}}{\underset{\substack{|\qquad\qquad\quad|}}{\text{HO}-\text{CH}-\!\!-\!\!-\!\!-\text{CH}-\text{OH} \atop \text{H}-\text{C}\qquad\qquad\text{C}-\text{H}}} \xrightarrow[\text{H}_2\text{O}]{\text{稀酸}/\triangle} \text{HOCH}_2-\underset{\text{O}}{\underset{|\!\!-\!\!-\!\!-\!\!-\!\!-\!\!-|}{\text{C}}}\overset{\text{CH}=\text{CH}}{}\text{C}-\text{CHO}$$

这类化合物都可以再与 1-萘酚作用生成有色缩合产物。一些较复杂的糖结果不太明显。酮糖（游离的或结合在双糖和多糖中的）的显色反应更强烈。

（3）Benedict 试验——还原性糖的检验

还原性糖均能还原 Benedict 试剂，产生红色氧化亚铜沉淀。用 Fehling 试剂代替 Benedict 试剂得同样结果，还原性糖也能还原 Tollen 试剂。非还原性糖与盐酸共沸，能被水解。水解液用稀氢氧化钠溶液中和后，可以迅速地还原 Benedict 试剂。

（4）Seliwanoff 试验——酮糖试验

将己糖与盐酸或硫酸加热时，生成的产物中有羟甲基糠醛，它与间苯二酚生成鲜红色的缩合产物。一般酮糖与试剂混合后转变成羟甲基糠醛比醛糖快 15~20 倍，所以加热至沸后酮糖在 2min 内显红色，如长时间放置或延长加热时间，醛糖也会显红色，但颜色不如酮糖那样深。

10.1.8.2 鉴别蛋白质的方法

蛋白质由氨基酸组成，当蛋白质分子中含有某种特殊结构的氨基酸时，便可和某种显色剂产生一定的显色反应，这是蛋白质能呈多种颜色反应的主要原因。例如，茚三酮反应、黄蛋白反应、米伦反应，见表 10-1。

表 10-1 蛋白质的显色反应

反应名称	加入试剂	颜色变化	起反应的蛋白质
茚三酮反应	水合茚三酮	蓝紫色	所有蛋白质
缩二脲反应	氢氧化钠 硫酸铜溶液	浅红色或蓝紫色	所有蛋白质
黄蛋白反应	浓硝酸 再加氨水	黄色 橙色	含酪氨酸、苯丙氨酸或色氨酸蛋白质
米伦反应	硝酸、亚硝酸、硝酸汞、亚硝酸汞混合液	红色	含酪氨酸蛋白质

此外，蛋白质又是一类具有两个以上肽键的化合物，故还能发生缩二脲反应，即在碱性溶液中与硫酸铜溶液作用出现红紫色，通常此法也用于蛋白质的鉴别，但氨基酸和二肽不发生缩二脲反应。

10.1.9 技能训练：糖、蛋白质的鉴别

【技能训练 1】 蒽酮试验

目的：学会用蒽酮试验鉴定糖类化合物。

仪器：试管、试管架、水浴、滴瓶、吸管、小药匙、量筒。

试剂：蒽酮的硫酸溶液。

试样：葡萄糖、蔗糖、果糖、淀粉、甘油。

安全：硫酸有强烈的氧化性和腐蚀性，使用时应小心。

态度：认真严谨，仔细观察。

步骤

(1) 在一小试管中，加入 1~5mg 样品和 0.5mL 水，振荡待完全溶解。

(2) 将试管倾斜，沿管壁加 1mL 质量分数为 0.2% 蒽酮的 95% 硫酸溶液，液体分为两层。

(3) 在室温放置 1min。观察界面上有无绿色环生成。

(4) 如没有绿色环生成，轻摇试管，3min 后再观察。糖类化合物先呈绿色再转变成蓝绿色。

(5) 及时记下所观察到的实验现象。

(6) 将废液倒入指定的废液缸中。

(7) 按所列样品，重复上述步骤，完成所有样品的试验。

(8) 清洗仪器，将试管倒置于试管架上。

注意事项：蒽酮的硫酸溶液每隔数日后应重新配制。

【技能训练 2】 莫利希（Molish）试验

目的：学会用莫利希试验鉴别水溶性单糖和双糖。

仪器：试管、试管架、小药匙、吸管、5mL 量筒。

试剂：$w=0.10$ 的 α-萘酚乙醇（$\rho_{乙醇}=0.95$）的溶液、浓硫酸。

试样：葡萄糖、果糖、蔗糖、甘油、淀粉。

安全：浓硫酸有强烈的腐蚀性和氧化性，使用时应小心，应特别注意水不能倒入浓硫酸中。

态度：认真严谨，仔细观察。

步骤

(1) 将 5mg 样品溶解在 0.5mL 水中，加 2 滴 $w=0.10$ 的 α-萘酚乙醇的溶液，混匀。

(2) 将试管倾斜，沿管壁用滴管缓缓加入 1mL 浓 H_2SO_4，不要摇动，此时密度较大的酸沉在下层，样品在上层。

(3) 进行观察，若在两液层界面出现红色环，并迅速转变成紫色，表明为糖类。

(4) 摇动试管，混合液呈紫色，静置 2min，并用 5mL 水稀释，出现暗紫色沉淀。

(5) 及时记下所观察到的实验现象。

(6) 将废液倒入指定的废液缸中。

(7) 按所列样品，重复上述步骤，完成所有样品的试验。

(8) 清洗仪器，将试管倒置于试管架上。

注意事项

(1) 没有糖时，虽然液层能变绿或变黄，但不生成紫色环。

(2) 在亚硝酸、硝酸、氢溴酸和氢碘酸的盐存在时，这种定性试验不可靠。

(3) 多糖在本试验条件下不发生反应。

【技能训练3】　蛋白质的缩二脲试验

目的：学会用蛋白质的缩二脲试验鉴别蛋白质。

仪器：试管、试管架、小药匙、吸管。

试剂：硫酸铜溶液，浓碱溶液。

试样：蛋白质溶液。

安全：浓碱的腐蚀性。

态度：认真严谨，仔细观察。

步骤

(1) 在试管中加入 1～2mL 蛋白质溶液、等体积的浓碱溶液，混匀。

(2) 加入 1 滴硫酸铜溶液。

(3) 进行观察，混合液即转变成明亮的紫色，表明含有蛋白质。

(4) 及时记下所观察到的实验现象。

(5) 如果蛋白质溶液很稀，难以鉴别时，则在另一试管中将一份新的蛋白质与碱液相混合。

(6) 斜置试管，用吸管小心加入 0.5～1mL 硫酸铜溶液。

(7) 进行观察，此时上层形成一层与主液不相混合的清液，在界面上形成特别清晰的紫色环。

(8) 及时记下所观察到的实验现象。

(9) 将废液倒入指定的废液缸中。

(10) 按所列样品，重复上述步骤，完成所有样品的试验。

(11) 清洗仪器，将试管倒置于试管架上。

练习

1. 标出下列化合物的手性碳，并写出其对映体的 Fischer 投影式：

(1) $CH_3CHCH_2CH_3$　　　　(2) $(CH_3)_2CHCHCOOH$　　　　(3) $ClCHCH_3$
　　　　|　　　　　　　　　　　　　　　　|　　　　　　　　　　　　　　　　|
　　　　Br　　　　　　　　　　　　　　　NH_2　　　　　　　　　　　　　　Br

2. 标出下列化合物中手性碳的构型：

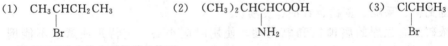

$$CH_3CH_2\underset{\underset{CH_3}{|}}{\overset{\overset{H}{|}}{C}}OH \qquad C_2H_5\underset{\underset{Cl}{|}}{\overset{\overset{H}{|}}{C}}COOH \qquad H\underset{\underset{C_6H_5}{|}}{\overset{\overset{COOH}{|}}{C}}NH_2$$

3. 写出 D-(＋)-葡萄糖与下列试剂反应的主要产物：

(1) 羟胺　　　(2) 苯肼　　　(3) 溴水　　　(4) HNO_3　　　(5) H_2/Ni

4. 用简单的化学方法区别下列化合物：

(1) 葡萄糖与果糖　　　　(2) 麦芽糖与蔗糖　　　　(3) 蔗糖与淀粉

(4) 葡萄糖、蔗糖、果糖、水溶性淀粉

5. 写出甘氨酸与下列试剂的主要产物：

(1) KOH 水溶液　　　　(2) HCl 水溶液　　　　(3) CH_3COCl

(4) $NaNO_2 + HCl$（低温）　　　(5) $C_6H_5COCl + NaOH$

6. 简要说明下列名词：

(1) 盐析　　(2) 变性　　(3) 脂蛋白　　(4) 蛋白质的三级结构

【阅读园地】维 C 的合成者霍沃思

英国科学家瓦尔特·霍沃思于 1933 年首次合成维生素 C，并因此获得 1937 年诺贝尔化学奖。

霍沃思一生致力于碳水化合物的研究，并取得了举世瞩目的成就。他和他的同事一起研究出麦芽糖、纤维二糖、乳糖、龙胆二糖、蜜二糖、龙胆三糖等 7 种化学组成和结构。在研究多糖时又搞清了淀粉、纤维素、葡萄糖等分子的基本化学结构。霍沃斯通过大量实验，测定出糖的环状结构，在化学史上为奠定碳水化合物学的基础起了重要的作用。

霍尔思在学术上业绩显著。他那诲人不倦的精神更令人敬慕。他有崇高的威望，却没有名家学者的派头。他治学严谨，循循善诱；知识渊博，而又一丝不苟。他遇到生活上有困难的学生，都能慷慨解囊予以资助。

——摘自夏强，马卫华等编著. 世界科技 365 天. 河北：河北科学技术出版社，2001

认识高分子化合物

10.2　高分子化合物

高分子化合物一般是指相对分子质量很大的一类化合物。高分子化合物按来源可分为天然和合成两类；按组成又可分为有机和无机两类。本节主要介绍塑料、合成橡胶和合成纤维等非生物合成有机高分子化合物的基本概念及其特性。

10.2.1　**高分子化合物的分类与命名**

高分子化合物的种类繁多，并在不断增加，其分类和命名方法也有多种，尚未统一，现将几种常见的分类和命名方法作一简介。

10.2.1.1　**高分子化合物的分类**

合成的高分子化合物通常有以下两种分类方法。

(1) 按性能和用途可以分为塑料、合成橡胶、合成纤维等。

① 塑料：多数以合成树脂为基本原料，加入或不加填料、增塑剂及其他添加剂，经过加工形成塑性材料或固化交联形成刚性材料的高分子化合物。按热性能不同塑料一般分为热塑性塑料和热固性塑料。热塑性塑料可以反复受热软化和冷却固化，通常作为其主要成分的树脂为线型结构，软化状态下可以模塑加工，固化后可以保持形状，例如聚氯乙烯、聚乙烯、聚苯乙烯等。热固性塑料是树脂在加热、加压、加固化剂情况下，发生交联，形成网状体型结构而固化成型。它受热不能再软化，强热则分解破坏，不能反复塑制，例如酚醛塑料、氨基塑料等。

② 合成橡胶：橡胶是具有高弹性的高分子化合物，能在外力作用下变形，除去外力后又恢复原来的形状。合成橡胶就是由人工合成的，与天然橡胶特性相似的高弹性高分子化合物，其中重要的有丁苯橡胶、顺丁橡胶、丁腈橡胶等。

③ 合成纤维：是以合成的高分子化合物为原料，经化学方法处理，纺丝加工而得的纤维。如锦纶、涤纶、维尼纶等，合成纤维较天然纤维强度高、弹性大，但吸湿性小，染色性差。

（2）按高分子主链结构可分为以下几类。

① 碳链高聚物：高分子的碳链全由碳原子构成，如聚四氟乙烯。

② 杂链高聚物：主链中除碳原子外，还夹有氧、硫、氮等杂原子，如聚己内酰胺（尼龙-6）。

③ 元素高聚物：高聚物的主链上不一定有碳原子，而由硅、钛、硼等原子组成，如二甲基硅橡胶。

10.2.1.2 高分子化合物的命名

关于高分子化合物的命名，现仍未完全系统化。一些天然高分子化合物常用俗名，例如纤维素、淀粉、蛋白质等。合成高聚物，有时以原料为基础，在原料名称前加"聚"字，如聚氯乙烯、聚苯乙烯、聚甲基丙烯酸甲酯等；有时以产物结构为基础，在产物前加"聚"字，如聚酰胺、聚酯等；有时则在原料之后加"树脂"、"橡胶"，如（苯）酚（甲）醛树脂、脲醛树脂、丁苯橡胶、丁腈橡胶等。

此外，在商业上为了方便，常常给合成高聚物以商品名称，例如，聚己二酰己二胺商品名称叫作尼龙-66，尼龙代表聚酰胺一大类高聚物，尼龙后面的第一个数字代表二元胺的碳原子数，第二个数字代表二元酸的碳原子数。如尼龙-46 为丁二胺与己二酸缩聚得到的高聚物。聚对苯二甲酸乙二酯为对苯二甲酸与乙二醇缩聚得到的聚酯，将其制成薄膜，则叫聚酯薄膜，将其制成纤维，则叫聚酯纤维，商业上习惯叫作涤纶，是聚酯类高聚物中的一类。有时为了方便，聚合物名称往往用英文名称缩写表示，如聚氯乙烯用 PVC，聚乙烯用 PE 表示。

10.2.2 高分子化合物的结构与特性

高分子化合物相对分子质量虽然很大，但其化学组成往往是由简单的小分子化合物（单体）通过共价键重复连接而成的，常把组成这种重复结构单元叫作链节。例如，聚氯乙烯是由许多氯乙烯结构单元重复组成的长链。

$$\sim\!\!\sim\!\!\sim\!CH_2\!-\!\!\underset{\underset{Cl}{|}}{CH}\!-\!CH_2\!-\!\!\underset{\underset{Cl}{|}}{CH}\!-\!CH_2\!-\!\!\underset{\underset{Cl}{|}}{CH}\!\sim\!\!\sim\!\!\sim$$

由于这种长链中的化学键可以自由旋转，所以聚氯乙烯分子是一种很柔顺的链，在一般条件下以卷曲的形式存在。

对聚氯乙烯高分子长链，可略去端基，简写作 $\underset{\underset{Cl}{|}}{\overline{\underline{-CH_2\!-\!CH}}}{}_{\overline{n}}$ ，n 就是高分子的聚合度。

它表示高分子所含链节的数目，是衡量高分子大小的一个指标。聚合度与相对分子质量之间有下列关系。

$$聚合度 = \frac{高分子化合物的相对分子质量}{链节的相对分子质量}$$

高分子化合物的分子结构按其几何形状可分为线型和体型两大类。线型结构是许多链节连接成线状长链，它呈卷曲的不规则线团状，在主链上也可以带有支链。如果分子链与分子链之间通过化学键相互交联起来，即得到三度空间结构的体型高分子化合物。线型高分子和体型高分子在性质上有很大差别。例如，在一般情况下，线型高分子可在适当的溶剂中溶解，而体型高分子在溶剂中只能溶胀。

从低分子化合物到高分子化合物，由于相对分子质量的巨大变化而引起了质的改变，使高分子化合物产生了不挥发性；良好的机械强度与高分子链的柔顺性；良好的绝缘性能；较差的结晶性这些不同于低分子化合物的特殊性质。

10.2.3 高分子化合物的合成方法

高分子化合物可由单体相互作用而成。合成高分子化合物的基本反应有两类：一类叫加成聚合（简称加聚），另一类叫缩合聚合（简称缩聚）。

10.2.3.1 加聚反应

通过对不饱和键的加成作用而引起的聚合反应，叫作加聚反应。由加聚反应生成的高聚物称为加聚物。加聚反应又可分为两类：均聚反应和共聚反应。仅由一种单体相互加成的加聚反应称为均聚反应。由均聚反应生成的高聚物叫作均聚物。例如：

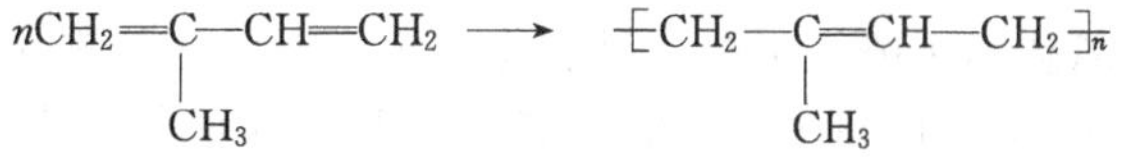

$$n CH_2=C-CH=CH_2 \longrightarrow \begin{array}{c} \\ \text{[} CH_2-C=CH-CH_2 \text{]}_n \end{array}$$

异戊二烯　　　　　聚异戊二烯（天然橡胶）

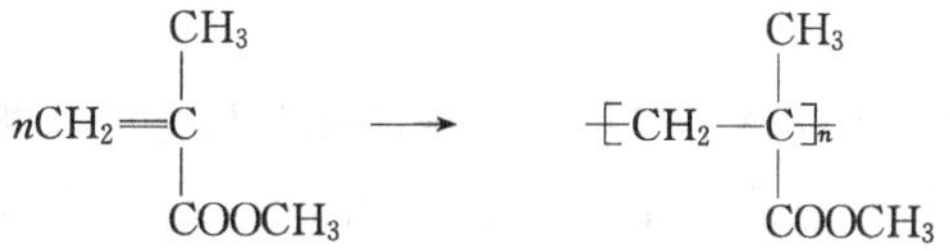

$$n CH_2=C \longrightarrow \text{[} CH_2-C \text{]}_n$$

甲基丙烯酸甲酯　　　聚甲基丙烯酸甲酯（有机玻璃）

由两种或多种单体参加的加聚反应称为共聚反应，反应得到的高聚物叫作共聚物，例如：

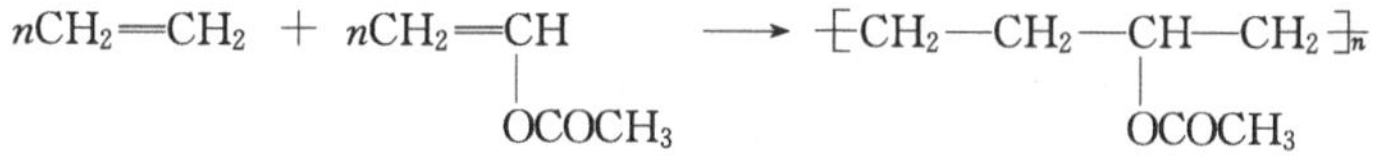

$$n CH_2=CH_2 + n CH_2=CH \longrightarrow \text{[} CH_2-CH_2-CH_2-CH \text{]}_n$$

乙烯　　　　　醋酸乙烯　　　　　乙烯-醋酸乙烯共聚物

10.2.3.2 缩聚反应

通过一种或几种具有两个或两个以上官能团单体，以相互结合的方式而发生的聚合反应，叫作缩聚反应。由缩聚反应生成的高聚物，称为缩聚物。缩聚反应也可分为两类：只由一种单体所起的缩聚反应叫作均缩聚反应。由两种或两种以上单体所起的缩聚反应叫作共缩聚反应。

（1）一种单体参加的缩聚反应（均缩聚反应）

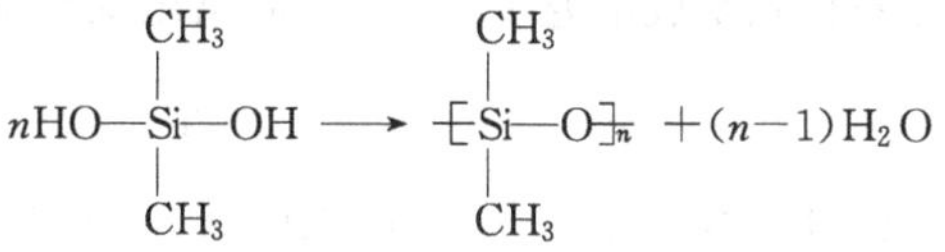

$$n HO-Si-OH \longrightarrow \text{[} Si-O \text{]}_n + (n-1) H_2O$$

二甲基硅醇　　　　聚二甲基硅醚（有机硅）

（2）两种不同单体参加的缩聚反应（共缩聚反应）

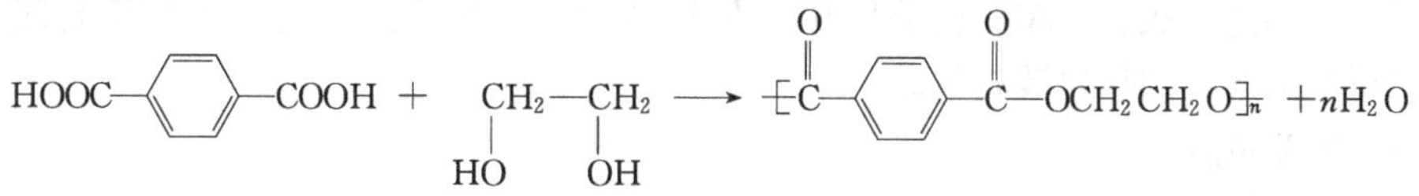

$$HOOC-\text{〈}\text{〉}-COOH + \underset{HO \quad OH}{CH_2-CH_2} \longrightarrow \text{[} C-\text{〈}\text{〉}-C-OCH_2CH_2O \text{]}_n + n H_2O$$

应用高分子化合物

10.2.4 几种典型高分子化合物的用途

10.2.4.1 聚乙烯

聚乙烯的结构为：

$$\pm CH_2—CH_2\frac{}{}_n$$

英文缩写为 PE。乙烯的均聚物，也包括乙烯与少量 α-烯烃的共聚物。品种牌号有多种，分类方法也有多种。按密度可分为高密度、中密度和低密度聚乙烯。按生产方法可分为高压、中压和低压聚乙烯。按相对分子质量可分为低相对分子质量、普通相对分子质量和超高相对分子质量聚乙烯。品种不同，性质也有差异。它们都是无臭、无味、无毒、白色或乳白色的颗粒或粉末。都具有优良的耐低温性能，最低使用温度可达$-70\sim-100℃$，可在 $80\sim100℃$ 长期使用。常温下不溶于一般有机溶剂。吸水性小，透气性低。具有良好的力学性能、电绝缘性能及化学稳定性，能耐大多数酸碱的侵蚀，但耐热老化性差。

生产方法有高压法、中压法和低压法。高压法是在 $100\sim300MPa$ 压力下，$100\sim250℃$，在有机过氧化物（如过氧化苯甲酸叔丁酯、过氧化 3,5,5-三甲基己酰等）存在下聚合，生产低密度聚乙烯。中压法是在 $10\sim100MPa$ 压力和 $TiCl_4$-$AlEt_2Cl$ 催化剂存在下聚合，生产中密度聚乙烯。低压法是在 $<2MPa$ 压力下，$60\sim150℃$ 及 $TiCl_4$-$AlEt_3$ 存在下聚合，生产高密度聚乙烯。

聚乙烯是目前生产量最大的优质高分子材料，聚乙烯塑料在世界塑料总产量中居首位。低密度聚乙烯主要用于薄膜、涂层等软质制品。高密度聚乙烯主要用于制瓶、箱等硬质制品，还可制成纤维（称乙纶），用于生产渔网、绳索等。

10.2.4.2　尼龙-66

其结构为：

$$\pm \overset{O}{\overset{\|}{C}}(CH_2)_4\overset{O}{\overset{\|}{C}}NH(CH_2)_6NH\frac{}{}_n$$

又称耐纶-66 或聚酰胺-66。纤维用尼龙-66 相对分子质量一般为 $2\sim3$ 万。白色半透明或不透明固体，通常是部分结晶的。软化点 220℃，熔点 $255\sim260℃$，使用温度 $-60\sim110℃$。密度 $1.13\sim1.16g/cm^3$。耐稀无机酸、碱及一般有机溶剂。溶于甲酸（含水 40%）、乙酸（含水 40%）、苯酚、甲苯酚等。

工业上由己二酸与己二酰胺先制成尼龙-66 盐，然后熔融缩聚制备：

$$HOOC(CH_2)_4COOH+H_2N(CH_2)_6NH_2 \overset{\triangle}{\longrightarrow} \pm \overset{O}{\overset{\|}{C}}(CH_2)_4\overset{O}{\overset{\|}{C}}NH(CH_2)_6NH\frac{}{}_n +(n-1)H_2O$$

可制作纤维和塑料。纤维是合成纤维中性能优良的品种之一，用于制作服装、家庭装饰物等。塑料广泛用于制造机械、汽车、化学与电气装置的零件，如齿轮、滑轮、高压密封圈、电缆包层等。也可制成薄膜用作包装材料。

10.2.4.3　丁苯橡胶

其结构为：
$$\pm CH_2CH=CHCH_2CH_2CH\frac{}{}_n$$

英文缩写 SBR。由丁二烯和苯乙烯共聚制得的一种合成橡胶，是合成橡胶中第一大品种。按生产的聚合方法可分为乳液聚合丁苯橡胶和溶液聚合丁苯橡胶两种。

乳液聚合丁苯橡胶一般含有 23.5% 的苯乙烯。苯乙烯链节和丁二烯链节在大分子中呈无规分布。丁二烯加成反应约 80% 发生在 1,4 位置，其中有顺式和反式两种构型；20% 发生在 1,2 位置。其相对含量取决于聚合温度，如聚合温度为 5℃ 时，聚合物中顺式 1,4，反式 1,4 和反式1,2结构分别占12.3%，71.8%和15.8%。此外，尚有少量支化和交联结构存在。物理机械性能、加工性能和制品使用性能都接近天然橡胶。耐热、耐油、耐磨、耐自然老化性能和硫化速度等特性都优于天然橡胶。但耐寒性、弹性和抗撕裂强度比天然橡胶差，与天然橡胶并用可以改善其性能。

　　主要通过乳液聚合方法生产，有热法和冷法两种，热法一般在50℃反应，冷法在5℃反应。冷法聚合产品已占乳液聚合丁苯橡胶产量的90%以上。

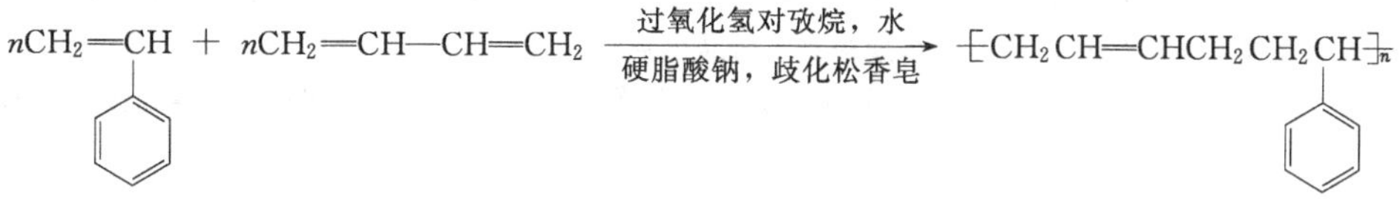

$$n CH_2\!\!=\!\!CH\ +\ n CH_2\!\!=\!\!CH\!-\!CH\!\!=\!\!CH_2 \xrightarrow[\text{硬脂酸钠，歧化松香皂}]{\text{过氧化氢对孟烷，水}} \text{[}CH_2 CH\!\!=\!\!CHCH_2 CH_2 CH\text{]}_n$$

（苯环结构见原图）

　　主要用于制造轮胎、运输皮带、胶管、胶鞋、设备防腐衬里、电绝缘材料及其他多种橡胶工业制品。

 练习

　　1. 写出由下列单体聚合成链状高分子的化学构造式：

（1）甲基丙烯酸甲酯　　　　　（2）四氟乙烯

（3）二甲基硅二醇　　　　　　（4）α-氰代丙烯酸甲酯

　　2. 加聚反应和缩聚反应有什么不同？举例说明。

　　3. 命名下列高聚物：

（1）$\text{[}CH_2\!-\!CH\text{]}_n$　　　　　（2）$\text{[}CH_2\!-\!C\text{]}_n$
　　　　　　　　$|$　　　　　　　　　　　　$|$
　　　　　　　OH　　　　　　　　CH_3 ... COOCH_2CH_3

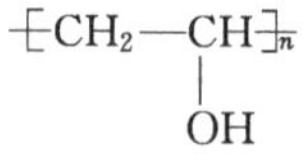

$$\text{(1)}\ \text{[}CH_2\!-\!\underset{OH}{CH}\text{]}_n \qquad \text{(2)}\ \text{[}CH_2\!-\!\underset{COOCH_2CH_3}{\overset{CH_3}{C}}\text{]}_n$$

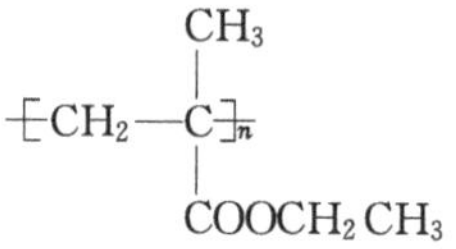

知识考核表

项目	考核内容	分值	说明
糖	1. 旋光异构的基本概念，构型标记方法	15	
	2. 糖类化合物的定义	5	
	3. 糖类化合物的结构特征	5	
	4. 典型单糖化合物的构型书写	5	
	5. 葡萄糖、果糖的化学性质及用途	10	
	6. 还原糖与非还原糖的概念	5	
	7. 重要糖类化合物：蔗糖、麦芽糖、淀粉、纤维素	10	
	8. 鉴别糖的反应	5	
蛋白质	1. 蛋白质的结构、分类及定义	3	
	2. α-氨基酸的结构特征	4	
	3. α-氨基酸的性质和用途	6	
	4. 蛋白质的性质及用途	5	
	5. 等电点的概念	2	
合成高分子	1. 合成高分子的含义及结构特征	3	
	2. 合成高分子化合物的分类	4	
	3. 合成高分子的化学反应及特性	6	
	4. 合成高分子化合物的命名	2	
	5. 重要的高分子化合物的用途塑料、橡胶、纤维、离子交换树脂	5	

【科海拾贝】转基因植物与服装

在所有的非食品转基因作物中，最令人感兴趣的是棉花。除了现有的抗除草剂和抗虫的棉花品种外，还有许多正在发展的具有其他特征的转基因棉花。如把色素（主要是黑色素）引入棉纤维中，编码色素的基因由纤维细胞特异启动子控制在棉纤维细胞中表达，使棉纤维呈现黑色或其他颜色。同样在棉纤维细胞中，如果在棉纤维细胞特异性启动子控制下引入与塑料合成有关的基因，如编码多聚羟基丁酸盐的基因，这样在棉纤维细胞中就可以合成塑料。有色纤维能省去对环境有害物的染色过程，所以有色纤维的应用不仅保护环境，而且也能节省人力、物力和财力。包含塑料核心的纤维能通过更高的热容和更低的导热性来提高其热学性质，可以制作绝缘衣服。另一提高衣服质量的途径是把含硫蛋白导入牧草中，羊吃了这种转基因牧草后能够提高羊毛的生长速率及羊毛的质量，从而间接地提高了服装的质量。

——摘自冯斌，谢先芝编著. 基因工程技术. 北京：化学工业出版社，2000

11 | 有机化合物的分离与纯化技术

学习指南　有机化合物的发现，有机化学理论的建立，新物质的获得，都是通过实验而得以解决的。因此由实验产生了许多有机化学的理论和规律，同时依据实验也应用并评价了这些理论和规律。所以说化学实验技术是必不可少和相当重要的职业技能。没有经过正规、系统的化学实验训练，掌握一定的实验技能和具有独立的实验能力，就不可能胜任分析岗位的工作，为此掌握化学实验技术是相当重要的。本章主要学习有机物混合物分离提纯的实验技术。为此，要认真学习，规范操作，掌握好每一项实验技术。当你圆满地学完这章内容后，你的知识内涵丰富了，动手能力也提高了。

本章关键词　萃取　蒸馏　减压蒸馏　水蒸气蒸馏　分馏　重结晶　升华结晶　回流

认 识 萃 取

11.1 萃取

11.1.1 萃取的基本原理及种类

萃取是分析中用来提取或纯化有机化合物的常用操作之一，它是用于从反应混合物中分离出欲制取的有机产物，或从天然物中离析出有机物的一种最普通的技术。当人们从固体或液体混合物中提取所需物质时，通常被称为"抽提"或萃取。但是同样的操作也可以用来提取混合物中少量的杂质，这时通常被称为"洗涤"。

一种萃取是利用物质在两种不互溶（或微溶）溶剂中分配特性的不同来达到分离、提取或纯化目的。若物质 A 在有机溶剂中的溶解度比在水溶剂中大，则可将物质 A 从水中萃取到有机溶剂中。由于有机化合物在有机溶剂中一般比在水中溶解度大，因此用有机溶剂提取溶解于水的有机化合物是萃取的典型实例。在萃取时，若在水溶液中加入一定量的电解质如氯化钠，利用"盐析效应"以降低有机物和萃取溶剂在水溶液中的溶解度，以提高萃取效果。

一般在萃取过程中采取"少量多次"常可提高萃取效果和工作效率，通常萃取的次数为 3 次，一般不超过 5 次。当溶质在两种溶剂中的溶解度差别越大，有效分离溶质所需的反复萃取次数越少。因此必须让萃取所用的溶剂总体积保持在最低限度，这不仅避免了浪费，也减少了操作和回收溶剂所需的时间。

另一种萃取是利用萃取溶剂与被萃取物质起化学反应，使被萃取物成盐而溶于水，这种萃取常用于从化合物中移去少量杂质或分离混合物，这类萃取剂可以是 5% 的氢氧化钠水溶液或

5%和10%的碳酸钠、碳酸氢钠水溶液以除去混合物中的酸,或是稀盐酸、稀硫酸以除去混合物中的碱。也可用稀的碱或稀的无机酸溶液萃取有机溶剂中的酸或碱。

11.1.2　不同类型萃取简介

根据物质所处的体系不同,可分为两种情形:一是物质存在于溶液中;二是物质存在于固体中。这样萃取也就相应地分为两种类型:从液体中萃取法和从固体中萃取法。现分别介绍如下。

(1) 从液体中萃取　存在于溶液中的物质的萃取最常用的萃取器皿为分液漏斗,常见的有圆球形、圆筒形和梨形三种,如图 11-1 所示。

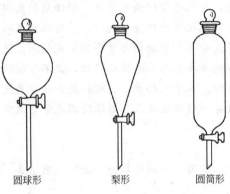

圆球形　　　　梨形　　　　圆筒形

图 11-1　从液体中萃取常用的分液漏斗

分液漏斗从圆球形到长的梨形,其漏斗越长,振摇后两相分层所需时间越长。因此当两相密度相近时,采用圆球形分液漏斗较合适。一般常用梨形分液漏斗。

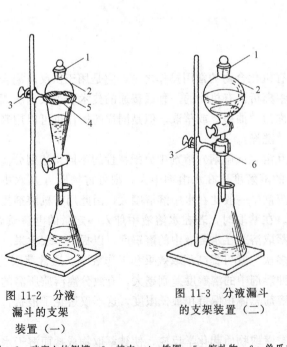

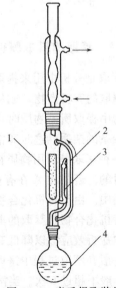

图 11-2　分液
漏斗的支架
装置(一)

图 11-3　分液漏斗
的支架装置(二)

图 11-4　索氏提取装置

1—素瓷套筒(或滤纸套筒,
存放固体);2—蒸气上
升管;3—虹吸管;
4—萃取用溶剂

1—小孔;2—玻塞上的侧槽;3—持夹;4—铁圈;5—缠扎物;6—单爪夹

无论选用何种形状的分液漏斗，加入全部液体的总体积不得超过其容量的3/4。

盛有液体的分液，应妥善放置，否则玻璃塞及活塞易脱落，而使液体倾洒，造成不应有的损失。正确放置的方法有两种：一种是将其放在用棉绳或塑料膜缠扎好的铁圈上，铁圈则牢固地被固定在铁架台的适当高度，见图11-2；另一种是在漏斗颈上配一塞子，然后用万能夹牢固地将其夹住并固定在铁架台的适当高度，见图11-3。但不论如何放置，从漏斗口接受放出液体的容器内壁都应贴紧漏斗颈。

(2) 从固体物质的萃取　存在于固体中的物质的萃取，通常采用下列两种方法。

① 长期浸出法：依靠溶剂对固体物质长期的浸润溶解而将其中所需要的成分溶解出来，此法虽不要任何特殊器皿，但效率不高，而且只有在所选用的溶剂对待浸出成分有很大溶解度时才比较有效，否则要用大量溶剂。

② 采用索氏提取器，也叫脂肪提取器。其装置见图11-4，它是利用萃取溶剂在烧瓶上加热成蒸气，通过蒸气导管被冷凝管冷却成液体聚集在提取器中，然后与滤纸套内固体物质接触进行萃取，当液面超过虹吸管的最高处时，与溶于其中的萃取物一起流回烧瓶。这一操作连续进行，自动地将固体中的可溶物质富集到烧瓶中，因而效率高且节约溶剂。

应 用 萃 取

11.1.3　溶液中物质的萃取操作

11.1.3.1　选择和使用分液漏斗

(1) 选择容积较液体体积大1～2倍的分液漏斗。

(2) 检查分液漏斗的玻璃塞与活塞芯是否配套，如不配套，则需更换，因为它会造成漏液或根本无法操作。

(3) 按规范洗净分液漏斗。

(4) 将活塞孔与活塞芯用吸水纸擦干，并在上面薄薄地涂上一层润滑脂（如凡士林），小心地将塞芯塞进活塞孔，两者不要触及。

(5) 沿同一方向旋转数圈使润滑脂均匀分布（呈透明状）后将活塞关闭好，再在塞芯的凹槽处套上一直径合适的橡皮圈（从直径合适的乳胶管上剪下一细圈即可），以防操作过程中液体流失。

(6) 需用干燥的分液漏斗时，要将活塞芯拔出，洗净，才能放进烘箱烘干。

(7) 用毕后，洗净分液漏斗，并将一张小纸片垫入塞孔与塞芯之间，放置。

11.1.3.2　萃取操作步骤

(1) 将含有机化合物溶液和为溶液体积1/3的萃取溶剂，依次从上口倒入分液漏斗中，塞上玻璃塞。注意：此塞子不能涂凡士林。塞好后可再旋紧一下，玻璃塞上如有侧槽必须将其与漏斗上端口径的小孔错开。

(2) 取下漏斗，用右手握住漏斗上口径，并用手掌顶住塞子，左手握在漏斗活塞处，用拇指和食指压紧活塞，并能将其自由地旋转，如图11-5所示。

(3) 将漏斗稍倾斜后（下部支管朝上），由外向里或由里向外振摇，以使两液相之间的接触面增加，提高萃取效率。在开始时摇晃要慢，每摇几次以后，就要将漏斗上口向下倾斜，下部支管朝向斜上方的无人处，左手仍握在活塞支管处，食拇两指慢慢打开活塞，使过量的蒸气逸出，这个过程称为"放气"，如图11-6所示，待压力减小后，关闭活塞。

（4）振摇和放气重复几次，至漏斗内超压很小，再剧烈振摇 2～3min，最后将漏斗放在铁架台上的铁圈中静置。

（5）移开玻璃塞或旋转带侧槽的玻璃塞使侧槽对准上口径的小孔。待两相液体分层明显，界面清晰时，缓缓旋转活塞，放出下层液体，收集在大小适当的小口容器（如锥形瓶）中，下层液体接近放完时要放慢速度，放完后要迅速关闭活塞。

（6）取下漏斗，打开玻璃塞，将上层液体由上口倒出，收集在另一容器中。一般宜用小口容器，大小也应当事先选择好。

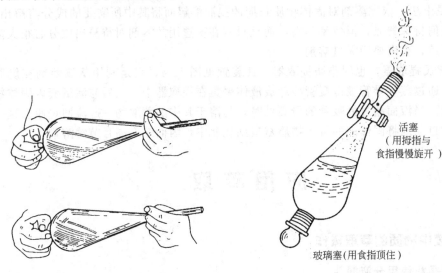

活塞
（用拇指与
食指慢慢旋开）

玻璃塞(用食指顶住)

图 11-5　分液漏斗的使用　　　　图 11-6　解除漏斗内超压的
操作示意图

11.1.3.3　操作过程中的注意事项

（1）萃取次数一般为 3～5 次，在完成每次萃取后一定不要丢弃任何一层液体，以便一旦搞错还有挽回的机会。如要确认何层为所需液体，可参照溶剂的密度，也可将两层液体取出少许，试验其在两种溶剂中的溶解性质。

（2）上层液一定要从分液漏斗上口倒出，切不可从下面活塞放出，以免被残留在漏斗颈下的第一种液体所玷污。

（3）分液时一定要尽可能分干净，有时在两相间可能出现的一些絮状物应与弃去的液体层放在一起。

（4）以下任一操作环节都可能造成实验失败：

① 分液漏斗不配套或活塞润滑脂未涂好造成漏液或无法操作；

② 对溶剂和溶液体积估计不准，使分液漏斗装得过满，摇晃时不能充分接触，妨碍该化合物对溶剂的分配过程，降低萃取效果；

③ 忘了把玻璃活塞关好就将溶液倒入，待发现后已部分流失；

④ 振摇时，上口气孔未封闭，致使溶液漏出，或者不经常开启活塞放气，使漏斗内压力增大，溶液自玻璃塞缝隙渗出，甚至冲掉塞子。溶液漏失，漏斗损坏，严重时会产生爆炸事故；

⑤ 静置时间不够，两液分层不清晰时分出下层，不但没有达到萃取目的，反而使杂质混入；

⑥ 放气时，尾部不要对着人，以免有害气体对人的伤害。

11.1.3.4 操作过程中的安全注意事项

（1）若萃取溶剂为易生成过氧化物的化合物（如醚类）且萃取后为进一步纯化需蒸去此溶剂，则在使用前，应检查溶剂中是否含过氧化物，如有，应除去后方可使用。

（2）若使用低沸点、易燃的溶剂，操作时附近的火都应熄灭，并且当实验室中操作者甚多时，要注意排风，保持空气流通。

11.1.4 固体物质的萃取操作

11.1.4.1 萃取操作装置的安装

（1）如图 11-4 所示，按由下而上的顺序，先调节好热源的高度，以此为基准，然后用万能夹固定住圆底烧瓶。

（2）装上提取器，在上面放置球形冷凝管并用万能夹夹住，调整角度，使圆底烧瓶、提取器、冷凝管在同一条直线上且垂直于实验台面。

（3）滤纸套大小既要紧贴器壁，又要能方便取放，其高度不得超过虹吸管，纸套上面可折成凹形，以保证回流液均匀浸润被萃取物。

11.1.4.2 萃取操作步骤

（1）研细固体物质，以增加液体浸浴的面积，然后将固体物质放在滤纸套内，置于提取器中，安装好装置。

（2）开启冷凝水，选择适当的热浴进行加热。当溶剂沸腾时，蒸气通过玻管上升，被冷凝管内冷却为液体，滴入提取器中。

（3）当液面超过虹吸管的最高处时，即虹吸流回烧瓶，因而萃取出溶于溶剂的部分物质。就这样利用回流、溶解和虹吸作用使固体中的可溶物质富集到烧瓶中。然后用其他方法将萃取到的物质从溶液中分离出来。

11.1.4.3 萃取操作时的注意事项

（1）用滤纸包研细的固体物质时要严谨，防止漏出堵塞虹吸管。

（2）在圆底烧瓶内不要忘了加入沸石。

11.1.5 技能训练

【技能训练】 萃取操作——乙醚中过氧化物的检验及除去

目的：（1）会选择和使用分液漏斗。

（2）掌握萃取操作技术。

仪器：铁架台、十字头、万能夹或铁圈、烧杯、锥形瓶。

试剂：普通乙醚、$w(KI) = 0.02$ 的碘化钾溶液、稀盐酸、淀粉、硫酸亚铁。

安全：防止火灾、防止化学灼伤。

态度：文明规范操作、认真仔细、节约意识、维护工作场所的清洁。

步骤

（1）过氧化物的检验：取少量乙醚与等体积的碘化钾溶液，加入几滴稀盐酸一起振摇，若能使淀粉溶液呈紫色或蓝色，则证明有过氧化物存在。

（2）硫酸亚铁溶液的配制：在 110mL 水中加入 6mL 浓硫酸，然后加入 60g 硫酸亚铁。

（3）过氧化物的去除：在分液漏斗中加入 100mL 普通乙醚和 20mL 的硫酸亚铁溶液，剧烈摇动，并注意不断地放气。从下层分去水溶液，同法再洗 2 次。最后将上层乙醚从上口倒入锥形烧瓶中,留待后用。

思 考 题

1. 如何正确使用分液漏斗?
2. 为什么液体在通过活塞放出之前,必须打开或拿去分液漏斗上的塞子?
3. 使用低沸点、易燃萃取剂时,操作时应注意哪些事项?
4. 洗涤过程中的放气操作其目的何在?
5. 萃取时如出现乳化现象,应如何处理?
6. 本实验中应注意哪些安全事项?

知识考核表

1. 知识要求

项 目	鉴定范围	鉴 定 内 容	分值(共100分)
基础知识	萃取的基础知识	1. 萃取的基本原理 2. 分配定律 3. 萃取剂的选择原理	15
专业知识	方法原理	1. 混合物分离流程图 2. 相似相溶原理 3. 分配系数的概念 4. 萃取的类型(抽提与洗涤) 5. 溶解度的概念	30
	仪器与设备的使用维护知识	烧杯、锥形瓶、分液漏斗、量筒的选择与使用知识	30
	药品的性质及使用知识	1. 混合物中各组分的物理常数 2. 萃取剂、洗涤剂的物理常数	10
相关知识	相关专业知识	1. 盐析效应 2. 萃取次数的确定 3. pH 值的概念	15

2. 操作要求

项 目	鉴定范围	鉴 定 内 容	分值(100分)
操作技能	基本操作技能	1. 液体试剂的正确量取,固体试剂准确称取,溶解操作 2. 液体准确无流失地转移至分液漏斗的操作 3. 酸度的控制 4. 分液漏斗的选择与正确使用 5. 萃取操作(握姿与振摇动作,有无放气动作,是否静置与分净,液体流出方向)	70
仪器设备的使用与维护	设备的使用与维护	正确使用台秤	10
	玻璃仪器的使用	1. 正确使用锥形瓶、烧杯、量筒 2. 正确使用分液漏斗,并在活塞处垫上纸片,且塞子正确配套	10
安全及其他		1. 合理支配时间 2. 保持公用台、实验台的整洁有序 3. 合理处理废纸、废液 4. 操作过程的安全(防火、防化学灼伤)	10

认 识 回 流

11.2 回流

11.2.1 回流的基本原理及种类

大多有机物质的制备都需要在液相中或固-液混合相中，使反应物质保持较长时间的沸腾才得以完成。为了防止长时间的加热造成反应物料的蒸发损失，以及因物料蒸发而导致火灾、爆炸、环境污染等事故的发生，因此在有机物质的制备过程中经常应用回流技术。

在反应中令加热产生的蒸汽冷却并使冷却液流回反应系统的过程称之为回流。凡能圆满地实现这一过程的工艺称为回流技术。

为满足实际中不同要求的需要，回流装置大体分为普通回流装置和反应装置两大类。回流装置主体是由反应容器和冷凝管组成，反应容器一般选用锥形瓶、单口圆底烧瓶、二口烧瓶、四口烧瓶等。在回流装置上辅以不同的配件就构成了满足不同要求的各类回流装置。

11.2.2 不同类型回流的用途

11.2.2.1 回流装置

最简单的回流装置是由单口圆底烧瓶和冷凝管组成[图 11-7(a)]，它适用于常规的回流操作。如在此主体上配以一些其他附件时，就构成了下列两种回流装置，以满足不同的用途。

（1）带有气体吸收的回流装置 即在普通回流装置的冷凝管上口接上一气体吸收装置[如图 11-7(b)所示]。它适用于有水溶性气体，特别是有害气体（如氯化氢、溴化氢、二氧化硫等）产生时的回流。使用此装置时要注意的是漏斗口（或导管口）不得完全浸入水中；在停止加热前必须将盛有吸收液的容器移去，以防倒吸。

（2）带有干燥管的回流装置 即在普通回流装置的冷凝管的上口装配有干燥管，以避免水气进入回流体系[如图 11-7(c)所示]。它适用于水气的存在会影响物料的回流。为防止体系被封闭，干燥管内不要填装粉末状干燥剂。可在管底塞上脱脂棉，然后填装颗粒状或块状干燥剂，再在干燥剂上填上脱脂棉。

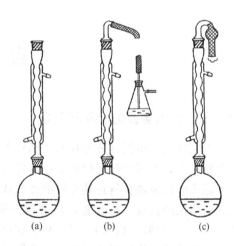

(a)　　　(b)　　　(c)

图 11-7　回流装置

11.2.2.2 有机物制备的回流反应装置

有时在进行有机物制备时，常需要将反应物料分批加入，测定反应温度、加热回流等几项操作同时进行，此时的回流装置在结构上就较复杂，它通常要用二口以上的圆底烧瓶与冷凝管，再配以不同的附件组成，常见的有如下几种。

（1）带有滴加反应液的回流反应装置　它是由二口烧瓶（或在圆底烧瓶上装一二口连接管）、冷凝器和滴液漏斗组成。用于加热回流（隔绝或不隔绝湿气）同时滴加物料，如图 11-8(a)所示。

（2）带有搅拌的回流反应装置　它是由三口烧瓶、搅拌器、滴液漏斗、冷凝器组成。用于在搅拌下向反应体系滴加物料，也可以加热回流（隔绝或不隔绝湿气）；适用于大量起始原料的合成，如图 11-8(b)所示。

（3）带有测温、搅拌的反应装置　它是由四口烧瓶、搅拌器、滴液漏斗、温度计组成。用于在搅拌下，一边调节内部温度，一边向反应体系中滴加物料；也可以加热回流（隔绝或不隔绝湿气），如图 11-8(c)所示。

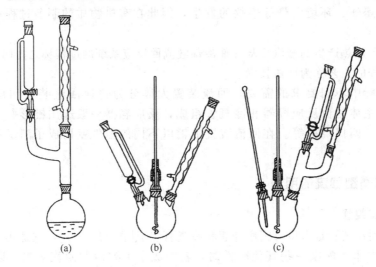

(a)　　　　　　(b)　　　　　　(c)

图 11-8　反应装置类型

应 用 回 流

11.2.3　回流装置的仪器和设备

实验常用玻璃仪器分为普通玻璃仪器和标准磨口仪器两类，目前大部分都已被标准磨口仪器所取代，本书所使用的玻璃仪器均为标准磨口玻璃仪器。

标准磨口玻璃仪器是具有标准磨口或标准磨塞的玻璃仪器。这类仪器具有标准化、通用化和系列化的特点。所有磨口与磨塞均采用国际通用的锥度，常用的标准磨口规格为 10、12、14、16、19、24、29、34、40，这里的数字编号是指磨口最大端的直径毫米数。凡属同类型规格的接口均可任意互换，而不同的规格则不能直接连接，但可以通过大小口接头，使它们彼此连接起来。由于口塞的标准化，通用化，可按需要选配和组装各种型式的配套仪器。

11.2.3.1　选择和使用圆底烧瓶

圆底烧瓶是带有一个磨口的圆球形玻璃仪器，能耐热和承受反应物（或溶液）沸腾以后所发生的冲击振动，因此通常用作反应容器，容量有：50mL、100mL、150mL、250mL、500mL、1000mL。

（1）圆底烧瓶的类型　为了满足实验的需要，现已制成各式各样的烧瓶，它们可分为两大类。

① 单口烧瓶　有圆底烧瓶、梨形烧瓶、三口和四口烧瓶、锥形瓶（见图11-9）。该烧瓶的瓶口比较坚实耐压，底部能耐热和承受反应物（或溶液）沸腾以后所发生的冲击振动。在回流、蒸馏及有机反应实验中经常用作制备化合物的反应器；用作蒸馏中的蒸发器皿。梨形瓶尤其适用于半微量操作。由于耐压通常代替锥形瓶，用作减压蒸馏的接受器。

圆底烧瓶　　梨形烧瓶　　锥形烧瓶　　三口烧瓶　　四口烧瓶

图 11-9　实验室常用圆底烧瓶

② 多口烧瓶　常见的多口烧瓶有双口烧瓶、三口烧瓶和四口烧瓶（如图11-9所示），用于需要搅拌、回流、加料、测温、通气等较复杂的操作。它们也能耐热和承受反应物（或溶液）沸腾以后所发生的冲击振动。一般中间瓶口可安装电动搅拌器，侧口装球形冷凝管、滴液漏斗或温度计等，四口烧瓶是一合适的常用有机反应容器。

（2）使用圆底烧瓶的方法和注意事项

① 按规范洗净冷凝管。

② 所盛的待加热液体不得超过烧瓶容量的2/3。

③ 加热时要将烧瓶放入加热浴中，不能直接用火加热。

④ 磨口表面必须保持清洁，若沾有固体物质，能导致接口处漏气，同时会损坏磨口。

⑤ 磨口一般不需涂润滑剂以免沾污产物，但在反应中若有强碱性物质时，则要涂润滑剂以防粘接。

⑥ 使用完毕后，应立即拆开洗净，以防磨口长期连接使磨口粘接而难以拆开。

⑦ 不宜用磨口仪器长期存放盐类或碱类溶液，因为这些溶液会渗入磨口连接处，蒸发后析出固体，易使磨口粘接。

11.2.3.2　选择和使用冷凝器

在实验中，常需将反应组分置于溶剂中加热。为了使挥发性物质不至于从反应器中逸出，反应器上必须装配冷凝管。冷凝有两种方式：一种是使加热时所形成的蒸汽在冷凝管内冷凝而回流到反应器中，此时的冷凝管称回流冷凝管；另一种是在蒸馏时将冷凝液导出冷凝管外，此时的冷凝管称作产物冷凝管。

（1）冷凝管的种类　冷凝管是一种具有标准上磨口和下磨塞的直形玻璃管，分水冷凝管和空气冷凝管。常用冷凝管的规格有80mm、150mm、200mm、300mm、400mm、500mm、600mm。水冷凝管带有夹套，外层具有上下两个支嘴分别为进水和出水口，内层形状有直形的、球形的和蛇形的，分别叫做直形冷凝管、球形冷凝管和蛇形冷凝管（图11-10）。直形冷凝管用作产物冷凝管，用以冷却沸点在140℃以下的蒸馏物质。

球形冷凝管由于内部呈球形，其内管的冷却面积较大，蒸汽流变成了湍流，有较好的冷凝效果，适用于加热回流空气冷凝管是一单层的直形玻璃管（图 11-10）。最为简单的一种冷凝管，但由于空气的冷却效果差，只能用于沸点超过 150℃ 的高沸点物质，有时它也以垂直管的形式当作回流冷凝管使用，但由于此时层流占主导地位，所以不很有效，而且物料容易从冷凝管中冲出。

（2）冷凝管的使用和注意事项

① 按规范洗净冷凝管。

② 分别在冷凝管的上下侧管套上橡皮管，其中下端侧管为进水口，橡皮管连到自来水龙头上，上端的出水口橡皮管导入水槽。上端的出水口应向上，才可保证套管内充满水。

③ 选用的冷凝管的磨口、磨塞应与其他仪器的磨口号码一致。

④ 直形冷凝管、空气冷凝管一般在装置中处于横放位置，球形冷凝管一般以垂直的位置装配。

⑤ 安装装置时，要将冷凝管用万能夹夹住并固定在铁架台上。

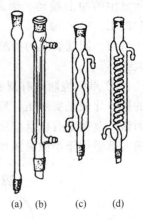

(a)　(b)　(c)　(d)

图 11-10　冷凝管

11.2.3.3　选择和使用搅拌器

在实验室一般选用无级调速电动搅拌器（或小马达连调压变压器）作搅拌用。电机功率分别有 25W、40W、60W、90W；使用电压为 220V±1%，50Hz±0.3%；变速范围为 100～6000r/min±15%。

电动搅拌器主要由机座、电动机、调速器三大部分组成[图 11-11(a)]，电动机主轴配有搅拌轧头，为轧牢各种规格的搅拌棒之用。

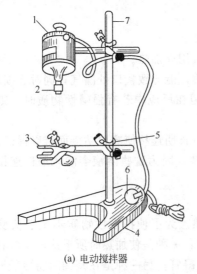
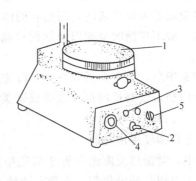

(a) 电动搅拌器　　　　　　　　　(b) 磁力搅拌器

1—微型电动机；2—夹头；3—四钳　　1—磁场盘；2—电源开关；3—
自由夹；4—底座；5—十字夹；　　指示灯；4—调速调节旋钮；
6—转速调节开关；7—支柱　　　　5—加热调节旋钮

图 11-11　搅拌器

磁力搅拌器[图 11-11(b)]能在完全密闭的装置中进行搅拌，其操作原理是由电动机转动磁体，磁体又带动一根浸入在反应器中、包有玻璃或聚四氟乙烯外壳的铁棒。它可用于氢化反应，高真空下的操作，以及相类似的情况。当反应量较小、滴定分析、混合时，可代替其他类型的搅拌器，但搅拌子必须与反应容器的底部相适应。所以直的搅拌子只能用于平底的容器，譬如锥形烧瓶、烧杯等。

(1) 使用方法　在使用电动搅拌器时，先将电源接通，并接上安全可靠的地线，安装好反应容器后，调节电机上下左右距离，使搅拌棒与容器成垂直线，方可开机，调节所需转速，电动机位置可以作前后、上下调节，主柱及横杆均有胶木手轮，可任意松紧。

使用磁力搅拌器时，先将电源接通，并接上安全可靠的地线。洗净搅拌子，在停止搅拌的状态下放置或取出搅拌子。开始时慢慢旋转调速旋钮至所需转速，速度不宜太快。

(2) 注意事项

① 电动搅拌器一般适用于油水等溶液，不适用于过黏的胶状溶液，绝不能超负荷使用，否则很易发热而烧毁。

② 电动机、调速器应经常保持清洁干燥，不能受潮，要定期检查，拆修不能用金属榔头敲打。

③ 使用时必须接上地线，停止工作、关机时，必须将调速器旋钮调到"停"字位置，不用时拔出电源插头，以确保安全。

④ 轴承应经常保持润滑，每月加润滑油一次。

⑤ 当溶液洒在磁力搅拌器的磁盘上，应立即关掉电源，擦净，以免溶液渗入电热丝及电机部分。

⑥ 实验结束后，应把仪器擦干净，防止腐蚀、生锈。

11.2.3.4　选择和使用电炉和调压器

(1) 简介　电炉是将电能转变成热能的设备，是实验室最常用的热源之一。电炉由电阻丝、炉盘、金属盘座组成。电阻丝电阻越大产生的热量就越大，按发热量不同有500W、800W、1000W、1500W、2000W等规格，瓦数（W 表示）大小代表了电炉的功率。电炉按结构不同，又有暗式电炉、球形电炉、加热套电（包）等，最简单的是盘式电炉。

在实验室一般不采用直接加热方式，一方面因为温度剧烈的变化和加热不均匀会造成玻璃仪器的破损，另一方面，由于局部过热，还可能导致加热体系中的物料发生部分分解。为避免直接加热可能带来的问题，根据反应的具体情况，常配备一个加热浴。常用的加热浴有：水浴——加热温度在80℃以下；油浴——油浴加热温度范围一般为100~250℃；砂浴——要求加热温度较高时，可采用砂浴。

调压器是调节电源电压的一种装置，常用来调节加热电炉的温度，调整电动搅拌器的转速等（图 11-12）。它输入电压 220V，输出电压可在 0~240V 间任意调节，将电炉接到输出端，调节输出电压，就可控制电炉的温度。调压器常见的规格有 0.5kW、1.5kW、2kW 等，选用时功率必须大于用电器功率。

图 11-12　调压变压器

(2) 电炉的使用方法及注意事项　使用电炉时，加热的金属容器不能触及炉丝，否则会造成短路，会烧坏炉丝甚至发生触电事故。

电炉的耐火砖炉盘不耐碱性物质，切勿把碱类物质洒落其上，要及时清除炉盘面上的焦糊物质，保护炉丝传热良好，延长使用寿命。

电炉的连续使用时间不应过长，以免缩短使用寿命。

(3) 调压器的使用方法及注意事项　使用调压器时，电源应接到注明为输入端的接线柱上，输出端的接线柱与搅拌器或电炉等的导线连接，切勿接错。同时变压器应有良好的接地。

调节旋钮时应当均匀缓慢，防止因剧烈摩擦而引起火花及炭刷接触点受损。如炭刷磨损较大时应予以更换。炭刷及绕线组接触表面应保持清洁，经常用软布抹除灰尘。

使用完毕后应将旋钮调回零位，并切断电源，放在干燥通风处，不得靠近有腐蚀性的物体。

11.2.4 回流装置的安装

11.2.4.1 普通回流装置的安装

（1）选择大小合适的圆底烧瓶或锥形瓶，物料的体积应占烧瓶容量的 1/3～2/3，并加入少量沸石。

（2）选择磨塞与圆底烧瓶口匹配的球形冷凝管。

（3）选择合适的加热浴［一般常用的有水浴（加热温度＜100℃）、油浴（加热温度在 100～250℃）］，与电炉（或煤气灯）组成加热源。

（4）将烧瓶用万能夹夹在瓶颈上端，以热源高度为基准，将烧瓶固定在铁架台上，以后在装配其他仪器时，不宜再调整烧瓶的位置。

（5）分别在冷凝管的上下侧管套上橡皮管，按由下往上的次序，将冷凝管装在烧瓶的口上，并用万能夹将其固定在同一铁架台上。

（6）整个装置要求准确端正，上下在同一垂直线上，所有铁夹和铁架都应整齐地放在仪器的背部。

（7）实验完成后，应先停止加热，再拆卸装置。拆卸时则按与装配时的顺序相反的次序进行，即从上往下先拆除冷凝管，再拆下烧瓶，最后移去热源。

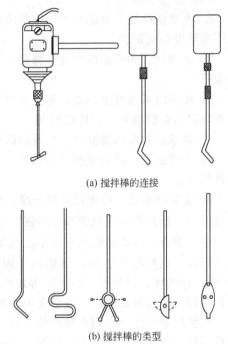

(a) 搅拌棒的连接

(b) 搅拌棒的类型

图 11-13 搅拌棒的连接和类型

11.2.4.2 回流反应装置的安装

（1）将烧瓶用铁夹夹在瓶颈上端，以热源高度为基准，把烧瓶固定在铁架台上，以后在装配其他仪器时，不宜再调整烧瓶的位置。因为安装的顺序一般是先从热源处开始，然后由下而上，从左往右依次安装。见图 11-13(a)。

（2）选取合适长短的搅拌棒，它通常由玻璃棒制成，式样较多，见图 11-13(b)。

（3）将搅拌棒伸入一搅拌套管（套管的大小与烧瓶的中口一致）中，见图 11-14(a)，套管的上端与搅棒用一节胶管套住，达到密封的目的。胶管用甘油或蓖麻油润滑。也可使用由聚四氟乙烯制成的搅拌密封塞，它是由螺旋盖、中间的硅橡胶密封垫圈和下面的标准磨口塞组成，见图 11-14(b)。使用时只需选用适当直径的搅拌棒插入标准口塞与垫圈孔中，在垫圈与搅拌棒接触处涂少许甘油润滑，旋上螺旋口至松紧合适，并把标准口塞紧在烧瓶上即可。

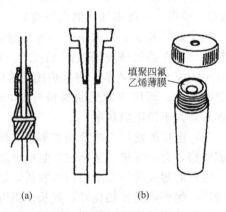

填聚四氟乙烯薄膜

(a)　(b)

图 11-14 密封装置

（4）将该导向装置放入烧瓶的中口中，搅拌棒一端离反应容器距 5mm。如反应容器中有温度计，则搅拌棒不能打到温度计。将电动搅拌机与烧瓶固定在同一铁架台上，并将搅拌棒与之相连［图 11-13(a)］。

（5）分别在冷凝管的上下侧管套上橡皮管，其中下端侧管为进水口，橡皮管连到自来水龙头上，上端的出水口橡皮管导入水槽。直立于烧瓶的一斜口，并用铁夹夹住，铁夹尽量与搅拌器固定在同一铁架台上。

（6）然后在另一斜口上，装上滴液漏斗。在直立的支口上装上温度计。温度计的安装同搅拌的安装。

11.2.5 安装回流装置时的注意事项

11.2.5.1 安装普通回流装置时的注意事项

（1）各仪器的连接部位要紧密，以防泄漏，造成不必要的损失和事故。

（2）直立的冷凝管夹套中自下而上通入冷水，使夹套充满水，水流速度不必很快，能保持充分冷凝即可。

（3）控制加热程度，使蒸汽上升的高度不超过冷凝管的 1/3。

（4）回流时如发现忘记加沸石，需补加时，不能在液体沸腾时加入，一定要稍冷以后才能补加。否则，液体将有冲出的可能而伤人。

11.2.5.2 安装回流反应装置时的注意事项

（1）搅拌机、搅拌棒、烧瓶应在同一垂直线上。安装时要开动搅拌，但速度不宜太快，以免将玻璃打破。看其是否碰撞器壁或温度计。以匀速转动没有杂声为准。

（2）在安装冷凝器时，尽量不要破坏原有的垂直线，如被破坏则要重新调整。

（3）支撑所有仪器的夹子必须旋紧，以保证仪器不承受应力。

11.2.6 技能训练

【技能训练】 回流操作（乙醚中水分的除去）

目的：（1）会选择和使用、安装回流装置。

　　　　（2）掌握回流操作技术。

仪器：铁架台、十字头、万能夹、圆底烧瓶、球形冷凝管、滴液漏斗、调压器、电炉。

试剂：去除过氧化物后的乙醚、浓硫酸。

安全：防止火灾、防止化学灼伤。

态度：文明规范操作、认真仔细、节约意识、维护工作场所的清洁。

步骤：

（1）在 250mL 的圆底烧瓶中，放置 100mL 去除过氧化物的普通乙醚和几粒沸石。

（2）安装回流装置。

（3）将 10mL 浓硫酸置于滴液漏斗中，并将滴液漏斗插到球形冷凝管的上口处。

（4）开启冷凝水，将浓硫酸慢慢滴入乙醚中，由于脱水作用所产生的热，乙醚会自行沸腾。

（5）待乙醚停止沸腾后，拆下冷凝管，圆底烧瓶中的乙醚留待后用。

思　考　题

1. 实验中常用的回流装置有几种类型？各有什么特点？用于哪些场合？

2. 在回流操作中应注意哪些问题？

3. 在使用带有气体吸收装置的回流操作中特别要注意什么事项？

4. 安装普通回流反应装置时应注意哪些事项？

5. 安装回流反应装置时应注意哪些事项？

6. 实验中一旦发生着火事故，应采取什么措施？

知识考核表

1. 知识要求

项　目	鉴定范围	鉴　定　内　容	分值（100分）
基础知识	基本原理	1. 回流的基本原理 2. 回流的种类及用途	15
专业知识	方法原理	不同种类回流装置的使用原理	30
	仪器与设备的使用维护知识	1. 圆底烧瓶、冷凝器的选择与使用 2. 电炉与调压器的使用与维护知识 3. 搅拌器的选择与使用 4. 回流装置安装、拆卸与使用	30
	药品的性质及使用知识	所用药品、试剂的物理常数	10
相关知识	相关专业知识	1. 加热浴的选择与使用 2. 温度计的种类和规格	15

2. 操作要求

项　目	鉴定范围	鉴　定　内　容	分值（100分）
操作技能	基本操作技能	1. 玻璃仪器的正确选择 2. 回流装置的安装顺序与拆卸顺序 3. 整个装置是否整齐划一 4. 冷凝器中冷却水的进出是否正确 5. 物料的加入顺序，升温速度的控制 6. 沸石是否加入，回流速度是否恰当 7. 实验记录的及时规范，详细完整	70
仪器设备的使用与维护	设备的使用与维护	正确使用电炉与调压器	5
	玻璃仪器的使用	正确使用圆底烧瓶、球形、冷凝管	15
安全及其他		1. 合理支配时间 2. 保持公用台、实验台的整洁有序 3. 合理处理废纸、废液、废弃的玻璃仪器等 4. 操作过程的安全 5. 规范操作	10

认 识 蒸 馏

11.3　蒸馏

11.3.1　蒸馏的基本原理与种类

　　将液体加热至沸，使液体变为蒸气，然后使蒸气冷却后再凝结成液体，这两个过程的联合操作叫作蒸馏。很明显，通过蒸馏可将易挥发的物质和不挥发的物质分离开来，也可将沸点不同的液体混合物分离开来，因此它是分离和提纯液态有机化合物最常用的重要方法之一。

　　液体分子由于分子运动有从表面逸出的倾向，这种倾向随温度的升高而增大，这就造成了液体在一定的温度下具有一定的蒸气压，这压力是指液体与它的蒸气平衡时的压力，与体系存在的液体和蒸气的绝对量无关。液体的沸点是指它的蒸气压与外界压力相等时的温度，此时液体沸腾。蒸气压一般随温度增加而升高，每种纯液态化合物在一定压力下具有固定的沸点。但具有固定沸点的液体不一定都是纯粹的化合物。

在同一温度下，不同物质具有不同的蒸气压，低沸物（或易挥发物）蒸气压大，高沸物（或不易挥发物）蒸气压小。当这两种物质混在一起加热时，蒸气中低沸物（或易挥发物）含量比原来混合液体中高，而高沸物（或不易挥发物）则相反。因此，通过蒸馏可将易挥发的物质和不挥发的物质分离开来，也可将沸点不同的液体混合物分离开来。根据不同的物理性质将蒸馏分为普通蒸馏、水蒸气蒸馏和减压蒸馏，它们各自适用于不同的分离场合。

11.3.2 不同类型蒸馏的用途

11.3.2.1 普通蒸馏

此项操作可用来测定液体化合物的沸点，也可将挥发性物质与不挥发性物质分离，还可以把沸点不同的物质（通常沸点应有一定差距，液体混合物各组分的沸点必须相差至少30℃以上）得到较好的分离效果。

普通蒸馏一般分离液体化合物沸点在 150℃ 以下是适宜的，因为很多物质高于 150℃ 已经分解，或者由于温度过高，给操作带来不便。其装置如图 11-15 所示。

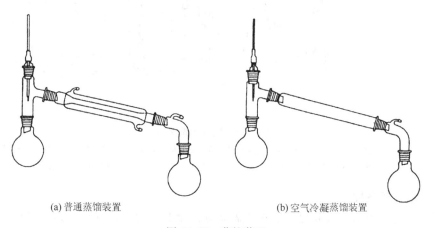

(a) 普通蒸馏装置　　　　　　　　(b) 空气冷凝蒸馏装置

图 11-15　蒸馏装置

该装置主要由汽化部分、冷凝部分和接受部分三部分组成。

11.3.2.2 减压蒸馏

某些具有较高沸点的有机化合物在常压下加热往往还未到达沸点温度时便会发生分解、氧化或聚合的现象，这类化合物不能采用普通蒸馏进行提纯，用减压蒸馏即可避免这种现象的发生。因此减压蒸馏对于分离或提纯沸点较高或性质比较不稳定的液态有机化合物具有重要的意义。

由于液体的沸点随外界压力的降低而降低，因此，如果用真空泵与蒸馏系统相连接，使系统内液体表面上的压力降低，便可降低液体的沸点，使得液体在较低的温度下汽化而逸出，继而冷凝成液体，然后收集在一容器中，这种在较低压力下进行的蒸馏操作称作减压蒸馏。

人们通常把低于 10^5 Pa 的气态空间称为真空，欲使液体沸点下降得多就必须提高系统内的真空度。实验室常用水泵或真空泵来提高系统的真空度。

为选择合适的热浴和温度计，在实际操作前应查出欲蒸馏物质在预定压力下相应的沸点，一般说当压力由大气压降低到 $25 \times 133Pa$ 左右时，大多数高沸点有机物沸点随之下降 $100 \sim 125°C$ 左右；当减压蒸馏在 $(10 \times 133) \sim (25 \times 133)Pa$ 之间进行时，大体上压力每相差 $133Pa$，沸点约相差 $1°C$。

在实验室中进行减压蒸馏所用仪器主要由两部分组成：蒸馏部分和抽气与量压部分，如图 11-16 所示。

蒸馏部分与普通蒸馏相同也由蒸馏烧瓶、冷凝器、接受器三部分仪器组成。

减压蒸馏与普通蒸馏的区别就在于多了一个抽气与量压部分，它由真空泵、安全瓶和压力计组成。

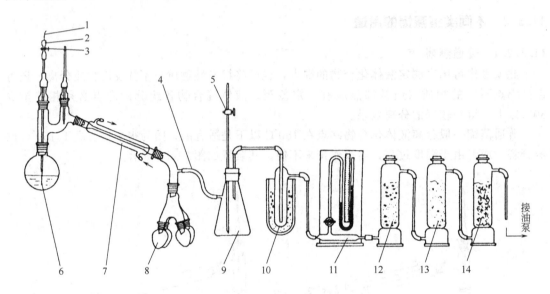

图 11-16 减压蒸馏装置

1—细铜丝；2—乳胶管；3—螺旋夹；4—真空胶管；5—二通活塞；6—毛细管；7—冷凝器；8—接受瓶；
9—安全瓶；10—冷却阱；11—压力计；12—无水氯化钙；13—氢氧化钠；14—石蜡片

11.3.2.3 水蒸气蒸馏

水蒸气蒸馏是用来分离和提纯液态或固态有机化合物的一种方法。其过程是在不溶或难溶于热水的，但有一定挥发性的有机物中加入水后加热或通入水蒸气后在必要时加热，使其沸腾，然后冷却其蒸气使有机物和水同时被蒸馏出来。

水蒸气蒸馏法的优点在于使所需要的有机物可在较低的温度下从混合物中蒸馏出来，因此常用在下列几种情况：

(1) 在常压下蒸馏会发生分解的高沸点有机物的提纯；

(2) 混合物中含有大量树脂状杂质或不挥发性杂质，采用蒸馏、过滤、萃取等方法都难于分离的；

(3) 从较多固体反应物中分离出被吸附的液体产物；

(4) 要求除去易挥发的有机物。

使用水蒸气蒸馏时，被提纯物质应具备下列条件：

(1) 不溶或难溶于水；

(2) 共沸腾下，与水不发生化学反应；

(3) 在 $100°C$ 左右时必须具有一定的蒸气压（一般不小于 $1330Pa$）。

　　水蒸气蒸馏操作的装置通常由四部分组成：水蒸气发生器（并配有一根长 1m，直径约为 5mm 的玻璃管作安全管，用以调节内压）；蒸馏部分；冷凝部分及接受部分。如图 11-17 所示。

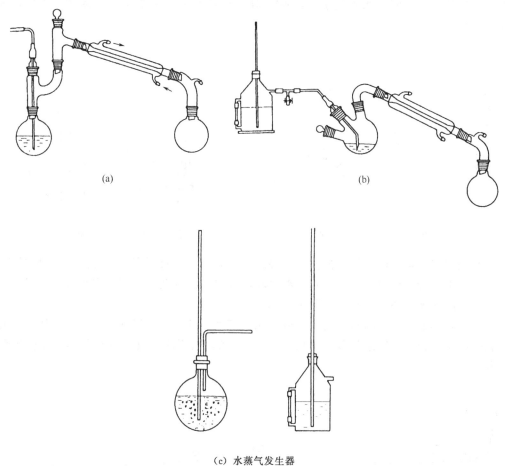

(a)　　　　　　　　　　　　　　　　　(b)

（c）水蒸气发生器

图 11-17　水蒸气蒸馏装置

应 用 蒸 馏

11.3.3　普通蒸馏

11.3.3.1　普通蒸馏装置的安装

　　（1）将蒸馏烧瓶用铁夹夹在瓶颈上端，以热源高度为基准，把蒸馏烧瓶固定在铁架台上，以后在装配其他仪器时，不宜再调整烧瓶的位置。因为安装的顺序一般是先从热源处开始，然后由下而上、从左往右依次安装。

　　（2）装上蒸馏头，将冷凝管横夹在另一铁架台上，调整铁架台铁夹的位置，使冷凝管的中心线和蒸馏头支侧的中心线成一直线后见图 11-18，移动冷凝管，使其与蒸馏头支管紧密连接起来。各铁夹不应夹得太紧或太松，以夹住后稍用力尚能转动为宜，铁夹内要垫以橡皮管等软性物质，以免夹破仪器。然后再依次装上尾接管和接受器。整个装置要求准确端正，无论从正面或侧面观察，全套仪器中各个仪器的轴线都要在同一平面内。所有的铁夹都应尽可能整齐地放在仪器的背部。

（3）在蒸馏头上用搅拌套管装上一温度计调整温度计的位置，使温度计水银球的上端与蒸馏头支管的下端在同一水平线上，以便在蒸馏时它的水银球能完全为蒸气所包围，如图11-19所示。

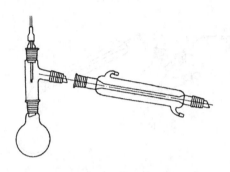

图 11-18　烧瓶与冷凝器连接

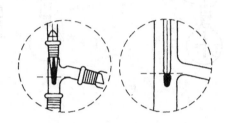

图 11-19　温度计的位置

（4）假如蒸馏得到的产物易挥发、易燃或有毒，可在尾接管的支管上接一根长橡皮管，通入水槽的下水管内或引出室外。若室温较高，馏出物沸点低甚至与室温很接近，可将接受器放在冷水浴或冰水浴中冷却。见图11-20。

（5）假若蒸馏出的产品易受潮分解或是无水产品，则可在接液管的支管上连接一装有无水氯化钙的干燥管，以防湿气侵入，见图11-21；如果在蒸馏时放出有害气体，则需装配气体吸收装置。

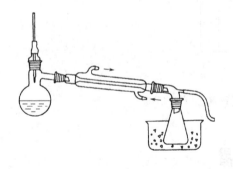

图 11-20　易挥发、易燃或有毒产
品的蒸馏装置

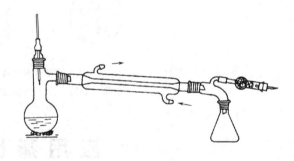

图 11-21　易受潮分解产品的蒸馏装置

11.3.3.2　普通蒸馏操作

（1）将样品沿瓶颈慢慢倾入，加入数粒无釉的瓷片或沸石，然后按由下而上、从左往右的顺序安装好蒸馏装置。

（2）再一次检查仪器的各部分连接是否紧密和妥善。

（3）接通冷凝水。开始时小火加热，以后逐渐增大火力，使温度慢慢上升，瓶中液体逐渐沸腾，此时温度计读数也略有上升，当蒸气的顶端到达温度计水银球部分时，温度计读数就急剧上升。

（4）适当调小加热程度，使加热速度略为下降，蒸气顶端停留在原处使瓶颈上部和温度计受热，让水银球上液滴和蒸气温度达到平衡，此时温度正是馏出液的沸点。

（5）稍稍加大加热程度进行蒸馏，控制蒸馏速度，以每秒 1～2 滴为宜。在蒸馏过程中，温度计水银球应始终附有冷凝液的液滴，以保持气液两相的平衡，这样才能确保温度计读数的准确。

（6）记下第一滴馏出液落入接受器时的温度，此时的馏出液常是物料中沸点较低的液体，称"前馏分"或"馏头"。前馏分蒸完，温度趋于稳定后蒸出的就是较纯的物质，这时应更换一个洁净干燥的接受器接受。记下这部分液体开始馏出时和最后一滴时的温度读数，即是该馏分的"沸程"。纯液体沸程一般不超过 1～2℃。

（7）在所需要的馏分蒸出后，若维持原来加热温度，就不会再有馏液，温度会突然下降，这时就应停止蒸馏，不要将液体蒸干，以免造成瓶破及其他意外事故。称量所有馏分和蒸馏残液，并记录数据。

（8）蒸馏结束后，先移去热源，冷却后再停止通水。按照装配时的逆向顺序拆除装置，即从右往左，由上而下，即按次序取下接受器、尾接管、冷凝管和蒸馏头、圆底烧瓶。

11.3.3.3 普通蒸馏操作时的注意事项

（1）搭装置时一定要顺着玻璃仪器的角度从下往上，从左往右的顺序安装，切不可无序搭装。夹仪器的夹子不能太紧也不能太松，以夹住后稍用力尚能转动为宜。

（2）加入沸石是保证液体平稳沸腾，防止液体过热而产生暴沸，因此不要忘记加沸石。每次重新蒸馏时，都要重新添加沸石，若忘记加沸石，必须在液体温度低于其沸腾温度时方可补加，切忌在液体沸腾或接近沸腾时加入沸石。

（3）整个蒸馏体系不能密封，尤其在装配干燥管及气体吸收装置时更应注意。

（4）若用油浴加热，切不可将水弄到油中，为避免水掉进油浴中的危险，在许多场合，运用甘醇浴（一缩二乙二醇或二缩三乙二醇）是很合适的。

（5）蒸馏过程中欲向烧瓶中加液体，必须停火后进行，但不得中断冷凝水。

（6）当蒸馏易挥发和易燃的物质（如乙醚），不能用明火加热，否则容易引起火灾事故，故用热水浴就可以了。

（7）停止蒸馏时应先停止加热，稍冷后再关冷凝水。

（8）若用电加热器加热，必须严格遵守安全用电的各项规定。

11.3.4 减压蒸馏

11.3.4.1 真空泵的使用和维护

真空泵是用来对密封容器抽除气体获得真空的设备，在医疗、化工和科学研究中，常选用 2X 型旋片式真空泵作为真空作业的设备。

（1）真空泵的使用

① 启动前检查油标所显示油量是否适当，油量过多，会使油随着气体的排出由排气口向外喷溅，不足的油量会使排气阀不能正常连续工作。

② 长期未使用的泵，为了防止马达带不动和内腔喷出大量的油，应预先断续启动或用手转动泵轮几转，待泵内存油排出达油位线后，方可启动马达，带动泵达到正常运转。

③ 泵正常工作时，泵油温升不得超过 40℃，如超过可加大冷却水流量或降温措施。

④ 更换新油时，先旋去放油螺塞，再用手转动泵轮，使泵内和油箱的存油完全放出，然后从进气嘴灌入新油，再转动泵轮，进行清洗，达到清洁后装上放油塞，再从加油孔注入

新油。

(2) 真空泵的维护保养

① 当用真空泵进行蒸馏体系的减压操作时，必须在真空泵与蒸馏液接受器之间顺次安装冷却阱、吸收塔，以避免有害气体侵蚀泵体。

② 真空泵及四周环境应经常保持清洁。

③ 长期工作着的泵应经常注意油量是否充足（不得低于油位线），油量不够将影响工作性能甚至损坏机件。

④ 油是否清洁，对泵的真空度很有影响，应经常加以注意。一般用泵抽除干燥的气体，约在 $1000 \sim 1500h$ 更换新油一次，抽除带有蒸气的气体，必须斟酌情况缩短换油期限。

⑤ 泵每年应定期拆开检修一次。

11.3.4.2 减压蒸馏装置的安装

(1) 将蒸馏烧瓶用铁夹夹在瓶颈上端，以热源高度为基准，把蒸馏烧瓶固定在铁架台上，以后在装配其他仪器时，不宜再调整烧瓶的位置。

(2) 装上克氏蒸馏头，将冷凝管横夹在另一铁架台上，调整铁架台铁夹的位置，使冷凝管的中心线和克氏蒸馏头支侧的中心线成一直线后，移动冷凝管，使其与克氏蒸馏头支管紧密连接起来。各铁夹不应夹得太紧或太松，以夹住后稍用力尚能转动为宜，铁夹内要垫以橡皮管等软性物质，以免夹破仪器。

(3) 再依次装上多头尾接管和接受器。整个装置要求准确端正，无论从正面或侧面观察，全套仪器中各个仪器的轴线都要在同一平面内。所有的铁夹都应尽可能整齐地放在仪器的背部。

(4) 在克氏蒸馏头的主颈中插入一根末端拉成很细的毛细管，距瓶底约 $1 \sim 2mm$。毛细管上端套一小段乳胶管，乳胶管上用螺丝夹夹住。

(5) 在带侧管的颈上用搅拌套管装上一温度计，调整温度计的位置，使温度计水银球的上端与蒸馏头支管的下端在同一水平线上。

11.3.4.3 减压蒸馏操作

(1) 检查泵抽气时所能达到的最低压力（应低于、最少要达到蒸馏时的所需值），然后安装减压蒸馏装置。

(2) 安装完成后，开泵抽气，检查体系内所能达到的压力能否达到所需值。检查方法为：首先开泵再关闭安全瓶上的旋塞并旋紧克氏蒸馏头上毛细管的螺旋夹子，进行抽气。若装置内真空情况保持良好，则说明系统密闭性很好；如果不是泵的问题，而不能达到所需真空度，说明漏气，则分段检查出漏气部位，特别是各接口部分及与橡皮管的连接处。在解除真空后，再在漏气部位（通常是接头处）均匀地涂上一层熔化的石蜡。

(3) 当以上两项检查合格后，解除真空，装入待蒸馏液体，其量控制在烧瓶容积的 $1/3 \sim 1/2$，然后进行减压蒸馏。

(4) 旋紧乳胶管上的螺旋夹，开启真空泵，逐渐关闭二通活塞进行抽气。

(5) 完全关闭二通活塞，从压力计上观察体系内压力是否符合要求，如果超过所需真空，可小心旋转二通活塞，慢慢地引进少量空气，同时注意观察压力计上的读数，以调节体系内压力到所需值。

(6) 稍稍放松螺旋夹的螺旋，使液体中有连续平稳的小气泡冒出，这样既进行了体系压力的微调，又调节了由毛细管进入体系的空气流量。

(7) 当系统压力达到所需值后，开启冷凝水，选用合适的热浴加热蒸馏。加热时，烧瓶的圆球部位至少应有 2/3 浸入浴液中。

(8) 在浴液中放一温度计，控制浴温比待蒸馏液体的沸点约高 20～30℃ ，使每秒馏出 1～2 滴。在整个蒸馏过程中，都要密切注意瓶颈上温度计和压力的读数，经常注意蒸馏情况并记录压力、相应的沸点等数据。

(9) 当达到要求时，小心转动接液管，收集馏出液，直到蒸馏结束。蒸馏沸点较高的物质时，最好用石棉绳或石棉布包裹蒸馏瓶的两端，以减少散热。

(10) 蒸馏完毕，撤去热源，待体系稍冷后，慢慢打开毛细管上的螺旋夹子，并渐渐打开二通活塞，缓慢解除真空使体系内压力与外界压力平衡后方可关闭泵，最后关上冷凝水。拆卸装置时仍按从右往左，由上而下的顺序。

11.3.4.4 减压蒸馏操作时的注意事项

(1) 为保证体系接头处不漏气，最好根据真空度要求在磨口处均匀地涂上一层不同牌号的真空油脂或凡士林。

(2) 毛细管的粗细以能保证在减压蒸馏时能平稳地冒出一连串的小气泡为宜。在毛细管上端的乳胶管中插入一根金属丝，用螺旋夹夹住，通过调节螺旋夹的松紧来控制进入体系的空气流量。

(3) 被蒸馏液中含低沸点物质时，通常先进行普通蒸馏再进行减压蒸馏。

(4) 在减压蒸馏系统中应选用耐压的玻璃仪器（如圆底烧瓶、梨形瓶等），切忌使用薄壁的甚至有裂纹的玻璃仪器，尤其不要平底瓶（如锥形瓶），否则易引起内向爆炸，冲入的空气会粉碎整个玻璃仪器。

(5) 在蒸馏过程中若毛细管折断或堵塞应立即更换。无论更换毛细管还是接受瓶都必须先停止加热，稍冷后，松开毛细管上螺旋夹（这样可防止液体吸入毛细管），再渐渐打开二通活塞缓慢解除体系真空后才能进行。

(6) 每次重新蒸馏，都要更换毛细管（原毛细管通气流畅未堵塞时例外）或重新添加玻璃沸石。

(7) 在旋开活塞时，一定要慢慢地进行，使压力计中的汞柱缓缓地回复原状，否则汞柱急速上升，有冲破压力计的危险。为此可将二通活塞的上端拉成毛细管，即可避免。

11.3.5 水蒸气蒸馏

11.3.5.1 水蒸气蒸馏装置的安装

(1) 以热源高度为基准，将水蒸气发生器放置在热源上（如是烧瓶的话则用铁夹固定在铁架台上），装上安全管，安全管几乎插到发生器的底部。

(2) 水蒸气发生器导出管与一个 T 形管相连，T 形管的支管套上一短橡皮管，橡皮管用自由夹夹住，以便及时除去冷凝下来的水滴。T 形管的另一端与蒸馏部分的导管相连。这段水蒸气导管应尽可能短些，以减少水蒸气的冷凝。

(3) 选择合适的圆底烧瓶用铁夹固定在另一铁架台上，装上克氏蒸馏头（或用二口连接管与蒸馏头连用）。将角度为 90°的玻璃弯管的一端（下端）从克氏蒸馏头（或二口连接管）直管处插入圆底烧瓶中直至液面下，管口距瓶底约 5mm，另一端（前端）则与 T 形管相连。为了减少由于反复移换容器而引起的产物损失，常直接利用原来的反应器（四口烧瓶），此时则在四口烧瓶的中口用一角度为 120°的玻璃导管作为连接管，导管的一端（前端）与水蒸气发生器连接，另一端（下端、略弯）则伸入四口烧瓶直至液面下，烧瓶的另一侧口用蒸馏弯头与冷凝管相连，余下的两个侧口则用空心塞塞住。见图 11-17(b)。

（4）将冷凝管用铁夹固定在第三个铁架台上，调整铁架台的位置，使冷凝管的中心线和蒸馏头支管的中心线成一直线后，移动冷凝管，使其与蒸馏头支管紧密连接起来。各铁夹不应夹得太紧或太松，以夹住后稍用力尚能转动为宜，铁夹内要垫以橡皮管等软性物质，以免夹破仪器。然后再依次装上尾接管和接受器。整个装置要求准确端正，无论从正面或侧面观察，全套仪器中各个仪器的轴线都要在同一平面内。所有的铁夹都应尽可能整齐地放在仪器的背部。

11.3.5.2 水蒸气蒸馏操作

（1）将蒸馏物倒入烧瓶中，其量不得超过烧瓶容量的 1/3，安装好装置。检查各接口处是否漏气，并将 T 形管上螺旋夹打开。

（2）开启冷凝水，加热水蒸气发生器。待水开后，当 T 形管的支管有蒸汽冲出时，再逐渐旋紧 T 形管上的螺旋夹，此时水蒸气通向烧瓶。

（3）如果水蒸气在烧瓶中冷凝过多时，则会增加烧瓶中混合物的体积。因此在蒸馏过程中若发现混合物体积快要超过烧瓶容量的 1/3 时，可在烧瓶下置一石棉网，用小火间接加热。

（4）当冷凝的乳浊液进入接受器时，应控制加热速度以控制液体馏出速度，一般为每秒 2～3 滴。此外还可调节冷凝水的流量以保证混合物蒸气能在冷凝管中全部冷却成液体。

（5）欲中断或停止蒸馏一定要首先旋开 T 形管上的螺旋夹，然后停止加热，最后再关冷凝水。否则反应瓶中的混合液将倒吸到发生器中。

（6）如果水蒸气挥发馏出的物质熔点较高，则易在冷凝管中析出固体，此时应调小冷凝水流量，必要时可暂停冷凝水，甚至暂时将冷凝水放掉，待其熔化后再缓慢通入冷凝水。假如固体物已将冷凝管堵塞（安全管中液面明显上升），则需立即中断蒸馏，设法将其熔化后再继续蒸馏（可用电吹风从冷凝管口的扩大部分向管里吹热风使固体熔化，或向冷凝管的夹层灌热水，或用玻璃棒将阻塞的晶体捅出等）。

（7）当馏出液澄清透明，不含有油珠状的有机物时，即可停止蒸馏。

11.3.5.3 水蒸气蒸馏操作时的注意事项

（1）水蒸气发生器上必须装有安全管，安全管不宜太短，其下端应插到接近底部。盛水量通常为发生器容量的一半最多不超过 2/3～3/4，并加进沸石起助沸作用。

（2）水蒸气发生器与水蒸气导入管之间必须连接有 T 形玻璃管，且两者连接应适当紧凑些，不宜太长，蒸汽通路尽量短，以减少蒸汽的冷凝。

（3）烧瓶中装入的物料量不应超过其容量的 1/3。水蒸气导入管及混合物蒸气导出管的管径都不宜过细，一般选用内径大于或等于 8mm 的玻璃管。

（4）如果蒸馏时系统内发生堵塞，则水蒸气发生器中的水会沿安全管迅速上升甚至会从管的上口喷出，这时应立即中断蒸馏，待故障排除后继续蒸馏。

（5）加热反应瓶时要注意瓶内溅跳现象，如果溅跳剧烈，则不应加热，以免发生意外。

（6）蒸馏过程中，必须经常检查安全管中水位是否正常，有无倒吸现象，蒸馏部分混合物溅飞是否厉害。一旦发生不正常现象应立即旋开螺旋夹，移去热源，找出原因，当故障排除后才能继续蒸馏。

11.3.6 技能训练

【技能训练】 蒸馏操作——工业酒精的蒸馏

目的：（1）会选择和使用、安装蒸馏装置；

　　（2）掌握蒸馏操作技术；

　　（3）掌握易挥发、易燃溶剂蒸馏时的操作要点。

　　仪器：调压器、电炉、铁架台、十字头、万能夹、圆底烧瓶、直型冷凝管、蒸馏头、尾液管、锥形瓶。

　　试剂：工业酒精。

　　安全：防止火灾事故发生，安全使用电炉。

　　态度：文明规范操作、认真仔细、节约意识、维护工作场所的清洁。

　　步骤：

　　（1）在圆底烧瓶中加入工业酒精、沸石，安装蒸馏装置。

　　（2）开启冷凝水，水浴加热，蒸馏速度不宜过快，控制流出液滴以每秒 1～2 滴为宜。

　　（3）收集 78～80℃ 的馏分，称量收集乙醇量，计算重结晶中溶剂的回收率。

思　考　题

1. 什么叫沸点？液体的沸点和大气压有什么关系？文献记载的某物质的沸点是否就是你那里的沸点？

2. 简单蒸馏时为什么烧瓶盛液体的量不应超过其容积的 2/3，也不应少于 1/3？

3. 减压蒸馏或水蒸气蒸馏时所盛液体的量不应超过其容积的 1/2，也不应少于 1/3？

4. 简单蒸馏时为什么要加入沸石？而减压蒸馏时却不能使用沸石而用毛细管代替？

5. 如果加热后才发现忘了加沸石，应如何处理？

6. 蒸馏时应如何控制好馏出液的速度？为什么烧瓶内的液体不能完全蒸干？

7. 蒸馏易挥发、易燃溶剂时（如乙醚）应注意哪些事项？

8. 减压蒸馏时为什么必须用热浴加热，而不能用火直接加热？

9. 减压蒸馏时为什么一定要达到大致所需的真空度才开始加热，而不是先加热后减压？

10. 在停止减压蒸馏之前为什么要移去热浴，再慢慢放气，待压力几乎达到大气压时，才关闭油泵或水泵？

11. 减压蒸馏操作时应注意哪些事项？

12. 在水蒸气蒸馏结束时，先熄灭火焰，再打开 T 形管下端弹簧夹，这样操作行吗？为什么？

13. 水蒸气蒸馏操作时应注意哪些事项？

知识考核表

简　单　蒸　馏

1. 知识要求

项　目	鉴定范围	鉴　定　内　容	分值（共100分）
基础知识	基本概念	1. 沸点的定义 2. 饱和蒸气压概念 3. 汽化中心的概念	15
专业知识	方法原理	1. 蒸气压和温度的关系 2. 沸点测量的原理 3. 简单蒸馏的原理	30
	仪器与设备的使用维护知识	1. 圆底烧瓶、蒸馏头、冷凝管、尾接管、锥形瓶、温度计的选择与使用 2. 电炉与调压器的使用与维护	30
	药品的性质及使用知识	所用试剂的物理常数及安全使用知识	10
相关知识	相关专业知识	1. 水浴、空气浴、油浴加热原理的区别 2. 温度计的种类和规格	15

2. 操作要求

项　目	鉴定范围	鉴　定　内　容	分值（共100分）
操作技能	基本操作技能	1. 仪器的选择、安装，冷凝水的进出口确定，装置是否准确端正 2. 热浴的选择，沸石的加入 3. 加入物料的顺序及用量，温度计的位置 4. 升温速度、蒸馏速度 5. 实验装置的拆卸顺序 6. 实验现象的记录（及时规范，详细完整）	70
仪器设备的使用与维护	设备的使用与维护	正确使用电炉和调压器	5
	玻璃仪器的使用	1. 正确选择、使用量筒，圆底烧瓶，蒸馏头，冷凝管，尾接管，锥形瓶 2. 正确使用温度计	15
安全及其他		1. 合理支配时间 2. 保持公用台、实验台的整洁有序 3. 合理处理废纸、废液、废弃的玻璃仪器等 4. 操作过程的安全（用电安全，防火，防灼伤） 5. 规范操作（认真仔细，独立性观察力）	10

减 压 蒸 馏

1. 知识要求

项　目	鉴定范围	鉴　定　内　容	分值（共100分）
基础知识	基本概念	1. 沸点与饱和蒸气压的概念 2. 真空的概念 3. 沸点与压力的关系	15
专业知识	方法原理	1. 蒸气压和温度的关系 2. 液体在常压下的沸点与减压下的沸点的近似关系图 3. 减压蒸馏的基本原理 4. 减压蒸馏的应用	30
专业知识	仪器与设备的使用维护知识	1. 圆底烧瓶、冷凝管、安全瓶、温度计套管、锥形烧瓶、温度计的选择与使用 2. 电炉与调压器的使用与维护 3. 真空泵的使用与保养知识 4. 压力计的使用知识 5. 真空泵保护装置的有关知识	30
	药品的性质及使用知识	1. 药品及试剂的物理常数 2. 吸收塔中的物质性质（硅胶或氯化钙，氢氧化钠，石蜡片，泵油）	10
相关知识	相关专业知识	1. 水浴、空气浴、油浴使用知识 2. 普通蒸馏与减压蒸馏的差别	15

2. 技能要求

项　目	鉴定范围	鉴　定　内　容	分值（共100分）
操作技能	基本操作技能	1. 玻璃仪器的选择，加热浴的选择 2. 烧瓶在浴液中的位置 3. 减压蒸馏装置的安装操作，冷凝水的进出口确定 4. 装置的准确端正划一 5. 加入物料的顺序及用量，温度计的位置，气密性的检查，真空度的控制是否恰当 6. 升温速度，蒸馏速度 7. 解除真空操作 8. 拆除装置操作 9. 现象的记录（及时规范，详细完整）	70
仪器设备的使用与维护	设备的使用与维护	1. 正确使用油泵，压力计 2. 正确使用冷阱，吸收塔	5
	玻璃仪器的使用	1. 正确使用标准磨口仪器 2. 正确使用温度计（校正，读数）	15
安全及其他		1. 合理支配时间 2. 保持公用台、实验台的整洁有序 3. 合理处理废纸、废液、废弃的玻璃仪器等 4. 操作过程的安全（用电安全，防火，防灼伤） 5. 规范操作（认真仔细，独立性观察力）	10

水蒸气蒸馏

1. 知识要求

项　目	鉴定范围	鉴　定　内　容	分值（共 100 分）
基础知识	水蒸气蒸馏的原理	1. 沸点的概念、饱和蒸气压的概念 2. 道尔顿分压定律	15
专业知识	方法原理	1. 水蒸气蒸馏的基本原理 2. 二组分液体混合物中各物质的分压概念 3. 水蒸气蒸馏的条件	30
	仪器与设备的使用维护知识	1. 标准磨口仪器选择与使用知识 2. 温度计选择与使用 3. 水蒸气发生器的使用	30
	药品的性质及使用知识	试剂药品的物理常数	10
相关知识	相关专业知识	1. 水蒸气蒸馏的条件 2. 水蒸气蒸馏与其他蒸馏的差别	15

2. 操作要求

项　目	鉴定范围	鉴　定　内　容	分值（共 100 分）
操作技能	基本操作技能	1. 仪器选择，安装顺序，装置的准确端正 2. 水蒸气发生器中的水量、安全管的位置、水蒸气导入　管与 T 形管间的距离确定 3. 物料的加入顺序及用量、温度计的位置、冷凝水的进　出口、装置气密性的检查 4. 蒸馏速度的控制 5. 中断或停止蒸馏操作的正确性 6. 装置的拆除操作（是否从右至左，从上至下） 7. 现象的记录（及时规范，详细完整）	70
仪器设备的使用与维护	设备的使用与维护	1. 正确使用水蒸气发生器装置 2. 电炉、调压器的正确使用与维护	5
	玻璃仪器的使用	1. 正确选择与使用标准磨口仪器 2. 正确使用温度计	15
安全及其他		1. 合理支配时间 2. 保持公用台、实验台的整洁有序 3. 合理处理废纸、废液、废弃的玻璃仪器等 4. 操作过程的安全（用电安全，防火，防蒸气灼伤） 5. 规范操作（认真仔细，独立性观察力）	10

认 识 分 馏

11.4　分馏

11.4.1　分馏的基本原理与种类

　　利用普通蒸馏可以分离两种或两种以上沸点相差较大（大于 30℃）的液体混合物，而对于沸点相差较小的，或沸点接近的液体混合物的分离和提纯则采取分馏的办法。所谓分馏就是借助于分馏柱的作用使一系列的普通蒸馏操作不需多次重复，一次得以完成的蒸馏。分馏可使沸点相近的互溶液体化合物（甚至沸点仅相差1~2℃）得到分离和提纯。它不仅在实验室而且在工业中也得到广泛的应用。

分馏的过程是：当蒸馏烧瓶中的混合蒸气进入分馏柱（工业上称精馏塔）时，因为沸点较高的组分易被柱外空气冷凝成液体，所以冷凝液中就含有较多高沸点的组分，使继续上升的蒸气中含低沸点的组分就相对地增多；冷凝液向下流动又与上升的蒸气接触，二者之间进行能量交换，使上升的蒸气中高沸点的组分又被冷凝下来，低沸点的仍呈蒸气继续上升；而在冷凝液中低沸点的组分则又受热汽化，高沸点的组分仍呈液态。如此经多次的液相与气相的热交换，使得低沸点的物质不断上升最后被蒸出来，高沸点的物质则不断流回至加热容器中，从而达到将低沸点不同的物质分离的目的。

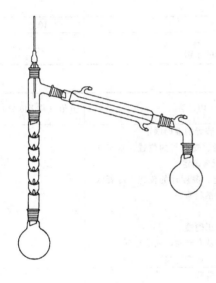

图 11-22　简单分馏装置

实质上该过程与蒸馏相类似，不同只在将蒸馏柱换为分馏柱，使冷凝、蒸发的过程由一次变成多次，大大地提高了蒸馏的效率。因此，简单地说分馏就等于多次蒸馏。

在分馏过程中，有时可能得到与单纯化合物相似的混合物，它也具有固定的沸点和组成，这种混合物称为共沸混合物（或恒沸混合物），它的沸点（高于或低于其中的每一组分）称为共沸点，该混合物不能用分馏法进一步分离。

分馏的效率与回流比有关。回流比是指在同一时间内冷凝蒸气及重新回入柱内的冷凝液数量与柱顶馏出的蒸馏液数量之间的比值。一般说来，回流比越高分馏效率就越高，但回流比太高，则蒸馏液被馏出的量少，精馏速度慢。

分馏装置与蒸馏装置所不同的地方就在于蒸馏头换成了分馏柱，由于分馏柱构造上的差异使分馏装置有简单和精密之分。简单分馏的装置如图11-22所示，其操作甚为方便但分馏效率不高，常用的分馏柱为韦氏（Vigreux）分馏柱，也称刺形分馏柱。

应 用 分 馏

11.4.2　分馏装置的安装

（1）参照普通蒸馏装置的安装步骤进行安装，分别在圆底烧瓶上装上普通分馏柱、蒸馏头、插上温度计、蒸馏头支管和冷凝管相连，尾接管与锥形瓶相连。分馏柱以垂直方向与圆底烧瓶连接并用铁夹固定在铁架台上。

（2）为尽量减少柱内热量的散失通常在分馏柱外缠扎石棉绳或玻璃布等保温材料。最有效的办法是涂银的真空夹套。对于比较长、绝热又差的柱，则常常需要在柱外绕上电热丝以提供外加的热量。

11.4.3　分馏操作的步骤

（1）将待分馏的混合物放入圆底烧瓶中，加入沸石，安装好分馏装置。

（2）选择合适热浴，开始加热。

（3）当液体一沸腾就及时调节浴温，使蒸气慢慢升入分馏柱，约 $10\sim15min$ 后蒸气到达柱顶，此时用手摸柱顶，若柱温明显升高甚至烫手时，表明蒸气已达到柱顶，这时可观察到温度计的水银球上出现了液滴。

（4）调小火焰，让蒸气仅到柱顶不进入支管就被全部冷凝，回流到烧瓶中，维持 $5min$ 左右，使分馏柱中的刺形完全被湿润，开始正常工作。

（5）将火调大，控制液体的馏出速度为 $2\sim3s/$滴，这样可得到较好的效果，按沸点收集第二种、第三种组分的馏出液，当欲收集的组分全部收集完后，停止加热。

11.4.4 分馏操作时的注意事项

（1）参照普通蒸馏中的注意事项。

（2）分馏一定要缓慢进行，要控制好恒定的蒸馏速度。

（3）要使有足够量的液体从分馏柱流回烧瓶中，即选择合适的回流比。

（4）必须尽量减少分馏柱的热量失散和波动。

11.4.5 技能训练

【技能训练】 分馏操作——丙酮和1,2-二氯乙烷混合物的分馏

目的：

（1）了解分馏的原理和意义；

（2）掌握分馏装置的安装和操作；

（3）学习丙酮和1,2-二氯乙烷混合物的分馏操作。

仪器：圆底烧瓶、接液管、锥形瓶、水浴锅、分馏柱、直型冷凝管。

试剂：（6＋4）丙酮和1,2-二氯乙烷（V/V）40mL。

安全：防止火灾事故发生，安全使用电炉。

态度：文明规范操作、认真仔细、节约意识、维护工作场所的清洁。

步骤：

（1）量取 40mL 体积比为 6＋4 的丙酮和1,2-二氯乙烷混合物，加入几粒沸石，放在 100mL 圆底烧瓶里，安装好分馏装置（必要时石棉绳包裹分馏柱身）。

（2）缓慢用水浴均匀加热，防止过热。约 $5\sim10min$ 后液体开始沸腾，即见到一圈圈气液沿分馏柱慢慢上升，注意控制好温度，一定使蒸馏瓶内液体缓慢微沸，使蒸气慢慢上升，一般要控制到使蒸气到柱顶约 $15\sim20min$ 为宜。

（3）待蒸气停止上升后，调节热源，提高温度，使蒸气上升到分馏柱顶部进入支管。开始有蒸馏液流出时，记录第一滴分馏液落到接受瓶时的温度；控制加热速度，当柱顶温度维持在 56℃ 时，收集 10mL 左右馏出液（分馏效果好，纯丙酮量可增加）。

（4）随着温度上升，再分别收集 $50\sim60℃$、$60\sim70℃$、$70\sim80℃$、$80\sim83℃$ 的馏分（$80\sim83℃$ 馏分有几滴，需直接用火加热）。

（5）将不同馏分装在五只试管或小锥形瓶中，并经量筒量出体积（操作时要注意防火，应在离加热源较远的地方进行）。

思 考 题

1. 分馏和蒸馏在原理及装置上有哪些异同点？

2. 进行分馏操作时应注意哪些事项？

知识考核表

1. 知识要求

项　目	鉴定范围	鉴　定　内　容	分值（共100分）
基础知识	基本概念	1. 沸点的概念 2. 分馏的过程 3. 二组分相图 4. 分馏的效率与回流比的概念 5. 液泛的概念	15
专业知识	方法原理	1. 分馏的种类 2. 分馏的基本原理	30
	仪器与设备的使用维护知识	1. 圆底烧瓶、韦氏分馏柱，蒸馏头、冷凝管、尾接管、锥形瓶的选择与使用知识 2. 温度计的选择与使用知识 3. 电炉与调压器的使用与维护知识	30
	药品的性质及使用知识	试剂与药品的物理常数	10
相关知识	相关专业知识	1. 水浴、空气浴、油浴加热源的使用场合 2. 温度计的种类和规格 3. 分馏与其他蒸馏的区别 4. 分馏柱的类型	15

2. 操作要求

项　目	鉴定范围	鉴　定　内　容	分值（共100分）
操作技能	基本操作技能	1. 热浴的选择 2. 仪器选择，分馏装置的安装，冷凝水的进出口确定，装置的准确端正划一 3. 加入物料的顺序及用量的确定，温度计的位置的确定 4. 沸石的加入，升温速度、分馏速度的控制 5. 实验结束后，装置的拆卸顺序 6. 现象的记录（及时规范，详细完整）	70
仪器设备的使用与维护	设备的使用与维护	正确使用电炉与调压器	5
	玻璃仪器的使用	1. 正确使用标准磨口仪器 2. 正确使用温度计（校正，读数）	15
安全及其他		1. 合理支配时间 2. 保持公用台、实验台的整洁有序 3. 合理处理废纸、废液、废弃的玻璃仪器等 4. 操作过程的安全（用电安全，防火，防灼伤） 5. 规范操作（认真仔细，独立性观察力）	10

认识重结晶

11.5　重结晶

11.5.1　重结晶的基本原理与用途

晶体产品所含有的少量杂质或由合成法制得的晶体产品所含有的少量反应副产物和未作

用的原料等可借适当的溶剂进行重结晶来除去。

重结晶的原理是利用晶体化合物在溶剂中的溶解度一般是随温度升高而增大，因此利用溶剂对被提纯物质及杂质的溶解度不同，通常将被提纯物质溶解在热的溶剂中达到饱和，那么冷却时由于溶解度的降低，溶液变成过饱和而使被提纯物质从溶液中析出结晶，让杂质全部或大部分仍留在溶液中（或杂质在热溶液中不溶而趁热过滤除去），从而达到提纯的目的。

一般重结晶只适用于提纯杂质含量在5%以下的晶体化合物，所以从反应粗产物直接重结晶是不适宜的，必须先采用其他方法进行初步提纯，例如萃取、水蒸气蒸馏、减压蒸馏等，然后再进行重结晶提纯。

进行重结晶的溶剂必须不与被提纯物质起化学反应；在较高温度时能溶解较多的被提纯物质，而在室温或更低的温度时只能溶解很少量；对杂质的溶解度非常大或非常小；溶剂的沸点不宜太低，也不宜太高；能析出较好的结晶。

当重结晶物质易溶于甲溶剂（良溶剂）而难溶于乙溶剂（不良溶剂），且甲、乙二者又能互溶时，则可将它们按一定比例配成混合溶剂来重结晶。

应用重结晶

11.5.2　重结晶中使用的装置及其操作技术

11.5.2.1　样品溶解器皿

溶解样品时常用锥形瓶或圆底烧瓶作容器，以减少溶剂的挥发。若采用的溶剂是水或不可燃、无毒的有机液体，只需在锥形瓶或圆底烧瓶上盖上表面皿即可。若溶剂是水，还可用烧杯作容器，盖上表面皿即可。但当采用的溶剂是易燃或有毒的有机液体时，必须选用回流装置。

11.5.2.2　常压过滤装置及其操作技术

（1）常压过滤　常压过滤是最为常用和简便的方法，其所用仪器主要是过滤器（漏斗和滤纸组成）和漏斗架（也可用带有铁圈的铁架台代替）。过滤前按固体物料的多少选择合适的漏斗，并由漏斗大小选用滤纸的大小，将滤纸对折两次（如滤纸是正方形的，此时将它剪成扇形），拨开一层即成内角为60°的圆锥体（与漏斗吻合），并在三层一边撕去一个小角，使其与漏斗紧密贴合，如图11-23所示。放入漏斗的滤纸的边缘应低于漏斗边缘0.3～0.5cm。然后左手拿漏斗并用食指按住滤纸，右手拿洗瓶，用少量蒸馏水将滤纸润湿，并用洁净的手指轻压，挤尽漏斗与滤纸间的气泡，以使过滤通畅。

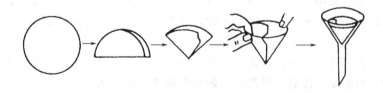

图11-23　滤纸的折叠与装入漏斗

将贴好滤纸漏斗放在漏斗架上，并使漏斗颈下部尖端紧靠于接收容器的内壁。然后将玻璃棒的一端置于三层滤纸处，用倾泻法进行过滤，如图11-24所示。

过滤时，将静置沉降完全的上层清液沿玻璃棒倾入漏斗中，液面应低于滤纸边缘1cm。待溶液滤至接近完成再将沉淀转移到滤纸上过滤。沉淀转移完毕，用少量蒸馏水淋洗盛放沉淀的容器和玻璃棒，洗涤液全部转入漏斗中。

如沉淀需洗涤，应先转移溶液，然后用少量洗涤剂洗沉淀。充分搅拌并静置一段时间，沉淀下沉后，再照上法操作将上方清液滤去，如此重复洗涤两三遍，最后再将沉淀转移到滤纸上。

（2）热过滤　在趁热过滤时，一般选用无颈漏斗（或将漏斗颈截去），避免热溶液冷却而在颈中结晶造成堵塞。也可选用热水漏斗[图 11-25(a)]。安装时只需将漏斗放在锥形瓶上即可[图 11-25(b)]，或用万能夹夹住，或放在缠有石棉绳的铁圈上。

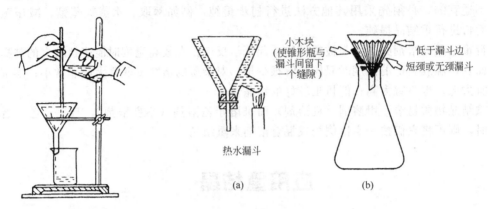

图 11-24　常压过滤操作　　　　　　图 11-25　热过滤装置

置于漏斗中的滤纸采用折叠式，其折叠方法如图 11-26 所示。

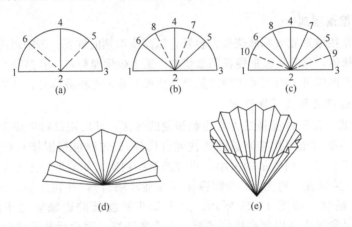

图 11-26　折叠滤纸的方法

在折叠时，折纹集中的圆心处折时切勿重压，否则滤纸的中央在过滤时容易破裂。在使用前，应将折好的滤纸翻转并整理好后再放入漏斗中，这样可避免被手指弄脏的一面接触滤过的滤液。

热过滤前，将漏斗、烧瓶在烘箱中烘热。热过滤时，先用少量热水润湿折叠滤纸，然后将热溶液通过折叠滤纸。注意，每次倒入漏斗的液体不要太满，也不要等溶液全部滤完后再加，在过滤过程中应保持溶液的温度；若未过滤的部分溶液已冷，可用小火加热后，继续过滤；待所有溶液过滤完毕后，用少量热水洗涤烧杯和滤纸。也可用热水漏斗进行热过滤。

11.5.2.3　减压过滤装置

减压过滤是抽走过滤介质上面的气体，形成负压，借大气压力来加快过滤速度的一种方法。减压过滤装置由布氏漏斗、过滤瓶、安全缓冲瓶、抽气泵组成（图 11-27）。

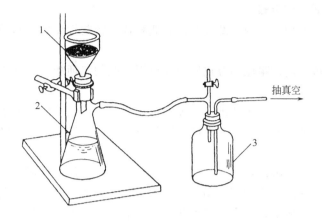

图 11-27 减压过滤装置
1—布氏漏斗；2—过滤瓶；3—安全缓冲瓶

布氏（Büchner）漏斗是瓷质的多孔板漏斗，规格（外径）有：51mm、67mm、85mm、106mm、127mm、142mm、171mm、213mm、269mm。

过滤瓶是具有上支嘴的锥形玻璃瓶，容量有 125mL、250mL、500mL、1000mL、2500mL、5000mL、10000mL、15000mL。

安全缓冲瓶一般用过滤瓶，壁厚耐压，瓶上的两通（或三通）活塞供调节系统压力及放气之用，并与抽气泵相连。

抽气泵之一的水喷射泵有玻璃和金属的两种（图 11-28），其效能与其结构以及使用时的水压、水温有关。

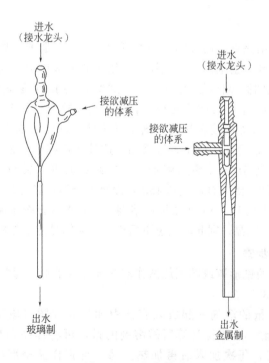

图 11-28 水喷射泵

11.5.2.4 减压过滤操作步骤

(1) 在布氏漏斗上配置一橡皮塞并与过滤瓶相连，密封性要好，布氏漏斗下端斜口应正对过滤瓶的侧管。

(2) 过滤瓶的侧管用较耐压的橡皮管与安全缓冲瓶的二通相连，安全缓冲瓶的侧管再用较耐压的橡皮管与泵相连。

(3) 在布氏漏斗内铺上一张滤纸，滤纸的大小要比布氏漏斗内径略小，但必须要把漏斗的小孔全部覆盖。滤纸也不能太大，否则会贴到漏斗壁上，造成溶液不经过过滤沿壁直接漏入过滤瓶中。

(4) 过滤时，应先用溶剂将平铺在漏斗上的滤纸润湿，然后开启水泵，使滤纸紧贴在漏斗上。小心地将要过滤的混合物倒入漏斗中，为了加快过滤速度，可先倒入清液，后使固体均匀地分布在整个滤纸面上，一直抽气到几乎没有液体滤出为止。为了尽量把液体除净，可用玻璃塞压挤过滤的固体——滤饼。

(5) 停止抽滤前应先将过滤瓶侧管上的橡皮管拉去或打开安全瓶上的安全阀（使内外压力平衡，防止水泵的水或油泵的油倒吸），才能关闭水龙头或电闸。

11.5.2.5 减压过滤操作注意事项

(1) 减压过滤速度较快，沉淀抽吸得比较干，不宜用于过滤胶状沉淀或颗粒很细的沉淀。

(2) 具有强酸性、强碱性、强氧化性溶液的过滤，会与滤纸作用而破坏滤纸，因此常用石棉纤维、玻璃布、的确良布等代替。对于非碱性溶液也可用玻璃坩埚或砂芯漏斗过滤。

(3) 防止水或油的倒吸。

11.5.3 重结晶操作步骤

11.5.3.1 溶剂的选择

正确选择溶剂是重结晶好坏的关键，一般可通过查阅手册或辞典中的溶解度一栏或通过试验来决定采用什么溶剂。溶剂的最后选择只能用实验方法决定。其方法是：

(1) 取 0.1g 待结晶的固体样品研细放于一小试管中，用滴管逐滴加入溶剂，并不断振荡；

(2) 若加入的溶剂量达 1mL 仍未见全溶，可小心加热混合物至沸腾；

(3) 若此物质在 1mL 冷的或温热的溶剂中已全溶，则此溶剂不适用；若此物质完全溶于 1mL 沸腾的溶剂中，且冷却后析出大量结晶，这种溶剂则被认为是适用的；

(4) 如果该物质不溶于 1mL 沸腾溶剂中，则继续加热，并分批补加溶剂，每次加入0.5mL 并加热使沸。当加入溶剂总量达到 4mL，而物质仍然不能溶解，则必须寻求其他溶剂；

(5) 如果该物质能溶在 1~4mL 的沸腾的溶剂中，则将试管冷却观察结晶析出的情况。如采用一些措施仍不能析出结晶，则此溶剂也不适用。如果结晶能正常析出还应注意析出的量。

11.5.3.2 重结晶操作步骤

(1) 选择大小合适的锥形瓶或圆底烧瓶作溶解样品的器皿，通常物料的体积不超过容器容量的 2/3，不小于 1/3。

(2) 将样品和计算量的溶剂一起放入容器中加热至沸腾（该温度不能高于样品的熔点），直到样品全部溶解。若无法计算所需溶剂的量，可将样品先与少量溶剂一起加热至沸，然后逐渐添加溶剂，每次加入后再加热至沸，直到样品全部溶解，如有不溶性杂质则趁热过滤。

(3) 若样品完全溶解后溶液有色，则将沸腾溶液稍冷后加入相当于样品重量 2%~5%

的活性炭，不时搅拌或振摇，加热煮沸 5～10min 以后再趁热过滤之。

（4）将热过滤后的溶液静置，自然冷却，则结晶慢慢析出。

（5）安装好减压过滤装置。

（6）将容器中母液和晶体分批转移至布氏漏斗中，残留在容器中的少量晶体用滤液（母液）涮洗一并转移至漏斗中，进行抽滤。

（7）抽滤至无滤液滤出时，打开安全瓶上的活塞排除真空后，用冷的新鲜且同一种溶剂洗涤布氏漏斗中的晶体，洗涤溶剂的用量应尽量少，以滴入的新鲜溶剂至刚好能覆盖住晶体为准。

（8）用刮刀或玻璃棒小心搅动（不要使滤纸松动或戳破），使所有晶体湿润后再进行抽气。为使溶剂和结晶更好地分开，在进行抽气的同时用清洁的玻璃塞倒置在结晶表面上并用力挤压，一般重复洗涤 1～2 次即可。

（9）在测定熔点前，晶体必须充分干燥。常用的干燥方法有空气晾干、烘干、用滤纸吸干、置真空干燥器中干燥。

11.5.4　重结晶操作时的注意事项

（1）在溶解过程中，应避免被提纯的化合物成油珠状，这样往往混入杂质和少量溶剂，对提纯产品不利。

（2）溶解样品过程中，不要因为重结晶的物质中含有不溶解的杂质而加入过量溶剂。

（3）为避免热过滤时在漏斗或漏斗颈中析出晶体造成损失，溶剂可稍过量，一般控制在已加入量的 20％左右。

（4）不能向正在沸腾的溶液中加入活性炭，以免溶液暴沸。

（5）过滤易燃溶液时，附近的火源必须熄灭。热过滤时应注意用毛巾等物包裹住热的容器，趁热将溶液转移到漏斗中。否则会由于手握很烫的容器，引起烫伤或操作忙乱，将溶液倒入滤纸与漏斗内壁之间缝隙里漏过或将溶液洒落，使产品受到不应有的损失。

（6）在冷却过程中不要振摇滤液，更不要将其浸在冷水甚至冰水里快速冷却，否则往往得到细小的结晶，表面上容易吸附较多的杂质。但晶粒也不宜过大，否则往往有母液和杂质包在内部。当发现有生成大晶粒的趋势时，可缓缓振摇，以降低晶粒的大小。如滤液冷却后不结晶，通常可加入少许事先留下的样品的细晶粒于冷的溶液中，诱发结晶。或用玻璃棒摩擦液面附近的容器壁也可引发结晶。

（7）从漏斗上取出结晶时，注意勿使滤纸纤维附在晶体上，通常情况下，晶体与滤纸一起取出，待干燥后用刮刀轻敲滤纸，结晶即全部下来。

11.5.5　技能训练

【**技能训练**】　重结晶操作

11.5.5.1　乙酰苯胺的提纯

目的：（1）了解重结晶基本原理。

（2）会选择和使用合适的溶解器皿。

（3）学会重结晶操作技术。

（4）学会热过滤、减压过滤操作技术。

仪器：250mL 烧杯、150mL 烧杯、250mL 锥形瓶、无颈漏斗、减压抽滤装置、滤纸。

试剂：粗乙酰苯胺。

安全：防止烫伤，安全使用电炉。

态度：文明规范操作、认真仔细、节约意识、维护工作场所的清洁。

步骤：

（1）在 250mL 锥形瓶或烧杯中，加 3g 粗乙酰苯胺、60mL 水和几粒沸石，盖上表面皿。在加热过程中不断用玻棒搅动，使固体溶解。若有未溶解固体，每次加 3～5mL 热水，直至沸腾溶液中的固体不再溶解。然后再加 2～5mL 热水。记录用去水的总体积。

（2）稍冷被加热的溶液后，加入活性炭，搅拌使混合均匀。继续加热微沸 5min。

（3）取出事先在烘箱烘热的无颈漏斗，按图 11-25 装好热过滤装置。并用少量热水润湿滤纸。

（4）将上述热溶液通过折叠滤纸迅速滤入 150mL 烧杯中。每次倒入漏斗中的液体不要太满。过滤过程中始终保持溶液的温度。

（5）将滤液重新加热溶解，用表面皿将烧杯盖好，于室温下放置，让其慢慢冷却。

（6）减压过滤收集晶体，于红外灯下烘干。称量。计算回收率。

11.5.5.2 萘的提纯

目的：（1）了解重结晶基本原理。

（2）会选择和使用合适的溶解器皿。

（3）掌握回流操作技术。

（4）学会重结晶操作技术。

（5）学会热过滤、减压过滤操作技术。

仪器：100mL 圆底烧瓶或锥形瓶、100mL 烧杯、球形冷凝管、无颈漏斗、减压抽滤装置、滤纸、水浴锅。

试剂：粗萘、活性炭、$\phi_{乙醇}=0.70$。

安全：防止烫伤，安全使用电炉，防止火灾事故。

态度：文明规范操作、认真仔细、节约意识、维护工作场所的清洁。

步骤：

（1）选择合适的加热浴，并安装回流装置。

（2）在圆底烧瓶或锥形瓶中加入 3g 粗萘，加入 20mL 体积分数为 70％乙醇和 1～2 粒沸石，开启冷凝水。

（3）在热浴上加热至沸，并不时振摇瓶中物，以加速溶解。若所加乙醇量不够时，则从冷凝管上端继续加入少量 70％的乙醇直至完全溶解，再多加 5mL70％乙醇。

（4）灭去火源，移去水浴，稍冷后取下冷凝管，向烧瓶中加入少许活性炭，并稍加摇动，再重新在水浴上加热煮沸 5min。

（5）趁热用预热好的无颈漏斗和折叠滤纸过滤，用少量热的 70％乙醇润湿折叠滤纸后，将上述热溶液滤入干燥的 100mL 锥形瓶中，滤完后用少量热的 70％乙醇洗涤容器和滤纸。

（6）将盛滤液的锥形瓶用塞子塞紧，自然冷却。

（7）减压过滤收集晶体。

（8）抽干后，将晶体移至表面皿上，放在空气中晾干或置于干燥器中干燥。称量，计算回收率。

思 考 题

1. 将待结晶产物加热溶解时，为何先加入比计算量（根据溶解度数据）略少的溶剂？然后为什么渐渐添加至恰好溶解，最后再加少量溶剂？

2. 为什么活性炭要在固体溶解后加入？为什么不能在溶液沸腾时加入？

3. 将溶液进行热过滤时，为什么要用折叠滤纸过滤，并尽可能减少溶剂的挥发？如何减少其挥发？

4. 抽气过滤时为什么在水泵和抽滤瓶之间要装上安全瓶？滤完后为什么不能立即关闭水泵？应如何操作？

5. 用溶剂洗涤布氏漏斗中结晶时应注意些什么？

6. 用有机溶剂重结晶时，在哪些操作上容易着火？应该如何防止？

7. 设有一化合物极易溶解在热乙醇中，但难溶于冷乙醇中或水中，对此化合物应怎样进行重结晶？

知识考核表

1. 知识要求

项目	鉴定范围	鉴定内容	分值（共100分）
基础知识	重结晶的基础知识	1. 溶解度的概念 2. 溶解度与温度的关系 3. 饱和溶液的概念 4. 溶剂的性质及选择 5. 溶解规律，结晶的原理 6. 回流的原理 7. 晶体的干燥方法	15
专业知识	方法原理	1. 重结晶的基本原理 2. 溶剂的选择 3. 溶剂用量的计算 4. 结晶的形成	30
	仪器与设备的使用维护知识	1. 锥形瓶、圆底烧瓶、烧杯、无颈漏斗的选择与使用 知识 2. 减压过滤装置的配置及操作知识	30
	药品的性质及使用知识	试剂和药品的物理性质	10
相关知识	相关专业知识	1. 溶液的配制方法 2. 脱色原理 3. 热过滤的方法 4. 结晶的析出 5. 熔点的测定要求	15

2. 操作要求

项目	鉴定范围	鉴定内容	分值（共100分）
操作技能	基本操作技能	1. 回流装置安装与操作：热浴、容器与冷凝管的选择；装置安装顺序，装置的准确端正；冷凝水进出口位置的确定；沸石的加入，回流速度的控制 2. 溶解样品的操作：溶剂量的控制、活性炭的加入 3. 回流装置的拆卸 4. 热过滤的操作：漏斗，吸滤瓶的预热 5. 结晶操作：溶液的自然冷却 6. 抽滤操作：布氏漏斗与过滤瓶之间的密封、布氏漏斗口的位置、滤纸的大小及预湿润、滤饼的洗涤、结束抽滤时先通大气 7. 实验结果的记录（及时规范，详细完整）	70
仪器设备的使用与维护	设备的使用与维护	1. 正确使用台秤 2. 正确使用减压泵	10
	玻璃仪器的使用	1. 正确使用锥形瓶、圆底烧瓶、烧杯、无颈漏斗、布氏漏斗、吸滤瓶等 2. 正确使用温度计	10
安全及其他		1. 合理支配时间 2. 保持公用台、实验台的整洁有序 3. 合理处理废纸、废液、废弃的玻璃仪器等 4. 操作过程的安全（用电安全，防火，防灼伤）	10

11.6　综合技能训练

11.6.1　综合技能训练的意义和目的

对于从事化学、化工职业的工作者来说，都知道通过实验产生了许多化学的理论和规律，同时也要依据实验的探索和检验来应用和评价这些理论及规律。所以化学实验技术是一项必不可少和相当重要的技术。特别是对准备成为合格的分析专业人才的学生，这还是相当重要的职业技能。可以说，没有经过正规，系统的化学实验训练，掌握一定的化学实验技能和具有独立进行化学实验的能力，就不可能胜任分析岗位的工作，为此通过综合化学实验技能训练来掌握化学实验技术是相当重要的。

通过综合技能训练，旨在达到以下 4 个方面的要求。一是掌握物质变化的基本规律，熟悉某些化合物的基本反应，掌握重要化合物的一般制备、分离方法，加深对理论课中基本原理和基础知识的理解掌握；二是学会实验工作的科学方法，培养良好的实验技巧，牢固掌握化学实验技术，养成独立思考、仔细观察的习惯，培养独立工作的能力，具有准确记录实验现象，分析实验结果和用文字表达实验结果的能力及一定的创新能力；三是培养实事求是的科学态度，严谨细致的工作作风，清洁整齐的良好工作习惯，科学的思维方法，一丝不苟的敬业精神；四是了解实验室的各项规则，实验工作的基本程序，实验可能发生一般事故的处理，实验室废液的一般处理以及基本的实验室管理知识。

11.6.2　综合技能训练中有关仪器设备及实验技术

11.6.2.1　综合技能训练中有关仪器设备

（1）真空干燥箱　在化验室里，要对一些有机化合物等物质干燥，为避免干燥过程中高温分解，则采用真空干燥的办法。常用的设备是真空干燥箱。下面对 XFZ-1 型真空干燥箱作一简单介绍。

XFZ-1 型真空干燥箱的结构如图 11-29 所示。

其使用方法如下。

① 使用前要清理干净箱内杂物灰尘。

② 用橡皮管将箱左侧抽气口与真空泵的抽气口连接起来，关闭箱门。开泵试抽，以检查抽气泵、阀、真空表、接头是否漏气。

③ 接通电源，扳动板面右下角的开关，数字表通电。把数字表右下处"开关"扳至设定位置上，旋动设定器板，将要控制（设定）的温度在数字表上准确地显示出来。再将开关扳回至实值位置上，至此检查准备完成。

④ 将待干燥的样品放入箱内，关闭箱门，再开动真空泵，抽真空并将电压调节旋钮向右旋至最大，开始满功率加热升温。

⑤ 当数字仪表显示出设定的停止加热温度时，将电压调节旋钮调至零，待仪表显示的温度接近设定温度值时，再将电压表指针调至相应的恒温加热电压值上，以后可由仪表进行自动控制温度。

⑥ 工作完毕后，立即切断电源，以保安全。将放气阀门打开，让气流慢慢进入工作室内；密封门也要缓慢开启，以免冷气急剧侵入影响其使用寿命。

要使真空干燥箱能有较长的使用寿命，使用时减少不必要的事故发生，则必须做到以下几点。

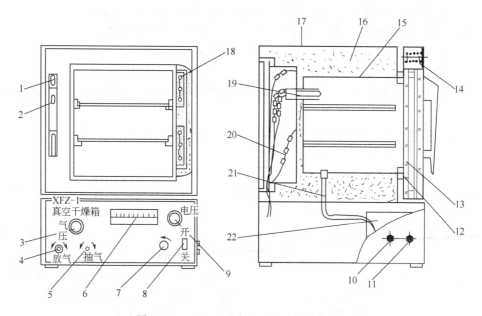

图 11-29　XFZ-1 型真空干燥箱结构简图

1—密封门把手；2—手把按钮；3—真空表；4—放气阀；5—抽气阀；6—数字温度调节仪；

7—调电压旋钮；8—开关；9—电压表；10—抽气接嘴；11—放气接嘴；12—密封圈；

13—密封门强化玻璃；14—密封门；15—工作室内衬；16—保温层；

17—箱体外壳；18—红外加热器；19—铂热电阻；20—加热器引线；

21—抽气管；22—线路板组件

① 干燥箱应放置平稳处。

② 定期检查电路连接部件是否牢固，尤其是电热器电路不可有松动现象。

③ 因没有防爆装置，工作室内不得放挥发性、爆炸性物品。

④ 定期检查真空表及真空泵。

⑤ 箱体外壳必须接地。

⑥ 不得随意拆动大门密封胶及碰钩机构。

（2）电热恒温水浴锅　电热恒温水浴锅用来蒸发和恒温加热，是常用的电热设备，有 2，4，6，8 孔等，功率有 500W、1000W、1500W、2000W 等规格。

电热恒温水浴锅由电热恒温水浴槽和电器箱两部分构成，如图 11-30 所示。水浴锅左边为水浴槽，它为带有保温夹层的水槽，槽底搁板下装有电热管及感温管，提供热量和传感水温。槽面为有同心圈和温度计的插孔的盖板。右边为电器箱，面板上装有工作指示灯（红灯表示加热，绿灯表示恒温）、调温旋钮和电源开关。

使用时，先往电热恒温水浴锅内注入清洁的水至适当深度，然后接通电源，开启电源开关后红灯亮表示电热管开始工作。调节温度旋钮至适当位置，待水温升到欲控制温度约差 2℃时（通过插在面盖上的水银温度计观察），即可反向转动调温旋钮至红灯刚好熄灭，绿灯切换变亮，这时

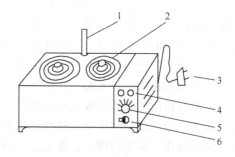

图 11-30　电热恒温水浴锅

1—温度计；2—浴槽盖；3—电源插头；

4—指示灯；5—调温旋钮；

6—电源开关

就表示恒温控制器发生作用。此后稍微调整调温旋钮便可达到恒定的水温。

要使电热恒温水浴锅能有较长的使用寿命，则必须做到以下几点。

① 必须要先加水，后通电；水位不能低于电热管。

② 电器箱不能受潮，以防漏电损坏。

③ 盐及酸、碱溶液不要洒入恒温槽内，如不小心洒入要立即停电，及时清洗，以免腐蚀。

④ 若长时间不用水浴锅时也应倒去槽内的水，用干净的布擦干后保存。

⑤ 水槽如有渗漏要及时维修。

11.6.2.2 综合技能训练中有关实验技术

（1）升华操作技术　有些固体物质在熔点温度以下具有较高的蒸气压（高于 2.7kPa）时，不需经过熔融即可变成蒸气而升华。利用升华操作可以除去不挥发性杂质，或分离挥发度不同的固体混合物，从而得到纯度较高的产物。但其缺点是，操作时间长，样品损失也较大。通常在化验室中只对少量（1～2g）的物质进行升华纯化。

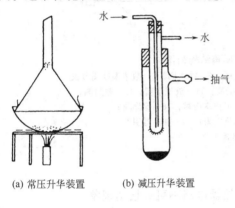

(a) 常压升华装置　　(b) 减压升华装置

图 11-31　升华装置

化合物的升华温度随气压的降低而降低，因此为了降低升华温度也可采用减压升华。最简单的常压升华装置如图 11-31(a)所示，少量物质的减压升华装置如图 11-31(b)所示。

进行升华操作时，先将待升华的样品放置在蒸发皿中，上面覆盖一张穿有许多小孔的滤纸（最好在蒸发皿的边缘上先放置大小合适的用石棉纸做成的狭圈，用以支持此滤纸）。然后将大小合适的玻璃漏斗倒覆在上面，漏斗的颈部塞有玻璃毛或棉花团，减少蒸气逃逸。在石棉网上渐渐加热蒸发皿（最好用砂浴或其他浴），小心调节火焰，控制浴温低于被升华物质的熔点，使其慢慢升华。蒸气通过滤纸小孔上升，冷却后凝结在滤纸上或漏斗壁上。必要时漏斗外壁可用湿布冷却。

在进行减压升华操作时，可将待升华物质放在吸滤管中，然后将装有"冷凝指"的橡皮塞紧密塞住管口，利用水泵或油泵减压。接通冷凝水流，将吸滤管浸在水浴或油浴中加热，使之升华。

（2）结晶操作技术　结晶是在一定条件下，溶质从溶液中析出的过程。根据溶质在溶剂中的溶解度随温度变化的情况，结晶有两种方法：一种是恒温或加热蒸发，减少溶剂，使溶液达到过饱和而析出结晶。一般适用于溶解度随温度变化不大的物质如 $NaCl$、KCl 等结晶。另一种是通过降低温度使溶液达到过饱和而析出晶体，这种方法主要用于溶解度随温度下降而显著减小的物质，如 KNO_3、$NaNO_3$ 等。

结晶时析出的晶体颗粒大小应适当。其析出晶体颗粒的大小与析出条件有关：若溶液的浓度较高，溶质的溶解度小，冷却的速度快，再加上不时地搅拌溶液，摩擦器壁，则晶体的析出速度较快，但颗粒细小。反之，溶液的浓度较低，自然静置缓慢冷却，则有利于增大晶体的颗粒。特别是加入一小粒晶体（俗称晶种）时更是这样。结晶颗粒大且均匀其纯度高，而参差不齐的细晶体，易形成糊状物，因夹有较多母液，纯度低且难于洗涤。但是，若过分强调提高结晶颗粒粒度，则因析出的晶体量减少，母液中残留的溶质便增多。重结晶是提高结晶物质纯度的重要方法。

（3）蒸发操作技术 蒸发浓缩是借助加热的方法来减少或驱除溶液中的溶剂，使溶液浓度增大或使溶液从不饱和过渡到饱和或过饱和，从而析出晶体的过程。主要适用于含不挥发性溶质的溶液蒸发。溶液的表面积大、温度高，溶剂的蒸汽压力大，则越易挥发。所以蒸发通常都在敞口容器内进行。

水溶液的蒸发浓缩通常是在蒸发皿中进行，因其受热面积较大，有利于加快蒸发的速度。蒸发液体量不得超过蒸发皿容积的 2/3，多余的溶液可逐步添加。

蒸发有机溶剂常在锥形瓶或烧杯中进行。视溶剂的沸点、易燃性选用合适的热浴加热，最常用的是水浴。有机溶剂蒸发浓缩要在通风橱中进行，并要加入沸石等，防止暴沸。大量有机液体蒸发应考虑使用蒸馏方法。

蒸发浓缩时要注意随时搅拌溶液，特别是温度较高时或有晶体析出时。蒸发浓缩可视溶质的热稳定性决定加热方式和热源温度。热稳定性好的溶质，蒸发时可用电炉或灯具对蒸发皿直接加热；如为使受热均匀，也可用沙浴或油浴加热。热稳定性稍差的溶质（热分解温度低于100℃的）则要用水浴或蒸汽浴加热来浓缩，或用真空浓缩的方法来降低溶剂蒸发的温度，加快溶剂蒸发的速度。水浴时容器浸泡于水中，蒸汽浴则将容器放在水面上方，借水蒸汽来加热。

沙浴是用清洁、干燥的细砂平铺在一铁盘内构成。将被加热容器下部埋在沙中，用电炉或电热板加热铁盘，热量通过细砂传递给被加热容器。

蒸发程度取决于溶质的溶解度，结晶对浓度的要求。当溶质的溶解度较大时，应蒸发至溶液表面出现晶膜；若溶解度较小或随温度的变化较大时，则蒸发到一定程度即可停止，让其冷却结晶。如希望得到较大晶体，则不宜蒸发到浓度过大。强碱的蒸发浓缩不宜用陶瓷、玻璃等制品，应选用耐碱的容器。

11.6.3 综合技能训练的要求和内容

11.6.3.1 综合技能训练的要求

综合技能训练是将前面的各单元实验技术，组合在一个或几个实验中进行，可通过完成一个或几个实验达到以下要求：

（1）能正确选择且安全使用常用的实验仪器设备；

（2）能正确安装且安全使用常用的实验装置；

（3）能正确综合运用实验技术制备、分离和纯化有机化合物；

（4）初步具备查阅文献资料和正确处理实验数据的能力；

（5）初步具有独立思维和独立工作的能力；

（6）具有深入细致的观察能力及一定的科学工作方法；

（7）养成实事求是的科学态度，良好的科学素养和工作习惯。

11.6.3.2 综合技能训练的内容

【技能训练1】 柠檬酸的提纯

目的：（1）会正确使用真空干燥箱和磁力搅拌器。

（2）学会蒸发浓缩和结晶操作技术。

（3）了解固体有机化合物的纯化过程。

设备：真空干燥箱、磁力搅拌器、真空泵、台秤、调压器、电炉。

仪器：蒸发皿、表面皿、100mL 量筒减压抽滤装置、100mL 烧杯、干燥器、酒精灯、洗瓶、玻棒、玻璃漏斗、漏斗架、滤纸。

试剂：粗柠檬酸、活性炭、沸石。

安全：用电安全、使用真空干燥箱的安全、防止烫伤。

态度：文明规范操作、认真仔细、节约意识、维护工作场所的清洁。

步骤：

(1) 称取 25g 粗柠檬酸于 100mL 烧杯中，加入 30mL 去离子水。

(2) 将磁力搅拌子放入烧杯中，置烧杯于磁力搅拌器的磁盘上。

(3) 接通磁力搅拌器的电源，调节适当转速搅拌溶液，至柠檬酸完全溶解后停止搅拌，关闭电源，取出搅拌子。

(4) 在溶液中加入 1.5g 活性炭，加热微沸 5min，冷却。同时准备常压过滤装置。

(5) 将上述溶液进行常压过滤，滤去活性炭。

(6) 将滤液转移至蒸发皿中，加入少许沸石。将蒸发皿置于电炉上，用小火进行蒸发浓缩，至溶液体积约为 10mL 左右后停止蒸发，于室温下自然冷却结晶。

(7) 待结晶完成后，进行减压过滤，收集晶体。

(8) 将收集的柠檬酸晶体置于真空干燥箱中，于 40℃干燥 20min 后停止干燥。

(9) 取出柠檬酸放到干燥器中，待冷至室温后，称量，计算回收率。

【技能训练 2】　苯胺的制备

目的：(1) 会正确使用电炉、调压器和电动搅拌器。

　　　(2) 会正确使用、安装反应装置。

　　　(3) 会进行水蒸气蒸馏操作。

　　　(4) 熟练掌握回流操作、萃取操作、蒸馏操作技术。

设备：电炉、调压器、电动搅拌器、水蒸气发生器、水浴锅、台秤、铁架台、万能夹、十字头。

仪器：量筒、搅拌棒、搅拌套管、温度计、T 形管、直形冷凝管、空气冷凝管、滴液漏斗、分液漏斗、圆底烧瓶、锥形瓶、四口烧瓶、螺丝夹、乳胶管。

试剂：硝基苯、冰乙酸、铁屑、乙醚、碳酸钠、pH 试纸、氯化钠、氢氧化钠、沸石。

安全：防止化学药品的侵害及腐蚀；使用易燃溶剂的防火安全；防止因加热体系的封闭而产生的暴沸。

态度：文明规范操作、认真仔细、节约意识、维护工作场所的清洁。

步骤：

(1) 在 250mL 的四口烧瓶中放置 40g 铁屑，40mL 水和 2mL 乙酸。装置搅拌器、温度计、冷凝管及滴液漏斗，滴液漏斗中加入 21mL 硝基苯。

(2) 在搅拌下，用小火缓缓煮沸 5min。稍冷后，自滴液漏斗慢慢地滴入硝基苯，反应物强烈放热，足以使溶液沸腾。

(3) 加完后，在电炉上加热回流 0.5～1h，使还原反应完全。

(4) 将反应瓶按图 11-17(b) 改成水蒸气蒸馏装置，进行水蒸气蒸馏直至馏出液澄清为止，约需收集 200mL。

(5) 将馏出液加入分液漏斗中，分出有机层的苯胺，置于一干燥的锥形瓶中。

(6) 水层用约需 40～50g 的食盐饱和后，每次用 20mL 乙醚萃取 3 次。

(7) 将乙醚萃取液与分出的苯胺合并，加入 3g 粒状氢氧化钠，塞上塞子干燥 0.5h。

(8) 将干燥后的苯胺醚溶液通过漏斗（漏斗中置一小片脱脂棉花）过滤入干燥的小蒸馏烧瓶中。

(9) 先在水浴上蒸去乙醚，再加热收集 180～185℃的馏分，产量 13～14g（产率 69%～74%）。

【技能训练3】　从茶叶中提取咖啡因

目的：(1) 会正确使用电热恒温水浴箱。

　　　　(2) 会从固体中萃取物质。

　　　　(3) 会进行升华操作。

　　　　(4) 学会溶剂的纯化方法。

设备：电炉、调压器、电热恒温水浴箱、台秤、铁架台、万能夹、十字头、烘箱。

仪器：索氏提取器、球形冷凝管、圆底烧瓶、蒸馏头、直形冷凝管、尾接管、锥形瓶、玻璃漏斗、蒸发皿、温度计。

试剂：石灰、95％乙醇、茶叶、氧化钙。

安全：防止烫伤；使用易燃溶剂的防火安全；用电安全。

态度：文明规范操作、认真仔细、节约意识、维护工作场所的清洁。

步骤

(1) 称取茶叶末 10g，放入脂肪提取器的滤纸套筒中。

(2) 在圆底烧瓶内加入 80mL 95％乙醇，用水浴加热。

(3) 连续提取 2～3h 后，待冷凝液刚刚虹吸下去时，立即停止加热。

(4) 取下索氏提取器，改装成蒸馏装置，回收抽取液中的大部分乙醇。

(5) 将残液倾入蒸发皿中，拌入 3～4g 生石灰粉，置于水浴恒温箱上蒸干。

(6) 最后将蒸发皿移至电炉上焙炒片刻，务使水分全部除去。冷却后擦去边上的粉末，以免在升华时污染产物。

(7) 取一只合适的玻璃漏斗，罩在隔以刺有许多小孔的滤纸的蒸发皿上，用砂浴小心加热升华。当纸上出现白色毛状结晶时，暂停加热，冷至 100℃ 左右。

(8) 揭开漏斗和滤纸，仔细地把附在纸上及器皿周围的咖啡因用小刀刮下，残渣经拌和后用较大的火再热片刻，使升华完全。

(9) 合并两次收集的咖啡因，称量，计算产率。

【技能训练4】　三组分混合物的分离

目的：(1) 了解混合物分离的基本原理。

　　　　(2) 熟练且正确使用分液漏斗。

　　　　(3) 会进行减压蒸馏操作。

　　　　(4) 熟练掌握萃取操作、蒸馏操作技术。

设备：电炉、调压器、水浴锅、台秤、铁架台、万能夹、十字头、真空泵。

仪器：量筒、温度计套管、温度计、蒸馏头、克氏蒸馏头、直形冷凝管、尾接管、分液漏斗、圆底烧瓶、锥形瓶、布氏漏斗、抽滤瓶、烧杯。

试剂：甲苯、苯甲酸、苯胺、4mol·L^{-1}盐酸、饱和碳酸钠溶液，6mol·L^{-1}氢氧化钠溶液、pH 试纸。

安全：防止化学药品的侵害及腐蚀；真空操作的安全；用电安全。

态度：文明规范操作、认真仔细、节约意识、维护工作场所的清洁。

步骤

(1) 量取 30mL 甲苯、20mL 苯胺，称取 3g 苯甲酸，置于 100mL 烧杯中混匀。

(2) 充分搅拌下逐滴加入 4mol·L^{-1}盐酸，使混合溶液 pH＝3，将其转移至分液漏斗中，静置，分层，分出水相置于 100mL 锥形瓶中待处理（Ⅰ）。

(3) 继续向分液漏斗中的有机相加入适量的水，洗去附着的酸，分离弃去洗涤液，边振荡边向有机相逐滴加入饱和碳酸氢钠溶液，使 pH＝8～9，静置，被分出的水相置于 100mL

烧杯中（Ⅱ）。

（4）向有机相加入适量的水，洗涤，弃去洗涤液。分出有机相置于一干燥的锥形瓶中，加入适量无水硫酸镁，干燥0.5h。并贴上标签，记作甲苯。

（5）安装蒸馏装置，将干燥后的甲苯滤至圆底烧瓶中，进行蒸馏，收集110～120℃的馏分，即得到纯净的甲苯，称量，计算回收率。

（6）将置于100mL烧杯中的水相（Ⅱ）在不断搅拌下，滴加4mol·L⁻¹盐酸，至溶液pH=3，此时有大量白色沉淀析出，减压过滤，洗涤并收集晶体。此晶体为苯甲酸。

（7）将收集的晶体，用水作溶剂进行重结晶，得到纯苯甲酸。烘干后，称量，计算回收率。

（8）将上述第一次置于锥形瓶待处理的水相（Ⅰ），边振荡边加入6mol·L⁻¹氢氧化钠，使溶液pH=10，静置，分层，弃去水层。并用水洗涤有机相，弃去洗涤液。

（9）将分出的有机相置于一干燥的锥形瓶中，加入粒状氢氧化钠干燥0.5h。贴上标签，记作苯胺。

（10）安装减压蒸馏装置。将干燥后的苯胺滤入圆底烧瓶中，进行减压蒸馏。收集68～73℃/26.7kPa的馏分。称量，计算回收率。

【技能训练5】 从黄连中提取黄连素

目的：（1）了解从植物中提取天然产物的原理和方法。

（2）熟练且正确使用分液漏斗。

（3）熟练掌握回流、蒸馏和重结晶等操作技术。

设备：电炉、调压器、水浴锅、台秤、铁架台、万能夹、十字头、真空泵。

仪器：索氏提取器，量筒、温度计套管、温度计、蒸馏头、克氏蒸馏头、直形冷凝管、尾接管、分液漏斗、圆底烧瓶、锥形瓶、布氏漏斗、抽滤瓶、烧杯。

试剂：黄连、ϕ=95％乙醇、w=10％乙酸溶液。

安全：防止化学药品的侵害及腐蚀；真空操作的安全；用电安全。

态度：文明规范操作、认真仔细、节约意识、维护工作场所的清洁。

步骤

（1）称取10g中药黄连，在研钵中捣碎后放入250mL圆底烧瓶中，加入100mL95％乙醇，安装普通回流装置，水浴加热回流40min，再静置浸泡1h。也可安装索氏提取装置，加热连续提取2h。

（2）减压抽滤，滤渣用少量95％乙醇洗涤两次。

（3）将滤液倒入250mL圆底烧瓶中，安装普通蒸馏装置。用水浴加热蒸馏，回收乙醇。当烧瓶内残留液呈棕红色糖浆状时，停止蒸馏，注意不可蒸干。

（4）向烧瓶内加入31mL10％乙酸溶液，加热溶解，趁热抽滤，以除去不溶物。

（5）将滤液倒入200mL烧杯中，滴加浓盐酸至溶液出现浑浊为止（约需10mL）。

（6）将烧杯置于冰-水浴中充分冷却后，黄连素盐酸盐呈黄色晶体析出。减压抽滤。

（7）将滤饼放入200mL烧杯中，先加少量水，用小火加热，边搅拌边补加水至晶体在加热条件下恰好溶解。

（8）停止加热，稍冷后，将烧杯放入冰-水浴中充分冷却，抽滤。

（9）在布氏漏斗上用冰水洗涤滤饼两次，再用少量丙酮洗涤一次，压紧抽干。称量。

【科海拾贝】超临界流体萃取技术

当今，随着人们生活水平的提高，对工业污染的普遍关心，以及世界各地对食品管理卫生法规有趋严格的趋势，天然产物、"绿色食品"将取得不断发展。然而，传统的天然产物分离、精制加工工艺中的压榨、加热、水汽蒸馏和溶剂萃取等工艺手段往往会造成天然产物中某些热敏性或化学不稳定性成分在加工过程中被破坏，改变了天然食品的独特"风味"和营养。而且加工过程溶剂残留物的污染也是不可避免的，因而人们一直在寻找新的天然产物加工新工艺。超临界流体萃取技术将有可能满足人们这一要求。它是近20年来国际上取得迅速发展的化工分离高新技术，在食品、香料、药物和化工等领域有着广泛的应用前景，在我国超临界流体 CO_2 萃取技术历经引进和仿制设备、工艺技术等阶段，已逐步走向工业化，其应用前景受到广泛的关注。

物质处于临界温度（T_c）和临界压力（p_c）以上状态时，向该状态气体加压，气体不会液化，只是密度增大，具有类似液态性质，同时还保留气体性能，这种状态的流体称为超临界流体（supercritical fluid，简称 SCF），该流体表现出若干特殊性质：具有液体对溶质有比较大溶解度的特点，又具有气体易于扩散和运动的特性，传质速率大大高于液相过程。换言之，超临界流体兼具气体和液体的性质。更重要的是在临界点附近，压力和温度微小的变化都可以引起流体密度很大的变化，并相应地表现为溶解度的变化。因此，人们可以利用压力、温度的变化来实现萃取和分离的过程。

虽然超临界流体的溶剂效应普遍存在，但考虑到溶解度、选择性等一系列因素，因而常用的超临界流体溶剂并不太多，鉴于21世纪人们对生存环境的要求，在常用的超临界流体中，CO_2 引起了人们的关注。由于超临界 CO_2 密度大，溶解能力强，传质速率高；CO_2 临界压力适中，临界温度31℃，分离过程可在接近室温条件下进行；便宜易得，无毒，惰性以及极易从萃取产物中分离出来等一系列优点，当前绝大部分超临界流体萃取都以 CO_2 为溶剂。另外超临界流体溶剂为轻质烷烃（$C_3 \sim C_5$）和水，它们各具特色，也引起了人们的关注。

超临界 CO_2 萃取工艺：被萃取原料装入萃取釜。采用 CO_2 为超临界溶剂。CO_2 气体经热交换器冷凝成液体，用加压泵把压力提升到工艺过程所需的压力（应高于 CO_2 的临界压力），同时调节温度，使其成为超临界 CO_2 流体。CO_2 流体作为溶剂从萃取釜底部进入，与被萃取物料充分接触，选择性溶解出所需的化学成分。含溶解萃取物的高 CO_2 流体经节流阀降压到低于 CO_2 临界压力以下，进入分离釜（又称解析釜）。由于 CO_2 溶解度急剧下降而析出溶质，自动分离成溶质和 CO_2 气体两部分。前者为过程产品，定期从分离釜底部放出，后者为循环 CO_2 气体，经热交换器冷凝成 CO_2 液体再循环使用。整个分离过程是利用 CO_2 流体在超临界状态下对有机物有特殊增加的溶解度，而低于临界状态下对有机物基本不溶解的特性，将 CO_2 流体不断在萃取釜和分离釜间循环，从而有效地将需要分离提取的组分从原料中分离出来。

超临界流体技术具有广泛的适应性；萃取效率高，过程易于调节；分离工艺流程简单，并有可能在接近室温下完成，而特别适用于热敏性天然产物等特点，使该技术近年来正在迅速向萃取分离以外的领域发展。国际上每三年召开一次超临界流体学术会议。1997年5月在日本召开的第四届会议内容表明，超临界流体技术已发展成包括萃取分离、材料制备、化学反应和环境保护等多项领域的综合技术，并且存在着非萃取应用研究越来越受到重视的趋势。

——摘自张劲澄主编．超临界流体萃取技术．北京：化学工业出版社，2000

参考文献

[1] 袁红兰主编. 有机化合物及其鉴别. 北京：化学工业出版社，2002.

[2] 黎春南编. 有机化学. 第2版. 北京：化学工业出版社，2008.

[3] 钱旭红等编. 有机化学. 第2版. 北京：化学工业出版社，2006.

[4] 邓苏鲁编. 有机化学. 第4版. 北京：化学工业出版社，2007.

[5] 孙艳华主编. 基础化学. 北京：化学工业出版社，2008.

[6] 朱裕贞等编. 现代基础化学. 第2版. 北京：化学工业出版社，2004.

[7] 王佛松等编. 展望21世纪的化学. 北京：化学工业出版社，2001.

[8] 凌永乐编. 化学元素的发现. 北京：科学出版社，2000.

[9] 衣宝廉编著. 燃料电池原理·技术·应用. 北京：化学工业出版社，2003.

[10] 仲崇立编著. 绿色化学导论. 北京：化学工业出版社，2001.

[11] 张立德编著. 纳米材料. 北京：化学工业出版社，2000.

[12] 凌永乐编著. 化学概念和理论的发现. 北京：化学工业出版社，2001.

[13] 凌永乐编著. 化学物质的发现. 北京：化学工业出版社，2001.

[14] 夏强，马卫华等编著. 世界科技365天. 石家庄：河北科学技术出版社，2001.

[15] 冯斌，谢先芝编著. 基因工程技术. 北京：化学工业出版社，2000.

[16] 张劲澄主编. 超临界流体萃取技术. 北京：化学工业出版社，2000.

[17] 陆国元主编. 有机化学. 南京：南京大学出版社，1999.

[18] 罗明泉，俞平主编. 常见有毒和危险化学品手册. 北京：中国轻工业出版社，1992.

[19] 上海市化工轻工供应公司编. 化学危险品实用手册. 北京：化学工业出版社，1992.

[20] 周其镇等编. 大学基础化学实验（Ⅰ）. 北京：化学工业出版社，2003.

[21] 张毓凡等编著. 有机化学实验. 天津：南开大学出版社，1999.

[22] 方珍发编. 有机化学实验. 南京：南京大学出版社，1992.

[23] 兰州大学等编. 有机化学实验. 第2版. 北京：高等教育出版社，1994.

[24] 张济新等编. 实验化学原理与方法. 北京：化学工业出版社，2004.

[25] 李伯骥编著. 化学化工实验师手册. 大连：大连理工大学出版社，1996.

[26] 夏玉宇主编. 化验员实用手册. 第2版. 北京：化学工业出版社，2005.

[27] 吕春绪，诸松渊主编. 化验室工作手册. 南京：江苏科学技术出版社，1994.

[28] 初玉霞编. 有机化学实验. 第2版. 北京：化学工业出版社．2005.